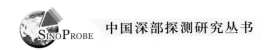

中国深部探测研究丛书

安徽庐枞矿集区三维探测与深部成矿预测

吕庆田　吴明安　汤井田　周涛发　等／著

科学出版社

北　京

内 容 简 介

本书为国家深部探测计划（SinoProbe）第三项目第四课题"庐枞矿集区立体探测技术与深部成矿预测示范"（2009~2015年）的研究成果。系统介绍了长江中下游庐枞矿集区深部结构三维探测及典型矿床的综合探测技术和探测成果。主要内容包括矿集区尺度地壳结构探测的反射地震、大地电磁和区域重磁探测新技术；矿床尺度的CSAMT、AMT、TEM、SIP探测和重磁岩性识别、三维建模技术，以及这些技术在矿集区和矿床上的探测成果；研究和建立了区域成矿模式和找矿模式，在此基础上预测了一批深部找矿靶区，并对其中的刘屯靶区进行了2000 m钻探验证，实现了深部铀矿异常的重大发现。

本书可供从事地球物理探测、矿产勘查、矿床学研究和应用的科研人员和学生参考。

图书在版编目（CIP）数据

安徽庐枞矿集区三维探测与深部成矿预测／吕庆田等著. —北京：科学出版社，2017.10

（中国深部探测研究丛书）

ISBN 978-7-03-054695-1

Ⅰ. ①安… Ⅱ. ①吕… Ⅲ. ①深部地质–矿产地质调查–安徽 ②深部地质–成矿预测–安徽 Ⅳ. ①P622 ②P612

中国版本图书馆 CIP 数据核字（2017）第 243585 号

责任编辑：王 运 韩 鹏／责任校对：张小霞
责任印制：肖 兴／封面设计：黄华斌

科学出版社 出版

北京东黄城根北街 16 号
邮政编码：100717
http://www.sciencep.com

中国科学院印刷厂 印刷
科学出版社发行 各地新华书店经销

*

2017 年 10 月第 一 版 开本：787×1092 1/16
2017 年 10 月第一次印刷 印张：23
字数：550 000

定价：278.00 元
（如有印装质量问题，我社负责调换）

丛书编辑委员会

著 者 名 单

吕庆田　　吴明安　　汤井田　　周涛发　　刘振东
严加永　　肖　晓　　高文利　　范　裕　　张　舒
张　昆　　祁　光　　陈向斌　　刘　彦　　梁　锋
陈明春　　李　兵　　徐文艺　　谢文卫　　赵金花

丛 书 序

地球深部探测关系到地球认知、资源开发利用、自然灾害防治、国土安全和地球科学创新的诸多方面，是一项有利于国计民生和国土资源环境可持续发展的系统科学工程，是实现我国从地质大国向地质强国跨越的重大战略举措。"空间、海洋和地球深部，是人类远远没有进行有效开发利用的巨大资源宝库，是关系可持续发展和国家安全的战略领域"（温家宝，2009）。"国务院关于加强地质工作的决定"（国发〔2006〕4 号文）明确提出，"实施地壳探测工程，提高地球认知、资源勘查和灾害预警水平"。

世界各国近百年地球科学实践表明，要想揭开大陆地壳演化奥秘，更加有效的寻找资源、保护环境、减轻灾害，必须进行深部探测。自 20 世纪 70 年代以来，很多发达国家陆续启动了深部探测和超深钻探计划，通过"揭开"地表覆盖层，把视线延伸到地壳深部，获得了重大成果：相继揭示了板块碰撞带的双莫霍结构，发现造山带山根，提出岩石圈拆沉模式和大陆深俯冲理论；美国在造山带下找到了大型油田，澳大利亚在覆盖层下发现奥林匹克坝超大型矿床；苏联在超深钻中发现了极端条件下的生物、深部油气和矿化显示，突破了传统油气成藏理论，拓展了人类获取资源的空间，加深了对生命演化的认识。目前，世界主要发达国家都已经将深部探测作为实现可持续发展的国家科技发展战略。

我国地处世界上三大构造–成矿域交汇带，成矿条件优越，现今金属矿床勘探深度平均不足 500 m，油气勘探不足 4000 m，深部资源潜力巨大。我国也是世界上最活动的大陆地块，具有现今最活动的青藏高原和大陆边缘海域，地震较为频繁，地质灾害众多。我国能源、矿产资源短缺、自然灾害频发成为阻碍经济、社会发展的首要瓶颈，对我国工业化、城镇化建设，甚至人类基本生存条件构成严峻挑战。

2008 年，在财政部、科技部支持下，国土资源部联合教育部、中国科学院、中国地震局和国家自然科学基金委员会组织实施了我国"地壳探测工程"培育性启动计划——"深部探测技术与实验研究专项（SinoProbe）"。在科学发展观指导下，专项引领地球深部探测，服务于资源环境领域。围绕深部探测实验和示范，专项在全国部署"两网、两区、四带、多点"的深部探测技术与实验研究工作，旨在：自主研发深部探测关键仪器装备，全面提升国产化水平；为实现能源与重要矿产资源重大突破提供全新科学背景和基础信息；揭示成藏成矿控制因素，突破深层找矿瓶颈，开辟找矿"新空间"；把握地壳活动脉搏，提升地质灾害监测预警能力；深化认识岩石圈结构与组成，全面提升地球科学发展水平；为国防安全的需要了解地壳深部物性参数；为地壳探测工程的全面实施进行关键技术与实验准备。国土资源部、教育部、中国科学院和中国地震局，以及中国石化、中国石油等企业和地方约 2000 名科学家和技术人员参与了深部探测实验研究。

经过多年来的实验研究，深部探测技术与实验研究专项取得重要进展：①完成了总长度超过 6000 km 的深反射地震剖面，使得我国跻身世界深部探测大国行列；②自主研制和引进了关键仪器装备，我国深部探测能力大幅度提升；③建立了适应我国大陆复杂岩石圈、地壳的探测技术体系；④首次建立了覆盖全国大陆的地球化学基准网（160 km×160 km）和地球电磁物性（4°×4°）标准网；⑤在我国东部建立了大型矿集区立体探测技术方法体系和示范区；⑥探索并实验了地壳现今活动性监测技术并取得重要进展；⑦大陆科学钻探和深部异常查证发现了一批战略性找矿突破线索；⑧深部探测取得了一批重大科学发现，将推动我国地球科学理论创新与发展；⑨探索并实践了"大科学计划"的管理运行模式；⑩专项在国际地球科学界产生巨大的反响，中国入地计划得到全球地学界的关注。

为了较为全面、系统地反映深部探测技术与实验研究专项（SinoProbe）的成果，专项各项目组在各课题探测研究工作的基础上进行了综合集成，形成了《中国深部探测研究丛书》。

我们期望，《中国深部探测研究丛书》的出版，能够推动我国地球深部探测事业的迅速发展，开创地学研究向深部进军的新时代。

2015 年 4 月 10 日

序

矿产资源是社会发展的物质基础。进入 21 世纪，我国经济高速发展，新型工业化、信息化、城镇化快速推进，对矿产资源的巨量需求在相当长时期内仍将持续，解决资源安全、稳定供给将是我国面临的长期任务。

矿产勘查已经走过了一个世纪的历史，工作程度高的地区近地表矿的发现难度越来越大，迫使我们必须把勘查重点转移到深部。然而，深部找矿难度很大，面临很多挑战，如深部地质结构认识不清、探测技术能力有待提升等。因此，发展深部探测技术，开展三维探测示范，积累深部找矿经验十分重要。1985 年地质矿产部太原普查工作会议上，有与会者借鉴当时国际上苏联的先例，从找矿勘查学科发展和我国普查工作历史经验出发，提出在勘查研究程度高的重要成矿远景区开展立体地质填图、进行深部找矿的建议，并得到采纳和支持，于 1988 年在铜陵和大冶进行立体填图试点，取得了较好效果，显示了该方法在深部找矿中的重要意义。由于当时技术条件的限制，开展立体填图的难度还很大，现在的技术情况已有很大不同，深部探测技术和计算机三维模拟技术取得飞速发展，开展深部探测和立体填图，在此基础上进行深部找矿，从技术的角度已基本上具备了，应该大力倡导和推广。

纵观全球的发展状况，在深部资源勘查技术储备和勘查理论研究方面，总体上西方国家走在前头。2008 年加拿大成立了"加拿大矿业创新委员会（Canadian Mining Innovation Council，CMIC）"，目的是通过理论和技术创新实现靶区的深部找矿突破，并启动了"蚀变痕迹（Footprints）"研究计划；2012 年澳大利亚能源和资源常务理事会（SCER）正式发布了"国家矿产勘查战略"，启动了宏大的"揭盖（UNCOVER）计划"，并成立了"深部勘探技术合作研究中心（Deep Exploration Technologies Cooperative Research Center，DET-CRC）"，目的是发展深部勘探技术，通过技术的进步实现矿业的持续发展。美国勘探地球物理学会（SEG）和经济地质学会自 2010 年以来每年联合召开深部资源勘查学术研讨会，着重研讨覆盖层深部勘查的理论和技术问题以及找矿实例。

值得欣慰的是，我国在深部资源勘查技术和实践方面也迈出了重要的步伐。21 世纪初，即开展了国土资源部"十五"专项计划"大型矿集区深部精细结构探测研究"项目。接着在财政部和国土资源部支持下，2008 年启动了"深部探测技术与实验（SinoProbe）"科技专项。选择我国东部的长江中下游和南岭两个成矿带，开展了成矿带、矿集区和矿田三个层次上多尺度综合地球物理探测和方法技术研究。尤其是矿集区和矿田尺度上，系统探索了以深部找矿为目的的综合探测、三维地质建模和成矿预测工作，都取得了很好的效果。《安徽庐枞矿集区三维探测与深部成矿预测》系统介绍了庐枞矿集区和典型矿床上的综合探测技术试验和探测成果，这是我国第一次在矿集区层次系统开展的探测工作。书中介绍了目前矿集区探测中的一些新技术，如高分辨率反射地震技术、强干扰地区电磁去噪技术、重磁岩性填图技术和三维建模技术等，提出了"三维结构+成矿模式+综合信息""三位一体"的预测思路，这对我国未来深部找矿具有重要的意义。

　　该书作者长期在长江中下游地区开展深部探测和成矿理论研究，积累了丰富的经验，取得了大量理论和方法技术成果。我相信，本书的出版将对推动我国深部找矿工作发挥重要作用，对从事深部找矿理论研究和勘查的人员具有重要的参考价值。

常印佛

2017 年 5 月 18 日

前　　言

长江中下游成矿带是我国东部最重要、勘查程度最高的成矿带之一，经过几十年的找矿工作，浅表矿床发现的难度越来越大，开展深部找矿工作，开辟"第二找矿空间"，已成为长江中下游成矿带，乃至中国东部地区找矿工作的必然趋势。庐（江）-枞（阳）矿集区是长江中下游成矿带典型的铁、硫矿集区，至 20 世纪 80 年代，区内找矿工作取得了丰硕的成果，探明了罗河、大包庄、龙桥等一大批矿产地。90 年代以来，地质工作逐步萎缩，找矿工作进入了停滞状态。2006 年，泥河大型铁矿的发现，证实了深部"第二找矿空间"的巨大找矿前景。2007 年国土资源部在合肥召开"全国深部找矿工作研讨会"现场推广泥河深部找矿经验，从此，拉开了长江中下游地区，乃至全国深部找矿工作的序幕。

自 20 世纪 90 年代，全球矿产勘查已转向深部和"难进入"地区及覆盖层之下。拓展深部资源，面临理论、技术和找矿思路的巨大挑战。传统的模式找矿、异常找矿在应对深部目标时，首先面临的是深部三维地质结构不清，勘查技术的探测深度、分辨率不够的挑战。为了解决上述问题，勘探地质学家开始探索三维综合地球物理探测，尤其重视发挥反射地震技术在地质结构探测深度和精度方面的优势，在此基础上，开展三维岩性填图和地质填图，进而实现深部成矿预测，或指导深部矿产勘查。

20 世纪 70 年代以来，围绕庐枞矿集区的火山岩、成矿作用和基础地质工作开展了大量研究，在火山岩地层层序、成岩、成矿的时空框架、成矿作用与机理和深部构造背景与过程等方面取得了较大进展。然而，多数研究集中在火山岩、岩浆岩、年代学、矿床地质和对深部背景的探讨，而与深部找矿密切相关的深部结构探测和技术方法研究相对较少，很多深部找矿和成矿的基础地质问题仍不清楚。比如，上地壳与火山岩盆地的结构框架、厚度与可能的物质组成，控岩、控矿断裂的性质及深部延伸，以及庐枞下面是否有寻找铜陵式矿床的可能？等等。寻找这些问题的答案，对全面认识庐枞矿集区的成矿、找矿潜力和深部找矿工作部署都具有十分重要的意义。

2008 年，在财政部和国土资源部的支持下，我国启动了"深部探测技术与实验（SinoProbe）"科技专项。专项下设 9 个项目，其中项目三"深部矿产资源立体探测技术及实验研究"围绕深部找矿的理论和技术问题开展相关研究。该项目下设 7 个课题，其中课题四为"庐枞矿集区立体探测技术与深部成矿预测示范"（编号：201111049；SinoProbe-03-04）。课题以庐枞矿集区为研究对象，以玢岩型、斑岩型矿床的成矿环境和找矿方法为主要研究内容，部署若干骨干性综合地球物理探测剖面（反射地震、MT、重磁等），通过综合反演解释，精细刻画矿集区 5 km 三维精细结构和物质组成，追踪主要容矿控矿构造、控矿岩体的深部延伸，发现深部"第二找矿空间"，拓展资源勘查深度；研究区域成矿规律，建立深部找矿模式，开展深部成矿预测。

课题依托单位为中国地质科学院矿产资源研究所和安徽省地质调查院，课题负责为吕庆田研究员、吴明安教授级高级工程师。主要参加单位有：中南大学、合肥工业大学、吉林大学、中国地质大学（北京）、东华理工大学、中国地质科学院地球物理地球化学勘查研究所、中国地质科学院勘探技术研究所、北京派特森科技发展有限公司等。野外反射地震数据采集由中石化石油工程地球物理有限公司云南分公司完成。本专著是该课题的综合研究成果，全书共七章；其中第一章由吕庆田执笔；第二章由周涛发、范裕执笔；第三章由吕庆田、刘振东、陈明春、李兵、梁锋执笔；第四章由汤井田、肖晓执笔；第五章由严加永、祁光、刘彦、吕庆田执笔；第六章由张昆、祁光、陈向斌执笔；第七章由严加永、陈向斌执笔；第八章由周涛发、吴明安、范裕、张舒、谢文卫、高文利、徐文艺、刘彦执笔；第九章由吕庆田执笔；全书由吕庆田、吴明安、汤井田、周涛发统编定稿。

课题执行期间曾得到国土资源部科技司姜建军司长、高平副司长、白星碧副司长、马岩处长、赵财胜处长和中国地质调查局科外部连长云主任、刘凤山处长、秦绪文处长的关心和支持，得到安徽省国土资源厅、安徽省地质矿产勘查局、安徽省地质调查院、合肥工业大学等单位的支持和配合。专项首席科学家董树文研究员、李廷栋院士，课题承担单位的领导以及专项办公室对课题的实施给予大力支持和协助。滕吉文院士、王椿镛研究员、刘启元研究员、黄宗理研究员、于晟研究员、高锐院士、杨宝俊教授、张忠杰研究员、薛爱民研究员、李秋生研究员、李兵高级工程师等一批专家，一直跟踪课题研究进展，参与了课题的设计审查、数据采集招投标、野外质量检查等工作，提出过很多有建设性的意见和建议，对课题的完成做出了巨大贡献。课题组成员密切合作，为本项任务的完成做出了重要贡献，在此，一并向他们表示衷心的感谢！

值得指出的是，矿集区的三维探测、立体填图和深部找矿技术是一项长期的研究任务，需要广大地球物理、矿床地质学家不懈的努力，很难在短时期内得到解决。加之作者水平有限，文中不妥之处在所难免，一些技术方法还需要进一步完善，对矿集区深部结构的认识还需要进一步推敲，敬请读者批评指正。

吕庆田

2017 年 5 月 1 日

目　　录

第一章 绪 论

第一节 研究现状及问题

加强深部成矿理论研究，拓展资源勘查深度，向深部索取资源，是未来实现我国矿产资源可持续供给的重要途径。开展重要成矿带、矿集区的深部探测综合研究，不仅可以揭示成矿带、矿集区深部精细结构、物质组成和构造演化过程，提高对成矿深部过程的认识，还可以直接或间接圈定控矿地质体（构造、岩体或地层）的深部延伸，甚至直接发现隐伏矿体，为深部找矿工作部署提供重要依据。

长江中下游成矿带是我国东部重要的成矿带之一，由七个主要矿集区构成，根据不同矿集区成矿的"缺位"与深部找矿潜力分析（吕庆田等，2009），其深部（500～2000 m）找矿潜力巨大，是我国未来深部找矿的战略远景区之一。庐枞矿集区是长江中下游成矿带与断陷火山岩盆地、富钠闪长岩系有关的铁（硫）、铜矿集区，随着泥河深部大型铁矿的发现（吴明安等，2011），庐枞矿集区的深部找矿工作再次引起了人们高度关注，探测庐枞火山岩覆盖区及之下的地壳结构，不仅是实现矿集区深部找矿全面突破的关键，还对认识我国东部陆内成矿过程、揭示陆内成矿规律具有重要的科学意义。

一、研究现状

1. 基础地质与成岩成矿研究

庐枞矿集区大规模的研究工作起始于 20 世纪 70 年代的铁矿会战，随着罗河铁矿、沙溪铜矿、岳山铅锌矿、龙桥铁矿等一批矿床的发现与勘探，相关的地质研究工作日益增多。20 世纪 70 年代以来，原安徽省地矿局、中国地质科学院、南京大学、合肥工业大学等单位相继开展了多项科研项目，如"六五""七五"期间的矾岩铁矿和沙溪斑岩铜矿研究、"八五"国家科技攻关项目"沿江重要成矿带铁铜矿找矿研究"等（刘湘培等，1988；常印佛等，1991；翟裕生等，1992；吴言昌，1994；邢凤鸣和徐祥，1995），对深化该区的成矿作用认识和指导找矿起到了重要的推动作用。同时，原安徽省地矿局还完成了"罗河铁矿床研究"（黄清涛和尹恭沛，1989）、"龙桥铁矿床研究"等（吴明安等，1996），提高了庐枞矿集区主要典型矿床的研究程度。

20 世纪 80 年代以来，国内更多的专家参与了庐枞矿集区的基础地质和矿床地质的研究，在火山岩地层层序、成岩成矿的时空格架、成矿机理、深部过程和深部找矿等方面取得了较大进展。

岩石序列的划分：庐枞矿集区内晚中生代火山作用强烈，形成了一套偏碱富钾的中基性岩石组合。于学元和白正华（1981）较早注意到这套火山岩具有类似于国外岛弧及大陆边缘钾玄岩系的特点，并命名为"安粗岩系"。随后，吴利仁（1984）、任启江等（1991）和孙冶东等（1994）先后对区内火山岩进行过不同程度的研究。孙冶东等（1994）通过详细的岩石化学和地球化学的对比研究，认为庐枞中生代火山岩系属于橄榄玄粗岩系（王德滋等，1996）。对应侵入岩为典型的富钠闪长岩类（常印佛等，1991；唐永成等，1998）。

盆地区域构造：庐枞盆地经历了复杂的构造演化历史，即经历了中、晚三叠世华北板块与扬子板块的碰撞，又遭受了中、晚侏罗世古太平洋板块北西向的挤压和早白垩世的地壳伸展。任启江等（1991）在分析区域地球物理资料和野外构造的基础上，对庐枞火山–构造洼地的构造特征、火山沉积岩分布和构造演化进行了研究；王中杰（1982）讨论了庐枞火山岩盆地的总体构造轮廓，分析了盆地的环状、放射状构造和火山口构造。潘国强和董恩耀（1983）通过大量的野外火山地质调查，对盆地的火山构造类型和特征进行了划分和研究，并讨论了火山构造对成矿的控制作用。董树文和李廷栋（2009）、高锐等（2010）在庐枞矿集区及外围实施一条 NW–SE 向长 150 多千米的深地震反射剖面，初步揭示了地壳和莫霍面的特征，并讨论了一些反射的地质意义。

成岩、成矿年代学：郑永飞（1985）采用 U–Pb、K–Ar 测年法测定了庐枞矿集区南部黄梅尖岩体的结晶年龄及冷却年龄，并结合 Rb–Sr 年龄计算了黄梅尖岩体的冷却速率，从而探讨了黄梅尖岩体热历史及其与成矿的关系。傅斌等（1997）通过对沙溪斑岩铜（金）矿床的 Ar–Ar 测年得出，其坪年龄为 126.8 ± 1.0 Ma，确定该岩体为早白垩世岩浆活动产物，并据 Sr、Nd 同位素及岩石化学资料得出该活动受郯庐断裂的控制。徐兆文等（2000）对沙溪斑岩铜（金）矿床有关的石英闪长斑岩地质地球化学特征及形成时代进行了研究，得出全岩 Rb–Sr 同位素等时线年龄值为 127.9 ± 1.6 Ma，属于燕山第二期产物。王强等（2001）、杨晓勇（2006）由角闪石的 Ar–Ar 法测得沙溪岩体形成时间在 $134 \sim 132$ Ma。$^{87}Sr/^{86}Sr$ 值为 0.7058，说明成岩物质主要来自上地幔，可能在岩浆上升过程中受地壳物质混染。周涛发等（2007，2008，2010）、范裕等（2008）通过大量精确定年，将整个庐枞矿集区的岩浆活动时限确定在 $134 \sim 123$ Ma，并确定了岩浆岩演化的时空格架。

成岩、成矿机理：庐枞矿集区曾发生多期次岩浆活动和成矿作用，矿床类型复杂。任启江等（1991）将庐枞矿集区内铁铜多金属矿床分为罗河式、沙溪式、岳山式、小岭式、黄屯式等 11 种矿床类型。魏燕平和张冠华（1999）在分析龙桥铁矿的矿石结构、构造、矿体产状、矿石自然类型的分布规律及地球化学特征的基础上，得出火山成矿作用是该矿床形成的主要因素。吴明安等（1996）通过综合研究，认为龙桥铁矿为沉积–热液叠加改造型矿床。张荣华（1980，1981）对罗河铁矿床的围岩蚀变及矿床成因进行了深入研究。段超等（2009）、张乐骏等（2010）、Zhou 等（2011）、周涛发等（2012b）、范裕等（2012）、袁峰等（2012）等对沙溪铜矿、泥河铁矿和龙桥铁矿等典型矿床进行了系统的成因研究，建立了典型矿床的成矿模式。刘洪等（2002）在系统总结庐枞矿集区内中生代火山岩地球化学特征的基础上，着重运用元素–同位素综合示踪的研究方法，探讨了岩浆源区性质，并讨论了岩石的成因。张旗等（2001）在区别 O 型和 C 型埃达克岩的基础上，判定沙溪斑岩铜矿体属于 C 型埃达克岩，并初步探讨了该岩体斑岩铜（金）矿与埃达克岩的关系。王强等（2008）持有类似观点。周涛发等（2007，2008）、袁峰等（2008）通过详细的岩浆岩地球化学研究，认为庐枞盆地 4 个旋回的火山岩和 4 阶段侵入岩具有岩浆同源性关系，其岩浆源区为成分接近 EM I 富集地幔的交代地幔，交代地幔的形成与古板块的俯冲交代作用有关。

深部动力学背景：孙冶东等（1994）在详细的岩石化学和地球化学的对比研究的基础上，认为庐枞矿集区内中生代火山活动形成于活动大陆边缘由挤压作用向引张作用转变的过渡时期，是火山弧后拉张形成的前裂谷阶段的产物。但王强等（2001）通过沙溪富钠石英闪长玢岩微量元素和同位素地球化学研究认为，沙溪岩体及斑岩矿床的形成与大洋板片俯冲无关，而是底侵的玄武质下地壳熔融、地壳垂向增生背景的产物。周涛发等（2007）通过研究认为庐枞矿集区内早期岩浆岩形成于挤压–拉张过渡的构造背景，而晚期岩浆岩则形成于典型的拉张构造背景，构造背景的转换时间约在 130.5 Ma。吴长年等（1994）在庐枞火山岩盆地东北部区域金成矿研究中，发现金的背景值不仅严格受不同级别火山机构控制，而且受不同级别火山机构形成的火山岩建造控制。魏燕平（1994）从破火山口演化规律入手，分析研究了环形火山构造对庐枞火山喷流、潜火山气液叠加改造型铁硫矿床形成的制约作用。

2. 地质调查与矿产勘查

新中国成立以来，许多单位和专家在庐枞矿集区进行过基础地质和矿产勘查工作。安徽省地矿局等单位于 20 世纪 60 年代至 90 年代期间在该区进行了大量的区域地质研究和矿产勘查工作，完成了多项地质成果（常印佛等，1991；汪祥云等，1991[①]；唐永成等，1998；汤加富等，2003）。在区域地质研究方面，安徽省地矿局 321 地质队 1969 年完成了铜陵幅 1:20 万区域地质调查；安徽省地矿局区调队 1983~1985 年期间完成了将军庙幅、庐江幅、矾山幅、义津幅、枞阳幅等多幅 1:5 万区域地质调查。

在物化探工作方面，1976 年地质矿产部航测大队完成了涵盖本区在内的大别山地区 1:5 万航空磁测；地质矿产部第二物探大队完成了庐枞部分地区 1:5 万重力、磁力和化探测量；1978 年安徽省物探大队完成了涵盖本区的铜陵幅 1:20 万化探扫面工作；1991 年地质矿产部物探所完成了涉及本区的第二代 1:5 万航空磁测与航电工作。2007 年至今，庐枞矿集区已全面完成 1:1 万高精度磁测和部分地区 1:1 万高精度重力测量。上述工作为在该区的地质研究和矿产勘查提供了良好的基础地质和物化探资料。

庐枞矿集区的矿产勘查工作一直没有停止，1952~1954 年地质矿产部 321 地质队对区内枞阳穿山洞铜矿和拨茅山铜矿、庐江石门庵铜矿和黄山寨铜矿等脉状铜矿床进行了普查评价；1958~1962 年安徽省地矿局 327 地质队对庐江县的明矾石矿、何家小岭等硫铁矿和一批铜矿点进行了普查勘探工作；罗河铁矿会战期间，安徽省地矿局 327 地质队对庐枞北部开展了铁、铜、铅、锌等矿床普查，326 地质队对庐枞南部开展了铜、铁矿床普查。同时，冶金系统地勘队伍对庐枞矿集区东部及西南部地区开展了铜、金矿床普查工作，找矿

① 汪祥云等．1991．龙桥铁矿床勘探地质报告．安徽省地质矿产局 327 地质队．

工作成果显著，发现了罗河铁矿、沙溪铜矿，以及芦柴岭、天头山等铜金矿床等。20 世纪 80 年代，安徽省地矿局 327 地质队在庐枞矿集区北部相继发现岳山铅锌矿床、龙桥铁矿床、马鞭山铁矿床。

近年来，安徽省公益性地质项目管理中心、安徽省地勘局 327 地质队、安徽省地质调查院、安徽省地球物理地球化学勘查研究院、华东冶金地勘局地质调查院、合肥工业大学等单位继续在该区进行矿产资源勘查和"找矿工程计划"前期研究，并取得可喜成果。2007 年，安徽省地调院在庐枞矿集区西部发现了泥河大型铁矿床（吴明安等，2011；赵文广等，2011），取得了庐枞矿集区深部找矿的重大突破；2008～2012 年，在沙溪矿区凤台山和铜泉山，以及沙溪外围新增一批铜资源量；2012 年，327 地质队在罗河外围发现了小包庄铁矿床，该矿床达到大型规模，并仍有较大资源潜力。此外，庐枞矿集区南部马口、石矶等正长岩中铁矿化引起重视，有望发现新类型的矿床，取得找矿突破。

围绕矿产勘查工作，一些专家总结了具有实际意义的找矿标志。张寿稳（2000）分析了区内高岭土矿形成机理及蚀变矿化组分特点，总结了有效的找矿标志。刘昌涛（1994）在分析庐枞矿集区内硫铁矿地质特征及控矿因素的基础上，提出硫铁矿常与铁、铜、硬石膏等矿产共生或伴生形成综合型矿床，硅化等热液蚀变与矿产关系密切，是找矿的主要标志。吴明安等（1996）通过综合分析，总结了龙桥式铁矿的地层学、构造环境、地球物理、蚀变与矿化、地球化学、同位素及其他共七方面找矿标志，并指明了该类矿床的找矿方向。周涛发等（2007）、刘珺等（2007）提出庐枞矿集区内各系列矿床表现出较明显的岩浆岩成矿专属性，并初步总结与各系列矿床有关的岩浆岩成矿专属地球化学特征。

二、存在问题

纵观庐枞矿集区的基础地质研究和矿产勘查现状，不难发现研究工作多集中在地层、岩浆岩和区域矿床地质等方面，而从深部找矿的需求角度，矿集区三维结构、构造，深部勘查技术等方面的研究相对缺乏，与之相关的科学问题急需解决，这些问题包括：

（1）深部过程与岩浆系统结构：火山岩盆地岩浆岩形成的动力学过程和机制，岩浆从源区迁移到地表的途径与结构等。

（2）矿集区地壳结构与变形：上、下地壳结构框架和物质组成，地壳变形期次、特征和演化历史。

（3）上地壳精细结构及对成矿的控制作用：火山岩覆盖厚度、边界断裂、断陷盆地内部结构及与基底的构造关系；控岩、控矿断裂网络的深部延伸；主要地质体（火山岩、岩浆岩体、断裂）空间展布等。

（4）深部找矿潜力及有效的勘查技术：玢岩型铁矿、斑岩型铜矿的成矿模式和综合找矿信息模式；深部找矿潜力和远景靶区；玢岩型铁矿、斑岩型铜矿深部找矿勘查技术方法。

（5）火山岩区深部探测技术：火山岩区反射地震数据采集和处理解释技术，起伏条件大地电磁（MT）数据反演、解释技术，强干扰电磁信号去噪技术，以及地震约束下的重磁反演建模技术等。

第二节 研究思路和内容

一、研究思路与方法

1. 研究思路

深部成矿预测在思路上有别于浅部的成矿预测，浅部成矿预测更加注重示矿信息的性质、组合，按照"成矿模式+综合信息"的"二元"判别准则，一般遵循从已知到未知的类比。本书提出的深部找矿预测思路包括三个要素，即深部结构、成矿模式和找矿信息。遵循"深部结构+成矿模式+找矿信息"的"三元"预测准则。三维地质结构解决控矿地质体（地层、构造、岩浆岩）的深部延伸，区域成矿模式阐明深部找矿类型以及相关地质体，而找矿信息是特定矿床类型的地球物理信息组合。

三维地质结构通过三维综合探测与地质建模实现，具体思路为：以穿过矿集区主要构造单元的若干地质剖面为主要探测对象，实施以高分辨率反射地震、大地电磁、重震联合反演为主的综合探测和解释，建立矿集区骨架剖面的二维地质–地球物理模型。以此为约束，使用 1:5 万区域重磁位场三维反演技术，构建矿集区 5 km 以浅的三维结构模型。目标是揭示矿集区结构框架和主要容矿、控矿构造的空间分布，认识成矿系统（源–运–储）形成机制，为预测深部找矿靶区提供地质基础。

找矿信息是通过已知典型矿床的多种探测方法试验，即找矿模式来总结的，基本研究思路为：通过在已知矿床上开展三维综合地球物理探测实验，评估方法的有效性；建立综合地质–地球物理模型，形成针对不同矿床类型的深部找矿信息模式。最后，结合矿集区区域成矿模式，开展深部成矿预测。通过实施重要异常的钻探验证，优化深部找矿预测指标体系，研究成矿元素在地壳浅表的富集规律，建立深部勘查地球物理解释"标尺"，完善深部成矿预测的"三元"预测准则。

2. 研究方法

地壳结构与深部过程探测：使用反射地震方法，结合前人"岩石探针"结果，进行综合分析。

上地壳 5 km 地质建模：使用高分辨率反射地震，大地电磁测量，结合地表地质、钻孔等资料，通过先验信息约束下的重、磁全三维反演，获得上地壳三维结构模型，分析主要地质体的空间分布。

深部找矿模式：选择典型玢岩型铁矿和斑岩型铜矿，通过综合分析 CSAMT、AMT、TEM、SIP（CR）等电磁法和重、磁法的探测效果，建立深部找矿模式，形成有效的方法技术组合。

区域成矿模式：系统收集庐枞矿集区各种典型矿床资料，从成矿时代、物质来源、控矿要素、成因机制等方面，分析各典型矿床之间的内在联系，以及与构造、地层和岩体之间的时空关系，建立区域成矿模式。

深部成矿预测：按照"深部结构+成矿模式+找矿信息"的"三元"预测准则，利用三维可视化技术，开展综合分析和类比，人工或计算机自动圈定深部成矿靶区。

二、研究内容

本书主要包括三个方面的内容：庐枞矿集区三维结构探测与地质建模；重要类型矿床三维综合探测试验与找矿模式和深部成矿预测与钻探验证研究。

（1）三维结构探测与地质建模研究：在庐枞矿集区关键成矿部位，部署5条高分辨率反射地震、大地电磁剖面和1∶5万重磁探测，开展剖面地震结构、电性结构和重、磁结构反演研究，地震及钻孔约束的重、磁三维反演建模研究；在此基础上，推断解释矿集区地壳结构、深部动力学过程、岩浆系统结构；解释火山岩盆地结构、基底结构、构造变形等，推断主要地质体深部延伸；建立矿集区（5 km）三维地质模型；进一步梳理矿集区的岩石学、地球化学和年代学数据，归纳总结典型矿床特征，建立区域成矿模式。

开展火山岩型矿集区综合探测关键技术研究。重点包括高分辨率反射地震数据采集和处理技术（激发接收技术，高精度静校、去噪技术，偏移技术等）；强干扰背景下大地电磁数据采集、去噪技术，二维/三维反演技术；开展岩性层析技术试验，探索先验地质信息约束下的三维重磁反演建模技术。

（2）重要类型矿床三维综合探测与找矿模式研究：选择泥河玢岩型铁矿、沙溪斑岩型铜矿，开展系统的岩石物性（电性、密度和磁性）测量和重磁正演模拟研究，综合地球物理［CSAMT、AMT、TEM、SIP（CR）］探测方法试验，建立矿床地球物理模型；对比评价各方法探测的有效性，形成针对玢岩型铁矿和斑岩型铜矿的深部找矿信息模式和方法技术组合。

（3）深部成矿预测与钻探验证研究：在充分收集和补充测量大比例尺（1∶5万和1∶1万）重、磁数据的基础上，对矿集区数据进行位场分离、分量转换、梯度模计算、正反演模拟等处理解释，研究异常性质和特征，按照"三元"预测准则，开展深部成矿预测研究。在优选的深部找矿靶区内，实施2000 m异常钻探验证，并开展综合地球物理测井、钻孔蚀变及金属垂向分布规律研究等，完善深部找矿"三元"预测准则。

第三节 主要研究进展

本书主要探测研究工作历时5年，在庐枞矿集区这一研究程度相对较高的地区，通过地壳结构的综合探测、三维地质-地球物理建模、典型矿床综合方法试验、区域成岩成矿研究、深部成矿预测、靶区查证、2000 m钻探验证，以及相关的测井和岩石物性研究，创新和完善了矿集区立体探测技术体系，获得了一批新数据，取得一批地质新认识。截至2016年，研究成果在国内外期刊发表论文44篇，其中SCI检索22篇；申请国家发明专利2个，获得软件著作权4个。主要研究进展如下。

一、地壳及岩浆系统结构

1. 基本确立了矿集区地壳结构框架，提出了"多级岩浆系统"结构模型

（1）以反射地震剖面为主的综合地球物理探测结果，揭示出庐枞矿集区具有 3 层地壳结构，反射莫霍面深度和特征存在区域变化（图 1.1）。对应火山岩盆地下面莫霍面最浅，约 30.6 km，NW–SE 向局部存在错断和叠置现象，NE–SW 向平坦，反映最后一次主要挤压变形为 NW 向。大别山下面莫霍面最深，达 33.6 km；发现矿集区下地壳反射强度（密集程度）存在区域变化，在火山岩分布区有明显增强、增多趋势，呈现多组"层状"强反射，认为这种特征为伸展环境下玄武岩浆多次底侵的直接证据。

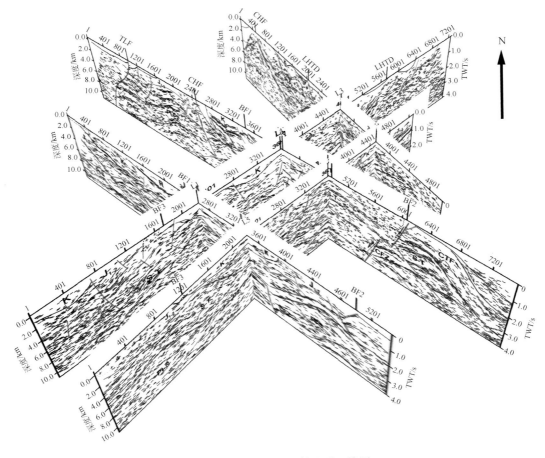

图 1.1 庐枞矿集区反射地震三维图

（2）基于下地壳强反射在空间上的"各向异性"特征，提出庐枞矿集区"多级岩浆系统"结构模型。该模型认为，庐枞矿集区岩浆活动总体上受 NE 向的盆中深断裂（枞阳–黄屯隐伏断裂）控制，初始岩浆缘于幔源玄武岩浆的多次底侵，经过 MASH 过

程堆积在下地壳底部，然后以"管道"形式迁移到中地壳（脆性-塑性过渡带）聚集，形成二级岩浆房。在伸展作用下，继续沿断裂带侵入到上地壳（三级岩浆房），或喷发到地表。

（3）从反射地震的反射特征及相互关系可以看出，研究区至少经历了两期造山运动，即中、晚三叠世华北板块与扬子板块的碰撞造山和中、晚侏罗世的陆内造山。现今的地壳结构主体受陆内造山的影响。陆内造山阶段 NW-SE 向的挤压造成中上地壳强烈变形，逆冲、推覆、叠瓦、同心褶皱等构造现象十分常见。中地壳既保存有反映挤压变形的叠瓦和双重构造样式，又保存有反映伸展阶段的"布丁"构造和"胀缩（pinch-and-well）"构造样式。

（4）反射地震发现，地壳从挤压变形转换到伸展变形，区域上具有明显的不均匀性，这种不均匀性造成了上地壳出现"堑""垒"相间的结构。一些控制盆地发育的基底滑脱构造（如滁河断裂）表现出区域活动强度和方式的变化，呈现出受热、岩浆活动和区域变形相互影响的特点。

2. 提出了矿集区上地壳东西"两拗一隆"、南北"北隆南拗"阶梯式向北抬升的结构框架，认为"沿江断裂带"为大型逆冲断裂系统

（1）结构上，矿集区东西由"两拗一隆"构成。即西侧的潜山-孔城拗陷、东侧的庐枞火山拗陷，中间夹一基底隆起带。基底隆起带大致沿义津—罗河—缺口一线分布，由古生界—中生界地层组成。两个拗陷内部结构南北有别，大致以汤家院-砖桥断裂为界，南北基底呈现"北隆南拗"的特点。北部"隆起区"基底由中生界或古生界地层构成，南部"拗陷区"基底可能以早、中侏罗世沉积为主。该发现进一步扩大了在火山岩盆地北部火山岩层之下寻找斑岩型、夕卡岩型铜铁矿床的远景。

（2）庐枞火山岩盆地呈不对称"箕状"，四周由向盆内倾斜的边界断裂围限（图1.2），即西侧的罗河-缺口断裂（BF1）、南侧的义津-陶家巷断裂（BF3）、东侧的陶家湾-施家湾断裂（BF2）和北侧的庐江-黄姑闸-铜陵拆离断层（LHTD）。北、东边界断裂（BF2、LHTD）为深断裂，控制盆地的发展与演化。庐枞火山岩盆地的东北侧，发现相对完好的早、中侏罗世沉积盆地，盆地呈 NWW-SEE 走向，深达 5.0 km，可能是印支期陆-陆（SCB 与 NCB）碰撞后伸展阶段形成的盆地。

（3）构造上，矿集区存在"三横六竖"断裂系统。最北侧的庐江-黄姑闸-铜陵拆离断层为重要的区域深大断裂，向东一直延伸到杭州湾，往西或与信阳-舒城断裂相接，在区域构造演化中具有重要意义。其南侧的汤家院-砖桥断裂将庐枞火山岩盆地和潜山-孔城拗陷分为南北两部分，并与 LHTD 一起构成区域"北隆南凹"的两级台阶。从西向东，可以识别出 6 条 NE-SW 走向的断裂，依次为：郯庐、滁河（CHF）、罗河-缺口、枞阳-黄屯、陶家湾-施家湾断裂和沿江断裂带。沿江断裂带首次确定为逆冲断裂系；控制潜山-孔城拗陷的滁河断裂（CHF）为一反转正断层，早期可能为逆冲断层。枞阳-黄屯基底断裂控制庐枞火山岩盆地，而且是深部岩浆活动的主要通道。

3. 初步实现了矿集区 5 km 的"透明"化，给出了主要岩体、古生界地层、火山岩、沉积盆地的空间分布

（1）在地震剖面约束下，利用重磁三维反演技术建立了矿集区面积约 6574 km²、深度

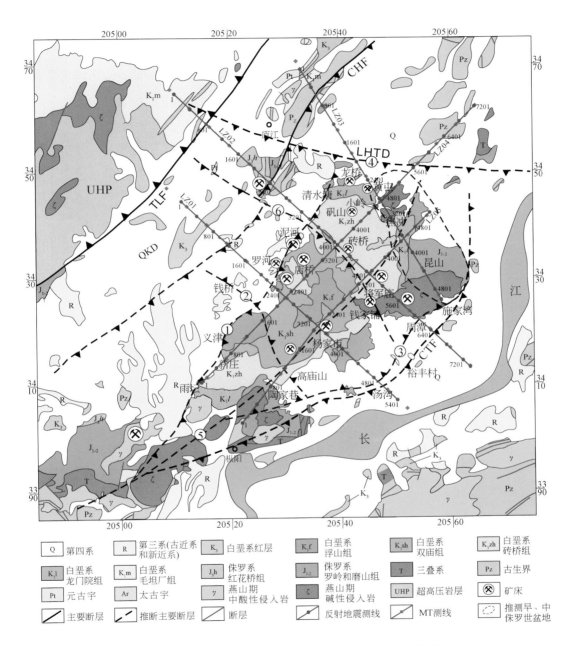

图 1.2　庐枞矿集区上地壳结构与断裂系统综合解释结果

TLF. 郯庐断裂；CHF. 滁河断裂；CTF. 长江逆冲断裂；QKD. 潜山–孔城拗陷。①罗河–缺口断裂（BF1）；②义津–陶家巷断裂（BF3）；③陶家湾–施家湾断裂（BF2）；④庐江–黄姑闸–铜陵拆离断层（LHTD）；⑤枞阳–黄屯基底断裂（CFZ）；⑥汤家院–砖桥断裂。(注：断裂系统的推断综合考虑了反射地震和重磁边缘检测结果)

范围至地下 5 km 的三维地质模型（图 1.3）。给出了深部地质体的几何形态、深度范围和物性分布，分析了基底、岩体、矿体、地层之间的空间分布关系。

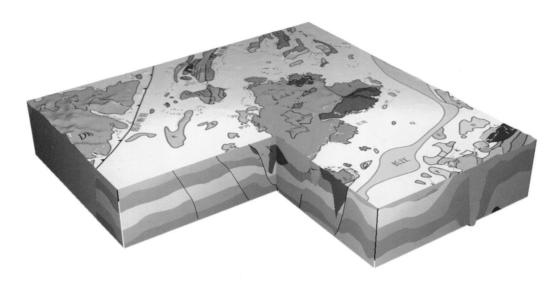

图 1.3　庐枞矿集区三维地质模型

（2）庐枞盆地深部分布大面积形态复杂的正长岩和中酸性岩体，多位于深部断裂交汇处，岩体在深部有连成一体的趋势。

（3）庐枞火山岩盆地边界清晰，盆地直接基底侏罗系地层在罗河–缺口断裂西侧展布平缓，没有明显构造变化，因此，综合地球物理探测和三维地质建模结果显示，罗河–缺口断裂西侧白垩纪红盆之下不存在另一半"火山岩盆地"。

二、探测技术进步

矿集区开展综合地球物理探测面临诸多挑战：①地质结构复杂，地层严重变形，构造和岩浆活动强烈；②岩石密度（速度）差异较小、成层性差，导致反射信号微弱；③各种电磁干扰、矿山振动、人文干扰严重影响地球物理数据采集的品质。

针对上述问题的主要技术创新：

1. 硬岩区反射地震技术

（1）形成了适合火山岩、灰岩等硬岩地区的反射地震数据采集集成技术。主要包括：基于波动方程模型正演和照明的观测系统优化设计方法；基于精细表层参数调查的井深设计技术；缓冲激发与泥浆闷井技术；宽线接收技术。

（2）优化了适合于矿集区复杂地表和结构的地震数据处理技术流程。主要包括：首波层析静校正技术，地表一致性处理技术（振幅处理、反褶积），叠前噪声衰减技术，深部高精度速度分析方法，剩余静校正技术，基于起伏地表的叠前时间偏移技术等，实现了硬岩区高质量反射地震成像技术的集成创新。

2. 电磁探测技术

（1）在数据采集方面，提出了时空阵列电磁数据采集和处理方法，可有效实现平面波阻抗与非平面波阻抗的分离，阵列越大、采集时间越长，去噪效果越好。

（2）提出了多种有效的电磁噪声压制和去除技术。根据天然电磁场源随机性、信号微弱且易受干扰的特点，提出了利用 Hilbert 时-频能量谱对大地电磁信号进行时段筛选，以提高信号品质的技术；提出了利用经验模态分解方法及其多尺度滤波特征，有效地分析 MT 信号中的噪声分布特征，并进行干扰压制的方法。提出了基于数学形态学的信噪分离方法，探讨了传统形态滤波、广义形态滤波和多尺度形态滤波的大地电磁强干扰分离方法，有效改善了大地电磁视电阻率和相位曲线形态。

（3）针对 MT、AMT 数据的"死频带"数据畸变问题，提出了基于 Rhoplus 分析的校正方法，给出了该方法的适用条件、关键技术与评价方案，提供了大量实测数据证明了其应用效果。

（4）在二维/三维电磁正反演技术方面，提出了一个新的非线性共轭梯度预处理因子，实现了大地电磁场 NLCG 三维反演，减少了对初始模型的依赖。通过并行计算方案，实现了 PC 机上的高效三维反演。实现了有限元-无限元结合的三维电磁正演和反演，极大地减少了计算区域和时间；提出了虚拟场结合多级展开的快速正反演计算策略。

3. 重磁处理和三维建模技术

（1）基于 GPU 并行计算方案，实现了任意形体重磁三维正演计算和海量数据的三维反演。

（2）完善和改进了基于三维重磁反演的多尺度边缘检测技术，发展了基于重磁三维物性反演的三维岩性填图技术。

（3）提出了地质-地球物理约束下"拼贴式"三维建模方法技术。该方法基于离散体的人机交互重磁三维反演技术，在构造模式、钻孔资料和反射地震剖面的约束下，实现矿集区 5 km 的"透明化"。在庐枞、铜陵等矿集区和矿田三维建模中取得较好的应用效果。

三、区域成矿模式与深部成矿预测

1. 建立了矿集区典型矿床及区域成矿模式

（1）建立了泥河铁矿两期成矿模式。即中、晚三叠世含膏盐地层的沉积作用期（预备成矿期）和早白垩世的岩浆热液成矿期。该模式认为玢岩型铁矿床的形成与膏盐层关系密切，除辉长闪长玢岩以外，膏盐层为泥河矿床提供了大部分硫和矿化剂元素，还为岩浆热液的侵位和运移提供通道。

（2）建立了庐枞矿集区区域成矿模型。该模型总结了不同类型矿床的空间分布及控矿要素，包括盆地内部正长岩中发育的脉状铁矿化；盆地内部受断裂控制的脉状铜矿；盆地内部与正长岩有关的铀矿化；盆地外缘 A 型花岗岩中受断裂控制的脉状铁矿化；盆地外缘 A 型花岗岩及其接触带砂岩中的铀矿化和玢岩型铁矿化。盆地中的玢岩型铁矿化主要发育在闪长玢岩体与火山岩地层及基底地层的接触带。

2. 开展了玢岩型、斑岩型矿床深部探测方法试验，评估了方法的应用效果，建立了两种矿床类型的综合找矿模式

（1）对泥河玢岩型铁矿开展了 AMT、CSAMT、TEM 和 SIP 四种电磁探测方法试验，结果显示各方法对火山沉积岩和次火山岩体电性特征的宏观反映大体一致，但细节上存在差异。总体上，电阻率的分布可以大致反映次火山岩体和火山沉积岩的范围和形态，一些方法或对浅色和深色蚀变的空间分布范围有一定分辨力。

（2）提出了利用"重、磁局部同高异常圈定矿体位置、电磁法大致确定矿体深度"的玢岩型铁矿找矿方法组合。强调"重磁位场分离"和"全三维反演"在玢岩型铁矿深部勘查中的重要作用；认为"全三维反演"技术是认识矿床三维空间结构的可靠手段，其结果或可以用来估算资源储量。

（3）对沙溪斑岩型铜矿区开展了 AMT、CSAMT、TEM 和 SIP 方法试验，结果表明 AMT 等方法可以有效揭示深部岩体的空间分布，对间接预测矿体十分有用。通过三维可视化平台建立了石英闪长岩体三维电阻率模型，很好地展示出了呈瘤状的石英闪长斑岩体在深部的分布状态，为矿区及外围找矿提供了参考。

（4）提出了斑岩型铜矿综合勘查技术模型，即"重磁和 AMT 确定岩体深度和形态，激电确定异常性质"。通过对沙溪铜矿及周边重力、磁力数据的三维反演，结合大地电磁、音频大地电磁和地质解释，推测沙溪主矿体东侧可能还存在两个岩枝，并指出沙湖山和夏家墩等地是寻找斑岩型铜金矿的有利地段；凤台山西部也有可能存在隐伏矿体，是深部找矿的有利靶区。

3. 预测了一批深部找矿靶区，2000 m 异常验证钻探取得重大找矿线索，发现了新类型铀矿化，提出了铀矿化新认识

（1）发现了一批地球物理、地球化学找矿新线索；预测了一批成矿远景区：井边–巴家滩铜铀成矿远景区，沙溪铜矿外围铜成矿远景区，岳山铅锌矿外围铜铅锌银金成矿远景区；大矾山深部铁铜矿成矿远景区，罗河–泥河外围玢岩型铁硫矿成矿远景区等。

（2）深部异常验证钻取得重大找矿发现。γ 测井和钻孔岩心分析显示，在钻孔深度 $1500 \sim 1740$ m 的正长岩中，发现高强度铀矿化，U 异常高于万分之一的岩心厚度累计约 97 m；1848 m 以下的二长岩局部也出现 U 异常。

（3）提出深部铀矿化为交代碱性岩复合型铀矿的新认识。通过对铀矿化体的岩石学、矿物学、蚀变特征和含矿岩石的年代学研究，发现 U 富集存在两期，即岩浆期和岩浆期后热液期，兼具碱性岩型铀矿和交代岩型铀矿特征，属于交代碱性岩复合型铀矿。并认为它不同于庐枞盆地南缘产于黄梅尖和大龙山岩体旁侧砂岩中的以沥青铀矿和铜铀云母为主的低温铀矿，属于庐枞矿集区的一种新型铀矿；但二者均与正长岩有密切成因联系，前者代表了庐枞盆地中与正长岩有关的铀成矿系统的深部高温端元，后者属于系统演化晚期的浅部低温端元。

第二章 区域地质背景

庐枞矿集区地处安徽省庐江县（庐）和枞阳县（枞）之间，大地构造上位于长江中下游断陷带内，扬子板块的北缘，郯庐断裂带的南段，矿集区西北部的沙溪地区毗邻大别造山带东侧（图2.1）。庐枞矿集区是长江中下游成矿带中最重要的矿集区和断凹区之一，与位于断隆区的铜陵矿集区和安庆–贵池相邻（常印佛等，1991；翟裕生等，1992；唐永成等，1998；Pan and Dong，1999；毛景文等，2004；周涛发等，2008a，2010，2012a；吕庆田等，2012；董树文等，2007，2011）。

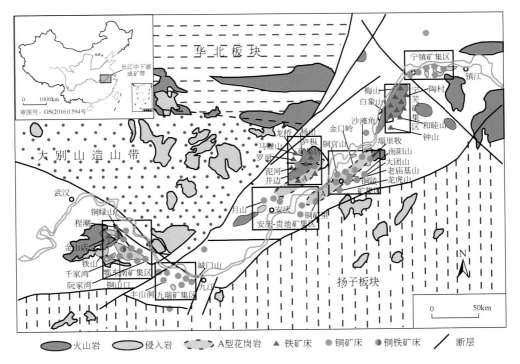

图2.1 长江中下游地质矿产略图（底图据翟裕生等，1992修改）

第一节 基底与盖层

长江中下游地区，沉积地层主要为震旦纪至侏罗纪的沉积地层，而前震旦纪的沉积变质岩系仅零星出露（常印佛等，1991），主要为怀宁董岭地区出露的古、中元古界董岭群。庐枞矿集区内出露的地层主要有志留系、泥盆系、石炭系、二叠系、三叠系、侏罗系、白垩系及第四系，其中，寒武—奥陶纪碳酸盐岩及碎屑岩主要出露于庐枞矿集区北部盛桥－东顾山地区，志留纪至中三叠世地层主要出露于庐枞火山岩盆地周边，盆地内部主要由早白垩世陆相火山岩构成，火山岩盆地的直接基底地层为中侏罗统罗岭组（图2.2）。

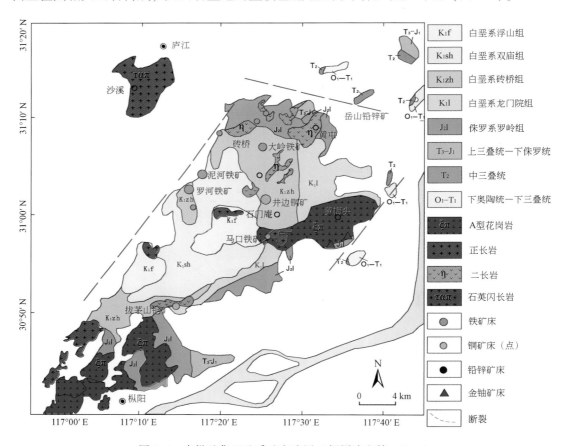

图2.2　庐枞矿集区地质矿产略图（据周涛发等，2010）

庐枞盆地的火山岩由老至新划分为龙门院旋回、砖桥旋回、双庙旋回和浮山旋回（图2.3）。火山岩层的分布特征呈半环形，由老到新，从盆地北、东和南部向盆地西部及中心地区依次分布。在岩性上每一火山旋回由爆发相开始，此后溢流相逐渐增多，最后以火山沉积相结束。喷发方向由裂隙－中心式向典型的中心式喷发发展。Zhou等（2008）对庐枞盆地的火山岩进行了锆石 U-Pb 年代学研究，得到了盆地内四个旋回火山岩的形成时代分别为：龙门院旋回 134.8±1.8 Ma，砖桥旋回 134.1±1.6 Ma，双庙旋回 130.5±0.8 Ma，浮山旋回 127.1±1.2 Ma，表明庐枞盆地四个旋回的火山岩形成时间均为早白垩世。四个旋回火山岩的基本特征简述如下：

龙门院旋回：以安山质熔岩、角砾凝灰岩为主，自上而下可分为三个喷发－沉（堆）积韵律层，分属上、下两段。下段（第一韵律层）：为紫色玄武粗安质厚层火山角砾岩、细斑粗安质角砾熔岩。上段下部（第二韵律层）：为韵律层中细斑角闪粗安岩、角砾熔岩和凝灰熔岩，灰色薄层沉凝灰岩，大于 140 m。上段上部（第三韵律层）：为黄褐色中斑角闪玄武粗安岩、灰紫色厚层晶屑凝灰岩，大于 150 m（图 2.3）。

组		厚度/m	岩性柱	成岩时代/Ma	主要岩性
浮山组	上段	>293		127.1±1.2	粗面岩
	下段	161~462			粗面质熔结凝灰岩, 凝灰角砾岩
双庙组	上段	>88			玄武粗安岩夹凝灰质粉砂岩
	中段	>300		130.5±0.8	上部为含角砾粗面玄武岩、粗面玄武角砾熔岩 下部为灰色深灰色粗面玄武岩夹紫红色凝灰质粉砂岩
	下段	>200			上部为厚层复成分凝灰角砾岩、集块岩, 夹凝灰质粉砂岩 下部为紫红色粉砂岩(含钙质结核), 凝灰质粉砂岩
砖桥组	上段	152~303			辉石粗面安山岩夹角砾凝灰岩、凝灰岩、沉凝灰岩
	中段	>400			沉凝灰岩, 凝灰质砂岩、页岩
	下段	>530		134.1±1.6	上部为灰绿色粗安岩、晶屑凝灰岩、沉凝灰岩 中部为淡紫红色角砾熔岩、沉角砾凝灰岩、凝灰角砾岩 下部为灰黑色角砾岩、沉凝灰角砾岩、沉凝灰岩
龙门院组	上段	>290			上部黄褐色中斑角闪安山岩、灰紫色厚层晶屑凝灰岩 下部角闪安山岩、角砾熔岩和凝灰熔岩、凝灰质粉砂岩
	下段	>150		134.8±1.8	紫色安山质厚层火山角砾岩, 灰绿色角闪粗安岩

图 2.3 庐枞矿集区火山岩地层柱状图

砖桥旋回：分为上、中、下三段。下段以粗安质角砾岩、沉凝灰岩为主，与下伏龙门院组呈喷发不整合接触，进一步划分为三个韵律层：第一韵律层，灰黑色角砾岩、沉角砾凝灰岩、晶屑凝灰岩、沉积凝灰岩，有沉积（热泉沉积或热液沉积）型黄铁矿、中厚层赤铁矿、铁碧玉岩、硅质岩或次生石英岩发育，大于 200 m；第二韵律层，浅紫红色角砾熔岩、沉角砾凝灰岩、凝灰角砾岩，夹泥质粉砂岩、角砾晶屑凝灰岩，厚度变化大，大于 80 m；第三韵律层，灰绿色粗安岩、底部角砾凝灰岩、晶屑凝灰岩、沉积凝灰岩、上部凝灰质粉砂岩，大于 250 m。中段以沉积凝灰岩、灰质砂岩、页岩为主，具有韵律层状构造，夹粗安岩，常见明矾石化、硅化、高岭土化、厚度大于 400 m，但不稳定，常有较大变化。上段以辉石粗安岩为主，也见有角砾凝灰岩、凝灰岩、沉积凝灰岩，厚度大于 150 m（图 2.3）。

双庙旋回：分为上、中、下三段，以粗面玄武质、玄武粗安质火山岩为主，与下伏砖桥旋回呈不整合接触。下段，第一韵律层：紫红色粉砂岩（含钙质结核）、凝灰质粉砂岩，夹凝灰角砾岩，厚 17 m；第二韵律层：厚层复成分凝灰角砾岩、集块岩，夹凝灰质粉砂岩，厚度大于 180 m。中段，第一韵律层：灰色深灰色粗面玄武岩，夹紫红色凝灰质粉砂岩，局部夹有橄榄粗面玄武岩；第二韵律层：含角砾粗面玄武岩，粗面玄武质角砾熔岩、灰黑色粗面玄武玢岩，两者逐渐过渡，厚度大于 300 m，但不同剖面厚度变化很大。上段，为玄武粗安岩夹凝灰质粉砂岩，厚度大于 88 m（图 2.3）。

浮山旋回：以粗面质火山岩为主。下段为粗面质熔结凝灰岩、凝灰角砾岩，厚度 160 m 左右。上段为粗面岩，厚度大于 293 m（图 2.3）。

矿集区西北部沙溪地区出露地层主要有志留系（高家边组、坟头组）、侏罗系（磨山组、罗岭组）、白垩系（杨湾组）及第四系，其中，志留系、侏罗系地层主要出露于矿区中部，白垩系地层零星分布在矿区西南和东南边部的地势低平处，而在矿区内的早白垩世陆相火山岩（毛坦厂组）主要分布于矿区的西北和东南部，该火山岩系不整合覆盖于侏罗系地层之上，并被后期的白垩系地层不整合覆盖。

第二节　构　　造

一、基底构造

庐枞矿集区主要由中生代火山–沉积岩系构成，关于其基底组成尚有不同意见，任启江等（1991）认为火山岩直接基底主要为中上三叠统东马鞍山组、铜头尖组、拉犁尖组的碎屑岩、膏盐层，以及中下侏罗统磨山组、罗岭组的陆相碎屑沉积建造。汤加富等（2003）提出应存在由新元古代以前的变质杂岩（相当于大别杂岩、阚集杂岩）所组成的变质基底，新元古代—中三叠世末盖层系列组成褶皱基底，印支期存在两期褶皱变形，印支早期为垂直于现今构造带方向的 NWW 向紧密平卧褶皱，印支主期为 NNE–NE 向线形褶皱，这可能是沙溪矿田所在地区西北部的基底。长江断裂和郯庐断裂两个主干断裂系的复合构成了研究区的基底构造格架和基础。

二、褶皱构造

庐枞盆地内褶皱不发育，大多为轴向 NE50°～60°的小型褶皱（长数十米，宽 10 m 左右）。断裂可分 4 组：NE（10%，以右行剪切为主）–NEE 向（挤压–剪切–引张），近 NS 向（54%，以左行剪切为主），近 EW 向（20%）和 NW 向（16%，以剪切为主）。

庐枞盆地西北外缘的沙溪矿区褶皱较为发育，主要发育菖蒲山–盛桥复式背斜，该背斜北自盛桥入境，经龙池山、东顾山、县城至菖蒲山，总长约 37 km，宽约 5 km。其核部最老地层为震旦系灯影组，两翼地层从寒武系至侏罗系。褶皱复杂，不同地段变化较大，因构造破坏而不完整。呈紧闭线状褶皱，轴向 NE–SW（30°左右），包括若干个不完整的背斜和向斜构造。

三、断裂构造

庐枞盆地的基底为拗断型构造（图2.4），矿集区由四条边界断裂控制，盆地边界也受断裂影响，盆地基底东浅西深，被四组断裂切割形成。

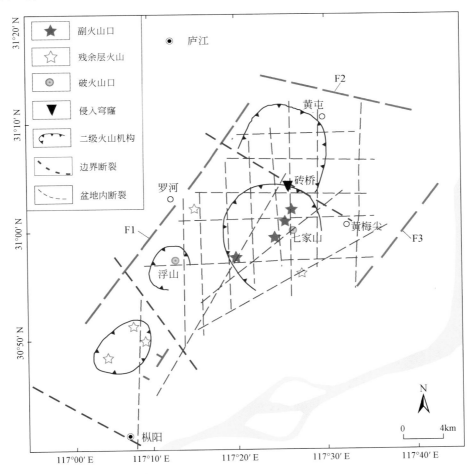

图2.4 庐枞地区构造及火山机构图（据任启江等，1991修改）

庐枞盆地内共有5条NE-NEE向，8条NS向，7条ES向和3条NW向基底主干断裂。其中裴岗-罗河-义津桥-练潭断裂（F1，NE向）、长江断裂带（NEE向）、黄姑闸-芜湖断裂（F2，EW向）以及襄安镇-大通镇断裂（F3，近NS向）是庐枞矿集区的边界断层。NE向的黄屯-枞阳断裂制约了庐枞地区铜、金、硫矿化带的总体布局。

庐枞盆地外围的沙溪矿区断裂发育，区内断裂主要可归并为四组方向，即近EW向、NE向、NNE向和NW向，其中NNE向断裂带最为发育，NE向断裂次之。

四、火山构造

庐枞矿集区内中生代火山活动强烈。区内的火山岩的岩相类型有：火山口、近火山口的爆发碎屑相，火山口、近火山口的爆发火山灰流相，火山泥流相、喷发沉积相、岩流相、火山管道相和次火山岩相等。沙溪地区福泉山及其以西，菖蒲山西北、沙湖山东南产出毛坦厂组火山碎屑岩和熔岩。

庐枞盆地内火山构造可分为三个级次：一级火山构造——庐枞火山构造洼地；二级火山构造——破火山口、层状火山残余、穿窿状副火山、侵出穿窿、岩颈等组成的中型联合火山构造区；三级火山构造——环形构造，环带内放射状断裂、裂隙发育。庐枞矿集区内大致有 5 个二级火山构造区（图 2.4），即北部（以矾山—何家小岭为中心）、中东部（以七家山破火山口为中心）、中西部（以大包庄地区为中心）、西南部（以浮山破火山口为中心）和南部火山构造区（会宫一带），形成时间上，北部略早，南部稍晚。其中，龙门院旋回和砖桥旋回的火山活动主要发育于北部和中西部，出现负向火山构造洼地；而中东部和西南部的火山构造区主要发育于双庙旋回和浮山旋回。

第三节　侵　入　岩

庐枞矿集区内侵入岩分布广泛，侵入岩体规模大小悬殊，计有各类侵入岩体 40 余个，重要的侵入岩体有：沙溪岩体、黄屯岩体、巴家滩岩体、毛王庙岩体、巴坛岩体、矾山-石马滩岩体、大缸窑岩体、黄梅尖岩体、城山岩体和枞阳岩体等（图 2.5）。此外，矿集区内还发育若干次火山岩，它们主要侵入于火山岩系中，少数侵入于前火山岩系地层中，大多呈岩墙、岩床、岩枝、岩瘤、岩株及不规则体等产出，其分布主要受深部隐伏断裂的控制，其次则受火山岩的原生环状、放射状等断裂控制。

庐枞盆地内侵入岩可划分成早、晚两期，早期侵入岩主要为二长岩和闪长岩类，以沙溪岩体、黄屯岩体、巴家滩岩体、焦冲岩体、龙桥岩体、谢瓦泥岩体、尖山岩体和拔茅山岩体为代表，成岩时代为 134～130 Ma；晚期侵入岩分为两类，第一类主要为正长岩类，以巴坛岩体、大缸窑岩体、罗岭岩体、龙王尖岩体和凤凰山岩体等为代表，成岩时代为 129～123 Ma；第二类主要为 A 型花岗岩，以枞阳岩体、花山岩体、城山岩体和黄梅尖岩体为代表，A 型花岗岩的成岩时代为 126～123 Ma（图 2.5）。

早期侵入岩体主要分布在庐枞盆地北部，侵入的围岩主要为砖桥组火山岩，侵入岩与砖桥旋回火山岩浆活动关系最为密切，岩体侵位受火山结构和北东向构造联合控制（图 2.5）。早期岩体的成岩时代（134～130 Ma）与早期火山岩浆活动（砖桥旋回和龙门院旋回）的时间（134～130 Ma）一致或相近，说明早期侵入岩浆活动与龙门院旋回和砖桥旋回火山岩浆活动基本对应，二者应为同一岩浆活动不同形式的产物。

晚期侵入岩主要分布在庐枞矿集区南部和东南部（图 2.5），侵入围岩主要为前火山岩系的罗岭组沉积岩地层，大部分岩体与同期火山岩在空间上分离（仅个别岩体受火山机构控制），岩体的排列及长轴均以北东向者居多，尤其受矿集区内黄屯-巴家滩-柳峰山-枞阳基底断裂控制，而受火山机构因素影响较小。晚期侵入岩体的成岩时代（129～123 Ma）与晚期的双庙旋回和浮山旋回火山岩浆活动的时间（130～127 Ma）相近，该阶段岩浆侵入活动可能与庐枞盆地晚期火山岩浆活动相对应。

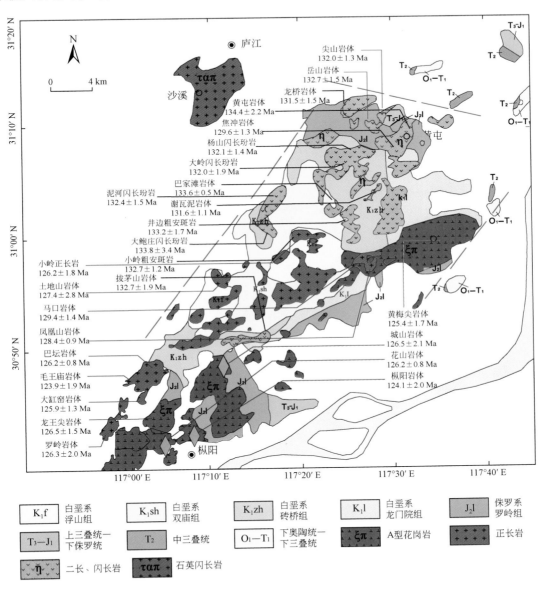

图 2.5　庐枞盆地岩浆岩时空分布图（据周涛发等，2010 修改）

晚期侵入岩中部分岩体属 A 型花岗岩，均产于庐枞矿集区东南缘，成岩时代 126～123 Ma（图 2.5），以枞阳岩体，黄梅尖岩体等为代表，其形成时代稍晚于庐枞矿集区最晚喷发的浮山组火山岩（127.1±1.2 Ma），而明显晚于庐枞矿集区内龙门院组、砖桥组和双庙组火山岩以及早期二长岩侵入体的形成时代（134～130 Ma），这类A型花岗岩的空间分布主要受区域北北东向断裂控制，其时代与最晚期浮山旋回火山活动的时间相近，研究表明A型花岗岩可能与最晚期浮山旋回火山活动在深部源区上有一定的联系（范裕等，2008；周涛发等，2010），但其岩浆侵位的构造控制因素与矿集区内火山机构无关（图2.5）。庐枞矿集区西北部的沙溪岩体形成于130 Ma（图2.5），对应于盆地内部早期侵入岩，岩体呈岩枝状侵入志留系高家边组砂岩中，岩体侵位主要受矿区内褶皱和断裂系统控制，与盆地内的火山机构无关。

第四节　区域矿产

庐枞矿集区内矿产资源丰富，目前已探明矿种20余种，包括铁、硫、铜、铅锌、银、明矾石、石灰岩、高岭土、金和铀等。典型矿床以罗河铁矿、泥河铁矿、大包庄硫铁矿、龙桥铁矿和岳山铅锌矿等为代表。据不完全统计，矿集区内共发现矿床（矿点）169个，其中大型6个、中型9个、小型14个、矿（化）点140个。按矿种计，铁矿24个、铜矿102个、铁铜硫硬石膏共生矿2个、铁硫硬石膏共生矿1个、铁铜硫共生矿1个、铁硫共生矿3个、铁金矿3个、铁锰矿5个、铅锌矿4个、硫铁矿2个、明矾石矿19个、重晶石矿2个、萤石矿1个。

矿床主要集中在庐枞盆地北部及盆地北西侧沙溪地区，庐枞盆地南部仅有少量的脉状铁铜矿床和铀矿床产出。铁矿、硫铁矿是庐枞矿集区的优势矿产资源，罗河、泥河和龙桥铁矿储量均达到大型规模，罗河、泥河、大鲍庄硫铁矿储量也达到大型规模。庐枞矿集区是我国第二大明矾石产地。庐枞矿集区仅有盆地外缘沙溪铜矿床储量达到大型规模，盆地内产出4处小型脉状铜（金）矿。2012年前，庐枞盆地内规模以上铅锌矿仅有盆地北部的岳山铅锌矿床，2013年安徽省地质矿产勘查局在黄屯地区又探明一处大型铅锌矿床——朱岗铅锌矿床。

根据成矿物质来源、成矿环境、成矿作用及成矿方式等因素，将区内各矿床、矿化点进行归纳，主要划分为六种类型，各类型矿床特征分述如下：

（1）玢岩型铁硫矿床，以罗河铁矿床和泥河铁矿床为代表。矿床在时空上与次火山岩侵入活动（喷发中心或喷发带）有着密切联系，赋矿围岩主要为砖桥组下段粗安岩和火山碎屑岩，成矿作用与深部隐伏辉石闪长玢岩关系密切。

（2）层控-热液叠加改造型，以龙桥铁矿床为代表。赋矿层位为三叠系周冲村组，与成矿有关的侵入岩为辉石闪长岩。

（3）斑岩型，以沙溪矿床为代表。沙溪铜矿床的主矿体产于斑岩体中（主要为石英闪长斑岩和黑云母石英闪长斑岩），少部分矿体产于岩体旁侧的砂页岩中。沙溪矿床具有典型的斑岩型铜矿床蚀变矿化分带，岩体内的裂隙构造为本矿床的主要赋矿空间。矿化与热液蚀变作用关系密切，铜矿化主要产于钾质蚀变带与青磐岩化叠加蚀变带。

（4）热液充填交代型：均为中小型铜矿床，以井边铜矿床为代表。矿体呈脉状产于砖桥组下部辉石粗安岩、凝灰岩及砖桥旋回火山构造破碎带中，矿脉以安山斑岩和闪长斑岩为主要围岩。

（5）火山喷发-沉积型矿床：以盘石岭铁矿为代表，矿体主要产于砖桥组沉凝灰岩中，与围岩层理平行产出。矿石和围岩显轻微热液蚀变，有碧玉化、绢云母化、镜铁矿化、黄铁矿化及高岭土化。

（6）风化淋滤型铁锰矿，均为小型矿点。

第三章　反射地震探测与地壳结构

广泛用于能源勘探的反射地震探测是深部探测最具有前景的技术，该技术理论成熟，分辨率高，探测深度大，在深部探测方面具有明显的优势。近年来，随着反射地震技术的巨大进步和对成矿系统研究的深入，以及经济发展对深部找矿的需求，勘探学家已将此技术广泛应用在金属矿勘查中，将重要成矿带和矿集区深部结构探测与成矿学研究密切结合，探索大型矿集区和巨型矿床形成的深部控制因素，开展不同构造环境下控矿构造、深部矿体的反射地震探测研究，开辟了成矿学研究和深部找矿的新思路，取得了重大进展，在金属矿集区（硬岩区或结晶岩区）成效显著（Salisbury et al.，1996，2003），并逐渐形成了新的应用技术。例如，加拿大岩石圈探测计划（Lithoprobe）利用反射地震技术，对各种构造环境下的矿集区深部结构开展了探测研究（Clowes，1997），直接揭示控矿构造的空间形态和深部延伸，甚至直接探测块状硫化物矿体。在我国，随着国民经济发展对矿产资源需求量的增加，利用深地震反射剖面技术进行第二深度空间找矿越来越引起有关方面的重视，并且在铜陵矿集区等地区进行了有益的探索和研究（滕吉文，2003；吕庆田等，2003，2004）。国内一些研究者在铜陵矿集区、庐枞矿集区、内蒙古拜仁达坝多金属矿区等开展了反射地震方法在金属矿中应用的一些试验和研究，取得了较好的效果（吕庆田等，2005，2009，2010；徐明才等，2007）。

为什么在长江中下游成矿带如此狭窄的空间内发生了如此大规模的巨量金属富集，长期以来一直是矿床学家的难解之谜。探测成矿带所根植的深部地壳结构，分析控制区域成矿作用的动力学演化过程对理解成矿带的成因机制、预测新的矿集区至关重要。

地壳深部结构和物质组成保留着其形成和动力学演化过程中重大地质事件留下的痕迹，比如造山、伸展、拆沉、底侵等。使用现代地球物理技术，特别是反射地震技术对地壳结构进行精细成像，可以推演过去曾经发生的重大地质事件，从而可以了解巨量金属富集的深部奥秘。

第一节　反射地震数据采集

一、剖面部署

1. 剖面位置

根据探测总体设计，穿过庐枞矿集区重要重、磁异常部位部署了 5 条相互交叉的反射地震剖面（图3.1，图3.2），查明矿集区火山岩内部反射结构、下伏基底结构框架，阐明盆地构造演化过程及与邻区构造的关系，揭示长江中下游成矿带深部构造背景和动力学过程，发现控矿构造，推断岩浆活动，指导深部找矿。

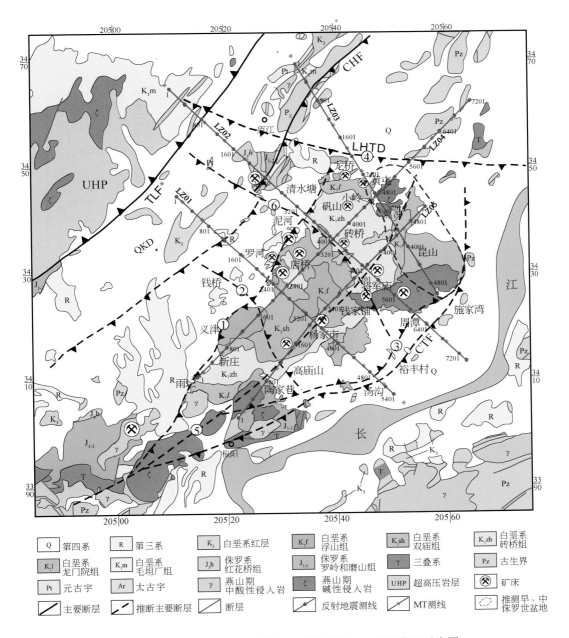

图3.1　庐枞地区周边地质简图及反射地震和MT剖面位置示意图

沿剖面数字为CDP点号；图中断裂位置及性质已修改；断层编号及名称同图1.1

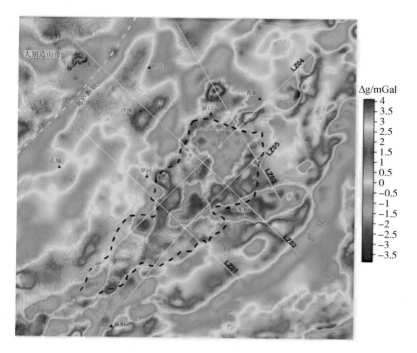

图 3.2　庐枞盆地重、磁异常与反射地震剖面位置叠合图

采集工区行政上位于安徽省境内,测线跨庐江县、铜陵县、桐城县、枞阳县和无为县,工区范围:东经 116°43′～117°56′,北纬 30°36′～31°21′。

北西-南东向剖面 3 条,大致垂直火山岩走向,穿过郯庐断裂、孔城凹陷、火山岩区和长江断裂带;北东-南西向剖面 2 条,北起杨家桥基底隆起,近乎平行穿过火山岩区,向南终止于侏罗系罗岭组分布区。

实际完成野外工作量情况见表 3.1。

表 3.1　测线工作量情况一览表

测线号	完成炮数	满覆盖长度/km	测线长度/km	备注
LZ01	637	42	60.14	
LZ02	878	63	80.18	宽线
LZ03	576	39	54.72	
LZ04	887	63	75.14	
LZ05	626	43	55.88	折线
合计	3604	250	326.06	

2. 工区地震地质概况

工区地表岩性分布复杂,出露地层主要为白垩系、侏罗系砂岩及燕山期的侵入岩、次火山岩,其中以晚侏罗世—早白垩世火山岩地层为主。周边为白垩系—第三系(古近系和新近系）及第四系地层。

区内障碍物分布众多，主要为长江、湖泊、山峰、厂矿、高速公路、省道及大型乡镇城区。工区中部的山区，地形高陡、切割剧烈，以及地表植被茂密，是影响炮检点布设的主要因素。

重大干扰源分布多。矿集区周边乡镇较密集，水产养殖、采矿、水利电力措施都会产生干扰；高速公路、长江大桥、铁路、省道上车辆行驶频繁，会对采集产生一定干扰；长江的轮渡、航运、采沙和造船也会产生较大干扰。采集干扰控制是本工区采集的一个重点。

深层地震地质条件复杂。区内白垩纪火山岩厚度约 3 km，从浅到深依次为火山沉积岩、次火山岩和深层侵入岩（董树文和李廷栋，2009；吕庆田等，2010）。

周边资料显示，白垩纪沉积盆地之下存在两组强反射层，同相轴连续。火山岩盆地内反射较差，表现为多部位反射能量较弱或无明显反射，火山岩下几乎没有明显同相轴。火山岩的广泛存在造成资料能量弱、信噪比低。

3. 采集难点及对策

难点：①火山岩广泛分布且厚度大，造成其内部及下伏地层反射能量弱，信噪比低；②高陡山区硬岩出露，激发接收效果差，影响资料品质；③水网广泛分布，炮点检波点布设困难，激发接收效果差；④障碍物众多，影响炮点和检波点正常布设；⑤重大干扰源多，造成资料噪声大，严重影响信噪比。

对策：这些难点主要集中在火山岩、山区、障碍物和重大干扰源上。这几方面对资料品质影响最大，采集技术研究以解决以上问题为主。为此，开展了：①基于波动方程正演的观测系统设计，解决火山岩、山区和过障碍物区的炮点设计和接收排列问题，力求达到地震波对地下目标的均匀照明；②通过逐点设计井深，解决山区、过渡带等复杂地表的激发深度问题；③通过不耦合装药激发等试验，解决火山岩、石灰岩出露区弹性波能量下传的难题；④通过检波器埋置试验，解决硬岩区和水域检波器布设难题；⑤通过合理组织施工、严格质量监控和加强地方关系协调等，解决重大干扰源问题。

以下对在野外施工中开展的具有针对性的采集方法技术进行介绍。

二、基于波动方程正演的观测系统设计

常规观测系统设计是基于水平层状介质及共中心点（CMP）覆盖的假设，通常适用于构造平缓地区，覆盖次数取决于炮点和检波点排列范围，与地下结构、目的层位置无关。而在地表条件复杂、逆掩推覆构造发育地区进行地震数据采集，覆盖次数除了与炮点和检波点排列有关外，还与目的层位置以及上覆地质结构有关，目标层位各共反射点（CRP）的覆盖次数和地震波照射能量共同决定了该点的成像质量，常规观测系统的设计思路不再适用，此时观测系统设计应基于 CRP 而不是 CMP 点（董良国等，2006）。

波动方程数值模拟与地震照明技术为复杂区观测系统优化设计提供了有效手段。根据波动方程地震波照明结果，利用照明统计、双程波照明或单程波照明方法，确定针对勘探目的层的地面最优炮点分布范围；利用射线追踪和波动方程模拟，分析特定目的层各 CRP

点的覆盖次数和照射能量的分布情况；综合考虑地下各目的层深度及不同炮检距地震道对各 CRP 点的覆盖次数和能量贡献分布情况，确定最优检波器排列方式和排列长度，以获取对勘探目标更好成像的原始数据（董良国等，2006；李万万，2008；朱金平等，2011）。

1. 波动方程正演模拟波场分析

1）正演模型

根据前人研究成果和现有地质认识，建立本工区先验地质模型和地球物理模型（图 3.3），开展观测系统参数设计。

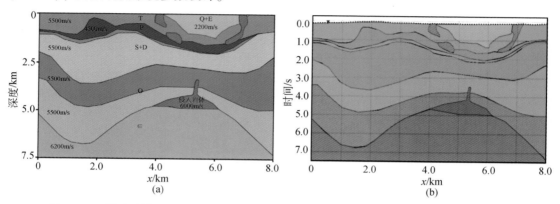

图 3.3 二维地质模型（a）及据其建立的地球物理模型（b）（据吕庆田等，2004 修改）

2）波场快照

利用波场快照分析重点地质目标在记录上对应的同相轴及其采集的最佳地面位置。当断层下盘或岩性侵入体为重点勘探目标时，采集系统的有效性和准确性同样重要。根据波场快照，可以分析和识别基岩面模型地震波场炮记录中主要波的类型及其形成机制，可以确定主要反射同相轴及合理的观测范围。

图 3.4 为波动方程正演模拟单炮及不同时刻的波场快照，其左侧为共炮点道集，右侧为波场快照。波场快照中观测到了直达波、反射波、散射波和多次波等各种复杂波场，在 0.35 s、0.5 s、1.7 s、2.5 s 可以得到主要目的层的反射及火成岩侵入体的多次反射波。从图中不难看出，波场快照较直观准确地刻画了正传方向上地震波波前面的传播特征，同时也精确地刻画了反传方向上地震波场波前面的传播特征，且定量描述了地震波传播过程中能量的传播情况。

利用波场快照能分析了解目标反射波在地下构造中的具体传播情况和最终到达地面的位置，能比较准确地确定目标反射在炮集记录上的同相轴位置，进而得到针对地质目标的观测排列范围。这是目标导向观测技术的核心，能确保采集到的信息中包含了感兴趣的区域，对复杂地区的地震采集具有较好的指导意义。

另外，从测线 2 km、4 km、4.7 km 及 5.5 km 等处的模拟记录可以看出，采用这种观测系统进行模拟时，可以得到三叠系、二叠系至寒武系 3 s 内主要层系有效反射；由于构造部位不同及火成岩侵入体影响，在测线 0～3.5 km 各反射层反射能量较强，在 3.5～6 km 由于浅层火成岩侵入体能量屏蔽，形成多次反射。通过波场模拟，可以掌握地下构造及火成岩侵入体对地震采集的影响。从单炮模拟可以看出，由于侵入体与周围岩石形成强波阻抗界面，浅层火山岩侵入岩对记录的主要影响是多次波和能量屏蔽作用，一定程度上影响下覆地层成像。

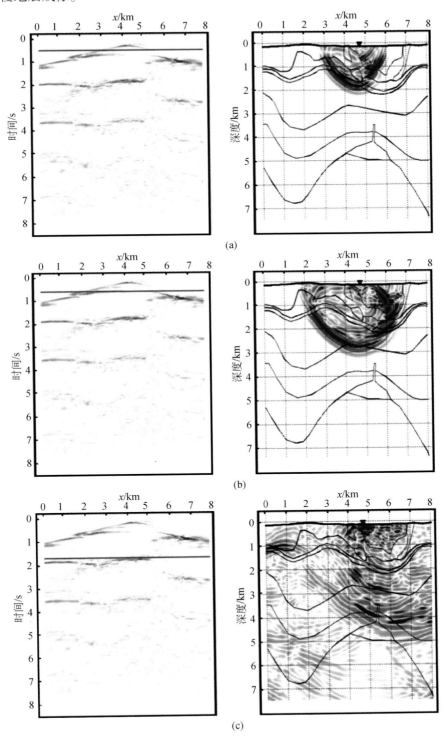

(a)

(b)

(c)

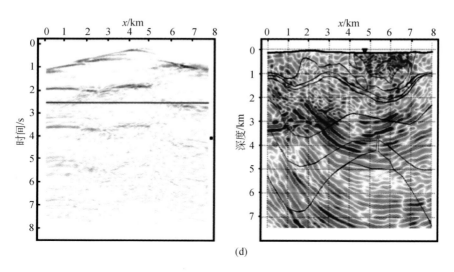

图 3.4　炮点位于 4.7 km 处的正演模拟记录和不同时刻的波场快照

(a) 0.35 s；(b) 0.5 s；(c) 1.7 s；(d) 2.5 s

2. 照明分析

所谓地震照明即是地震波对地下的照射情况。近年来，研究者（董良国等，2006；李万万，2008）提出将地震照明分析技术直接用于二维地震勘探野外观测系统优化设计并指导野外采集。常见的地震照明度计算方法有基于射线追踪和基于波动方程两类，而波动方程类又有单程波动方程和双程波动方程两种方法。利用波动方程的地震照明分析技术，对速度模型没有限制，更适合复杂区的构造成像（朱金平等，2011）。

地震照明的物理过程可简单理解为：点源激发的地震波经下行传播后照射在目标地质体上，被目标体反射，经过复杂上覆介质的传播后，被地表检波器排列接收。在多覆盖情况下，不断移动激发震源和检波器排列位置，接收多个炮点数据。单个点源虽有确定的空间位置，激发的地震波向外传播时却是全方位照射，难以选择和控制某个方向的照明，在经过复杂介质的传播后，难以确定是否能照射到目标体上，即使能够照射到目标体上，也难以确定照明方向是否是最佳照明，同时照明强度和均匀性也难以确定。

在复杂构造和逆掩推覆构造发育地区，复杂的上覆地质结构以及高速推覆体的存在，必然会造成下覆地层地震波照明阴影区，从而造成下覆勘探目的层照明强度的显著下降，使得这些目的层界面成像困难。再加上信噪比低的原因，使得复杂构造地区下覆构造的成像更加困难。如何在采集阶段提高这些地下阴影区的地震波照明度一直是采集设计努力的目标。照明方法可以确定针对目的层的最佳地面炮点位置、最优检波器排列方式和排列长度。通过地震照明分析，可以探测特定观测系统下地下的地震照明阴影区，并进行观测系统有效性和高效性的定量评价。可确定提高地下勘探目标区域照明强度的地表最佳激发范围，在确定的最佳激发范围内加密炮点或增加激发药量，来有效提高勘探目标区域的照明能量，避免野外炮点空间布设的盲目性，有效提高观测系统设计的针对性，改善勘探目标区的成像效果。照明分析已成为复杂构造区地震勘探观测系统优化设计的有效工具（董良国等，2006；朱金平等，2011）。

本工区采集实验中采用了双程算子波动方程照明技术。图3.5显示了模型测线四个位置激发的地下照明。可以看出，照明效果受构造及岩性体影响较大。在地层平缓处（2 km及5.9 km处）照明方向性较为单一，照明均匀性及照明强度也较优。在地层倾角较陡时，照明呈现多方向性，照明均匀性和照明强度均受到一定影响，但近炮点区域浅、中层向下照明强度仍较高。在4 km及4.6 km处岩性侵入体正上方激发时，正下方照明度影响不大，但深层岩性侵入体对深部照明有明显的阻挡作用。可见岩性体，特别是深层岩性体确实对地震能量有较强的能量屏蔽作用。施工中，遇岩性侵入体，特别是中深部，应适当加大激发能量及炮点密度，提高深部岩性体照明度及成像效果。结果为工区复杂地段加密和偏移炮点，增加和减少药量提供依据。

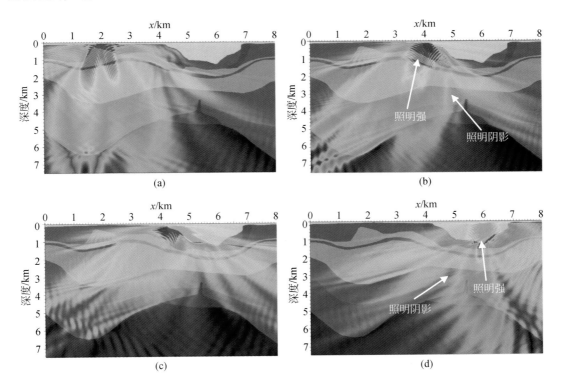

图3.5　四个位置的点震源地下照明

（a）2 km处；（b）4 km处；（c）4.6 km处；（d）5.9 km处

3. 观测系统

观测系统设计时考虑浅、中、深三个探测目标，结合纵向、横向分辨率、探测深度，通过理论计算，设计合理的道间距、炮间距、最小偏移距和最大偏移距。根据先验模型的波动方程正演模拟，通过波场快照和照明技术分析地下的地震波场特点，指导观测系统的设计和炮点位置布设，同时观察地下不同深度和部位照明强度的能量分布情况，灵活改变炮点位置和激发能量，提高资料信噪比。

采用中间放炮 720 道接收的观测系统（7190-10-0-10-7190-20 m），见图 3.6。图 3.7 是以 LZ03 线为例的实际观测系统图。

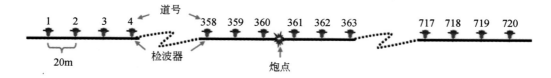

图 3.6　野外采集观测系统示意图

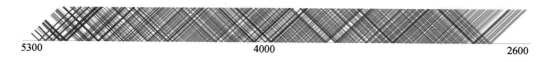

图 3.7　LZ03 线的实际观测系统图

三、采集参数

野外采集施工任务由中国石化集团云南地球物理勘探公司完成。采集使用 Sercel 428XL 系统，采用 20DX-10 Hz 检波器接收。测量采用 1954 北京坐标系和 1956 年黄海高程系。

开工前进行了激发参数试验。根据试验结果，采用高密度炸药激发，正常情况下，第四系覆盖区设计井深 16 m，药量 6 kg。为提高深部能量和信噪比，在火山岩出露区加大井深和药量，采用井深 18 m，药量 8~14 kg（平地 8 kg，半坡 10 kg，高山 14 kg）。在村庄等障碍物区，采用深井小药量弥补浅层信息，井深 20 m，药量 2~4 kg。为提高信号能量，采用单串 12 只检波器面积组合接收。

LZ02 线采用宽线接收方式，即用两条平行的相距 40 m 的检波线同时接收，炮点位于两条检波线中间位置，覆盖次数增加一倍达到 180 次，目的在于提高信噪比，提高有效反射波的能量。

具体采集参数见表 3.2。

表 3.2　地震采集参数一览表

参数	接收道数	最大偏移距/m	炮点距/m	震源类型	检波点距/m	覆盖次数	记录道长/s	采样间隔/ms	检波器频率/Hz	检波器组合方式	激发井深/m	药量/kg
LZ01，LZ03，LZ04，LZ05	720	7190	80	炸药	20	90	12	2	10	12 只面积组合	16	6
LZ02	720×2	7190	80	炸药	20	180	12	2	10	12 只面积组合	16	6

四、采集方法技术试验

野外施工区域地表条件和地下地质情况十分复杂，山区和水域众多，沉积岩、火山岩、石灰岩出露地表，跨越多个地质单元，速度变化很大，采集施工条件复杂多变，给野外采集带来很大困难。

针对大面积硬岩出露地表的情况，开展了硬岩（hard rock）出露区地震采集方法研究，主要进行了有关激发和接收因素的影响研究。在火山岩和石灰岩出露区选取具有代表性的点进行点试验，获得了长江中下游一带硬岩出露地表区地震激发技术的新认识，取得了较好的原始单炮资料。

1. 基于表层调查的逐点设计井深

1）精细表层调查和逐点设计井深

开展精细表层结构调查，采用单井微测井方法，辅以岩性录井。沿测线间隔 2 km 均匀布设深井微测井点，地表岩性变化情况较大地段加密为 1 km，了解工区沿线地表低降速带的分布情况。

小折射记录长度 0.5 s，采样间隔 0.25 ms。采用井中激发，地面接收。地面 9 个检波器以井口为圆心，摆成两个圆形，偏移距 0 m、1 m 和 4 m。激发时，井深≥30 m，井深在 0~5 m 时，雷管间距为 0.5 m，井深在 5~20 m 时，雷管间距为 1 m，井深>20 m，雷管间距为 2 m。图 3.8 为微测井示意图及一个记录的成果解释。

通过调查，区内大致可分为地表平坦的第四系覆盖区和以火山岩出露为主的山区。根据微测井解释结果，同时依据经验和典型试验点井深药量的试验结果，便可逐点设计井深。如遇岩性突变，可根据钻孔时的岩性录井情况实时调整，以达到最佳激发井深。图 3.9 为基于精细表层调查的逐点设计井深示意图。

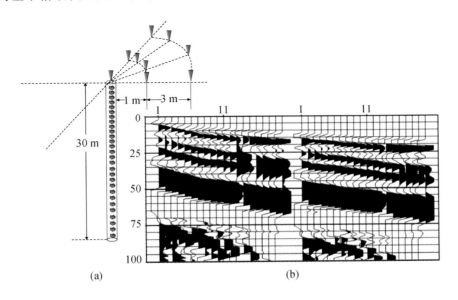

(a)　　　　　　　　　　　　(b)

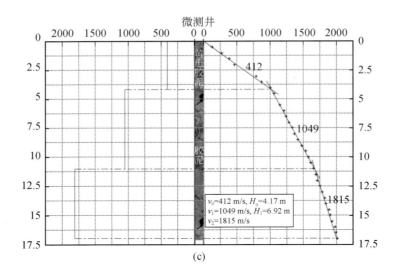

图 3.8　微测井表层参数调查

（a）井中激发地面接收微测井示意图；（b）微测井记录；（c）微测井解释成果

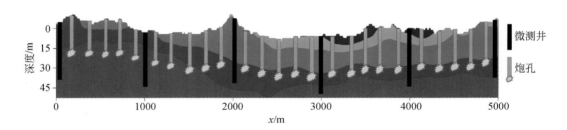

图 3.9　逐点设计井深示意图

第四纪覆盖平原区，一般有几米至几十米的表层风化带。据小折射资料，庐枞矿集区第四纪覆盖区的表层结构大致如下：低速层（460～850 m/s），厚度 1.2～5.0 m；降速层（1400～3000 m/s），厚度 5.7～24.2 m；高速层（3500～4300 m/s），高速层顶埋深在厚度 5～25 m 以下。潜水面深度一般在 12 m 左右。实践证明，在平原区和第四系覆盖区激发井深主要与潜水面和高速层顶界面有关。本区的点试验也证实了在 12 m 以下激发可得到较好的资料。

2）火山岩出露区井深试验

火山岩和灰岩出露地表地区，一般无潜水面和高速顶界面可循。小折射测量速度结构表明，在山区硬岩出露带，火山岩表层速度风化厚度只有几米（5 m 以内），速度结构并未严格成层状而是速度成梯度过渡带，没有严格意义的界面。有研究认为（杨贵祥，2005），未风化的碳酸盐岩的组分、结构、构造横向变化较小，速度和密度随深度的变化在很小的范围内，弹性参数 λ、μ 和动抗压强度变化可认为是固定常数。因此激发井深在一定的范围内，相同药量激发，资料品质没有明显的变化。施工时可以通过点试验分析得到合适井深。

图 3.10 为井深试验。药量均为 10 kg，井深分别为：8 m×2（双井）、14 m、16 m、18 m、20 m、24 m 激发。单炮资料结果分析表明，18～24 m 井深较合适。

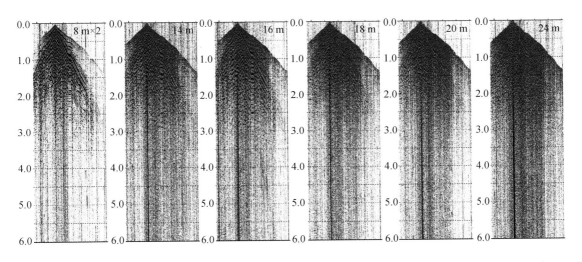

图 3.10 不同井深的单炮资料，固定增益保幅显示

3）与激发岩性有关的试验

另一种与井深有关的因素是表层岩性。在山区硬岩出露等复杂地表区，不同岩性交互出现较为常见，本研究工区多处出现砂泥岩、石灰岩等沉积互层。在多大深度及何种岩性里激发直接影响到资料效果。为了研究不同井深对应不同岩性情况下地震波响应的情况，我们在野外采集时选择一个合适的试验点，做了同点不同井深对应不同岩性条件下的激发对比试验，目的是考察在地表有几种岩性薄层交互存在情况下可供选择的激发岩性的最佳位置，特别是有石灰岩或火山岩存在的地方，而不是一味地按井深确定激发位置，激发岩性选择更为重要。

选择试验点的出露岩性为泥岩，其下伏地层为石灰岩。岩性录井 0～3 m 表土、3～15 m 泥岩，15 m 以下为灰岩。激发井深依次为 12 m、15 m、17 m 和 20 m，药量 10 kg。分别对应激发岩性为泥岩、泥岩（药柱底部位于泥岩–灰岩界面）、泥岩–灰岩交界处（药柱 1/2 在泥岩、1/2 在灰岩）、灰岩。

从不同井深不同岩性激发炮集的固定增益记录（图 3.11）可以看出，4 个试验炮集相同偏移距浅层能量差异不大，其中 12 m、17 m 井深激发炮集面波较重，15 m、20 m 炮集面波稍弱，信噪比相对较高。排列远端的深部（2～2.5 s），12 m、17 m 井深信号弱，15 m、20 m 井深分别对应于灰岩顶泥岩中激发和灰岩中激发的炮集能够看到有效的反射信息，说明 12 m 井深激发深度太浅，波的横向传播使得向深部传播的能量减少［图 3.11，（a）～（b）中的红箭头所指处初至能量较（c）～（d）中相同偏移距位置的能量强，说明了弹性波的能量在浅部向横向传播多］，后两者向下传播的能量强。

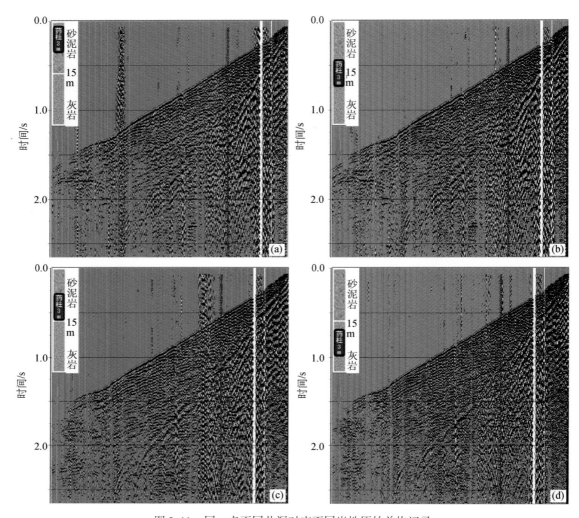

图 3.11　同一点不同井深对应不同岩性原始单炮记录

（a）12 m，砂泥岩；（b）17 m，药柱在泥岩灰岩各一半；（c）15 m，泥岩灰岩界面之上；（d）20 m，灰岩

对 15 m 井深泥岩中灰岩面激发和 20 m 井深灰岩中激发球面振幅补偿对比分析（图 3.12），15 m 井深激发炮集在排列小号端 1~1.5 s，排列大号端 1.5~2.5 s 均能见到连续性较好的反射同相轴；20 m 井深激发炮集频率较高，反射信息不明显，说明在灰岩高速高密度介质中激发产生的地震波频率高，高频成分在传播过程中很快被吸收衰减，从而导致下传能量不足，信噪比较低。17 m 井深药柱部分在泥岩、部分在灰岩中激发，无论有效能量还是信噪比都较低，说明炸药在两种岩性不同的介质中激发是不可取的。

以上分析说明，在泥砂岩（或其他岩性）和石灰岩互层存在的情况下，通过钻孔过程中的岩屑观察，及时调整井孔深度方案，选择在界面以上的泥砂岩单一岩性中激发，不能为追求深井而在石灰岩中或跨石灰岩界面激发。

逐点设计井深结果：

根据点试验情况，结合微测井结果，逐点设计合适井深。第四纪平原区采用 16 m 井深，确保药柱在高速层顶面下激发；火山岩出露区 18～24 m 均为合适井深；遇表层岩性变化时，不宜使药柱跨岩性界面激发，应选择在单一岩性里激发。

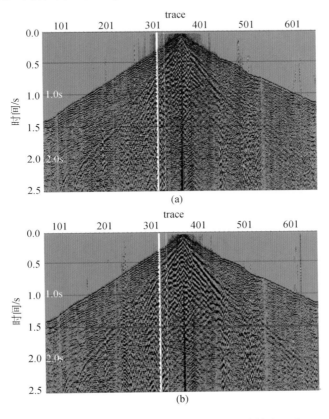

图 3.12　泥砂岩、灰岩中激发单炮，相同增益显示

（a）20 m 灰岩；（b）15 m 泥岩。对比二者同相轴和波组能量，泥岩中激发好于灰岩中激发。trace 为道数，下同

2. 药量试验

药量的大小直接关系到激发地震波振幅的大小和主频的高低，爆炸激发地震波的质点振动速度峰值、主频（f_{main}）分别由 M.A. 萨道夫斯基经验公式（熊代余和顾毅成，1981）求出。

$$V = f\left(Q, \frac{1}{R}\right) = k\left(\frac{\sqrt[3]{Q}}{R}\right)^{\alpha} \tag{3.1}$$

$$f_{main} = f\left(\frac{1}{Q}, \frac{1}{R}\right) = k\frac{1}{\left(\sqrt[3]{Q}\right)^{\alpha} R^{\beta}} \tag{3.2}$$

式中，V 为质点振动速度，m/s；k、α 和 β 为与爆破条件、岩石特性有关的系数；Q 为炸药量，kg；R 为爆炸半径，m。从式（3.1）、式（3.2）可以看出，爆炸激发地震波的振动速度随药量的增加而增大，随爆炸半径的增加而减小；地震波的主频随炸药的增加而降

低，随爆炸半径增加而减小。

在炸药类型一定时，增加药量是增加激发能量的唯一手段。采用大药量激发不但增加作用力，也增加了爆炸的作用时间（杨勤勇等，2009）。前人研究认为（凌云，2001；张智等，2003；杨贵祥，2005），药量增加到一定程度时，再增加激发药量已经不起作用。对于一定的炸药和岩石，存在一个饱和激发药量，因此在野外采集激发时要进行最大饱和药量试验，满足勘探目的层所需要的能量。图 3.13 描述了单井激发时药量与振幅能量之间的关系。表明一定阶段，药量增加可促使地震波能量增大，随着药量增加到一定程度时，子波振幅增加幅度明显趋缓。这是因为药量过大时，激发的大部分能量消耗在破碎带内，真正转化成弹性波向地下传播的能量相对减小。因此，在特定的岩性和特定的地质任务下，存在一个饱和药量值，这个值需要由试验确定。

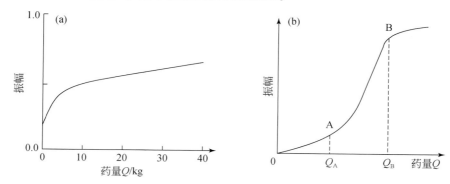

图 3.13　典型的单井激发药量-振幅曲线

（a）药量-振幅曲线（据张智等，2003）；（b）存在饱和药量 Q_B（据杨贵祥，2005）

为了分析碳酸盐岩区药量对激发的影响，试验分别采用 4 kg、8 kg、12 kg、14 kg、20 kg 和 30 kg 药量，固定 18 m 井深进行试验。固定增益显示（图 3.14），4 kg、8 kg 药量激发能量弱，面波强，信噪比低；14 kg、30 kg 药量激发能量基本相当，排列的最远端能量充足。选取 1.6~2.1 s 时窗进行定量对比分析，从图 3.14 的频谱分布可以看出，随着药量增加，能量幅度增加不明显。4 kg、8 kg 药量主频分别为 16 Hz、10 Hz，频带较窄；14 kg、30 kg 药量主频均为 26 Hz，14 kg 药量高频成分能量高于 30 kg 药量且优势频带较宽，为 16~68 Hz，30 kg 药量能量向低频移动。30 kg 大药量显示深部能量并未见实质性增强，相反，低频成分明显增加，面波、散射波等次生干扰增多，信噪比降低。图 3.15 显示的是一个火山岩出露试验点，药量从 2 kg 递增到 24 kg，12 kg 以上能量也未见明显增加。

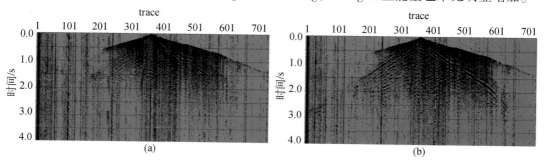

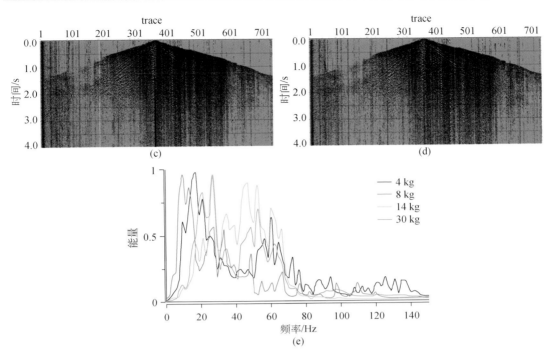

图 3.14　不同药量单炮记录显示，固定增益

（a）4 kg；（b）8 kg；（c）14 kg；（d）30 kg；（e）四种药量的频谱分析

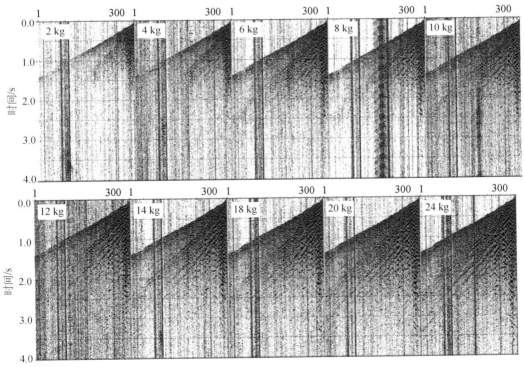

图 3.15　火山岩试验点不同药量试验（井深均为 20 m），固定增益显示

分析说明，当药量增加到一定程度时达饱和状态，再增加药量的能量使得围岩破碎，较少量转换为弹性波，可能还会降低了资料的信噪比，此饱和药量可通过试验得到。试验得到 14 kg 为饱和药量，此时如再想提高能量，可采用双井激发，每井 14 kg 药量。因此认为本工区的高效激发药量为 14 kg。

新区开工前要进行药量试验研究，遵循饱和激发满足最大能量准则，最佳药量激发满足最大信噪比准则，以能完成地质任务为准。

3. 不耦合装药激发技术试验

对之前的试验单炮进行分析，在石灰岩（碳酸盐岩）裸露区爆炸获得的资料品质较差，石灰岩覆盖下的深部信息量少，且内部反射微弱。因石灰岩密度大，地震波在其中传播速度高，如果石灰岩接近地表或出露，纵波大部分能量在水平方向上传播，仅有较少的能量可穿透石灰岩。穿透的能量一些被折射，一些穿过较大的区域到达岩层的底部，这样反射和透射的能量相当低，在岩层底及以下全部地层的反射波信噪比很低。另外，石灰岩刚性强度大，在高速爆炸冲击作用下容易破碎，导致产生弹性纵波的气体膨胀能量低；同时，灰岩介质产生弹性波的频率很高，高频能量在传播过程中易衰减。因此，如何提高震源的有效能量和有效下传能量将是解决碳酸盐岩区激发问题的关键因素。如改进激发方式以提高有效激发能量等，其中延长震源的作用时间显得更为重要。

通常情况下，爆炸波源均采用多节药柱井中触底式封闭爆炸。由于药柱外径小于炮井的内径，因此药柱与井壁之间常常有空气、水或泥浆填充，这种状态称为间隙不耦合状态，而药柱与井底直接接触，称为几何耦合状态。不耦合装药，它又包括径向不耦合和轴向不耦合两种形式。通常情况下药柱与井底直接紧密接触，呈现装药耦合状态，本研究开展的是轴向垫层不耦合试验方法。

根据国内外对岩土介质在爆炸冲击下动力学性能的实验和研究，爆炸压力波（高温、高压和高密度波阵面的冲击波）对炮井周围岩土加载速度和载荷连续作用时间会改变岩体力学性能（于亚伦，2007）。如：岩体内应力的峰值随加载速度的增大而增大；岩体的应变量随加载速度的降低（载荷连续作用的时间延长）而增大。

上述表明，当加载速度增大时，岩体内应力的峰值有可能大于岩体原来的抗压强度，这样会扩大炮井周围的破碎区和破裂区，因而会浪费大量的能量，而降低加载速度，延缓载荷连续作用的时间会增大岩体的应变量，这样一方面可以减少能量的损失，另一方面通过增大岩体的变形量可以提高炸药做有效功的能力（俞寿朋，1993；钟明寿等，2011）。

根据爆炸动力学理论（于亚伦，2007），如果设法降低炸药爆炸时波对围岩的加载速度，增加连续作用的时间，必然会增加冲量，而冲量的本质是一种作用在介质上的力。在介质的弹性范围内，力的缓慢增加会使介质的变形量增大，这样便提高了炸药做有效功的能力，即增加波向下传播的能量。

因此在药柱的轴向上进行垫层改善激发条件，使其变为不耦合激发，便可达到上述增加做有效功的目的。垫层的材料和长度选择要合理，这样还会使爆炸能量更均匀分布，减少破坏作用和爆炸噪声。

野外选择在三叠系灰岩区做轴向垫层不耦合缓冲爆破试验。垫层材料长度为 30 cm、45 cm、60 cm 和正常下药激发，激发井深 20 m，药量 10 kg。

图 3.16 为正常激发与垫层缓冲激发的效果对比。为便于对比能量关系和信噪比情况，图中采用相同增益显示。可以看出，正常激发炮集面波稍强、能量弱于垫层激发，信噪比稍低；缓冲材料垫层激发比正常激发炮集能量强，45 cm 比 30 cm 和 60 cm 的激发能量强，2~3 s 看到同相轴较强的有效反射层。说明在灰岩出露地层中采取缓冲垫层激发，有效改变了药柱和井孔岩石的耦合条件，对促使地震波能量下传有积极的改善作用。

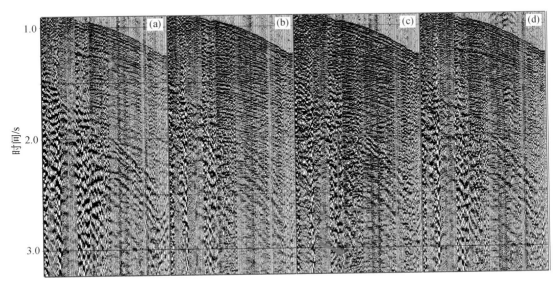

图 3.16 正常激发与轴向垫层不耦合装药激发单炮记录对比

(a) 正常激发；(b) 30 cm 垫层；(c) 45 cm 垫层；(d) 60 cm 垫层

上述试验说明，炸药与井底不耦合状态下，爆炸冲击力强、作用时间更长，耦合能量大，爆炸能量有利于转换为地震波能量下传。

经验和实践证明，闷井介质对激发有较大的贡献，特别是含水饱和度的增加，有利于爆炸能量转化为弹性振动能量。生产实践中，选择潮湿含水泥土、稠泥闷井、灌水闷井等都改善了药柱与井壁岩石的耦合关系，所起到的积极作用都是为了提高爆炸能量转化为弹性波振动能量。在钻井过程中还发现，工区内山地石灰岩成井后，井内可积水几米至十几米，水的存在极大地改善了激发条件，因此得到经验：成井后 3 天以后再下药及闷井，收到较好效果。图 3.17 显示了含水闷井后比常规的干土闷井的激发能量强，有效反射波组丰富，信噪比提高。

4. 硬岩出露区检波器接收试验

检波器埋置直接影响地震波接收效果，以确保锥体与大地耦合良好为原则。要求挖坑埋置并铲除周围杂草，在岩石、水泥地面等不能挖坑埋置区，要采用贴泥饼等方法插牢，做到"实、直、深、准、不漏电"。施工中检波器组合图形中心应对准测量点位标记，大、小线铺设紧贴地面放置，避免大、小线摆动产生高频干扰。

针对工区不同地表条件，采用常规埋置及特殊地表条件埋置方法相结合，改善检波器与围岩耦合作用，以提高资料品质。

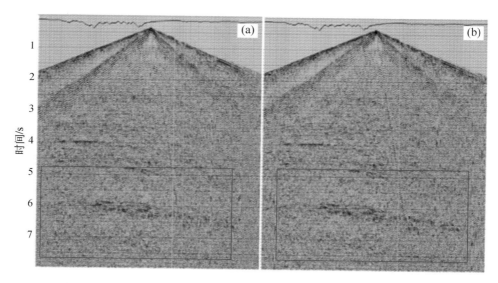

图 3.17　常规干土闷井（a）与灌水闷井（b），灌水后反射波能量增强

（1）城镇、居民区地表条件埋置方法。以点位准确、耦合良好为前提，因地制宜地进行检波器埋置工作。充分利用花坛、绿地进行合理偏移，在水泥地面根据实际情况进行打引锥、贴泥饼等方式确保检波器的耦合（图 3.18）。同时确保先后重复埋置的点位完全一致。

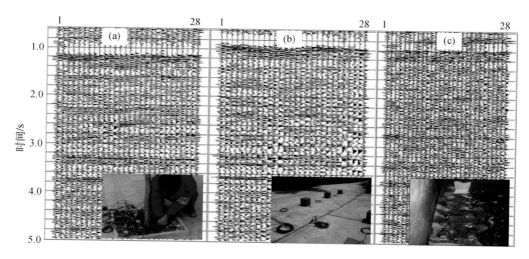

图 3.18　城镇硬质地面检波器不同埋置方式及其接收效果
（a）表土埋置；（b）土坯插置；（c）电钻打眼

（2）硬岩出露区地表条件埋置方法。庐枞火山岩盆地地表地貌复杂，火山岩出露地表，占工区施工面积的 65% 左右，地貌以及岩石特性严重影响采集资料品质。为了有效改善硬岩地表检波器埋置耦合效果，进行了四种检波器埋置方式耦合试验，四种耦合方式分

别为：贴石膏、电钻孔、沙袋装土、贴泥饼（图 3.19）。

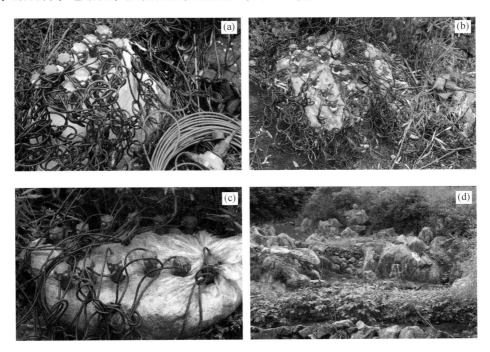

图 3.19 山地硬岩检波器不同耦合方式试验
（a）贴石膏；（b）电钻孔；（c）沙袋；（d）贴泥饼

四种耦合方式同点接收进行抽道排序对比（图 3.20），可以看出不同耦合方式检波器初至波起跳干脆，相位一致性及对应关系清楚，初至波及后续波连续、能量强。从频率域分析，基岩上贴石膏、电钻孔接收频率略高、沙袋及贴泥饼埋置接收频率无明显差异，说明改善接收条件有利于提高检波器对地震波信号响应。在施工时因地制宜，采用合适的检波器埋置方式，兼顾效率与接收效果。

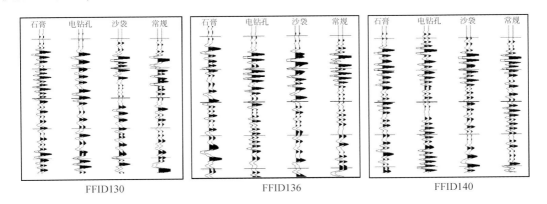

图 3.20 不同检波器耦合方式接收信号抽道对比

五、采集质量情况

1. 执行规范

野外地震采集质量标准参考执行石油天然气行业规范：

SY/T 5171—2003《石油物探测量规范》

SY/T 5314—2004《地震资料采集技术规程》

Q/SH 0186.1—2008《地震勘探资料质量控制规范》

SY/T 5314—2002《陆上地震勘探资料采集质量检查与验收》

SY/T 6052—2000《地震勘探资料采集现场处理技术规程》

2. 测量质量

野外作业共投入 6 台 Trimble R8 双频 GPS 接收机，2 台微机进行野外作业和室内计算，所有测量仪器年检合格。

测量使用全站仪极坐标放样法和 RTK。全站仪极坐标野外放样测量方法是在 GPS 点上布设导线，在导线测量的基础上采用极坐标放样法测定其物理点，其技术指标达到要求。同一条测线分组施测时在分段处重复联测 1 个物理点以上，迁站后复测 1~2 个物理点，每天开机时必须复测 2 个物理点以上。

整个工区完成实测物理点 23988 个，其中炮点 3638 个，检波点 20284 个。复测 378 个物理点，占整个工区所测的物理点总和的 1.39%。用 RTK 实地连续抽查验收共 126 个点，其中检波点 111 个，炮点 15 个。

抽查最大较差：$\Delta x = 0.57$ m，$\Delta y = 0.56$ m，$\Delta h = 0.68$ m。

抽查点位和高程中误差：$Mx = \pm 0.0175$ m，$My = \pm 0.0395$ m，$Mh = \pm 0.0304$ m。

被抽查的物理点全部符合规范要求。测量成果合格率 100%。

3. 单炮现场质量评价

按相关技术规范对采集回放记录进行了质量评价，质量指标见表 3.3。

表 3.3 生产炮质量指标完成情况表

总炮数	合格点数	合格率	一级点数	一级品率
3604	3604	100%	3135	86.98%

对现场监控时发现的个别质量差的炮，按标准经评价属于废炮的，施工当时即进行了补炮，因此废炮并未计入表 3.3 的总炮数中。

单炮资料面貌：部分炮的部分道受到国道、高速公路、铁路、村庄等车辆和行人震动干扰影响，噪声较大；过高压线处受到工频干扰影响严重；过水田和江河湖处检波器放置存在实际困难，这些道接收信号不好。

大部分单炮初至能量可达远偏移距。地壳反射波组丰富，部分段莫霍面反射能量较强。

五条现场监控叠加剖面上均可见到浅、中、深地壳反射，部分段资料信噪比低，反射散乱。剖面的 10～12 s 时间出现莫霍面反射。

六、采集效果

主要从单炮资料来分析采集效果。单炮记录显示，不同地表记录面貌横向变化较大。总体上以第四系出露为主的平原区记录面貌较好，反射波组较丰富，能量较强，信噪比高。而以火山岩覆盖为主的山区、半山区记录面貌相对较差，反射波趋于高频的特征明显，各种干扰较大，信噪比降低。

在以火山岩覆盖为主的山区增加了激发药量，从初至上看，到了远偏移距时能量依然较强，表明 8～14 kg 在火山岩发育区是合适的药量。

图 3.21 显示第四系出露区的某炮记录，显示记录长度 6.5 s。图中看出，从近偏移距 10 m 到远偏移距 7200 m 初至能量较强，面波频率较低，主要集中在 3 s 以上 3000 m 偏移距以内。在 0.5 s 以上、1 s 附近均见到浅层有效反射，在 2.5 s、3.5 s、6.2 s 上下见到多组有效反射。视信噪比较高，随机干扰道发育。

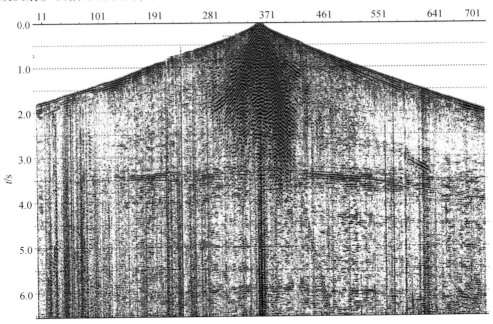

图 3.21　第四系出露区单炮记录

图 3.22 显示的是火山岩出露区的单炮记录，显示记录长度 12 s。图中可以看出，初至能量较强，远偏移距段的几十道能量有所减弱。单炮视频率较高，高频噪声发育，视信噪比较高，浅、中、深层均见到多组有效反射，4.5 s、7.0 s 附近中、下地壳反射波组明显，9.5～10.5 s 处出现来自莫霍面的较强反射波组。3～4 s 附近无明显反射同相轴，疑为上中地壳的空白反射区。

单炮资料表明，野外资料真实可靠，地壳浅、中、深层有效反射波组丰富，能量较强，莫霍面反射特征明显，采集得到了高质量的原始数据。

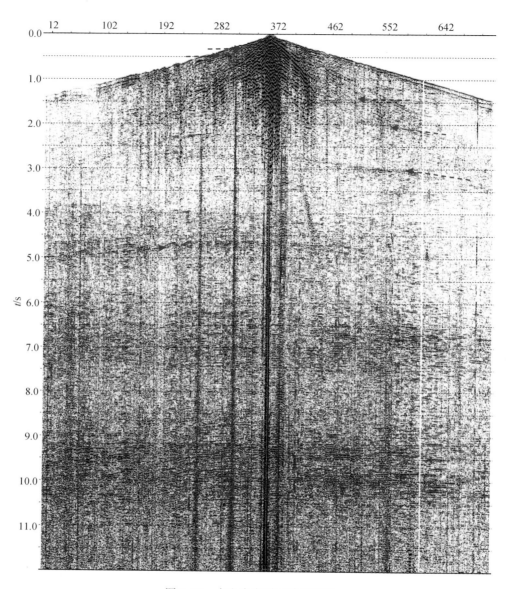

图 3.22　火山岩出露区单炮记录

第二节　首波层析成像与浅层地表结构

一、首波层析成像原理

反射地震初至波层析成像的研究大多用于反演速度结构和静校正计算（成谷等，

2002；Tryggvason *et al.*，2009）。地震波在地下岩层中的传播规律满足波动方程，在一定条件下可以用射线理论来近似波动理论。地震波在介质中传播过程主要遵循惠更斯（Huygens）原理和费马（Fermat）原理。斯奈尔（Snell）定理描述了射线穿过界面时波的传播规律。地震波的走时包含了传播介质的丰富的速度信息。

　　初至波表层结构层析反演，是根据地震波的传播规律，利用地震波射线的走时和路径反演介质速度结构的一种高精度反演方法。大量的研究成果和实践表明（杨文采和李幼铭，1993；罗省贤和李录明，2004），层析成像技术可由初至波的到达时反演表层速度结构，并利用速度值求得静校正量，层析反演静校正技术在石油勘探领域已得到广泛应用并取得良好效果。近几年，国内外的学者将地表反射地震层析成像用于金属矿勘探并取得了引人注目的成果，地震层析成像结果可以为研究区岩体、地层、断裂、构造等空间分布的研究提供更为直观的信息（史大年等，2004；徐明才等，2005；吕庆田等，2005）。

　　简单地说，层析反演是对旅行时方程［式（3.3）］在空间离散后所得的方程组［式（3.4）］通过反复迭代进行求解，求得近地表速度模型（Um and Thurber，1987）。

$$T = \int_{source}^{receiver} \frac{1}{V} ds \tag{3.3}$$

式中，s 是射线路径长度参数；V 是地震速度。

$$T = \sum_{k=2}^{n} |\underline{X}_k - \underline{X}_{k-1}| (1/V_k + 1/V_{k-1})/2 \tag{3.4}$$

式中，n 是定义的射线路径节点数；$\underline{X}_k$ 是第 k 个节点位置矢量，V_k 为第 k 个节点里的速度。

　　在层析技术中，根据旅行时公式，地下介质被划分为速度网格面元，用网格面元的速度近似模拟介质复杂速度结构，层析的目标是求解每个面元的速度，即层析反演是一个速度反演过程。对任何观测系统，用初至波交互反演近地表的速度变化。算法实现包括以下步骤：①初至时间拾取；②初始速度模型建立和网格化；③初至波射线追踪正演；④反演，更新速度模型；⑤迭代。

　　本次研究采用业内成熟的层析反演软件（绿山地球物理公司的 FathTomo 模块）对庐枞盆地的 5 条地震剖面进行了初至波层析反演。正演方法采用 Um 和 Thurber（1987）提出的最大速度梯度射线追踪三维算法，这是一种两点射线追踪方法，根据费马原理，在炮点和检波点之间通过计算最小的旅行时间，找到两点之间的射线路径，计算效率高。反演采用 SIRT 同步迭代重建方法，优点在于其稳定、收敛性好（Gilbert，1972；Herman，1980；Shapiro and Ritzwoller，2002）。

　　初至波拾取采用了人工半自动交互拾取的方式（图 3.23），提高拾取的精度和准确性。速度面元网格划分 20 m×20 m，试验确定模型深度 3000 m。迭代 10 次，走时残差（均方根）由初始的 110.8 ms 降为 11.6 ms。

　　图 3.24 显示了 LZ03 线拾取的初至时间和层析反演出的理论走时结果。从走时图上可以看到，远、近偏移距分布基本均匀，保证了浅层和深层都有足够的射线穿过，有利于得到稳定可靠的速度反演结果。研究中试验了偏移距范围与反演深度和精度的关系，结果表明，反演深度随偏移距增加而增大，充分利用近偏移距数据可以获得精确的浅层速度。与

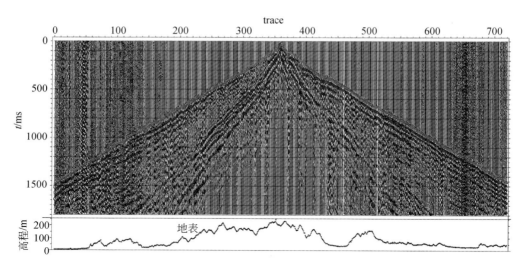

图 3.23 炮集初至时间拾取，下部曲线为地表高程

利用全偏移距数据反演的结果相比，只利用中、远偏移距数据的反演结果对中深层速度影响不大，对浅层速度结果影响较大。求准浅层速度结构可以准确计算层析静校正，为后续地震资料处理提供更准确的静校正量。反演利用了全偏移距数据参与计算，偏移距范围 10～7200 m。

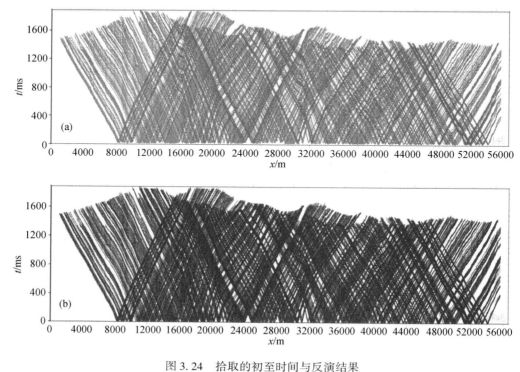

图 3.24 拾取的初至时间与反演结果

（a）人工拾取的初至波时间；（b）反演后的结果（蓝线）与原始拾取（红线）的叠合

在反演速度结构的同时，进行了层析静校正的计算，得到了 5 条线的层析静校正量，用于地震资料的静校正处理。

图 3.25 显示了 LZ03 线的射线路径和反演得到的速度结构图像。可以看到，穿过面元的射线密度从 1 次到 8000 多次不等，主要集中分布在 50 次到 800 次之间，局部高达几千次，在测线边缘和模型深部，射线穿过次数较少。高覆盖的射线密度确保最终可以得到一个稳定可靠的反演结果。图 3.25 （b）中的黑色虚线是图 3.25 （a）中射线穿透的底界，最大有效深度约在 1300 m。射线密度、射线均匀程度和射线穿透深度是反演结果是否可靠的重要依据。虚线以上部位的速度成像结果准确可靠，虚线以下的速度为算法内插和外推的结果，可供参考。

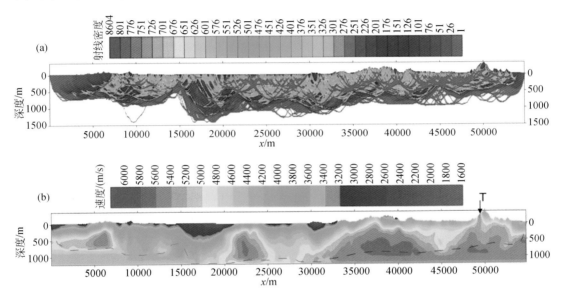

图 3.25　（a）LZ03 的射线路径；（b）反演得到的速度结构

二、浅层速度结构及地质意义

反演得到 5 条测线的速度成像剖面（图 3.26）。根据每条测线的射线路径和射线密度分布，截取有效深度到 1100 m 或 1300 m。层析成像结果显示，庐枞矿集区存在着显著的纵、横向速度变化，从速度影像图中可以直观地看到浅表地壳速度的变化情况。

区域地表地质调查显示，地表出露第四系泥土，白垩系、侏罗系砂岩以及晚侏罗－早白垩世火山岩、三叠系灰岩等地层。一般来说，泥、砂岩或经风化的岩石具有较低的地震波速，火山岩、灰岩等硬岩具有较高的地震波速（史大年等，2004；滕吉文等，1985）。不同时期不同岩性的地壳浅表结构在速度影像结构上具有明显特征和界线。根据速度成像结果可以推断岩性的变化和边界。

结合地表出露和已知勘探研究成果综合推测，沉积红层及第四系泥土覆盖区波速较低，速度范围 1600~2600 m/s，火山岩波速范围 3000~4800 m/s，出露灰岩处的速度范围

5000～5500 m/s，深部波速在 4800～5800 m/s 的部位推测为隐伏侵入岩体。

速度剖面图中对应红色，表现高速特征的部位，推断可能为侵入岩体。从速度影像图中可以直观推测出高速岩体的分布范围。如图 3.25 所示的 LZ03 线，横坐标 6000 m 附近，深度 500 m 上下为一侵入岩体；横坐标 23000 m 一带，深度 400～1000 m 为一隐伏侵入岩体；横坐标 32000～45000 m 一带，深度 200～1100 m 处可能为一大型侵入岩体；横坐标 50000 m 一带是施家湾侵入岩体，其上覆火山岩出露地表，有一个筒状高速特征体 "T"直接到达地表半山部位，可能是岩浆侵入或喷发的通道。

LZ01 线在坐标 29000～45000 m 西牛山一带穿过火山岩区，地表出露火山岩和火山口，速度剖面上这一段表现为高速特征，说明深部存在侵入岩体。坐标 10000 m 处有赤山组火山岩出露，其北部位于 60000 m 坐标附近有高速特征体存在，推测可能为侵入岩体。LZ01线的北部和南部为沉积覆盖区，速度结构为 1600～3500 m/s，沉积盆地特征明显，形态刻画清楚.

LZ02 线西北部坐标 6000～12000 m 一带显示高速特征，地表出露侏罗系毛坦厂组火山岩，并有正长斑岩出露，在 18000～27000 m 的沙溪一带高速体上方，有晚侏罗世的二长花岗岩和红花桥组火山岩出露，在 40000～65000 m 高速特征体一带的砖桥铁矿、井边铜矿和黄梅尖岩体，是已知存在的侵入岩体。坐标 70000 m 的高速体上方地表出露三叠系石灰岩。坐标 30000～40000 m、72000 m 以南是沉积盆地覆盖区，速度结构表现为低速特征，刻画出沉积盆地的形态。

LZ04 线穿过火山岩区，地表大部分地段出露火山岩和部分燕山早期侵入岩，在小岭、黄屯、岳山一带有侵入岩体，速度成像剖面上大部存在高速特征体。LZ04 线的东北部为沉积覆盖区，地表为第四系沉积物。

LZ05 线穿过火山岩覆盖区，地表有白垩纪火山岩、侏罗纪次火山岩和粗安玢岩等出露，速度成像剖面均表现为高速特征。

图 3.26（b）是 5 条速度结构剖面及其与地质图的叠合显示示意图。各剖面交叉部位的速度值闭合完美，印证了成像结果的可信度和可靠性。对比 5 条速度剖面与地表地质填图不难发现，层析成像结果中速度纵、横向变化特征明显、规律性强，这种速度的变化特征，很好地反映了该区岩性变化引起的主要速度差异。进一步分析对比发现，沉积盆地速度结构具有低速特征，盆地边界清楚，火山岩出露区速度较高，侵入岩体呈现高速特征；郯庐断裂等大断裂清晰，黄梅尖等侵入岩体部位特征明显。在庐枞矿集区大面积火山岩覆盖区，五条剖面反演结果表现出高速火山岩特征，其下深浅不等地分布着高速岩体。这些特征与实际表层地质结构和已知地下岩体具有很高的吻合度。

图 3.27 是反演速度结构剖面与 1∶5 万区域重力、航磁勘探成果叠合显示示意图。从图中可以看出，LZ01 线中部的高速区在重、磁力勘探图上穿过的白柳、孙家坂高重区和高磁区，西北部的高速区正位于乐桥高重和高磁异常部位的下方；LZ02 线高速特征部位从西北向东南正位于沙溪、砖桥、井边的高重和高磁区的下方，在航磁异常平面图上表现得更一致，地表出露的黄梅尖岩体位于钱家铺和施家湾之间的低重力异常区域，在速度和航磁上表现为高速和高磁，低重力异常是正长岩体的反映；LZ03 线的高速特征部位与塘串河、黄屯、昆山附近的高重和高磁吻合较好；LZ04 线和 LZ05 线的高速特征部位与北

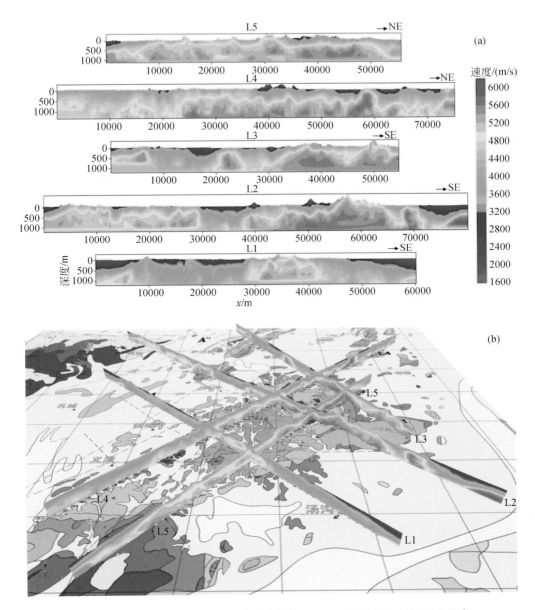

图 3.26　（a）五条线的层析成像速度结构；（b）速度剖面与地质图的叠合

东–南西向的重力和航磁异常部位吻合。这些高速度位置与重、磁异常位置的一致性表明，侵入岩体一般具有高密度（正长岩密度较低）、高磁性特点，在弹性波速上表现出高速的特征。

通过以上层析反演速度研究，得到以下认识：

（1）初至波层析反演速度成像可以得到比较精确的地壳浅表速度结构信息，刻画表层地质结构和岩性变化，同时也可以为高精度反射地震研究提供可靠的浅部速度模型和层析静校正量。

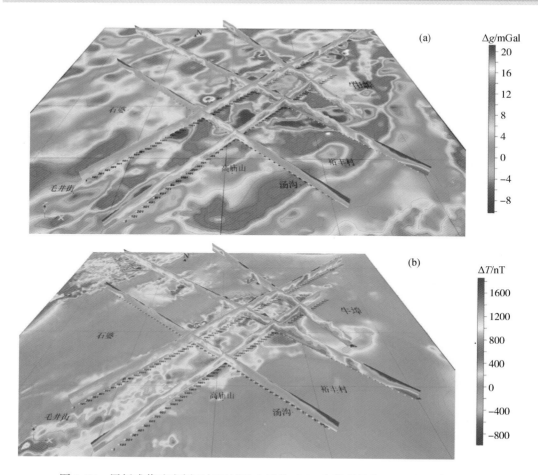

图 3.27 层析成像速度剖面与区域重力异常（a）和航磁异常（b）的叠合示意图

（2）结合其他地质资料和前人地质认识，推断得到庐枞地区沉积岩的波速为 1600～3000 m/s，火山岩的波速为 3000～4800 m/s，侵入岩的波速为 4800～5800 m/s。根据层析反演速度图像可划分出沉积盆地基底、火山岩边界，刻画侵入岩体分布。

（3）重力异常和高磁异常与高速的侵入岩部位存在良好的对应关系。利用层析反演速度结果，结合已知地质资料和重磁测量资料，可探测深部隐伏侵入岩体，刻画岩体形态和空间分布范围。

第三节　反射地震数据处理

一、资料分析及处理难点

通过对采集数据的精细处理，获取庐枞矿集区浅、中、深部构造影像，获取地壳尺度结构特征，查明侵入岩、火山岩分布，推测分析与矿体有关的反射地震特征，认识矿集区深部成矿、控矿规律，指导找矿。

认真分析原始资料，结合庐枞火山岩盆地的地表、地下复杂特点，开展针对性的处理方法和处理流程试验，通过试验研究制定合理的处理流程，选用有效的处理模块和参数。

1. 处理难点

干扰波严重，信噪分离难度大。原始单炮记录上干扰波复杂，种类多，主要的干扰波类型有面波干扰、大值脉冲干扰（野值）、高频次生干扰、线性干扰和随机干扰等。复杂的干扰背景，导致资料有效波能量弱，降低信噪比，面波对浅层有效反射干扰严重。

静校正问题严重。工区跨越山区，地势陡峭，地形高程变化较大，突变较多，工区内高差 0～500 m，工区内岩性变化较大。从初至和反射同相轴上看，资料存在严重的静校正问题。

速度难以求取，成像难度大。火山岩出露区地层反射连续性差，矿集区地震反射波不具有一般沉积盆地地层的层状反射特点，散射较多，反射波不易识别和提取，造成基于 CMP 点叠加能量判断准则的速度分析方法难以求准叠加速度，导致成像困难。

2. 处理对策

针对处理难点，采取以下主要技术对策：叠前多域噪声压制提高数据信噪比；层析反演静校正解决复杂地表静校正问题；高精度速度分析和叠前时间偏移速度分析求准速度场，提高成像精度。

3. 处理试验和处理流程

从原始资料分析入手，针对影响资料质量的主要问题，如静校正问题、低信噪比资料构造成像问题、频率问题、线性干扰及高能干扰的压制和偏移速度场建立等问题进行试验对比与分析，按照表 3.4 的试验方案进行试验，确定最佳处理因素，制定适合本工区的处理流程。

表 3.4 处理试验内容与主要参数

试验项目	试验内容	主要参数
振幅补偿	球面扩散补偿因子 地表一致性振幅补偿	增益因子：0.3、0.8、1.0 和 1.5 统计域：炮、接收点、偏移距和 CMP
拉伸切除	初至切除，动校拉伸切除、偏移后拉伸切除，由大道集试验确定	根据拉伸系数和叠加效果对比，尽量保留浅部反射波
叠前干扰压制	炮、检域 F-K 滤波； 先检域，再炮域压制线性干扰； 反褶积后再在检波点域压制	滤波速度及频率大小 频率：4、6、8、10 和 12 Hz 速度：350～1200 m/s 试验
叠前反褶积	地表一致性预测反褶积； 多道预测反褶积； 组合反褶积等	预测步长：8、16、24、28 和 32 ms； 算子长度：80、120、160 和 320 ms

续表

试验项目	试验内容	主要参数
速度分析	速度扫描+交互速度分析； DMO 速度分析； 叠前时间偏移速度分析	交互速度分析，超级道集道数 相关时窗长度，叠加段道数 速度扫描范围和间隔
静校正	层析反演与折射波静校正； 地表一致性剩余静校正	选择合适的静校正方法 空间宽度：12 道，角度：±50° 时窗长度：500～3000 ms
偏移	不同方法试验，叠前、叠后试验	确定最佳叠偏移方法和参数
叠后去噪	叠后随机噪声压制参数试验； 叠后信号加强参数试验	F-X 域预测去噪、RNA 噪声衰减 径向预测滤波、F-K 信号加强

二、主要处理技术

1. 层析静校正

在复杂地表地区进行地震勘探，近地表层常会有高程、岩性、速度、构造等多方面复杂的变化、激发和接收条件的复杂变化等引起的静校正问题，导致接收到的来自同一界面的反射波相位和时间畸变，极大地影响着叠加剖面的成像和构造形态。静校正的存在使反射波不能真正同相叠加，影响叠加剖面的信噪比和分辨率，影响速度分析的精度，甚至产生构造的畸变。因此，数据处理中应将原始记录中存在的静校正问题予以消除。

静校正问题的解决既是地震资料处理的难点又是重点。目前常用的静校正方法有：高程静校正、野外静校正（模型静校正）、折射静校正、层析反演静校正等。静校正问题在地震资料处理中占据着重要作用。目前采用较多的有折射静校正和层析静校正。

传统的折射理论，如 Slop/Intercept 法、延迟时法、互换法、最小平方法和 Time-term 法等，都用首波计算速度，适用于速度和厚度变化的层状模型地区，但这些方法在速度横向变化剧烈和非层状模型介质效果较差甚至无能为力。深地震反射探测工区大多数地方高速体出露地表，表层速度在垂向和横向上变化复杂，无稳定折射层，存在严重的静校正问题，使得折射静校正方法几近失效。

与折射法相比，层析将地球看作更复杂的模型，层析方法能够在延迟时方法应用困难的地区得到更好的近地表模型和静校正量。层析法适合于近地表速度横向变化大、无明显折射层、速度随深度连续变化的地区，层析得到的静校正量更加准确。除了算法本身因素外，层析反演的精度主要取决于初至波拾取的好坏。

利用上一节层析反演得到的近地表模型，进一步计算得到了 5 条测线的层析静校正量，将之应用于地震数据，单炮和叠加剖面均见到了明显效果。

为更准确成像，采用浮动基准面方法，分离出区域静校正（CMP 面低频静校正量）和炮、检点高频静校正量。处理中先应用高频静校正，把炮检点校正到 CMP 平滑面上，在 CMP 面上进行叠前预处理、速度分析、叠加、偏移等处理流程，最后应用 CMP 低频静校正量把剖面校正到最终的基准面上。

　　图 3.28 是 LZ04 线在相同处理流程参数下无静校正应用、其他静校正和层析静校正三种方法的初叠剖面（局部）对比。同相轴形态和延续性上，图 3.28（b）和（c）好于（a），红色方框和圆圈处更明显，而（b）中蓝色方框里的同相轴连续性没有（a）好，说明折射静校正在复杂地表山区（折射层不稳、速度变化大）存在缺陷，应用受到限制。图 3.28（c）中层析静校正后同相轴连续性和延伸长度明显好于（a）和（b），（a）中看不到同相轴反射的地方在（c）中出现了明显的同相轴反射（红色方框内），（a）中隐隐约约有轴、模糊不清的地方，在（c）中同相轴更加清晰、连续性变好、延伸更长，波组形态也更趋于顺畅。图中以框和圈标识的地方改善更加明显。

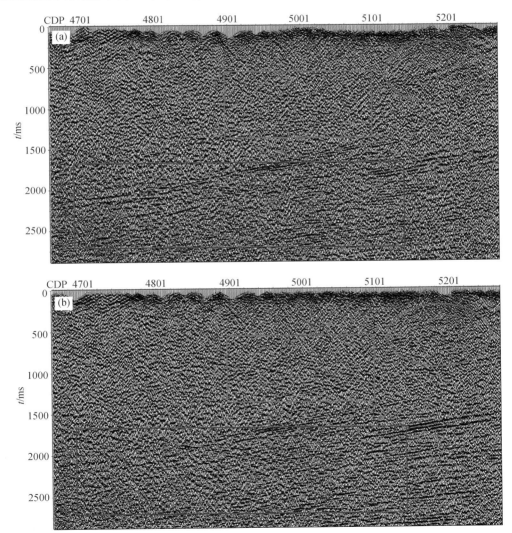

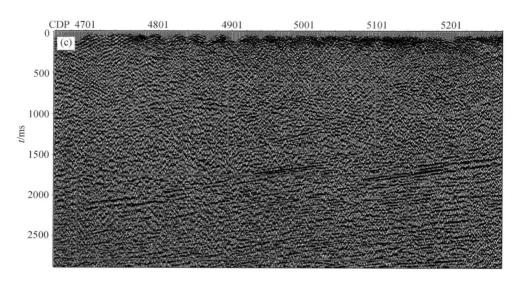

图 3.28　LZ04 线不同静校正方法的叠加剖面
（a）无静校正叠加；（b）折射静校正方法；（c）层析静校正方法

图 3.29 为 LZ04 线层析静校正前后一个单炮记录的对比。应用后单炮（b）初至较为平滑，从浅到深有效反射同相轴变得连续、光滑，符合传播规律，可以明显看到有效反射同相轴，视信噪比明显高于静校正前（a）。而静校正前初至时间跳跃，反射波组错乱、扭曲、不符合双曲线规律，有的根本就看不到同相轴。

通过对静校正前后的单炮资料和叠加剖面的分析认为，在山地等高速岩体出露地区、速度纵向和横向变化剧烈地区，层析反演模型不依赖于层状介质，可真实反映近地表速度结构，层析静校正应用效果明显，叠加剖面质量明显提高，对山区资料具有很好的适用性，可推广使用。

2. 振幅恢复和地表一致性振幅补偿

振幅恢复的目的是补偿因球面扩散与地层吸收引起的振幅衰减，消除地震波在传播过程中波前扩散和吸收因素的影响（Yilmaz，2001），恢复地震道的原始振幅。时间方向上的能量补偿是一个重要的环节。处理中一般采用球面扩散补偿方法对原始单炮记录进行球面扩散能量补偿。

经过球面扩散补偿后，仍然存在振幅能量的横向不一致性，其主要原因是近地表因素横向的不一致引起的，也就是说近地表非一致性因素导致了炮与炮之间、道与道之间的能量差别，这些因素与地下岩石的物理性质无关，只与炮点和接收点因素有关，主要受激发点位置、激发能量、接收点位置、接收点检波器耦合情况等的影响。

因此处理过程中要将近地表因素消除掉，需要做地表一致性振幅补偿。做好相对振幅保持处理以后的地震资料，从单炮上看，浅中深和远近偏移距能量关系基本趋于一致。球面扩散补偿和地表一致性振幅校正后，单炮记录时间上和空间上能量均匀，振幅水平基本达到同一个级别。

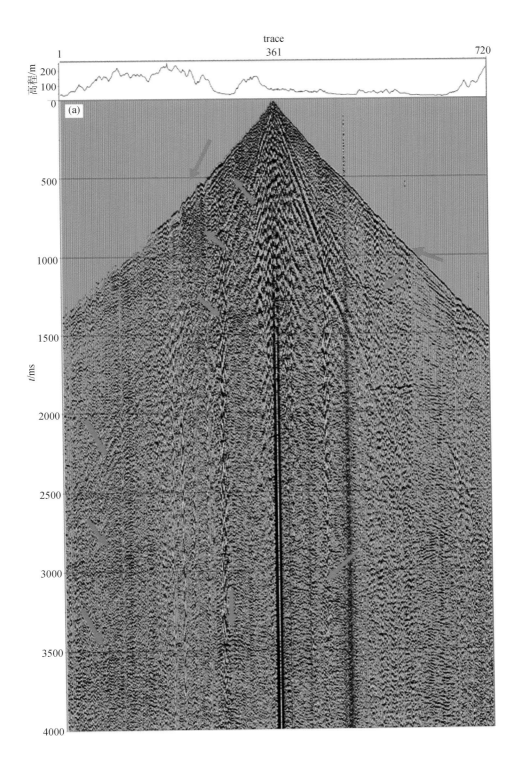

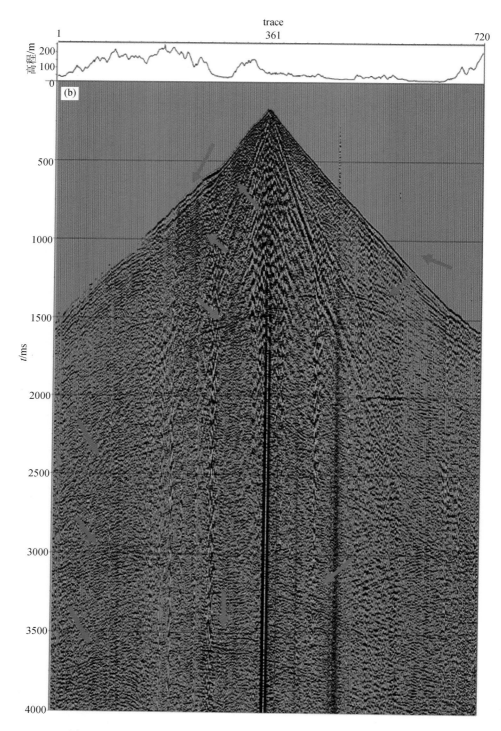

图 3.29　（a）层析静校正前单炮记录；（b）层析静校正后单炮记录

顶部曲线为检波点地表高程；箭头所指部位同相轴形态有明显改善

　　图 3.30 为 LZ04 线地表一致性振幅补偿前后的粗叠加剖面，采用相同增益保幅显示。图 3.30（a）为仅作球面发散补偿后的叠加剖面，（b）为球面发散补偿后又做了地表一致性振幅均衡处理的叠加剖面。可以看出，图 3.30（a）中尽管深层能量已经补偿起来，7 s 中地壳反射能量和莫霍面反射显现，但剖面横向能量（振幅）存在不均匀现象，由于炮道间能量不均导致上地壳有效反射波能量叠加后加强不明显。图 3.30（b）剖面从浅到深及横向上能量基本均匀，有效反射波能量突出，4 s 以上上地壳反射、5～7 s 中地壳反射和 10 s 附近莫霍面反射波组能量突出，8～9 s 下地壳反射呈现透明，强反射和亮点反射在剖面上反映明显。对于这类地表变化较大的测线，地表一致性振幅处理会见到明显效果。

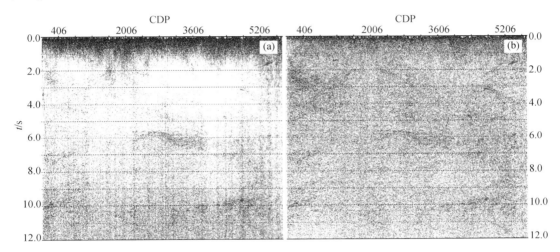

图 3.30　LZ04 线地表一致性振幅处理后的粗叠加，地壳和莫霍面反射能量突出
（a）球面发散补偿后叠加；（b）球面发散补偿+地表一致性振幅均衡处理后叠加

3. 地表一致性反褶积

　　反褶积目的是通过压缩地震子波，提高地震资料分辨率（Yilmaz，2001）。可分为单道反褶积、多道反褶积、地表一致性反褶积等。地表一致性反褶积具有子波稳定、横向一致性好、抗噪能力强的优点，不仅可以提高资料的分辨率，而且能消除激发、接收条件变化和表层不均匀等因素造成的波形差异。

　　根据地质目标通过试验确定反褶积方法及参数。参数选取合适时，地表一致性反褶积可以消除激发、接收条件不一致造成的子波差异的影响，在提高频率的同时提高子波的横向一致性。通过调节不同深度的预测步长控制分辨率尺度，对浅层采用小预测步长，提高浅层资料分辨率，而对深部则用大预测步长，改善其一致性，不提高其分辨率，保证了深层资料信噪比不受影响。

　　图 3.31 为庐枞 LZ04 测线（CDP 550～840）地表一致性反褶积前后的粗叠加剖面对比。采用随深度变步长预测算子，预测步长通过试验确定（20—32—48 ms）。图 3.31（b）图中 2 s 以上反射子波明显被压缩，分辨率得到提高，3～5 s 中层地壳反射，子波压缩不明显，横向一致性得到增强，噪声被压制，信噪比得到改善。可见，地表一致性预测反褶积对浅

部起到了提高分辨率的作用，而对中深部更主要的是起到了改善波形和提高反射波组横向一致性的作用。

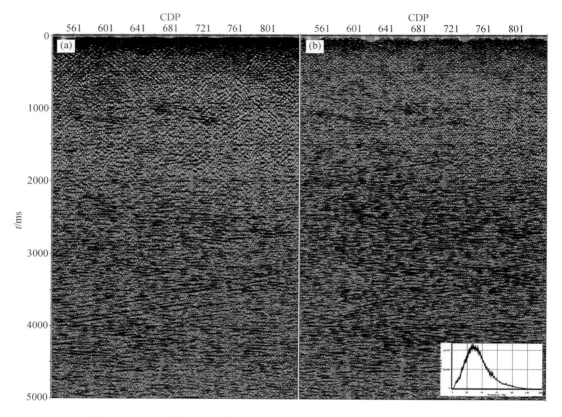

图 3.31　LZ04 线地表一致性振幅反褶积前后叠加剖面（CDP 550～840）

（a）未作反褶积叠加；（b）地表一致性反褶积后叠加剖面及其频谱，主频 35 Hz

4. 叠前噪声衰减

在实际地震资料中，噪声干扰分为规则干扰和随机干扰两大类，根据不同噪声的不同特点，可采用不同的去噪方法。目前比较常用的去噪方法有相干噪声切除、带通滤波、F-K 域滤波、RNA 以及由此派生的各种修正方法、小波变换去噪以及中值相关去噪。这些去噪方法多基于多道统计的方法进行滤波，在去除规则干扰方面取得了不同的效果。同时，由于有效信号和干扰波的频带是相互重叠的，一些去噪方法对有效波的能量也进行了压制，需要发展有效的噪声压制技术，在压制噪声的同时，尽量减少对有效反射能量的损害。

叠前去噪技术包括面波的去除、线性干扰去除、高能干扰去除、高频、低频干扰和 50 Hz 工频干扰的去除。

1）线性干扰的去除

线性干扰在地震资料中普遍存在，严重影响单炮质量，去除不好会对后续处理产生很大影响。传统做法是通过 F-K 滤波来实现。F-K 法效果明显，但有副作用。当线性干扰严重、分布范围广时，F-K 域通常有效波和干扰波并不能完全分开，同时由于常常出现空间采样不足，势必造成要么干扰波不能完全压制，要么严重损失有效波成分。F-K 方法本身也造成滤波后剖面的蚯蚓化现象严重。

为解决传统做法中存在的问题，我们研发了一种压制线性干扰技术，可用来压制严重的浅层多次折射波和线性干扰波。基本思想是，在给定的时间和空间范围内，利用自动识别技术，识别出线性干扰位置和视速度，并采用线性预测方法，求取线性干扰预测算子，然后预测并去除线性干扰。干扰的压制由于限制在干扰波覆盖区域，其他部分则不受影响，减少了对有效波的损害。

方法基于两个假设条件，即干扰波同相轴为线性，视速度不同于有效波。

线性干扰波的识别：在处理前，首先是干扰波的识别，主要包括检测干扰波的视速度和位置。采用的是在 T-X 域用普通倾斜方法识别干扰波。

分频：为了更准确提取干扰波特征及得到较好的滤波效果，有必要对地震记录作分频，形成几个不同频段的剖面，然后分别对它们进行处理。分频处理的好处是可以利用干扰波的优势频段提取干扰波的特征，而在非优势频段利用已提取的特征作为约束，这样达到更准确识别干扰波的目的，分频可以在保证有效信号不受大影响的前提下，最大程度地压制干扰。

图 3.32 显示了线性干扰去除前后的炮集记录。图 3.33 显示了线性干扰去除前后的叠加剖面。可以看到被去掉的完全是线性干扰。由于线性干扰同相轴的特征跟同相轴的线性程度有关，同相轴越成直线效果越好。受地表及静校正影响，原始资料的线性干扰同相轴往往非严格直线，因此，去除线性干扰流程必须是在应用层析静校正以后，使线性干扰同相轴恢复直线形态。如果在剩余静校正后做则效果更好，这需要返回流程进行迭代处理，无疑增大了工作量。

2）面波的去除

面波是地震勘探中广泛存在的一种规则干扰波，沿地表传播，具有低频、在炮集记录上呈现频散的特征。面波的能量通常都很强，具有明显的大振幅且同相轴为直线，在反射记录范围内可以覆盖受影响区域的所有反射波组，炮点附近偏移距和时间是面波最强的区域。这些特征使得面波在地震记录上很容易识别出来。面波具有较低的视速度，传播速度一般为 100~1000 m/s，以 200~500 m/s 最为常见。面波振幅随着深度的增加而急剧衰减，其穿透深度与频率有关，随着深度加深，低频成分保留得多，高频成分保留得少，面波频率一般为 2~30 Hz，多数 5~15 Hz，具有波散特性。当面波频率较高（比如在 10 Hz 以上）时，常规的滤波方法在滤除面波的同时也对与面波处于同一频带的有效信号造成损害。

根据面波的上述特点，可采用分频压制方法衰减面波。根据小波变换原理，对地震信号可按不同频带进行分解，由于地震记录中面波等规则干扰的频带及存在位置均有明显特征，因此可根据其速度和时距曲线，在规则干扰频带范围内找到干扰出现的时间区段，进行分频定向分离出面波，将面波再反变换到时间域，在时间域采用减去法，从原始记录中减掉面波。这样去掉面波的记录里有效波不会受到任何影响，完全保留了反射信号的动力学特征，既保幅又保真。

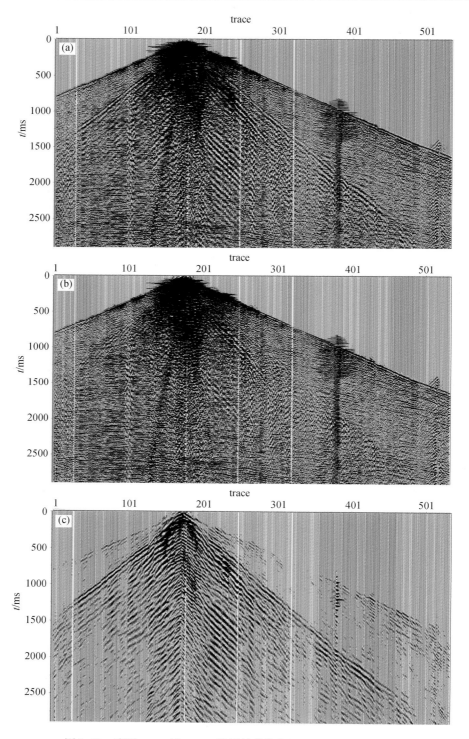

图 3.32　庐枞 LZ04 线 41236 桩号的单炮线性干扰去除前后对比

（a）去除线性干扰前；（b）去除后；（c）去掉的线性干扰

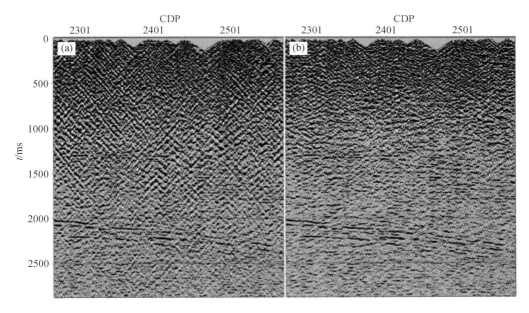

图 3.33 LZ04 线性干扰去除前后叠加剖面对比

（a）去除前；（b）去除后

图 3.34 是面波去除前后的炮集记录保幅显示。两组低频强量面波被完全去除，有效反射波显现，其他区域波场没有受到影响，充分说明了此方法的优点。

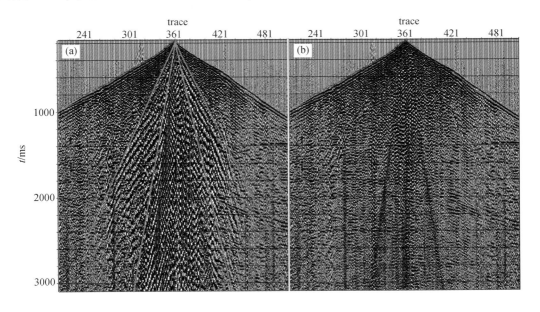

图 3.34 LZ03 线 FFID21 单炮面波的去除效果

（a）面波去除前，发育两组面波；（b）去除后，反射同相轴显现

3）高能干扰的去除

地震资料中除规则噪声干扰外，还存在随机的突发性大值脉冲等高能干扰。大值也称野值，其振幅能量比同一时刻反射波能量大若干倍，是环境因素造成的。大值脉冲干扰严重影响反褶积、速度分析、静校正和叠加效果，常常会使偏移严重画弧。因此必须选用合适的处理方法予以压制。对原始记录中存在的这些大量诸如声波、尖脉冲、方波和野值等一些强能量干扰，采用"多道识别，单道去噪"的方法给予压制。

方法要求对地震道先做以下处理：真振幅恢复（球面发散和吸收补偿）、地表一致性振幅均衡，可以在动校正之前也可以在动校正之后做，在动校正之后做更符合实际情况。

根据地震记录局部数据具有良好相似性的特点，在时间域对多道信号采用滑动时窗自适应门槛值横向迭代法来检测和衰减噪声，从而完成剔除野值和自动道编辑功能。根据高能噪声不同的频带有不同分布的特点，可分频处理。

简单来说，对于给定的一个或几个数据集合（炮集或道集），在给定的时窗内统计平均振幅值：

$$\bar{A} = \left(\sum_{i=1}^{n} \sum_{j=1}^{k} A_{ij} \right) / (n \times k) \tag{3.5}$$

式中，A_{ij} 为第 i 道第 j 样点的振幅值。设定一个门槛值，当某一处振幅值 A 大于该段平均振幅值的门槛值时认为是异常振幅，予以剔除或衰减至平均振幅值的几分之一，循环迭代几次，以消除异常振幅对平均振幅值 $\bar{A}$ 的影响。

图 3.35 为 LZ04 线 FFID608 炮高能干扰去除前后的对比。采用保幅显示，振幅级别和相对关系为振幅的实际情况。可以看到，高能干扰得到衰减，脉冲干扰消失，浅层 1 s 有效反射和 4 s 深部反射同相轴清晰显现。整炮高能干扰去除干净。原来被各种噪声干扰淹没的反射同相轴在去噪后清晰显现出来，各组有效反射波组清楚，视信噪比得到显著提高，记录面貌得到明显改善。

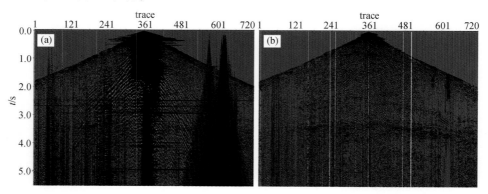

图 3.35　LZ04 线 FFID608 炮高能干扰去除前后，固定增益保幅显示

（a）去噪前；（b）去噪后

图 3.36 是 LZ04 线高能干扰去除前后粗叠加对比（CDP 4850～5170），保幅显示。由于叠前数据里存在高能干扰，影响其所在的 CDP 道集，未去噪前，大值高能干扰参

与叠加，其能量极强，振幅值极大，叠加后（特别是保幅叠加）的叠加道全是高能干扰的能量。这样的道参加叠加和偏移，影响极大。去噪后大值被去除，叠加剖面正常。图 3.36（c）是（a）和（b）的差值剖面，可以看出，在叠加剖面上被去掉的全是高能干扰噪声。

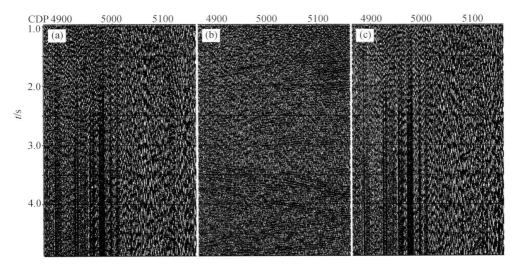

图 3.36　LZ04 线（局部）高能干扰去除前后的叠加剖面

（a）去除前叠加；（b）去除后叠加；（c）两个叠加剖面相减的差值，即去掉的高能干扰

5. 高精度速度分析技术

准确的速度不仅是解决剩余静校正问题的关键，同时也对偏移成像的精度起决定性作用（Yilmaz，2001）。

本次地震资料探测深度达莫霍面，采用长偏移距观测（最大偏移距 7.2 km），记录时间 12 s。据动校正时差公式可知，地震记录上浅层反射和深层反射的道间正常时差（NMO）差别较大，浅层反射的动校正量较大，而深层反射的动校正量较小。对于动校正量较大的浅层反射，动校正速度误差对反射波叠加效果的影响较大，而对于深层反射来说，动校正速度误差对叠加效果的影响较小。另外，由于深地震反射剖面一般要跨越不同的地质构造单元，速度横向变化很大，如果对测线不同构造部位速度范围不了解，速度分析时很难得到合适的动校正速度。因此，处理时首先需要对整条测线从浅到深进行速度扫描，了解不同 CDP 空间段、不同时间段的速度范围，做到心中有数，然后对记录上深、浅不同层次的反射波应考虑不同的速度分析方法。深部主要采用以速度扫描方法为主，结合速度谱的方法，在速度值的选取上，对同一层位，尽可能保持横向的一致性，避免速度突变造成的构造畸变。研究区有宽角地震资料时，深部速度可以参考其速度成果（徐明才等，1995；刘保金等，2012）。据有关资料，本区莫霍面及上地幔速度达到 8000 m/s 以上，下地壳速度基本都在 6200～8000 m/s。这个速度结构对反射地震叠加速度起到参考和指导作用。

制作高质量速度谱。鉴于部分目的层段低信噪比的特点，必须保证生成速度谱的质量，为准确地提取速度打下坚实的基础。首先通过静校正技术应用、高质量的叠前预处理、形成超道集以及在优势频段范围内生成速度谱等手段，最大限度地保证速度谱的质量；另外，通过减小速度谱的相关时窗长度，增加色带分级，提高速度谱的分辨率，从而提高速度分析的精度。

研究地下的速度分布特点。分析研究速度场的变化趋势，同时利用多种辅助手段，如动校大道集、常速扫描叠加剖面、变速扫描叠加段以及动态的叠加段等来识别速度，保证速度的准确拾取。

技术操作上，采用多种手段：交互速度分析与速度扫描相结合（图 3.37，图 3.38）；合理增加或减小速度拾取网格；多次速度分析，既是速度谱的迭代制作过程，也是对全区速度的认识过程；通过叠加效果与速度剖面检查速度的合理性。

静校正和叠加速度往往是互为影响的，处理过程中应采用剩余静校正与速度分析的多次迭代处理的流程。

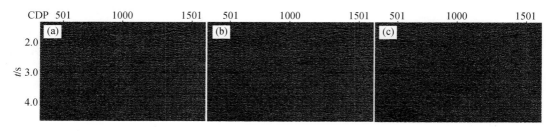

图 3.37 一段剖面做速度扫描以确定速度范围

(a) 4500 m/s；(b) 5000 m/s；(c) 5500 m/s

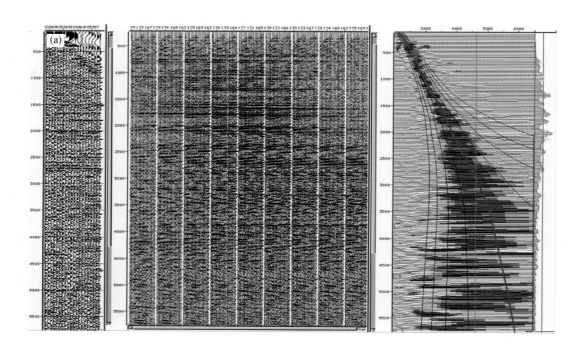

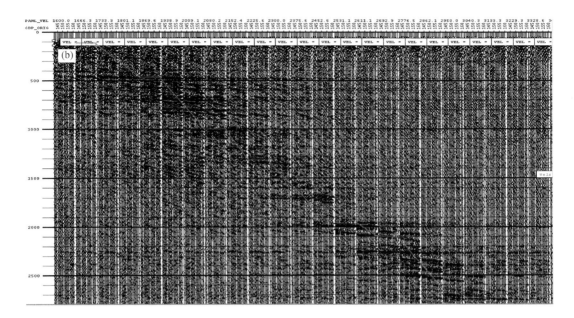

图 3.38 　（a）交互速度谱；（b）23 个 CDP 段的常速扫描叠加段，以拾取合适速度

6. 剩余静校正技术

1）地表一致性剩余静校正

剩余静校正处理需要进行速度分析和剩余静校正的多次迭代，通过迭代逐步提高静校正量精度，实现同相叠加，达到提高叠加成像质量的目的。

剩余静校正处理的主要参数是形成模型道的道数、相关时窗和相关道数、迭代次数等。对于信噪比较高的资料，可以选择较少的相关道数、形成模型道的道数和迭代次数。一般剩余静校正和速度分析迭代两次即可；但对于低信噪比资料，需要选择较多的相关道数、形成模型道的道数和迭代次数，剩余静校正和速度分析需要进行多次迭代。输入到剩余静校正的数据必须做好净化处理，且只能做基于保幅的高能干扰去除和地表一致性振幅均衡处理，不能做基于多道的道集去噪处理，以免影响真实静校正量的求取。

图 3.39 是 LZ02 线经过相同处理流程参数的静校正前后叠加剖面对比。图 3.39（a）是不做任何静校正的原始叠加，（b）是施加层析静校正后的叠加剖面，（c）是在层析静校正的基础上做了三次剩余静校正后的叠加剖面。可以看出，在没做静校正之前，图 3.39（a）中 W1、W2、W3 三组波反射同相轴能量弱，连续性差，模糊不清，信噪比明显较低。在经过层析静校正、剩余静校正后，三组反射波连续性依次变好，信噪比依次也有明显提高，构造现象更加清楚，由于同相叠加，反射波能量增强，剖面质量有显著改善。

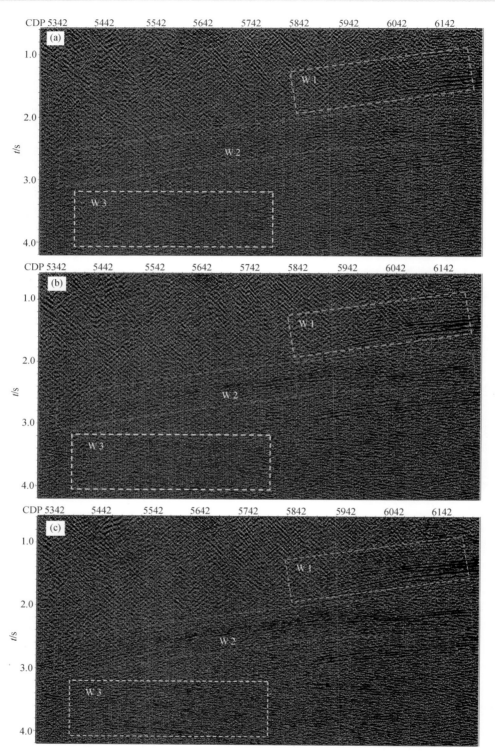

图 3.39 LZ02 线静校正前后叠加剖面对比（CDP 5300～6230，时间 0.6～4.2 s）

（a）无静校正原始叠加；（b）层析静校正后叠加；（c）层析+2 次剩余静校正后叠加

2）非地表一致性剩余静校正

地表一致性静校正等价于简化的近地表模型，尽管简化模型与真实情况的差异一般很小，但在实际情况下，通过近地表层的时间依赖于炮检距和反射层的埋深（Cox，2004）。

剩余静校正量的分布特征有两种情况：当低、降速带的速度较小，厚度也不大时，反射波在低、降速层内是近似垂直于地表传播的，低、降速带对各反射层反射波的影响基本是相同的，这就是地表一致性静校正问题。当低、降速带的速度和厚度变化都较大时，各反射层的反射波在低降速带内的传播时间会有较大的差别，这就是非地表一致性静校正问题。

在近地表地质情况复杂的地区，由于基岩出露、地形起伏大、低速带厚度和速度变化很大、低速带速度很高等因素的影响，与地表一致性假设的条件存在较大差异，因此非地表一致性静校正量与实际静校正量之差与基准面位置、炮检距和地震波穿透深度有关。

在山区，基岩常常出露，从而使近地表地层速度很高，地震波到达检波点时的传播方向差异也会较大（在某些情况下甚至会出现射线接近水平的现象），这显然与地表一致性假设不吻合。在深反射地震和金属矿地震采集地区，往往有地方表层速度可能接近甚至大于下伏地层速度，有的地方基岩直接出露地表，本研究工区就有石灰岩、火山岩、花岗岩等高速地层出露地表。这时来自地下不同深度的反射波在近地表层内的传播路径与垂直出射的假设差异较大，出射的角度与反射层的深度（即旅行时间）有关，不满足地表一致性假设。因此，在这些复杂地区有必要采用非地表一致性静校正方法。

实际处理中沿着两个或多个反射界面求取静校正量。在不同的时窗内进行互相关求互相关时差，在不同的时窗内求出不同的静校正量，同时要做好时窗之间的数据平滑工作。这种方法与速度分析结合经多次应用之后，叠加质量有明显改善。图 3.40 是 LZ04 线非地表一致性静校正处理试验前后的叠加剖面，从图中可以看出，非地表一致性静校正的应用有效改善了深部反射波组的连续性和信噪比，（b）中 4～5 s 和 5.8～7.6 s 范围内的反射波组形态趋于明朗和易于识别。

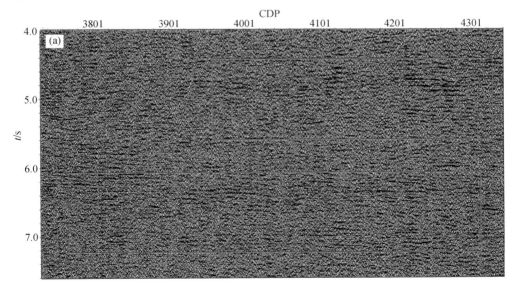

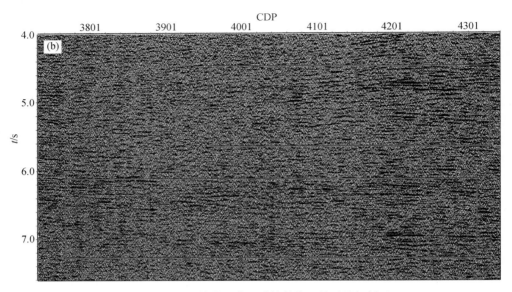

图 3.40 LZ04 线非地表一致性静校正前后叠加剖面

(a) 非地表一致性静校正前叠加；(b) 非地表一致性静校正后叠加

7. 叠前时间偏移成像技术

目前常用常规 Kirchhoff 叠前偏移是建立在水平地表假设基础上的，在偏移以前，要利用炮点和检波点与浮动基准面的关系以及替换速度将数据校正到浮动基准面上，再进行偏移，以便接近假设条件。山地区地下地质结构复杂，地表高差大，变化剧烈，使基准面很难选择。随着近年来地震勘探向山区和复杂地表地区展开，水平假设条件的叠前偏移技术受到了挑战，给在此类地区开展叠前偏移工作造成很大困难。对于像庐枞矿集区这种地表起伏较大的地区，常规软件的成像精度受到影响。

为解决上述问题，通常采用应用滑动窗口对地表高程进行滑动平均的方法获取较为平坦的浮动基准面，然后将速度分析和偏移作业等放在浮动基准面上操作，最后将成像结果再校正到最终基准面。此方法从某种程度上缓和了山区地形和基准面假设前提的矛盾，但随着地表起伏程度和构造复杂程度的提高，不适当的浮动基准面问题越来越显现出来。基于此，提出一种基于起伏地表理论的 Kirchhoff 叠前时间偏移方法，基本原理是单地震道数据在原来常规 Kirchhoff 叠前时间偏移坐标的基础上进行几何旋转后再进行偏移（薛爱民，2009）。理论和实践证明，基于起伏地表叠前时间偏移能够做到使绕射波更好地收敛，同相轴更加聚焦，断层更清楚，断点干脆，构造也更准确。

针对起伏地表直接进行叠前时间偏移是目前复杂山地地震资料叠前成像处理的方向。在起伏地表条件下，炮点和检波点不在一个水平面上，其连线与水平线成一定夹角，每个地震道数据对应的炮-检对平面与地表的夹角都可能不同，由此地震道描述的偏移椭圆是一个相对水平地表情况的倾斜椭圆，其方程为

$$\left(\frac{x}{\cos\alpha} - z\sin\alpha\right)^2 / a^2 + (z\cos\alpha)^2 / b^2 = 1 \tag{3.6}$$

式中，a 和 b 为倾斜椭圆长轴和短轴，即 LC 和 PC。x 和 z 为坐标，α 为炮点-接收点连线

与水平线角度。当地表水平时，$\alpha = 0°$，式（3.8）演变为常规 Kirchhoff 叠前时间偏移的椭圆方程。从图 3.41 看出，起伏地表条件下成像点 I 与基准面情况下成像点 I' 不在一个位置，这显然会带来误差，影响成像质量和准确度。

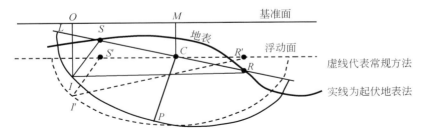

图 3.41 两种 Kirchhoff 叠前时间偏移椭圆的区别示意图

图 3.42 为倾斜地表面 Kirchhoff 叠前时间偏移算子图示，可以看出，倾斜椭圆倾斜方向与炮检距连线方向是一致的。从图 3.43 的模型数据可以看出起伏地表方法结果比常规方法更清晰，能量聚焦效果更好。表明在起伏地表状态下，基于起伏地表的叠前时间偏移成像精度高。

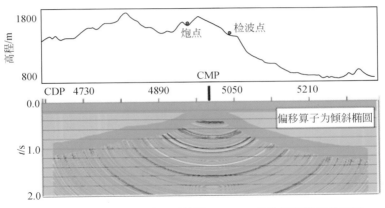

图 3.42 倾斜地表面单道地震数据 Kirchhoff 叠前偏移算子分布图

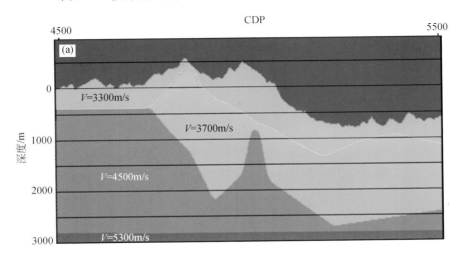

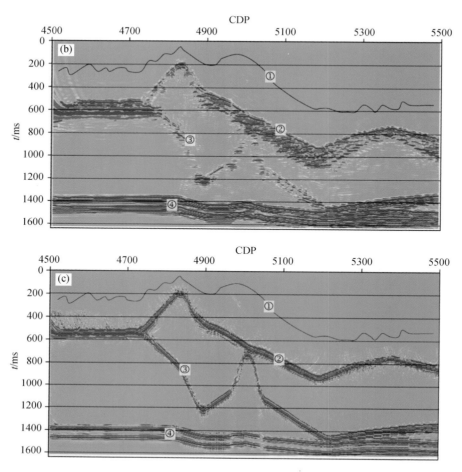

图 3.43 模拟数据的两种 Kirchhoff 叠前时间偏移结果

（a）理论模型；（b）常规方法；（c）起伏地表方法

①地表起伏地形；②界面 1 反射；③界面 2 反射；④界面 3 和底界面反射

图 3.44 为庐枞 LZ03 线起伏地表 Kirchhoff 叠前时间偏移与常规偏移方法结果对比，从图中可以看出，起伏地表方法局部成像更准确，能量聚焦更好，与理论数据计算结果一致。

8. 叠后去噪与信号增强

一般而言，叠后去噪对信噪比的改善非常显著，特别是对低信噪比数据。现在已发展了许多叠后去噪的方法，常规的可分为两类，即时间–空间（T–X）域去噪方法和频率–空间（F–X）域去噪方法。这些方法中，尤以 F–X 域预测去噪方法应用最为普遍。在 F–X 域用预测方法求取有效信号估计其优点包括不受倾角限制、不用直接求信号空间延伸方向以及适应矛盾倾角情况等。事实上，F–X 域预测去噪能否真正提高信噪比取决于有效信号预测算子估计的精度，只有当预测算子真正是反映被噪声所干扰的有效反射信号的空间预测关系时，预测结果才可能有更高的信噪比。当某频率点信噪比低于一定值，常规做法就

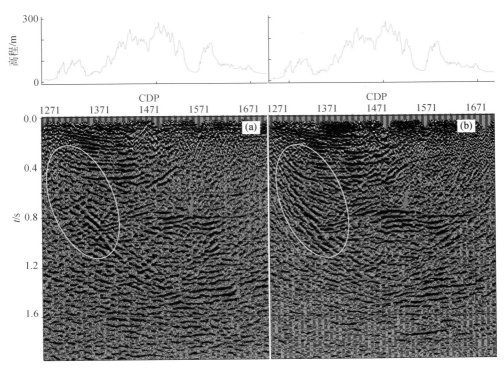

图 3.44　LZ03 线两种叠前时间偏移结果

（a）基准面上偏移；（b）起伏地表偏移

不能较准确地估计有效信号的空间预测算子，从而也就谈不上通过信号预测改善该频率点的信噪比。

地震资料在中低频段一般有较高的信噪比，随着频率的增高，信噪比急剧下降。因此，到一定的频率后，通常的 F-X 域预测去噪将不再有效，不能起到提高信噪比的作用。

为提高信号预测算子计算精度，我们研究提出了一种信号约束 F-X 域外推算子去噪方法，即在信噪比较高的中低频带估计的信号预测算子，外推到信噪比较低的频带，以达到提高整个频带信噪比的目的（刘振东等，2001）。

图 3.45 显示了 LZ04 线叠后 F-X 域预测去噪的对比剖面，可以看到，叠后去噪对改善剖面面貌、提高信噪比起到较大作用。

必要的时候还可以做相干加强或 F-K 域非线性增强，以增强反射同相轴连续性，进一步提高叠后资料信噪比，使有效信号能量得到继续加强，剖面信噪比得到较大提高。

三、处理流程及处理效果分析

1. 处理流程

经研究和试验分析，得到了如图 3.46 所示处理流程。

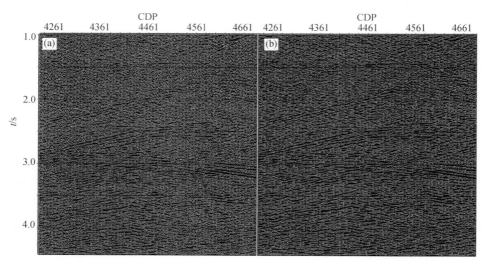

图 3.45　LZ04 线叠加剖面应用 F–X 去噪前后

（a）去噪前；（b）去噪后

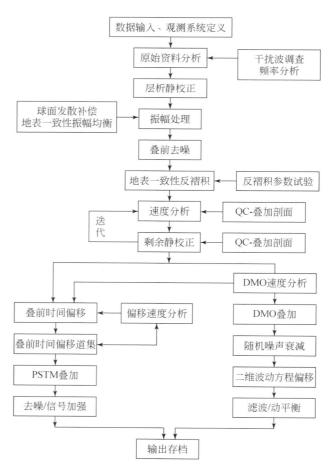

图 3.46　庐枞矿集区反射地震资料处理流程图

2. 处理效果分析

通过精细处理，最终得到 5 条反射地震剖面的叠加成果和偏移成果剖面。

从叠加剖面看，剖面反射、绕射波比较丰富，波场复杂，而叠前时间偏移剖面上则各波组偏移归位较为准确。剖面显示，各断裂带同相轴错断明显，浅部锯齿状反射特征明显，从地表到上、中、下地壳反射波组特征明显，沉积盆地、火山岩盆地界线清楚，特征明显。

从剖面波组特征可以明显区分岩性。沉积盆地地震波表现为低频和宽频带，主频在 25 Hz 左右，连续性和成层性都好，信噪比较高，基底清楚。火山岩区地震波表现为频率较高和频带较窄的特点，主频在 35 Hz 左右，波组内反射同相轴密集，局部连续性和信噪比较高，局部散乱无反射，无成层性和信噪比可言，揭示出不同阶段不同时期的火山岩的形态和分布情况。

LZ02 和 LZ05 线剖面在 10 s 上下显示了一组连续的近水平反射，清楚反映了莫霍面的变化和特征。

第四节　反射地震剖面的地质解释

对庐枞盆地五条地震偏移剖面的深部结构进行了解释，将五条反射地震的叠前时间偏移及其地质解释结果分别显示在图 3.47～图 3.51。地质解释基于叠前时间偏移剖面，其特征总体上与叠加剖面一致。

以下是五条测线的反射特征及地质解释。

一、LZ01 剖面

LZ01 线位于庐枞火山岩盆地南西部，剖面走向 NW–SE，穿过了庐枞盆地南西部的潜山–孔城凹陷（QKD）和庐枞火山岩（见图 3.1）。从图 3.47 的偏移剖面来看，地壳可分为 3 层：反射密集的上地壳（0～2 s）、中地壳（2～5 s）以及反射稀疏的下地壳（5～10 s，图 3.47）。CDP 1～2401 之间，上地壳部分展现出几乎对称的沉积盆地特征，最大深度约在 1.8 s 处，假设盆地平均速度为 5 km/s，则盆地深度大约在 4.5 km。反射地震剖面显示庐枞沉积盆地呈双层结构，表明沉积存在间断，可能与大别山以东 70～40 Ma 和 45±10 Ma 的 NW–SE 向伸展作用有关（Grimmer et al.，2002）。沿剖面向东南方向，CDP 2401～4901 之间，根据反射同相轴之间的切割关系，可明显识别出两个倾向相反的断层（图 3.47 的 BF1 和 BF2），推测它们构成了庐枞火山岩盆地东、西两侧的边界。在火山岩分布区，由于岩浆侵入作用，火山岩序列地震反射面变得稀疏、甚至透明。

在火山岩出露区及潜山–孔城凹陷（QKD）的中地壳，剖面上可看到一系列的弧形反射（1.5～5.0 s），这些弧形反射之间被陡倾的反射"异常带"所分割，"异常带"要么是反射同相轴方向的突变带，要么突然截断反射（反射不连续）。从地质角度来看，这些异常带可解释为一系列"雁行"排列的正断层。这些正断层或是继承了早期挤压阶段的逆冲、叠瓦构造，在伸展期转化为系列正断层。有些断层一直延伸到中下地壳，如 TF1（本书称为潜山–孔城隐伏断裂），空间上 TF1 可能是滁河断裂的南部延伸，它是控制潜山–孔城凹陷形成与演化的基底断裂。同样，庐枞火山岩盆地的中央断裂（CFZ）是控制火山岩盆地形成的基底断裂。依据反射特征，可将 1.5～5.0 s 深度的地层反射分为上下两部分：上部反射具有短"波长"特点，反映地壳岩片的叠置；下部具有长"波长"特征，类似"布丁"和"香肠"状构造（如 CDP 2401～3601 之间的"LZ-布丁"构造）。上部和下部两者之间可以推测存在一个区域滑脱面 D2，将两部分叠置到了一起。在约 5 s 深度上下，可以推测另一个具有明显反射差异的界面 D1，它将中、下地壳分割开来。根据地表地质及区域岩性特征分析，形成区域滑脱层的层位可能是下志留统页岩层，下寒武统黑色页岩层，震旦系粉砂岩和页岩层及其从脆性到韧性转变的地壳过渡带（Zhu et al.，1999；Yan et al.，2003；Xiao and He，2005）。因此，本书推测在区域挤压构造体制下，沿中、下地壳界面（D1）及下志留统页岩层（D2）发育区域拆离面，后期伸展构造体制下，该拆离构造进一步演化为区域滑脱构造。这个解释和该区域的地质调查结果一致（Yan et al.，2003）。

下地壳（5.0～10.0 s）的反射相对稀疏，但是无论是在偏移剖面上，还是叠加剖面上，两个反射特征十分明显。一是 CDP1601 两边倾向相反的反射结构，其北西侧下地壳反射向 SE 倾，南东侧反射则是向 NW 倾。这个倾向相反的特征也出现在 LZ02 剖面上。作者推测 CDP1801 西侧的下地壳可能与大别造山带下地壳的物质相同。二是庐枞火山岩盆地下方的下地壳反射明显增多，尤其在莫霍面附近（图 3.47），这些反射解释为岩浆活动的结果。另外，相比于其他 4 条剖面，LZ01 剖面的莫霍面不明显，表现出分段和不连续的特征。

二、LZ02 剖面

LZ02 线与 LZ01 线平行，呈 NW–SE 向，穿过郯庐断裂带向北西方向延伸约 20 km 至大别山北缘。与 LZ01 线相比，LZ02 偏移剖面的反射特征有所不同（图 3.48）。

中、上地壳显示出一致的"弧形"反射，并被透明或垂直的弱反射带所分割。尤其在剖面的北西端，这种特征十分明显，它们像一系列同心褶皱被地壳尺度的断裂带所分割。从地震特征上看，郯庐断裂带并未显示出穿透地壳的特征，仅延伸至中地壳，倾向 NW。CDP 2401～4201 之间，一些逆冲和与逆冲相关的褶皱占据了中上地壳（0～5 s），表明在该区域曾经历过强烈挤压变形事件。在火山岩区（CDP 3601～6001），反射呈现不连续性，并夹杂大面积的空白反射区。同 LZ01 剖面一样，通过分析反射同相轴之间的切割关系，也可以推断出火山岩盆地的两个边界断裂（BF1 和 BF2）。黄梅尖岩体（位于 CDP 5301～6001）呈现完全透明的反射特征，并切断了周围反射，透明反射区的空间形态大致描绘出了黄梅尖岩体的空间展布特征（图 3.48）。从黄梅尖岩体往下直到中地壳，可以看到在水

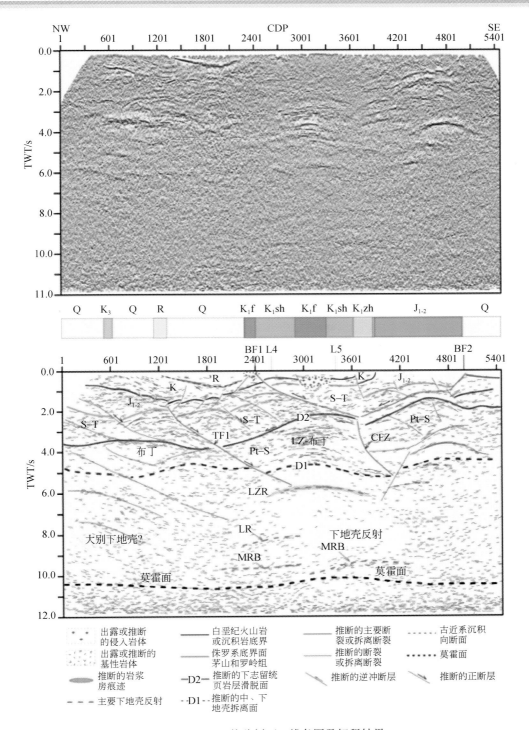

图 3.47　LZ01 偏移剖面、线条图及解释结果

地质解释表示在地震线条图上（Li *et al.*，1997）。注意 QKD 的空间形态、中地壳的"布丁"和"胀缩"构造。Pt—S.
元古宇—志留系；S—T. 志留系—三叠系；J₁₋₂. 下、中侏罗统；K. 白垩纪沉积物；BF1、BF2、TF1、CFZ、LR、LZR
及 MRB 等见正文中解释。地质图例与图 3.1 同平反射面上出现很宽的近垂直透明反射带（命名为中央断裂带 CFZ），表明沿此界面曾发生过大规模的伸展作用。可以推测 CFZ 在控制庐枞火山岩盆地的形成、控制岩浆向上迁移方面起到了关键作用。自 CDP 6001 到剖面的末端，上地壳可以清楚观察到发育在区域滑脱面 D2 之上的叠瓦状逆冲构造和双重构造，在此构造之下的中地壳，反射面表现出扁平且密集分布的特点，这可解释为响应上地壳挤压变形，中地壳产生的剪切作用。

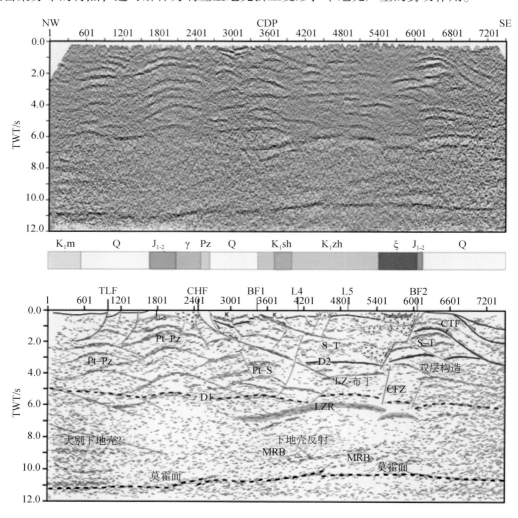

图 3.48　LZ02 偏移剖面、线条图及解释结果

地质解释表示在地震线条图上。注意 CDP 801～2401 的同心褶皱、CDP 6001～7201 的逆冲推覆和双重构造。Pt—Pz. 元古宇—古生界；Pt—S. 元古宇—志留系；S—T. 志留系—三叠系；J_{1-2}. 下、中侏罗统；K. 白垩系沉积物；TLF、CHF、BF1、BF2、CTF、CFZ、LZR 和 MRB 见正文中解释。地质图例同图 3.1，地质解释图例同图 3.47

　　LZ02 剖面与 LZ01 剖面的下地壳特征类似，表现出稀疏反射的特点。区别之处在于 LZ02 剖面的莫霍面变化大，且在一些部位有相互叠置的现象。在北部大别山区，莫霍面深度在 11.2 s 附近，大约 33.6 km（假设转换速度为 6.0 km/s）；在庐枞火山岩区，莫霍

面深度逐渐抬升到约 30.6 km（约 10.2 s）。莫霍面深度的这种变化仅出现在 NW–SE 方向上，在 NE–SW 方向的剖面上则表现为近水平产状。纵观庐枞地区下地壳的反射，笔者发现下地壳反射的密集程度与地表岩浆活动强度明显相关，火山岩区下地壳反射明显增加，笔者认为这是岩浆底侵作用造成的（Behrendt et al.，1990；Deemer and Hurich，1994）。

CDP 1801 两侧下地壳反射面倾向相反，反射密集程度也有所差别，推测两边下地壳的性质不同。西侧下地壳反射的成因可能有两种：一是在超高压变质岩的折返过程中，大别造山带下地壳物质向东的挤压流动；二是与大别造山带岩浆作用有关的岩浆底侵作用。

三、LZ03 剖面

LZ03 剖面呈 NNW–SSE 方向，NNW 段穿过张八岭隆起的西南端（图 3.1），往南及南东方向经过滁河断裂和庐江–黄姑闸–铜陵拆离断层（LHTD），该断裂是一个近 EW 向延伸的区域性断裂（宋传中等，2011），剖面止于庐枞火山岩盆地东北部。在 CDP 301 ~ 2701 之间的上地壳，地震剖面结构复杂，反射倾向多变且时有错断，表明上地壳复杂的构造变形过程（图 3.49）。上地壳有两组倾向相反的明显反射，NNW 倾的反射波组，或表现为反射倾角的突变，或被 SSE 倾斜的反射波组所切割。这种反射面倾角突变的图像表明变形方式的突变，可以解释为盖层在区域挤压应力作用下发生尖顶褶皱、逆冲和逆冲褶皱。由于剖面方向与主要构造方向斜交，一些反射也有可能来自旁侧反射体。在 CDP 3001 ~ 4501 之间（图 3.49），可以看到一个类似"盆地"的反射结构，结合地表出露的中侏罗统沉积地层，推测它可能为一个中侏罗世发育在庐枞火山岩区东北部的沉积盆地。该盆地在 LZ05 剖面上也可以清楚看到，表现为向南或南西倾斜的半地堑，最大深度约 5 km（2.0 s）。

另一个明显的特征是在中地壳位置存在三个地壳尺度的"弧形"反射，它们分隔出三个连续的"菱形"块体，依次堆叠在中地壳。我们将此特征解释为晚侏罗世在压扭应力场作用下，中地壳地层形成的叠瓦构造（Zhu et al.，2010）。该构造的底面就是上面提到的巨型区域拆离带（滁河断裂）。它是在地壳脆性–塑性过渡带 D1 上发展和演化的。该构造的顶面滑脱面 D2 可能位于早志留世页岩地层中。在与该剖面交叉的 LZ04 和 LZ05 剖面上，可以清楚地追踪该构造，它就是在挤压或压扭应力作用下，早古生代和新元古代地层发生的大尺度地壳叠瓦构造。

在剖面的北西段，CDP 1 ~ 2000 之间的下地壳，反射表现出短且不连续的特征。而从 CDP 2000 到剖面尾端，下地壳反射突然变得密集且连续，并向 NW 倾斜，尤其在莫霍面附近更为明显。与 LZ01 和 LZ02 剖面的下地壳特征相同，反射的明显增加表明下地壳岩浆活动增强，这与地表的地质情况吻合。

四、LZ04 剖面

LZ04 剖面平行于庐枞火山岩盆地走向，即 NE–SW 走向，与 LZ01、LZ02 和 LZ03 剖面近乎垂直。偏移剖面上，上、中、下地壳的反射特征差异明显，上地壳（0 ~ 2.0 s）反射稀疏，中地壳（2.0 ~ 5.0 s）反射密集，下地壳反射介于两者之间，见图 3.50。

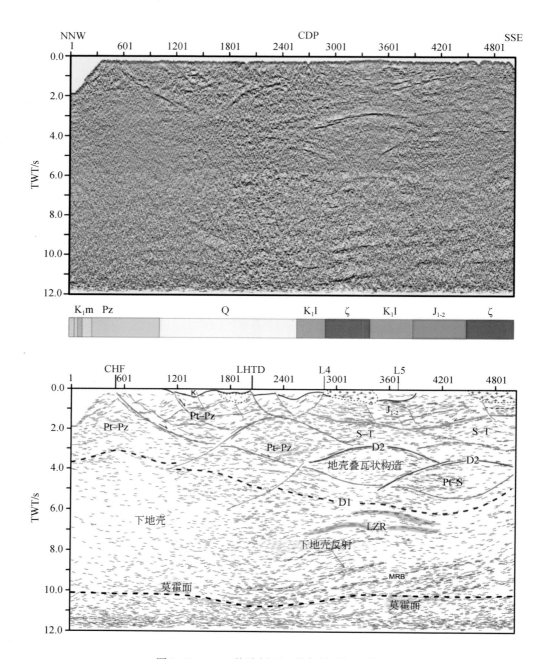

图 3.49 LZ03 偏移剖面、线条图及解释结果

地质解释表示在地震线条图上。注意中地壳的大尺度叠瓦构造和莫霍面之上的北西向倾斜反射。Pt—Pz. 元古宇—古生界；Pt—S. 元古宇—志留系；S—T. 志留系—三叠系；J_{1-2}. 下、中侏罗统；CHF，LHTD，LZR 和 MRB 见正文中解释。地质图例同图 3.1，地质解释图例同图 3.47

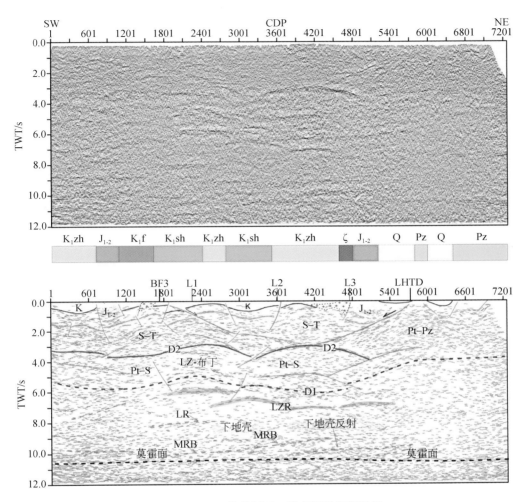

图 3.50 LZ04 偏移剖面、线条图及解释结果

地质解释表示在地震线条图上。Pt—Pz. 元古宇—古生界；Pt—S. 元古宇—志留系；S—T. 志留系—三叠系；J_{1-2}.

中、下侏罗统；BF3，LHTD，LZR，LR 和 MRB 见正文中解释。地质图例同图 3.1，地质解释图例同图 3.47

与 LZ01、LZ02 和 LZ03 剖面不同，LZ04 剖面的上地壳以伸展结构为特征，可以看到很多低角度冲断层（ramps）和盆地结构。在 CDP 4201~5701 之间，有一个明显的南西倾斜的断裂，一直延伸到中地壳。结合地表地质认识，认为该断裂是区域性的拆离断层，即庐江–黄姑闸–铜陵拆离断层。这个断裂在 LZ03 剖面上也可以看到。在该拆离断层上部，地震反射表现为短且不连续，这与火山岩区的反射特征一致，火山机构和侵入体导致反射不清或断续。在拆离断层下部，反射特征与上部明显不同，表现出与火山岩盆地反射有明显的角度不整合关系。在该剖面的西南段，根据反射图像的总体面貌，可以识别出 NE 倾向的拆离断层 BF3（图 3.50），笔者认为它是庐枞火山岩盆地的南部边界。在图 3.47、图 3.48 和图 3.49 上，还可以看到庐枞火山岩盆地内部的详细结构，以及与早侏罗世盆地的相互关系。结合地表地质及地震剖面反射特征，可以看出庐枞火山岩盆地是在早期的侏罗纪沉积盆地上形成发展的。

在 CDP 5701 点的南西侧，中地壳反射明显增多（图 3.50），且呈近水平或弧形反射特征。我们将其解释为元古宙到早古生代地层序列沿 NW–SE 向变形的结果。在 LZ01 剖面中地壳见到的"布丁"和"香肠"构造，在此剖面中清晰可见。沿着区域滑脱面 D2，在 CDP 3301～5001 之间出现强反射"亮斑"，仅由剪切作用很难产生如此强的反射（图 3.50），可能是局部岩浆作用的痕迹或由早白垩世火山活动产生的席状侵入体引起的。

剖面下地壳反射稀疏，但在下地壳顶部和莫霍面附近表现出反射增强的特点。在莫霍面上部有 1～2 个近水平的强反射带（MRB），平行于莫霍面反射。而中、下地壳过渡带的反射则以弧形和近水平的强反射为主要特征，中、下地壳过渡带中的这些反射特征可能与深部的岩浆活动有直接关系。

五、LZ05 剖面

该剖面平行 LZ04 剖面，几乎完全在庐枞火山岩盆地内部，大致沿庐枞火山岩盆地的中轴方向。与 LZ04 剖面类似，该剖面也显示出了三层地壳结构特点（图 3.51）。上地壳的重要特征是由地震剖面反映的侏罗系地层厚度的变化。沿着剖面从东北到西南，侏罗系地层厚度逐渐变薄，表明在早、中侏罗世的沉降中心位于庐枞火山岩盆地的北部边缘，即从 CDP 4201 到剖面末端。从反射地震图像看，白垩纪火山岩系的基底地层岩性变化较大，从 CDP 3300～4201，反射地震图像和钻孔岩性表明，白垩纪薄层火山岩系的下部地层是三叠系，或者古生界地层。

剖面中地壳存在两个主要的反射结构。一是北东倾斜的巨厚反射层，深度 2.5～5.5 s；另一个位于大约 6.0 s 处，存在一个长距离延伸的强反射层，此处称之为庐枞反射体（LZR）。它大致呈近水平或弧形，延伸长度大约 45 km，几乎占据了庐枞火山岩盆地的中部（图 3.51）。北东倾斜的巨厚反射层在与其垂直的反射剖面上也有出现，它们是地壳尺度的"布丁"构造，或岩片叠瓦构造的反映。根据地表地质及地震图像推断，认为其为元古宇到下古生界。庐枞反射体（LZR）在空间延伸上，既与壳幔过渡带附近的反射特征一致，又与庐枞北东–南西向地表火山岩的出露范围相对应。此外，LZR 在与其垂直的地震剖面上也存在，但延伸要短很多（5～10 km）。因此，结合地震图像特征和区域地质认识，笔者认为中地壳的强反射层（LZR）由扁平状的侵入岩体引起，沿着庐枞火山岩盆地的走向展布在中地壳位置，推断其为二级岩浆房，在早白垩世火山活动时期沿着深大断裂（可能是黄屯–枞阳断裂）或者地壳薄弱带侵位于此。

LZ05 剖面的下地壳与其他剖面的区别在于壳幔过渡带上部存在一个连续延伸的强反射带和两个较短的反射面。本书将此长反射带称为主反射带（MRB），其厚约 3 km（约 1.0 s），延伸大于 45 km，在此 MRB 反射带的下方是莫霍面的位置，在其交叉的剖面上可以观察到莫霍面的错断（图 3.48）。综合所有剖面上观察到的现象，即下地壳反射密度与地表岩浆活动强度有关的特征，笔者将此下地壳的强反射带解释为与早白垩世火山活动有关的铁镁质岩浆底侵作用的结果。

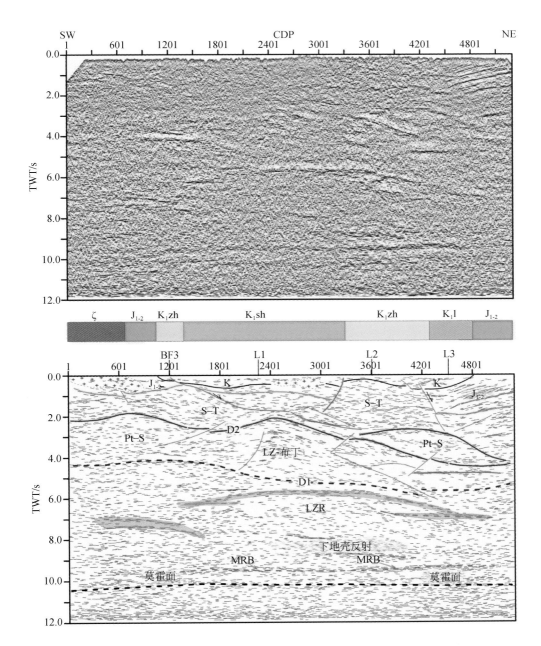

图 3.51 LZ05 偏移剖面、线条图及解释结果

地质解释表示在地震线条图上。注意"庐枞反射层（LZR）"和"主要反射带（MRB）"的空间延伸都超过了 45 km，中地壳地层层序倾向东北。Pt—S. 元古宇—志留系；S—T. 志留系—三叠系；J$_{1-2}$. 中、下侏罗统；BF3，LZR 和 MRB 见正文中解释。地质图例同图 3.1，地质解释图例同图 3.47

第五节　综合分析与讨论

高质量的野外采集和室内处理保证了这五条地震剖面的可靠性，最终结果揭示出庐枞矿集区地壳结构特征。同时，结合地表地质、位场数据和前人研究成果，为庐枞矿集区的总体结构、区域构造变形和深部过程提供重要线索和证据。

一、庐枞火山岩盆地的结构

五条地震剖面上可以清楚地观察到四个主要的区域性断裂，他们控制了庐枞火山岩盆地的边界和结构框架。南东倾的 BF1 断裂与地表的罗河-缺口断裂相对应，与北西倾的 BF2 断裂构成了盆地的东、西向边界（图 3.47，图 3.48）；同样，北东倾的 BF3 断裂和南西倾斜、呈低角度展布的庐江-黄姑闸-铜陵拆离断层（LHTD）构成了庐枞火山岩盆地的南、北边界。与 LHTD 不同的是，BF1、BF2 及 BF3 三个断裂并未表现出非常强的反射特征，它们是根据反射同相轴之间的切割关系或反射图像的总体面貌的突然变化（倾角、连续性等）推测出来的。这三个断裂都延伸到了中地壳，并存在倾角的变化，但最终都止于区域主滑脱面 D2 之上。从地震剖面的反射图像特征看，庐枞火山岩盆地是一个不对称的火山岩盆地，主要控盆断裂位于盆地的北、东两翼。此外，三个相互关联的地壳地质体，即 LHTD 断层、东北部的侏罗纪盆地（图 3.49）以及倾向北东的中地壳巨厚地层层序（图 3.51）可能是相互有成因联系的地壳尺度的伸展构造。它们可能与晚三叠世华北板块（NCB）与华南板块（SCB）碰撞后的伸展时间有关。

庐枞火山岩盆地的内部结构比以前的认识更加复杂。根据地震剖面反射特征，可将盆地分为南、北两部分，南部反射弱，北部反射强，二者之间推测有一区域断裂（图 3.1 中的编号⑥），该断裂与 LZ02 剖面大致平行，稍偏南，此断裂将北部的沙溪隆起和南部的潜山-孔城凹陷（QKD）分割开来。尽管庐枞火山岩层系的厚度还不能由地震资料精确推断，但南、北两部分深部地震反射特征的明显变化表明了火山岩系下部的结构和组成显著不同。本书认为盆地北部具有较薄的火山岩层，其下为三叠系及古生界地层，这一认识对该区的深部找矿意义重大。较薄的火山岩（推测为 800～1000 m）覆盖和深部三叠系及古生界地层，预示有可能在该区深部寻找斑岩型及夕卡岩型矿床。盆地南部的深部岩性仅从反射地震图像还难以推断，但是弱反射的特征表明这里的火山岩层较厚，侵入体较多。

二、地壳结构和变形

由于复杂的构造演化历史，庐枞地区的地壳结构呈现出复杂多变的特征。这种变化不仅出现在垂直盆地构造线方向上，也出现在平行盆地构造线的方向。三条相距很近、几乎平行的地震剖面（LZ01、LZ02 和 LZ03）揭示出的地壳结构差异巨大，表明盆地地壳在岩性和构造变形方面存在强烈的不均匀性。庐枞矿集区地壳总体上可划分为三层结构。上地壳表现出"堑""垒"相间的特征。地垒由古生代和早中生代地层所组成，并发育褶皱、冲断和逆冲构造；地堑则主要被白垩纪火山岩或新生代碎屑沉积物所充填。

反射强烈的中地壳显示出多变的反射模式，从不同剖面的反射图像上可以识别出不同的构造形态，它们要么为与伸展有关的"胀缩"构造（比如，庐枞深部的"布丁"构造，见图3.47、图3.48和图3.51），要么为与挤压变形有关的褶皱、逆冲和叠瓦（见图3.48，图3.49）。出现这些不同性质的构造模式表明，在区域构造体制从挤压向伸展转变过程中地壳变形表现出不均匀的特点。以庐枞地区为例，一些伸展盆地往往受控于早期的逆冲构造（如图3.47中的TF1，图3.47和图3.48中的CFZ和图3.50中的LHTD）。岩浆活动（热流）和早期的逆冲构造的耦合往往导致后期伸展构造的发生。通过对地震图像特征和属性的仔细分析可以得到对地质构造的精细解释。比如，岩性突变、剪切带、侵入体，或几种因素的组合。中地壳丰富的变形样式和变形过程从本质上控制了上地壳的构造发展。

下地壳也显示出很强的不均匀性，沿庐枞盆地走向壳幔过渡带附近，可清楚观察到密集分布、横向长距离延伸的强反射层（见LZ04和LZ05剖面），而在垂直庐枞盆地走向方向上（LZ01、LZ02和LZ03剖面），壳幔过渡带附近的反射却很短。这种特征有力说明下地壳物质具有明显的各向异性，这种特征可以归结为流体变形的不均性，其动力学意义在下面讨论。

五条相互交叉的地震剖面为我们从三维视角分析地壳深部构造提供难得的机会，也为我们判断构造之间的空间关系和变形时间提供了可能。有三种方法常用来估计和推断反射构造的年龄：追踪反射层到地表露头，分析反射波组之间的相互切割关系和分析反射模式与地表地质之间的空间关系。区域构造演化历史可以辅助判别反射形成的年龄，反之亦然。中、上地壳普遍发育的挤压结构主要存在于垂直庐枞盆地走向的剖面上（LZ01，LZ02和LZ03），而在LZ04和LZ05剖面上却很少出现，表明导致地壳变形的区域应力场来自NW–SE向。根据研究区的区域构造演化史，笔者认为该期挤压变形与燕山期古太平洋板块北西向俯冲有关，而诸多NW–SE向的伸展结构则是白垩纪以后形成的。比如，在LZ03剖面上的滁河断裂带，它倾向SE，从剖面的北西端一直向下延伸到中地壳，中间被燕山期形成的一系列倾向NW的断层错断（图3.49）。这种错断关系表明，滁河断裂可能是一个具有左旋性质的韧性剪切带，与郯庐断裂形成时间相同，都是印支期（Zhu *et al.*，2009，2010）。还可看到，在庐枞火山岩盆地的北部边缘存在一个倾向NNW的早、中侏罗世形成的盆地（图3.49），其最有可能是在印支期后碰撞的伸展应力场作用下形成的。

三、强反射成因与深部岩浆过程

研究表明，下地壳的反射由多种因素引起，如铁镁质–超铁镁质岩浆的底侵（Warner，1990；Pratt *et al.*，1993），下地壳熔融岩浆体（Jarchow *et al.*，1993），或塑性流动引起的剪切带（Brown and Juhlin，2005），或流体填充的多孔隙异常带（Hyndman，1988）等。一般很难判定反射的成因，除非这些反射可以追踪到地表的已知构造（Mooney and Meissner，1992）。庐枞地区下地壳的强反射（LZR）和莫霍面附近的主要反射带（MRB）都是NE向延伸的反射，且表现出强烈的不均匀性和各向异性。首先不可能是剪切带，因为在下地壳不可能产生这样狭窄的构造带；大规模的区域性走滑断裂位于庐枞下地壳反射以西 50 km 处，其深度也仅延伸至中地壳位置，这在 LZ02 剖面上可以看到。因此，可以排除剪切带成因。同样，流体填充的多孔隙异常带也可排除，因为下地壳存在流体本身就是一个存在争议的话题，很难想象，何种深部过程和构造活动能使流体就位于下地壳且时间跨度从中生代至今如此之长。

在庐枞火山岩盆地北东部的宁芜火山岩盆地，接收函数结果显示下地壳存在 10 km 厚的高速体，且具有很强的各向异性（Shi *et al.*，2013），该盆地与庐枞盆地具有相同的构造背景。这样的层状高速体在全世界其他火山岩区也存在（Sandrin *et al.*，2009）。通过对比世界上其他火山岩区中、下地壳的层状、长距离反射层（Jarchow *et al.*，1993；Pratt *et al.*，1993；Mandler and Clowes，1997；Ross and Eaton，1997）及由 Deemer 和 Hurich（1994）进行的理论模拟结果推测，LZR 和 MRB 反射最有可能是岩浆沿着倾向 NE 的断裂，或者地壳薄弱带上侵到地壳不同位置后形成的固化了的岩浆体，地表可见的大范围火山岩及大侵入岩体也是这些深部岩浆房进一步演化的结果。

基于以上解释，结合已有的地质认识和探测结果，笔者提出了深部岩浆系统演化模型，称之为"多级岩浆系统模型"（图 3.52）。该模型预测，中生代末期，由于古太平洋板块向 NW 方向俯冲角度发生变化，区域构造体制从晚侏罗世的挤压向早白垩世的伸展机制发生转换（Zhou and Li，2000；Zhu *et al.*，2010），区域岩石圈发生拆沉，软流圈隆起，导致幔源玄武质岩浆周期性侵入壳–幔边界和下地壳（Wu *et al.*，2000；Zhang *et al.*，2001）。这些地幔动力学过程被部署在本区的远震 P 波层析成像（Jiang *et al.*，2013）和横波分裂结果（Shi *et al.*，2013）所证实。堆积在壳幔边界的岩浆与下地壳发生"MASH"（Melting-Assimilation-Storage-Homogenization）过程，在地壳底部产生熔融物质。

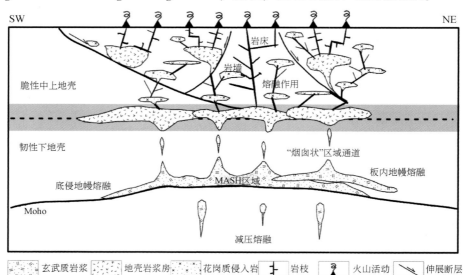

图 3.52　庐枞火山岩盆地下"多级岩浆系统"模型

该模型说明壳内岩浆系统演化的三个深度，首先在壳幔边界发生与岩浆底侵有关的地壳熔融，向上就位于韧性–脆性过渡带附近形成二级岩浆房。地表火山或侵入体可能直接源于此岩浆房或更浅层的岩浆房在伸展体制下，熔融的岩浆更容易流向压力较小的地区。当熔融体累积达到一定的温度和压力，熔融体在地壳薄弱区开始沿"烟囱状"垂直通道向上运移，上升的岩浆通道遇到中地壳强各向异性界面（韧性-脆性转换带，图 3.52）将滞留，并逐渐连接形成次一级岩浆房（Vigneresse et al.，1999），随后彼此相互连接形成了一个横向展布的大的岩浆房（Rubin，1993；Vigneresse，1995b），导致庐枞地区 NE 方向延伸的席状岩浆房（如 LZR）。新的"MASH"过程可能继续发生，当达到某种压力和温度下，岩浆继续沿断裂向上运移就位至上地壳，形成侵入体，或爆发出地表形成火山岩。

在脆性上地壳，区域变形控制了花岗质岩浆的分离、上升和侵位（Hutton，1992；Vigeresse，1995a，1995b，1999），丰富的 A 型花岗岩体沿 NE 向的庐枞火山岩盆地分布，空间上与北东向线性构造相连。在岩浆侵入过程中，区域构造体制处于伸展机制下（Zhang et al.，2012），伸展机制为岩浆注入、侵位形成更高一级的岩浆房创造了条件。上地壳反射的不连续或透明区解释为浅部岩浆房、侵入体和喷发的通道。

小　　结

通过高分辨率反射地震探测实验研究，形成了复杂矿集区地震勘探采集处理技术系列，地震剖面清楚揭示了庐枞火山岩盆地内部结构特征，获取了矿集区地壳结构、构造变形和岩浆活动的直接证据，为探索深部过程提供线索，为深部找矿提供依据。

本章取得以下主要成果和认识：

（1）形成了火山岩区反射地震采集技术。主要包括：基于波动方程模型正演和照明的观测系统优化设计方法，基于精细表层参数调查的逐点设计井深技术，基于岩性录井的激发位置选择方法，不耦合装药激发技术，灌水闷井延期激发方法，硬岩出露区检波器插置方法等。

（2）形成了矿集区及复杂地表地震资料处理技术和流程。主要包括：首波层析反演技术，层析静校正技术，地表一致性处理技术（振幅处理、反褶积），叠前噪声衰减技术，深部高精度速度分析方法，剩余静校正技术，基于起伏地表的叠前时间偏移技术等。

（3）剖面揭示了庐枞火山岩盆地的边界和内部结构特征，确定和证实了几个区域性拆离断层，首次发现了隐伏的近东西向的庐江-黄姑闸-铜陵拆离断层，它控制着一系列北西向展布的沉积盆地。

（4）揭示了庐枞火山岩盆地下的三层地壳结构特征和变形特点。上地壳的伸展构造和中地壳挤压构造并存，下地壳结构变形不均匀。中、上地壳反射密集，下地壳相对稀疏，各层之间被两个区域性的滑脱面（D1 和 D2）分开。上地壳显示出"堑""垒"结构，中地壳既出现与伸展相关的"胀缩"构造，又有与挤压相关的逆冲构造，下地壳结构多变且具有各向异性。庐枞火山岩盆地由 4 条倾向不同的边界断层所围限。盆地内部结构可以分为南、北两部分，庐枞北部深部存在三叠纪及古生代地层的新认识，为深部寻找斑岩型及夕卡岩型矿床提供了可能。

（5）发现了庐枞火山岩盆地下岩浆活动的反射证据，下地壳反射存在的各向异性表明，幔源岩浆的底侵和北东向的"多级岩浆系统"控制了庐枞地区 NE 走向的火山活动及侵入体展布。结合已有成果，提出了"多级岩浆系统"模型和"MASH"过程。

（6）反射剖面为推断地壳区域构造演化和探索深部动力学过程提供反射地震学证据。地震剖面为认识区域构造演化和变形提供了可靠的证据。中、上地壳的挤压变形，如一系列相互关联的褶皱、倾向南东的逆冲断裂及地壳叠瓦状构造，解释为古太平洋板块向北西向俯冲所造成的结果。而中、上地壳的伸展结构，如中地壳的"布丁"构造、上地壳的正断层和火山沉积盆地，则表明构造应力从晚侏罗世的挤压转向早白垩世的伸展，可能是古太平洋板块俯冲角度变化所引起的结果。郯庐断裂带、滁河断裂、庐枞北部早中侏罗世盆地和庐江–黄姑闸–铜陵拆离断层（LHTD），可能与印支碰撞造山以及碰撞后的伸展有关，在燕山期陆内造山阶段进一步活化。

（7）五条地震剖面从三维视角清楚地揭示了庐枞火山岩盆地深部结构。精心的剖面设计、严格的井深和药量控制，高效的组织施工和良好的检波器埋置等保证了采集数据的质量。处理过程中进行了详细的参数试验和处理流程，最终获得了五条高信噪比的地震剖面。剖面清晰地揭示了庐枞矿集区地壳结构和变形特点。同时也进一步说明了在火山岩地区开展反射地震探测工作是可行的，可为探索地壳深部过程和深部找矿提供依据。

第四章　大地电磁探测与电性结构

第一节　数据采集及数据质量评价

一、剖面部署

本次大地电磁测深工作沿反射地震剖面位置布置了 5 条跨越庐枞矿集区主要矿床和重、磁异常区的大地电磁剖面。这 5 条剖面两两相交，覆盖火山岩盆地北北东向分布的火山岩带及外围，其中，近 NW–SE 向剖面 3 条（LZ01、LZ02 和 LZ03），NE–SW 向剖面 2 条（LZ04 和 LZ05），测线位置设计参见图 3.1 所示。实际材料图见图 4.1。

二、数据采集参数

本次 MT 探测重点是获取上地壳（10 km）电性结构。以 Bostick 深度计算，即电阻率为 1 Ω·m，周期 1000～2000 s 的探测深度为 11.2～15.9 km，完全满足项目要求。当电阻率为 10 Ω·m 左右时，100 s 周期即可满足 10 km 的探测深度要求。本次 MT 探测工作采用凤凰公司的 V5-2000 大地电磁仪器，配 MTC-50 磁探头，频率范围定为 300～0.0005 Hz，为保证低频段数据信噪比，必须保证足够的单点采集时间，具体单点采集时间通过工前试验确定，确保所采集数据的最低频率平均可以达到 0.0005 Hz。

数据采集由于高频采样率较高，如果全时间段采集，数据量将会很大，因此高频采集采取抽样采集的办法，采集的起止时间段与低频起止时间段相同，采用 1-8-5 模式，即每 5 min 采集一次高频和中频的样（高频和中频交替采集），其中有 1 s 的高频数据（采样率 2560 个样/秒）和连续 8 s 的中频数据（采样率 320 个样/秒）。低频数据（采样率 24 个样/秒）为全时间段采集。滤波频率设为 50 Hz。通过测量 AC 和 DC 电位差，观察饱和数据的比例，设置合理的增益。通过以上采集参数的设置和野外细致的测量过程，保证了野外采集到的数据具有较高的质量。

三、数据采集试验

测区内人口稠密、水系发育、交通网密布、通信电力网发达，另有较多的矿山正在开

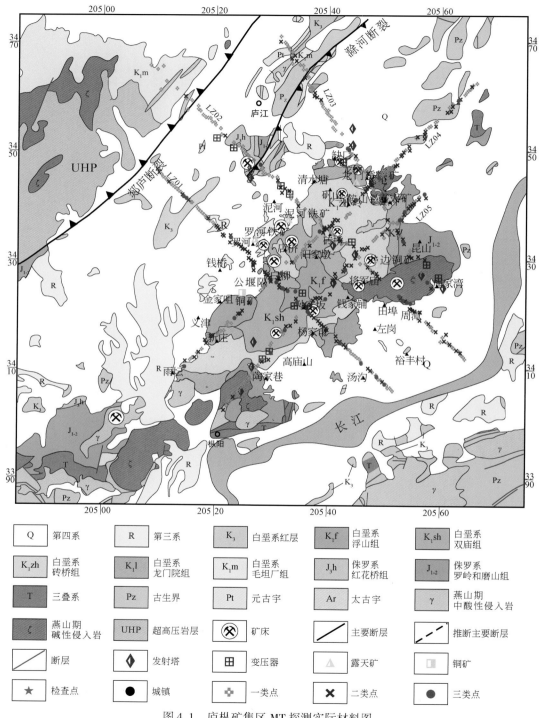

图 4.1　庐枞矿集区 MT 探测实际材料图

采，错综复杂的干扰源，为 MT 数据的采集和处理带来了许多困难。这些强干扰对电磁观测数据产生了严重的影响。

强人文电磁干扰是本次 MT 工作的主要难点，为获得高质量的野外资料，针对本区的干扰情况，开工之前在整个工区进行了干扰源调查（见图 4.1），野外施工过程中，各小组在认真记录野外班报的同时，积极与当地政府和民众进行沟通，对可能的干扰源进行了详细的记录和描述，为野外采集的选点工作提供了详细的资料，同时干扰情况调查也为后期的数据处理工作提供了重要的参考资料。针对干扰分布采用了时间、空间上避让，多次复测等针对性措施来提高野外数据质量。

为保证野外数据质量，达到项目设计要求，MT 探测工作先后进行了仪器及磁探头标定试验、工作参数选择试验、6 台仪器的一致性试验以及单点采集时间试验，为野外数据采集工作提供了充分的技术保障。

1. 仪器标定

按规范要求，开工前和收工后，必须对使用的仪器进行标定，保证仪器在正常工作状态。本次 MT 野外采集工作共投入了 6 套 V5-2000 大地电磁系统和 18 个 MTC-50 磁探头。对每一台仪器和相应的磁探头进行了标定，结果表明，标定曲线完全正确，6 台仪器及探头均正常工作。图 4.2 是其中 2 台仪器和 2 根磁探头开工前的标定结果。

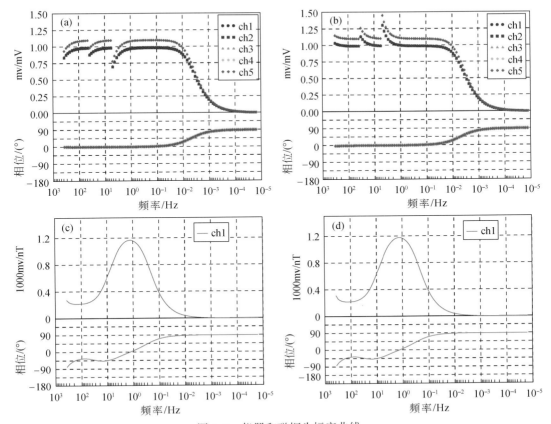

图 4.2　仪器和磁探头标定曲线

（a）1957 号主机标定曲线；（b）1963 号主机标定曲线；（c）1610 号探头标定曲线；（d）1611 号探头标定曲线

2. MT 数据采集系统一致性试验

为验证 6 套 V5-2000 系统的一致性，选择测区内干扰较小的地方进行了仪器的一致性试验。图 4.3 为 6 套仪器同点同时采集 20 h 的视电阻率和相位曲线。图中两个方向的视电阻率和相位曲线除个别高噪点出现波动外，整体形态一致。试验结果表明本次采用的 6 套 V5-2000 系统一致性较好，所采集的数据可以进行统一处理和解释工作。

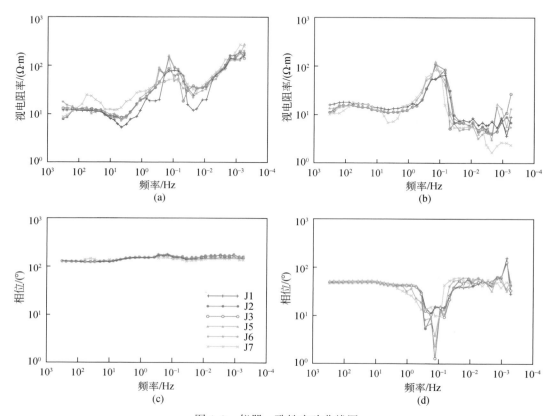

图 4.3　仪器一致性实验曲线图

（a）*yx* 方向视电阻率曲线；（b）*xy* 方向视电阻率曲线；（c）*yx* 方向相位曲线；（d）*xy* 方向相位曲线；J1、J2、J3、J5、J6 和 J7 分别为 6 套仪器的编号

3. 庐枞矿集区 MT 数据单点采集时间对比

针对测区内干扰源众多，干扰严重等不利因素，考虑到探测深度要达到 5～10 km 的要求，对单点采集时间的选择进行了对比试验。在测区内干扰相对较少的区域进行了单点 36 h 的数据采集试验。图 4.4 中，随着采集时间的增加，随机噪声得到有效地压制，曲线的低频部分越来越光滑，且数据的误差棒越来越小。当采集时间达到 12 h 时，视电阻率曲线在 0.1 Hz 以下的频点跳动仍比较厉害，且误差棒也比较大，无法满足要求。综合考虑野外数据采集成本和数据质量，本次 MT 探测的单点采集时间都控制在 20～24 h，保证最低频率达到 0.0005 Hz。

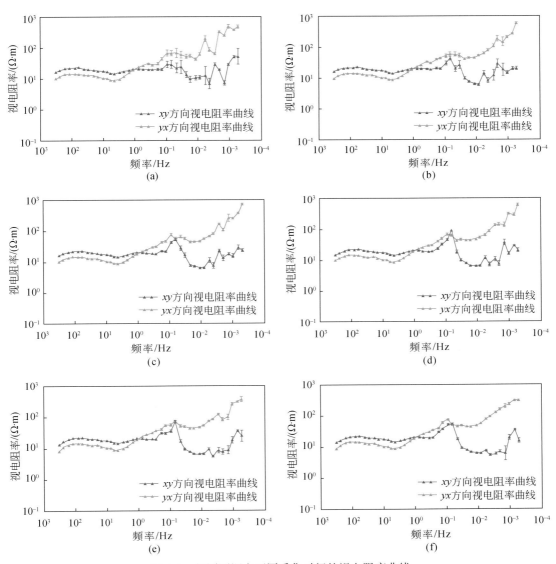

图 4.4　相同测深点不同采集时间的视电阻率曲线

（a） 6 h *xy*、*yx* 方向视电阻率曲线；（b） 12 h *xy*、*yx* 方向视电阻率曲线；（c） 18 h *xy*、*yx* 方向视电阻率曲线；
（d） 24 h *xy*、*yx* 方向视电阻率曲线；（e） 30 h *xy*、*yx* 方向视电阻率曲线；（f） 36 h *xy*、*yx* 方向视电阻率曲线

四、数据质量评价

　　根据中华人民共和国地质矿产行业标准——《大地电磁测深法技术规程》 （DZ/T 0173—1997） 要求，开展野外数据采集的同时，必须在测区内布置一定比例的质量检查点，随时监控野外小组的工作情况及仪器状态。本次 MT 工作在整个区域上相对均匀地布置了 14 个检查点 （见图 4.1），图 4.5 给出了两个检查点的视电阻率及相位曲线。由图可知除个别飞点有微小差别外，视电阻率和相位的曲线前后的形态完全一致。结果表明本次

野外工作施工和操作规范，仪器工作状态正常，野外数据质量可靠。

依据中华人民共和国地质矿产行业标准——《大地电磁测深法技术规程》（DZ/T 0173—1997）以及中华人民共和国石油天然气行业标准——《石油大地电磁测深法技术规程》（SY/T 5820—1999）对完成的 MT 数据进行质量评价。评价结果为一级点 290 个占比 55.45%，二级点 202 个占比 38.62%，三级点 31 个占比 5.93%，各剖面具体结果如表 4.1 所示。

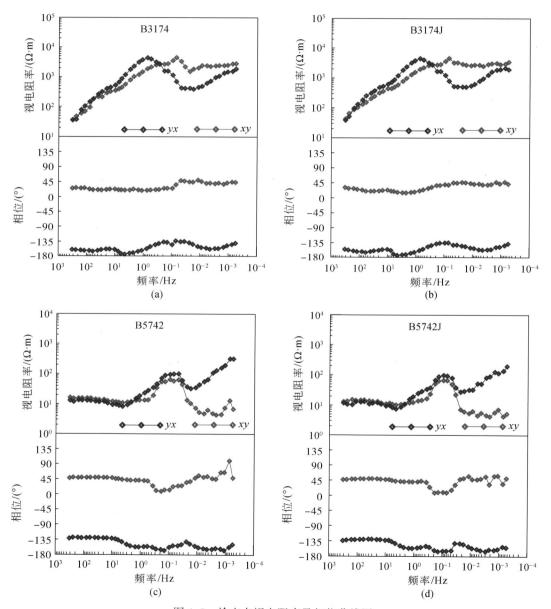

图 4.5　检查点视电阻率及相位曲线图

（a）B3174 视电阻率及相位曲线图；（b）检查点 B3174J 视电阻率及相位曲线图；（c）B5742 视电阻率及相位曲线图；（d）检查点 B5742J 视电阻率及相位曲线图

表 4.1 庐枞矿集区大地电磁测深数据质量评价统计表

测线号	总测点数	一级点数	二级点数	三级点数
LZ01	107	38	61	8
LZ02	115	79	31	5
LZ03	84	54	26	4
LZ04	112	59	46	7
LZ05	84	39	38	7
试验点	21	21	0	0
合计	523	290	202	31
所占比例/%	—	55.45	38.62	5.93

由于本区干扰密集且点距设计为 500 m，相对稠密，造成一些测点偏无可偏，从而增加了整体三级点的数量。由实际材料图（图 4.1）可以看出，31 个三级点相对零散地分布在整个测区，在反演之前将三级点剔除后并不影响剖面的连续性，从本项目的探测任务来说，不影响本次探测的效果。

本次 MT 数据在野外严格施工、室内精心处理的基础上，按规范进行了严格的质量评价，评价结果达到了设计要求，完全满足本项目的探测任务。

第二节 数 据 处 理

由于庐枞矿集区存在强烈干扰，采集到的 MT 数据必须进行精心整理和处理。野外数据采集完成后，对每一个测点都进行了时间域及频率域数据处理，对干扰严重的点反复进行信号处理、时间域数据挑选、功率谱挑选、增加功率谱等处理，尽可能降低干扰的影响。

为在后期处理中进一步提高数据质量，课题组在数据处理、噪声压制方面进行了系统的研究，对矿集区噪声进行了时间域信号特征分析及频谱分析，找到了不同类型噪声的影响频带及影响特征，提出了 EMD 分解与 Hilbert- Huang 变换（汤井田等，2008）、广义数学形态滤波（汤井田等，2012a）、AMT "死频带" Rhoplus 数据校正技术（周聪等，2015）等强干扰压制方法，以及时空阵列电磁数据采集及处理技术（周聪，2016）。

一、典型干扰特征及功率谱分析

1. 典型干扰的时间域曲线特征及谱分析

为分析测区典型的时间域干扰特征，对 523 个 MT 测点的时间域波形进行了详细的分析统计，得到了庐枞矿集区典型强噪声的波形特征及其分布规律。

通过对资料中时间序列信号分析发现，尖峰干扰分布普遍，干扰严重，阶跃信号干扰多出现在低频段，高频段偶尔出现。方波信号在研究区内是影响强度最大的一类噪声，可造成数据分段整体偏移，且无规律性可言，其幅度比宽度影响到更高的频率，而且当宽度变窄时，影响范围向高频方向扩展，当方波噪声大量出现于原始数据中时，计算得出的视电阻率曲线往往表现为严重的近源效应。

如图4.6所示，方波噪声在大地电磁测深数据的时间序列中表现为非正弦曲线的波形，呈类方波形态，其幅值很大，通常大于正常信号几个数量级，多出现于 24 Hz 采样率电道数据中，通过对方波噪声的频谱分析，可发现其影响频带范围为 10 Hz 以后的中低频段。

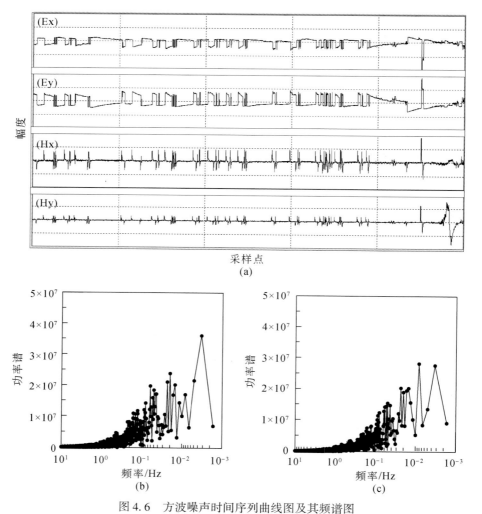

图 4.6　方波噪声时间序列曲线图及其频谱图

（a）方波噪声时间序列曲线图；（b）方波噪声 Ex 频谱图；（c）方波噪声 Ey 频谱图

如图4.7所示，三角波噪声在大地电磁测深数据的时间序列中表现为非正弦曲线的锯齿波形，呈类三角形态，其幅值很大，多出现于 24 Hz 采样率磁道数据中。通过对三角波噪声的频谱分析，可发现其影响频带范围在 10 Hz 以后的中低频段，其中 0.1 ~ 0.01 Hz 低频段最为严重。

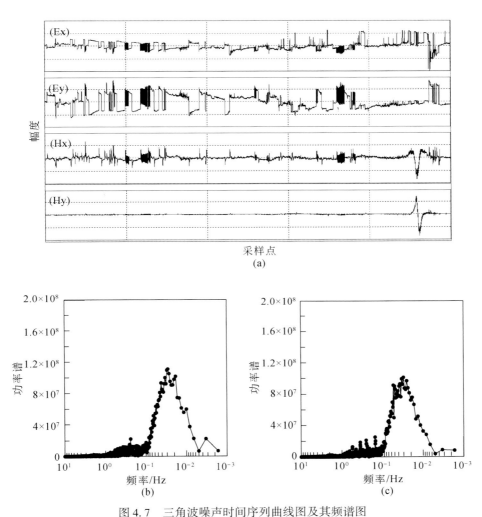

图 4.7　三角波噪声时间序列曲线图及其频谱图

（a）三角波噪声时间序列曲线图；（b）三角波噪声 Hx 频谱图；（c）三角波噪声 Hy 频谱图

　　如图 4.8 所示，阶跃噪声在大地电磁测深数据的时间序列中表现为大地电磁信号的突然抬升（或下降）然后向下（或向上）逐渐趋于正常大地电磁信号幅值的波形形态，其幅值可以是正常信号的若干倍甚至几个数量级，阶跃噪声存在于大地电磁测深数据的 24 Hz、2560 Hz 采样率的电道 Ex、Ey 或者磁道 Hx、Hy 中，相应的磁道或者电道表现为脉冲噪声。通过对阶跃噪声的频谱分析，发现当阶跃噪声提取于高频 2560 Hz 采样率中时，其频谱能量在 10 ～ 1 Hz 频段达到最大值，当阶跃噪声提取于低频 24 Hz 采样率中时，其频谱能量在 0.1 Hz 以后的低频段达到最大值，因此其影响频带范围主要为 10 ～ 1 Hz 以及 0.1 Hz 以后的低频段。

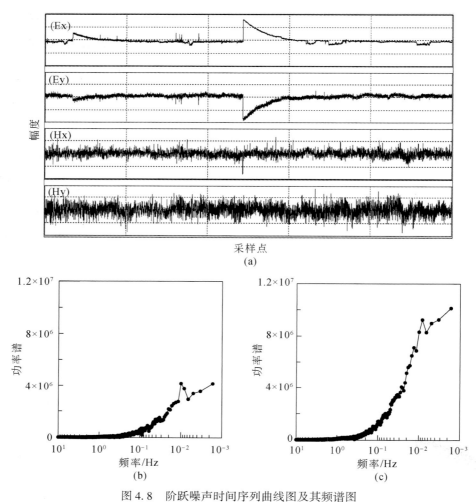

图 4.8　阶跃噪声时间序列曲线图及其频谱图

（a）方波噪声时间序列曲线图；（b）方波噪声 Hx 频谱图；（c）方波噪声 Hy 频谱图

　　如图 4.9 所示，脉冲噪声在大地电磁测深数据的时间序列中表现为尖峰形态，其幅值可以是正常信号的若干倍甚至几个数量级，脉冲噪声存在于大地电磁数据的所有采样率中，可见其影响范围之广。通过对脉冲噪声的频谱分析，发现当脉冲噪声提取于高频 2560 Hz 采样率中时，其频谱能量在 100～1 Hz 频段均匀分布，当脉冲噪声提取于低频 320 Hz 采样率中时，其频谱能量在 10～0.1 Hz 频段均匀分布，当脉冲噪声提取于低频 24 Hz 采样率中时，其频谱能量在 1～0.001 Hz 频段均匀分布，而脉冲噪声一般在大地电磁原始数据中全频段均有出现，因此其影响频带范围为大地电磁数据的全频段。

　　如图 4.10 所示，充放电噪声在大地电磁测深数据的时间序列中表现为充电、放电形态，其幅值也较大，可以是正常信号的若干倍甚至几个数量级，充放电噪声通常存在于大地电磁数据 320 Hz 采样率电道和磁道数据中。通过对充放电噪声的频谱分析，可发现充放电噪声仅出现于 320 Hz 采样率的原始数据中，其频谱能量在 10～0.1 Hz 频段达到最大值，因此其影响频带范围为 10～0.1 Hz。

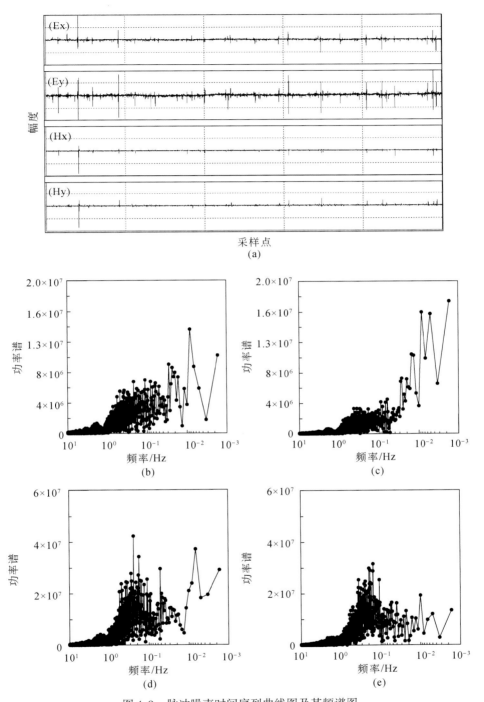

图 4.9　脉冲噪声时间序列曲线图及其频谱图

（a）脉冲噪声时间序列曲线图；（b）脉冲噪声 Ex 频谱图；（c）脉冲噪声 Ey 频谱图；
（d）脉冲噪声 Hx 频谱图；（e）脉冲噪声 Hy 频谱图

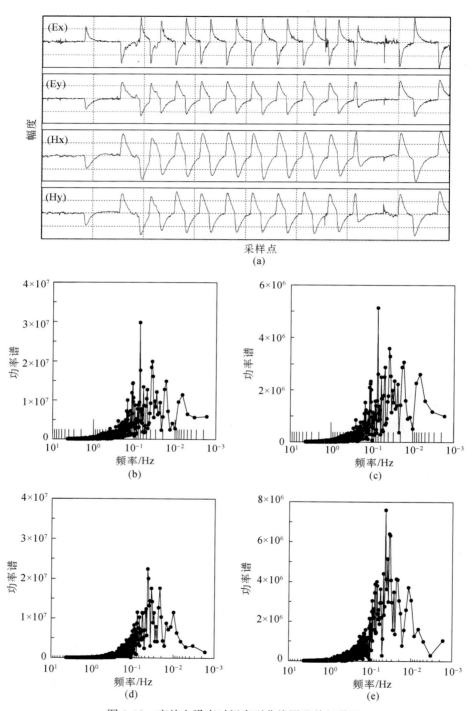

图 4.10　充放电噪声时间序列曲线图及其频谱图

（a）充放电噪声时间序列曲线图；（b）充放电噪声 Ex 频谱图；（c）充放电噪声 Ey 频谱图；

（d）充放电噪声 Hx 频谱图；（e）充放电噪声 Hy 频谱图

对工区强噪声的分析发现，类方波噪声是影响强度最大的一类噪声，一般出现在 24 Hz 采样率的电场信号中，在磁场信号中同时伴随有类三角波噪声。类阶跃波噪声也多出现在电道或者磁道的 24 Hz 采样率信号中，2560 Hz 采样率信号中出现的多是尖峰干扰。类充放电噪声只存在于 320 Hz 采样率信号中，一般同时出现在电道和磁道中。频谱分析表明，这些明显由人工源电磁场引起的强噪声一般在 10 ~ 0.1 Hz 频率范围内，对卡尼亚电阻率和相位的影响严重。

2. 典型干扰测点的频率域曲线特征

为了分析测区时间域干扰曲线的特征，首先通过对庐枞矿集区大地电磁资料中的视电阻率-相位曲线分析，可知受"近场效应"影响的数据占到总数据量的 48% ~ 50%，因此，庐枞大地电磁资料的主要干扰类型为近源干扰。图 4.11 展示了庐枞矿集区典型的近源干扰 MT 测深曲线，视电阻率曲线介于 10 ~ 0.1 Hz 之间甚至更大的频率范围内呈 45°上升，相位在该频段接近或等于 0°或 180°。而在低频段视电阻率曲线突然降低，视电阻率和相位在低频段比较凌乱。

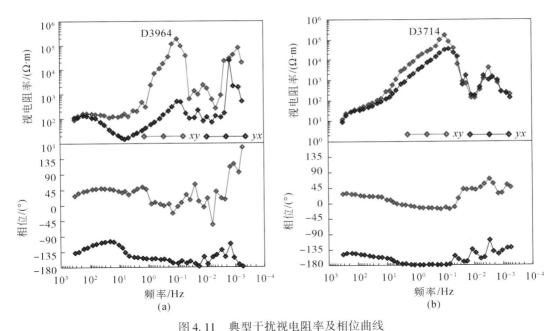

图 4.11　典型干扰视电阻率及相位曲线

（a）D3714 号测深点视电阻率及相位曲线；（b）D3964 号测深点视电阻率及相位曲线

由于近源干扰能量大、频谱范围广，频率域的去噪方法都很难奏效。关艺晓等（2007）提出了用人机交互的办法进行时间域信号编辑，取得了一定的效果，但对于数据量巨大的大地电磁信号来说，这种方法进行剖面处理是不现实的。

为此课题组提出了用 EMD 分解与 Hilbert-Huang 变换、广义数学形态滤波、AMT "死频带" Rhoplus 数据校正技术等强干扰压制方法进行处理，并取得了初步的成果。

二、Hilbert-Huang 变换与强干扰压制

1998 年，美籍华人黄锷提出了经验模态分解（empirical mode decomposition，EMD）方法，并引入了基于 Hilbert 变换的 Hilbert 谱的概念和 Hilbert 谱分析的方法，美国宇航局（NASA）将此方法命名为 Hilbert-Huang Transform，简称 HHT，即希尔伯特–黄变换。HHT 方法处理信号的基本过程分为两部分：经验模态分解和 Hilbert 谱分析。首先利用 EMD 方法将给定的信号分解为若干固有模态函数（intrinsic mode function，IMF）；然后，将 Hilbert 变换作用在每一个 IMF 上，得到相应的 Hilbert 瞬时谱；最后，综合所有 IMF 的 Hilbert 瞬时谱得到原始信号的 Hilbert 谱，进而得到边际谱。Hilbert-Huang 变换是一种新的具有自适应性的信号处理方法，非常适合对非平稳、非线性大地电磁信号的分析。目前已经逐渐应用到流体力学、地震信号分析、基础结构监测、故障诊断等领域，在许多领域其分析效果完全可以与小波分析相媲美，甚至要优于小波，具有很大的研究价值和应用前景。

汤井田等（2008）首次提出将 HHT 应用到电法勘探中，并成功运用 EMD 对大地电磁信号矫正基线漂移及压制工频干扰。此后，本课题组（汤井田等，2009；Cai et al.，2009）利用 HHT 对实测大地电磁数据进行了分析和处理，证明了 HHT 处理的有效性和应用前景。

实测数据时间序列如图 4.12 所示。显然，图示数据受到多个严重的三角波干扰而呈锯齿状，且主要影响了磁道的信号，对电场的信号影响较小。H_y 数据的统计参数为：最大值 6212 nT，最小值 -6187 nT，均值 110.85 nT，方差 4.916×10^6，能量为 2.0138×10^{10} nT^2；H_x 数据的统计参数为：最大值 6716 nT，最小值 -8693 nT，均值 82.27 nT，方差 3.619×10^6，能量为 1.4825×10^{10} nT^2。可以看到噪声极值是均值的几十倍，噪声的存在将使得阻抗的估算很不稳定。

采用本项目提出的基于 EMD 分解的阈值去噪方法对上面给出的原始磁场数据做去噪处理，去噪后的数据如图 4.13 所示。H_y 数据的统计参数变为：最大值 3642 nT，最小值 -2946 nT，均值 -0.5801 nT，方差 5.936×10^5，能量为 2.4315×10^9 nT^2；H_x 数据的统计参数变为：最大值 5531 nT，最小值 -6665 nT，均值 0.3325 nT，方差 1.18×10^6，能量为 4.8426×10^9 nT^2。比较去噪前后的信号，去噪后的信号呈锯齿状的三角波干扰得到有效抑制，且两道信号的方差都减小了，改正后信号变得平稳。H_z 频点电阻率由原来的 2713 $\Omega \cdot m$ 下降到 386 $\Omega \cdot m$。所有响应曲线的误差棒平均值都减小了，曲线也更加圆滑、连续，参数的估算变得稳定。

用去噪前后的数据分别计算电阻率曲线和相位曲线。图 4.14 显示了去噪前后视电阻率、相位的对比曲线。我们用方差，均值来评估去噪前后两参数曲线的平稳性，用曲线相似性参数（NCC）从整体上评价去噪前后两参数曲线的相似程度即整体趋势。曲线相似性参数（NCC）定义如下：

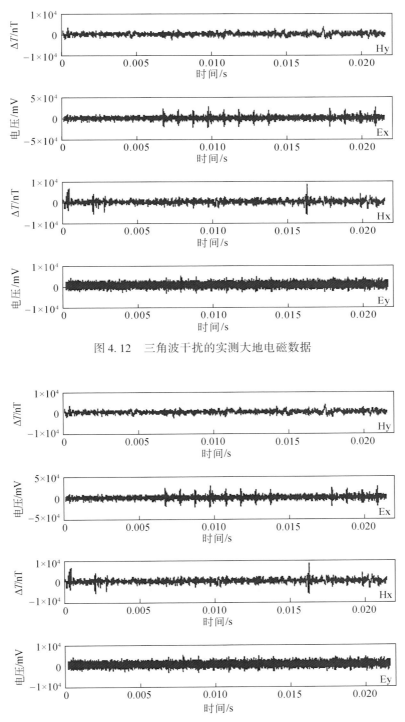

图 4.12　三角波干扰的实测大地电磁数据

图 4.13　消除三角波干扰后的大地电磁数据

$$NCC = \frac{\sum\limits_{n=1}^{N} f(n) * g(n)}{\sqrt{\left[\sum\limits_{n=1}^{N} f^2(n)\right]\left[\sum\limits_{n=1}^{N} g^2(n)\right]}}$$

式中，$f(n)$，$g(n)$ 分别为两离散序列，NCC 的值在 $-1 \sim 1$ 之间，-1 代表变换前后两数据波形反向；0 代表两波形正交；1 代表完全相同。

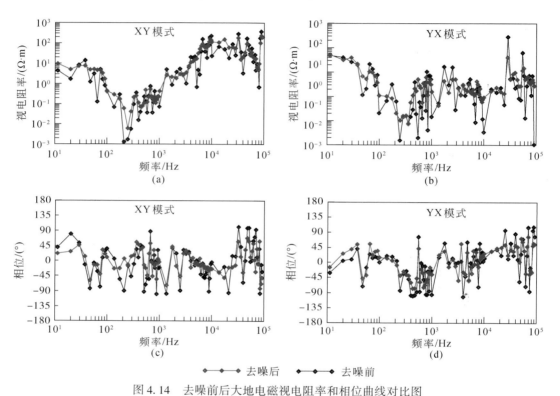

图 4.14　去噪前后大地电磁视电阻率和相位曲线对比图

（a）XY 视电阻率去噪前后对比图；（b）YX 视电阻率去噪前后对比图；（c）XY 相位去噪前后对比图；
（d）YX 相位去噪前后对比图

去噪前计算的 ρ_{xy} 曲线的方差是 5.6727×10^3，均值是 34.7997，去噪后计算的曲线方差是 3.5357×10^3，均值是 32.8037，两曲线的相似性参数为 0.9119；去噪前计算的 ρ_{yx} 曲线的方差是 1.0394×10^5，均值是 85.1083，去噪后计算的曲线方差是 9.9639×10^3，均值是 52.1284，两曲线的相似性参数为 0.6610。去噪前计算的 TE 模式下相位曲线的方差是 2.8364×10^3，均值是 -4.4283，去噪后计算的曲线方差是 1.6452×10^3，均值是 0.6266，两曲线的相似性参数为 0.8462；去噪前计算的 TM 模式下相位曲线的方差是 2.5467×10^3，均值是 -7.0567，去噪后计算的曲线方差是 1.1537×10^3，均值是 -2.9963，两曲线的相似性参数为 0.7116。

由以上图形和数据的对比可知，由消噪前后计算的曲线相似性参数都较大，即整体趋势是一致的，但细节发生了明显的改善。所有去噪后的曲线方差都减小了很多，约为去噪前的一半，曲线的突变点得到了有效抑制。

三、形态滤波与强干扰压制

本节在简述形态滤波方法后，分析了形态滤波中结构元素参数的选取试验，依据试验结论，对测区内明显受到强干扰的测点进行了形态滤波处理，并对部分结果进行了去噪效果分析。

1. 形态滤波方法试验

数学形态学（mathematical morphology，MM）最早是在1964年由法国数学家 Matheron 和 Serra 提出的一种非线性信号分析方法。数学形态学是基于积分几何、随机集合论等数学理论建立起来的，形态滤波器是从数学形态学发展起来的一种新型的非线性滤波技术。最早是以图像的形态特征作为研究对象，现已成功应用于图像处理、图形分析、计算机视觉等工程实践领域。

形态滤波算法的基本思想是通过集合来描述目标信号，集合各部分之间的关系则说明目标信号的结构特点，即设计一个称为结构元素的"探针"，通过探针在信号中不断移动来考察信号各部分之间的关联。该方法仅取决于待处理信号的局部特征，利用结构元素对信号的几何特征进行局部匹配或修正，同时保留了目标信号主要的形状特征，以达到提取有用信息、抑制噪声的目的。

为了验证数学形态滤波方法的实用性，对庐枞矿集区中受强干扰污染严重的实测大地电磁数据进行去噪研究。考虑到大地电磁信号的数据量庞大、噪声类型极其复杂，书中选用采样率为 24 Hz 的电道 Ex 和 Ey 中具有典型强干扰特征的数据进行分析，从时间域波形上讨论传统形态滤波的去噪效果。

1）不同类型结构元素滤波效果对比

图 4.15 所示为一段来自电道 Ex 的实测大地电磁数据，分别采用直线型、圆盘型和抛物线型三种结构元素进行形态滤波的仿真效果图。

分析图 4.15 可知，圆盘型和抛物线型结构元素较直线型结构元素滤波效果明显，提取的形态轮廓更加清晰、平滑，重构的大地电磁信号有效地剔除了大尺度干扰和基线漂移，突出了大地电磁有用信号的相关局部特征。

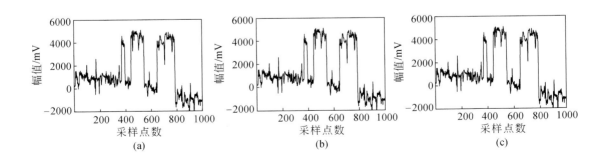

(a)　　　　　　　　　　(b)　　　　　　　　　　(c)

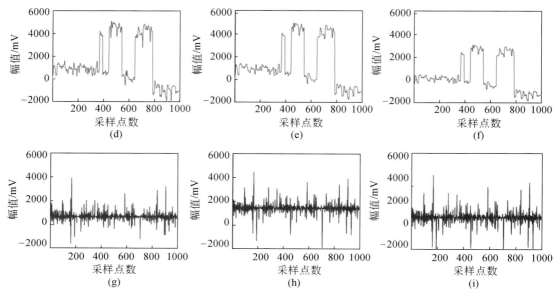

图 4.15　三种不同类型结构元素形态滤波效果图

（a）～（c）Ex 实测大地电磁原始信号；（d）直线型形态滤波效果；（e）圆盘型形态滤波效果；（f）抛物线型形态滤波效果；（g）直线型重构大地电磁信号；（h）圆盘型重构大地电磁信号；（i）圆盘型重构大地电磁信号

2）同一类型不同尺寸结构元素滤波效果对比

图 4.16 所示为两段来自电道 Ex 的实测大地电磁数据，分别采用不同尺寸的圆盘型结构元素进行形态滤波的仿真效果图绘制。其中，结构元素的长度分别选用 3 点结构元和 5 点结构元。从图 4.16 可知，原始信号中包含大尺度类方波干扰。

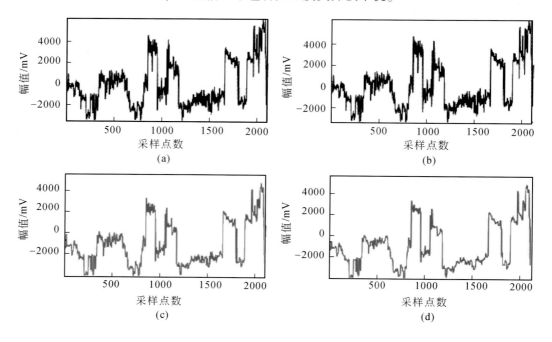

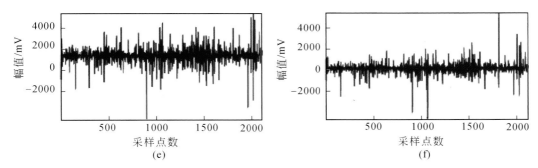

图 4.16 不同尺寸圆盘型结构元素形态滤波效果图

（a）Ex 实测大地电磁原始信号；（b）Ex 实测大地电磁原始信号；（c）三点抛物线型形态滤波效果；（d）五点抛物线型形态滤波效果；（e）三点抛物线型重构大地电磁信号；（f）五点抛物线型重构大地电磁信号

分析图 4.16 可知，5 点圆盘型结构元素的滤波效果更为明显。原始信号经 5 点结构元素形态滤波后，提取出的含大尺度类方波干扰的噪声轮廓曲线较 3 点结构元素自然、光滑，较好地保持了原始信号本身的形态特征。重构后的大地电磁信号基本滤除了由干扰引起的突跳波形，强干扰与大地电磁正常信号得到了有效分离。

图 4.17 所示为两段来自电道 Ey 的实测大地电磁数据，分别采用不同尺寸的抛物线型结构元素进行形态滤波的仿真效果图绘制。从图 4.17 可知，原始信号中包含大尺度类充放电三角波干扰。

对比分析图 4.17 可知，5 点抛物线型结构元素的滤波效果明显优于 3 点结构元素。5 点结构元素提取的含大尺度充放电三角波干扰的噪声轮廓曲线比 3 点结构元素更为光滑，从而使重构的大地电磁信号中保留了更为丰富的细节成分。

以上仿真实验表明，选择合适的结构元素的尺寸能更好地获取叠加在大地电磁有用信号上的噪声轮廓，重构后的信号则基本还原了大地电磁有用信号的原始特征。

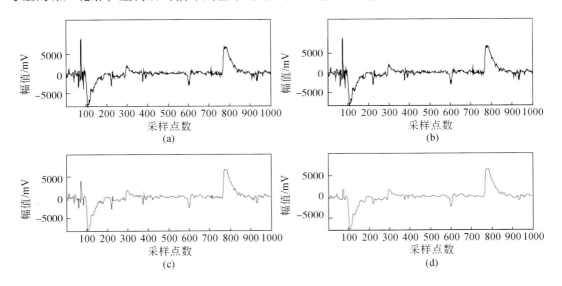

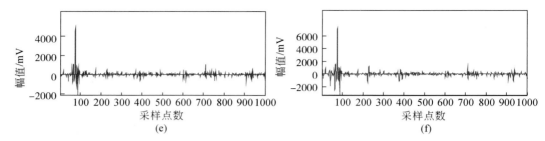

图4.17　不同尺寸抛物线型结构元素形态滤波效果图

（a）Ey 实测大地电磁原始信号；（b）Ey 实测大地电磁原始信号；（c）三点抛物线型形态滤波效果；（d）五点抛物
　　线型形态滤波效果；（e）三点抛物线型重构大地电磁信号；（f）五点抛物线型重构大地电磁信号

2. 形态滤波的去噪效果分析

　　基于以上理论，对部分受干扰比较严重的测点进行了形态滤波处理。图4.18给出了6个具有近源特征的测点数据的形态滤波去噪前后的测深曲线的对比。可以看出，对于视电阻率45°上升的趋势明显有所压制，处理后的视电阻率曲线趋于平缓更加接近于真实情况；对于视电阻率曲线低频部分，原始曲线由于受到强干扰影响，信噪比较低，曲线较凌乱，经形态滤波处理后，曲线变得相对光滑，形态也明确了；经形态滤波处理后，原始相位曲线在低频段出现的脱节和凌乱现象也明显得到改善。整体上看，经过形态滤波后，近源现象得到明显压制，视电阻率和相位曲线变得明确了。然而，形态滤波后 1 Hz 以上仍有 45°上升的情况，这说明处理后的时间域波形中仍有近场的信号，在下一步的研究中要加强高频信号的去噪处理研究。

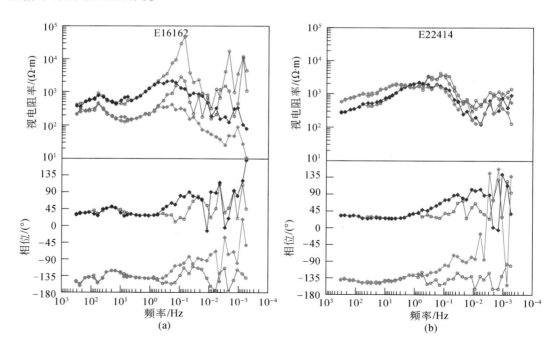

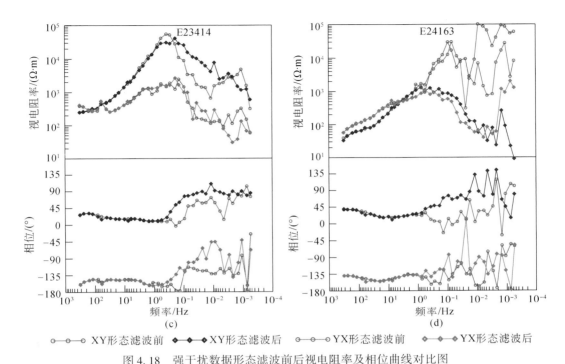

图 4.18 强干扰数据形态滤波前后视电阻率及相位曲线对比图

（a）E16162 测点形态滤波前后对比图；（b）E22414 测点形态滤波前后对比图；（c）E23414 测点形态滤波前后对比图；（d）E24163 测点形态滤波前后对比图

挑选测区内受到近源干扰的测点进行形态滤波处理，并对处理结果进行统计和对比分析，在整个测区内通过时间域形态滤波处理后改善的点数达到 137 个，各测线进行形态滤波处理的统计结果见表 4.2。

表 4.2 庐枞矿集区大地电磁测深数据形态滤波处理统计

测线号	总测点数	采用形态滤波处理的点数
LZ01	107	0
LZ02	115	19
LZ03	84	36
LZ04	112	43
LZ05	84	39

四、AMT"死频带"Rhoplus 数据校正技术

因天然场源本身的原因，导致大量 AMT 测点数据在所谓"死频带"（一般为 900～3600 Hz）脱节或无形态。即使经过远参考等处理，这类数据的质量仍然难以得到有效的改善。Parker 提出的 Rhoplus 反演方法（Parker，1980；Parker and Booker，1996；Parker and

Whaler，1981）常被用于频域数据的一维分析与拟合（Spratt et al.，2005；Beamish et al.，1992；Fischer and Weibel，1991）。该方法考虑了阻抗视电阻率、相位数据的关联性以及数据在频率域的连续性，其拟合数据来自于所谓 R+模型（Parker and Booker，1996）的响应，具有完整的理论基础与明确的物理背景。由于一般情况下 AMT "死频带" 数据的畸变影响仅在部分频率范围内，其他频率的数据受影响较小，可利用高质量的数据估计出 R+模型，再利用 R+模型预测出 "死频带" 内的数据响应。R+模型与预测数据来源于原始数据中的高质量数据部分，而不依赖于 "死频带" 内已畸变的数据，故可不受该畸变数据的影响。为此，我们提出了基于相干度阈值和 "人机交互" 的 Rhoplus 拟合方法处理 "死频带"、工频干扰等引起的数据脱节现象（周聪等，2015）。

　　图 4.19 为实验点畸变数据 Rhoplus 处理前后的结果。图 4.19（a）S1 体现了 "死频带" 数据畸变的典型特征。日间观测的视电阻率向下偏倚、相位不连续特征明显，且这些频点数据对应的相干度数据较低。处理结果与参考数据（夜间观测结果）吻合很好，表明处理结果是可信的。图 4.19（b）S2 中待处理数据（日间观测结果）视电阻率向上偏倚，相位脱节无形态，而畸变数据频点对应的相干度数据仍然较高。处理后视电阻率与参考数据（夜间观测结果）吻合较好，相位稍差。图 4.19（c）S3 中待处理的 ρ_{xy} 数据（日间观测结果）在 5～1 kHz 范围内仅有 2 个频点的视电阻率数据发生了明显的脱节，其余频点数据以及相位 φ_{xy} 均表征为高质量数据。对比参考数据（夜间观测结果），不难发现日间数据在 5～1 kHz 范围内各频点均产生了畸变。Rhoplus 处理结果与未受畸变的参考数据吻合，结果可信。显然地，如果将这些特征并不明显的畸变数据作为高质量数据看待，会导致错误的结果。图 4.19（d）S4 中待处理的数据（日间观测结果）"死频带" 影响频率范围宽（约 6000～700 Hz），视电阻率数据脱节无形态，误差大，相位数据连续性低，畸变数据对应的相干度数值也无明显规律，高低并存。Rhoplus 处理后视电阻率与参考数据（夜间观测结果）较为接近，相位稍差。图 4.19（e）S5 中 Rhoplus 处理结果与夏季测量结果吻合，仅 ρ_{yx} 在 3000～1 kHz 间与参考数据稍有差异。不难发现，其原因是参考数据在 3000～1 kHz 间同样产生了轻微的畸变，数据质量较低，而 Rhoplus 处理结果应该更可信。

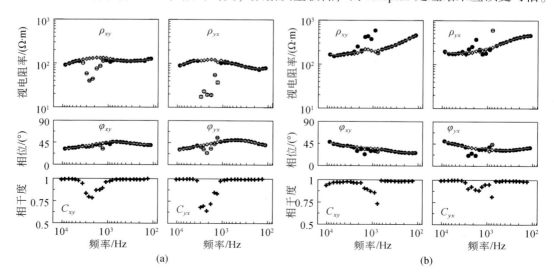

(a)　　　　　　　　　　　　　　　　　　　(b)

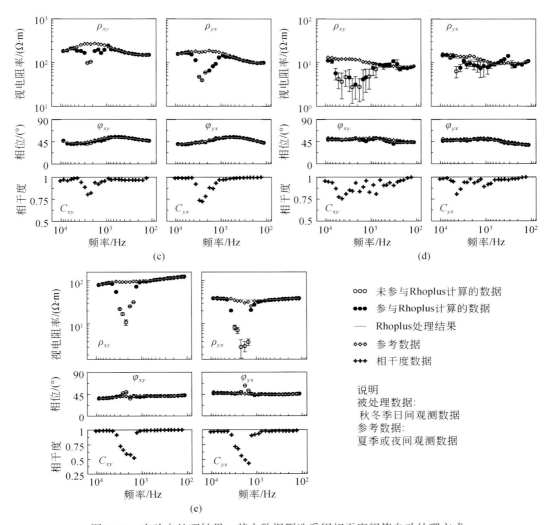

图 4.19 实验点处理结果，其中数据删选采用相干度阈值自动处理方式

（a）测点 S1；（b）测点 S2；（c）测点 S3；（d）测点 S4；（e）测点 S5

　　综上，利用基于相干度阈值辅以"人机交互"进行数据删选的 Rhoplus 方法可以对 AMT "死频带"的畸变阻抗视电阻率、相位数据进行可信的校正，校正后的结果连续光滑，曲线形态明确，且与实测高质量参考数据一致，同时保留了其他频段的高质量数据。该方法同样适合处理其他原因造成的局部数据畸变。

五、时空阵列电磁数据处理方法

1. 方法原理

　　同步阵列电磁观测及处理的基本思想源于 Egbert 和 Booker（1986），利用多测点多测道同步观测多变量数据，并采用时空联立的方式建立多元统计模型，通过分析观测数据间所蕴含的定量关系获得所需信息。

阵列观测模型中，假设阵列数据中共含测点 J 个，$J \geqslant 2$，每个测点观测 5 道数据，阵列数据中共含 $K = 5J$ 道数据（对 AMT 而言，如垂直磁场 H_z 未测量，则为 4 道数据，$K = 4J$），所有测道中均允许存在噪声。共有同步观测时窗 I 个，所有测道、时窗中均允许存在噪声。另外，在距离测区相关噪声源足够远的低噪区记录至少 1 个同步远参考点；远参考点中允许存在噪声，但因远参考点距离测区相关噪声场源足够远，可认为其噪声中不含与测点噪声相关的成分。

在考虑相关噪声的条件下，假设观测系统中共有 L 个场源，包含 M 个天然电磁场源以及 N 个相关噪声场源，$L = M + N$；在传统大地电磁法中，通常假设天然场为均匀平面波电磁场，此时可简化认为 $M = 2$；天然电磁场源随时间变化的极化因子为 $\boldsymbol{\alpha}$，相关噪声场源随时间变化的极化因子为 $\boldsymbol{\beta}$。

根据 Egbert（1997），将天然电磁场与相关噪声场进行统一考虑，则观测数据集可写为

$$X = U\alpha + V\beta + \varepsilon = W\gamma + \varepsilon$$

其中，U 为对应于天然场源的空间模数，V 为对应于相关噪声场源的空间模数，ε 为不相关噪声矩阵；X 为观测数据矩阵，是唯一的已知项。

频域率电磁勘探方法关心的是每个观测点处不随时间变化的平面波空间模数 U，并从 U 中提取地下电性参数。从上式中提取地电参数的求解策略可分为四个步骤。

第一步，根据远参考点观测数据构建天然电磁场信号时空数据矩阵 X^r，利用 X^r 获得天然场源的时间变化项 $\boldsymbol{\alpha}$；

第二步，根据测点间水平磁场的差分信号构建相关噪声场信号时空数据矩阵 Y，利用 Y 估计相关噪声源的时间变化项 $\boldsymbol{\beta}$；

第三步，利用 $\boldsymbol{\alpha}$、$\boldsymbol{\beta}$ 以及测点时空阵列数据矩阵 X 求解测点对应于天然场源的空间模数 U 和对应于相关噪声场源的空间模数 V；

第四步，利用 U 和 V 求解各个测点的天然场张量阻抗 Z^{MT} 与相关噪声场张量阻抗 Z^{CN}。

2. 应用实例

实测数据来源于安徽省某大型矿集区内的 AMT 探测实验，实验区内包含矿山、城镇等强烈的人文噪声干扰。共 10 个测点在空间上呈阵列分布，平均点距约 200 m，同步采集时长超过 4 h。另外，在距离测区较远的地区，还布设了一个同步远参考点。

为验证时空阵列电磁数据处理方法的效果，首先测试了包含 S3、S5 的 2 点阵列数据的处理效果。图 4.20（a）给出了 xy 方向两个测点的处理结果，可以看出，受强相关噪声的影响，最小二乘（LS）与远参考法（RRLS）均未能得到合理的估计结果，LS 在中低频段（40 ~ 1 Hz）出现典型的"近场效应"畸变，RRLS 估计数据曲线在低频段（6 ~ 1 Hz）出现明显脱节。利用本书方法，2 点阵列数据所得到天然场阻抗数据在高–中频段（600 ~ 6 Hz）与 RRLS 效果基本相当，但在低频段（6 ~ 1 Hz）效果明显优于 RRLS，数据曲线更为连续。

图 4.20（b）给出了 yx 方向两点阵列数据不同方法处理结果对比。可以看出，在高–

中频段（600～7 Hz），本书方法所得到天然场阻抗数据与 RRLS 效果基本相当。而在低频段（7～1 Hz），几种方法均无法得到合理的结果。分析本书方法所得到的相关噪声场阻抗数据可知，两个测点的相关噪声场阻抗起始畸变频点不同、曲线畸变斜率不同，这表明本测区 yx 方向的相关噪声场源分布更为复杂，此时，仅用 2 点的差分阵列已难以获得主要相关噪声场源的极化参数，进而得到合理的天然场阻抗估计数据。这一结果表明，当干扰源复杂时，小规模阵列难以保证处理效果。

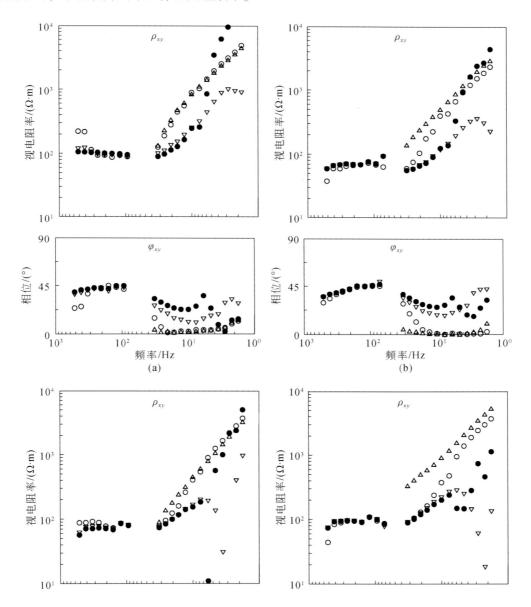

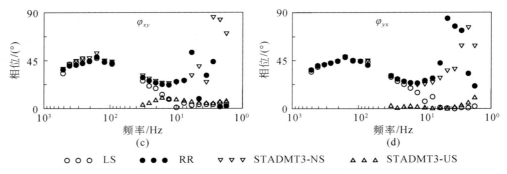

图 4.20 两点阵列数据不同方法处理结果对比

（a）测站 S3 *xy* 方向；（b）测站 S3 *xy* 方向；（c）测站 S3 *xy* 方向；（d）测站 S3 *xy* 方向

图中 LS 表示最小二乘法；RR 表示远参考法；STADMT3-NS 表示包含 3 个测站的时空阵列差分大地电磁处理天然场阻抗结果；STADMT3-US 表示包含 3 个测站的时空阵列差分大地电磁处理未知人文场阻抗结果

为获得更为合理的估计结果，需采取规模更大的测点阵列。图 4.21 给出了 S3 测点不同大小阵列的数据处理结果对比，共比较了 2 点阵列、5 点阵列与 10 点阵列的处理结果。可以看出，随着阵列规模的增大，利用本书方法得到的天然场阻抗估计结果更为合理，曲

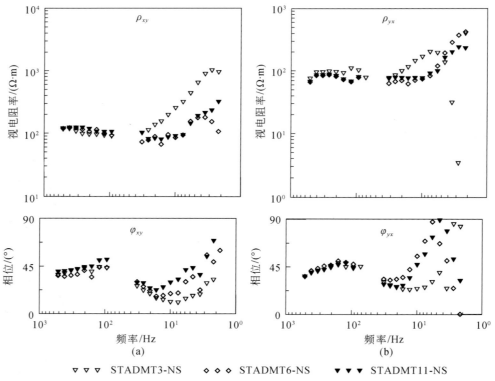

图 4.21 测点 S3 不同大小阵列的数据处理结果对比

（a）*xy* 方向处理结果；（b）*yx* 方向处理结果

图中 STADMT3-NS、STADMT6-NS 及 STADMT11-NS 分别表示包含 3 个、6 个及 11 个测站的时空阵列差分大地电磁处理天然场阻抗结果

线总体更加光滑，且形态更符合平面波场数据的特征。特别是 yx 方向，在 2 点阵列处理时天然场阻抗结果曲线低频无形态，5 点阵列处理时曲线低频有形态，但仍表现出一定的畸变特征，而采用 10 点阵列处理，结果曲线光滑，且消除了畸变特征。

第三节　数据的定性分析及反演

一、极化特征与区域构造维数确定

大地电磁测深的研究对象是随频率变化的阻抗张量，而对于频率域中场或者阻抗张量旋转时的极化问题，特别是对二维构造的线性极化，以及三维构造的椭圆极化及其椭率问题的研究，不仅能了解场源自身的特性，也是深入研究构造特征的有效途径。以 LZ01 线为例（图 4.22），分别在前段、中段和尾段上各选取了两个点的实测数据，比较其阻抗张量极化特征，从左往右方向表示频率由高频到低频，分别取不同的频率 $f = 320$ Hz、240 Hz、0.75 Hz、0.56 Hz、0.00073 Hz 和 0.00055 Hz，红色线条表示主阻抗 Z_{xy} 极化图，绿色线条表示辅阻抗 Z_{xx} 极化图。从一号线前段四个测点的极化图中可以看出，这四个测点前部的主阻抗极化图都是对称图形，主轴方向大致为北东向，而辅阻抗值相对主阻抗值要小得多，因此浅部及中部主要呈二维性，表明该地地质构造稳定，其中点 A2888 在 240 Hz 的主阻抗极化图呈圆形，辅阻抗极化图为位于坐标中心的原点，体现了该深度处具有一维性，而随着深度的增加，主阻抗图像变得不具有对称性，辅阻抗值也加大，且都为不对称图像，表明深部的三维性较强，无确定的主轴方向；从中段四个点的极化图可以看出，中段在浅部和中部的情况与前段类似，主阻抗极化图都为对称图形，表现出来的主轴方向大致为北西向，但其辅阻抗值较前段明显，表明该地区地质结构维性偏向三维，而在深部也同样表现出来不对称图形，正交的主阻抗值不相等，说明深部的水平电性不均匀性和三维性都很强烈，且无明显的主轴方向，体现了该地深部构造的复杂特性；在尾段的四个测点中，浅部表现的地质结构偏向一维构造，说明该区域地质结构稳定，而中部构造的三维性

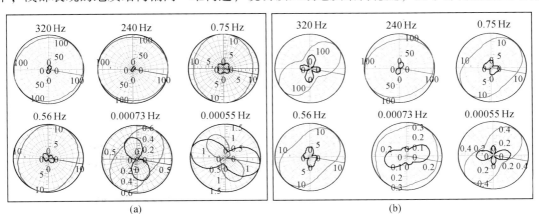

(a) (b)

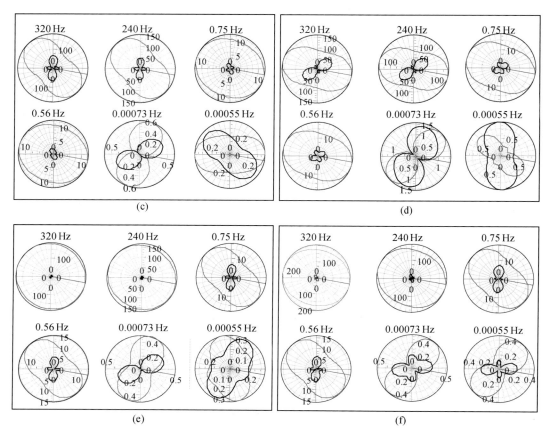

图 4.22　LZ01 线部分测点极化图

（a）2888 测点极化图；（b）2938 测点极化图；（c）3888 测点极化图；（d）3938 测点极化图；（e）5213 测点极化图；

（f）5263 测点极化图

比较前段和中段明显，深部更是表现出了强烈的三维结构，在浅部的中部表现出的主轴方向大致为北西向，与中段测点一致，而深部则无明显的主轴方向，且表现出水平电性的不均匀性。

二、二维判别指数

二维指数（又叫二维偏离度）常用来评价地下电性结构近似二维的程度：

$$S = \frac{|Z'_{xx} + Z'_{yy}|}{|Z'_{xy} - Z'_{yx}|}$$

在二维介质中，$S=0$，或者说 S 越小结构越接近于二维，否则反之。通常认为 $S<0.2 \sim 0.4$ 的电性结构都可以作为二维介质来对待。

图 4.23 给出了测点随频率变化的二维偏离度示意图。可以看出：一号线所在地地下浅部表现为接近二维构造特征，中深部偏向于三维构造。其中，前段测点总体表现为偏二

维性，大部分二维偏离度值在 0.2 ~ 0.5，只有少部分 S 值大于 0.5，但都在 0.6 附近。中段浅部构造的二维性也是比较强的，但深部 S 值明显增大，在构造维数上更接近三维构造。尾段前部 S 值趋近于 0，表现出很强的二维性，说明该地地质结构稳定，而深部的 S 值以约 45° 直线的上升趋势，表现地下构造的突变，并且构造偏向三维结构。通过比较可以看出，二维偏离度的分析与极化图的分析结果是一致的。

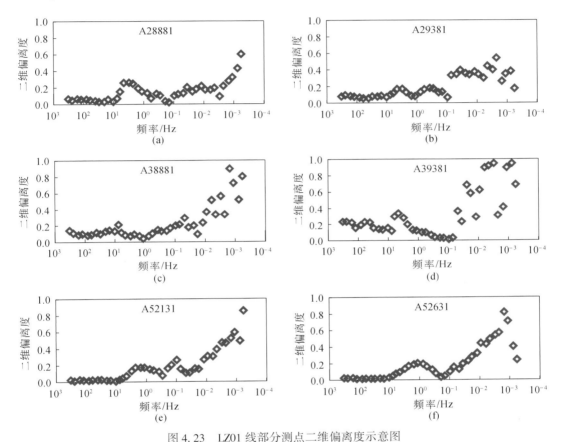

图 4.23 LZ01 线部分测点二维偏离度示意图

（a）2888 测点二维偏离度图；（b）2938 测点二维偏离度图；（c）3888 测点二维偏离度图；（d）3938 测点二维偏离度图；（e）5213 测点二维偏离度图；（f）5263 测点二维偏离度图

三、曲线类型分析

在大地电磁法中，对实测曲线类型的分析、比较是资料定性认识解释及准确地获得测区地质信息的重要组成部分。曲线类型定性地反映出了地下电性层的分布特征，如电性层数、相对埋深和各电性层间电阻率的相对变化情况。特别是通过对测区内曲线类型的分析比较，可对测区的地质构造单元进行划分与归类，给出测区地质构造的定性概念。更重要的是可以帮助数据处理人员选择和制定定量解释的步骤、方法和参数，有效地克服资料解释过程中的多解性问题，提高地质解释的准确性。以 LZ01 剖面为例，对实测数据视电阻率曲线进行了分析，曲线类型以 K 型为主，其中也有 H 型（图 4.24）。

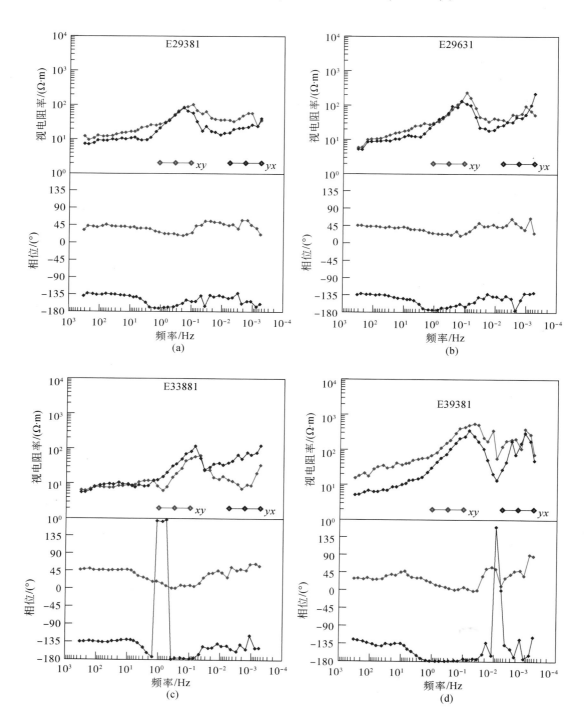

(a)

(b)

(c)

(d)

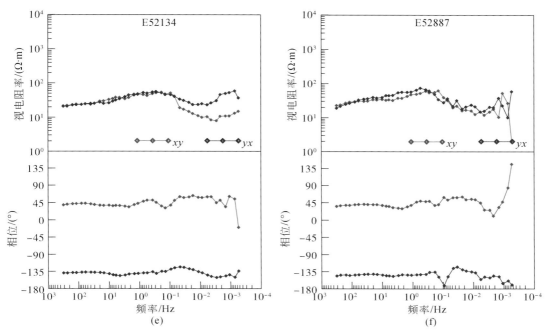

图 4.24 LZ01 线大地电磁视电阻率及相位测深曲线

（a）E29381 测点测深曲线；（b）E29631 测点测深曲线；（c）E33881 测点测深曲线；（d）E39381 测点测深曲线；（e）E52131 测点测深曲线；（f）E52881 测点测深曲线

四、拟断面图分析

剖面视电阻率及相位拟断面分析，可以了解区域电性分布，提高对测区原始数据的整体认识，加深对区域电性结构的理解。测区视电阻率及相位拟断面图总体特征类似，5 条视电阻率拟断面图都是两端低阻覆盖，中间视电阻率较高，清晰地反映了火山岩盆地的高阻特征。由于篇幅限制，本节以 LZ01 线为例，其他四条线的视电阻率及相位拟断面图不再罗列。图 4.25 ～ 图 4.28 分别为庐枞矿集区大地电磁测深 LZ01 线两个方向的视电阻率及相位拟断面图。整体上看，LZ01 线北部及南部边缘部分电性特征表现为低阻。视电阻率拟断面图在纵向上有很多条带状的低阻或高阻，这是由于浅部不均匀电性结构引起的静态效应，在数据处理的过程中要特别注意。

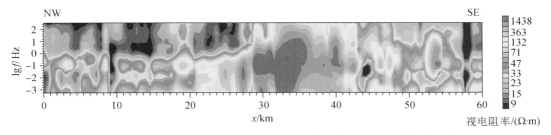

图 4.25 庐枞矿集区大地电磁测深 LZ01 线 yx 方向视电阻率拟断面图

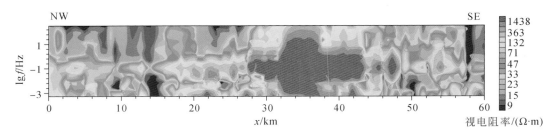

图4.26　庐枞矿集区大地电磁测深 LZ01 线 *xy* 方向视电阻率拟断面图

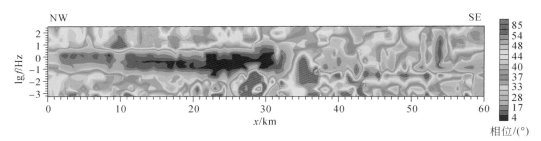

图4.27　庐枞矿集区大地电磁测深 LZ01 线 *yx* 方向相位拟断面图

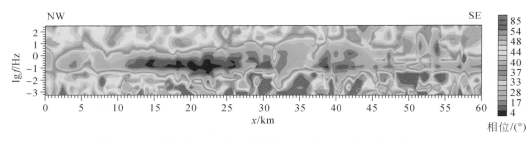

图4.28　庐枞矿集区大地电磁测深 LZ01 线 *xy* 方向相位拟断面图

五、数据反演

　　大地电磁测深数据的一维反演方法已经比较成熟（Oldenburg，1990），同时也有很多优秀的二、三维反演方法提出。MT 反演方法很多，目前实用的主要包括 Bostick 深度转换、Occom 反演（Constable *et al.*，1987；DeGroot-Hedlin and Constable，1990）、快速松弛（RRI）反演（Smith and Booker，1991）、非线性共轭梯度（NLCG）反演（Newman and Alumbaugh，2000）和连续介质反演（戴世坤和徐世浙，1997）等。各种反演方法的目标函数、约束条件、应用前提不同，效果也因地区、经验而不同。

　　考虑到本次 MT 工作有大量的山区测点，测点间高差变化大，本次反演采用二维带地形连续介质反演。为保证反演结果更加接近真实情况，在进行反演之前，根据数据质量评价的结果去掉了质量不合格的测深点（李墩柱等，2009）。图 4.29 为庐枞 MT5 条剖面的

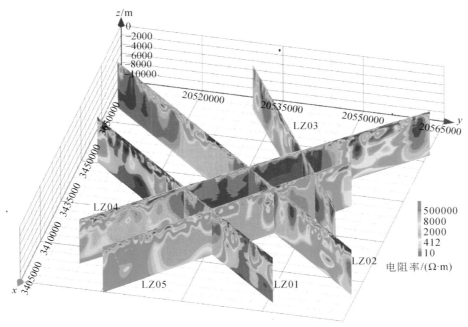

图 4.29 庐枞矿集区大地电磁测深数据二维反演电阻率模型三维效果图

连续介质二维反演结果。反演前对所有参与反演的测点的位置沿测线投影，采用不等间距反演。反演的电阻率模型采用相同的色标、相同的比例尺形成剖面色谱图，反演深度为10 km。

第四节 地 质 解 释

本次 MT 工作旨在探测庐枞矿集区 10 km 以上的地质结构，着重揭示研究区的构造框架，包括深断裂、岩体或次火山岩（隐伏岩体）的分布及产状、火山岩盆地的边界断裂、火山岩盆地的直接基底深度及形态，为区域地质演化提供地球物理约束，为深部矿产勘查的靶区圈定提供依据，以及基于已有的地质认识推断区域地质演化过程。

岩石物性参数是地球物理解释的基础，为了对剖面电性结构更准确地解译，开展了覆盖整个研究区内不同岩性电性参数的野外露头和岩石标本电性测量工作，获得了第一手的岩石电性参数，如表 4.3 所示。从表中可以看出，不同类岩石电阻率存在较大差异，虽然同一类岩石电阻率变化范围较大，但不同岩石间的电阻率有着不同范围的分布特征，可以从电性上大致区分不同的岩性。从露头原位和岩石标本测定电阻率来看，岩石电阻率由大至小依次为：中酸性岩体、次生石英岩化火山岩、晚古生代灰岩、次火山岩体、火山熔岩或熔结火山岩、基底砂岩–粉砂岩、火山碎屑岩、红层盆地砂岩。通过区域电性资料，结合地质资料，对大地电磁剖面的电性结构进行解译，可以揭示一定测深范围内的地层及构造特征。

表 4.3　庐枞矿集区岩石电性统计表

地层	岩石	露头电阻率/(Ω·m)			露头点	标本富水状态电阻率/(Ω·m)			标本数
		最小值	最大值	平均值		最小值	最大值	平均值	
J_2l 罗岭组	长石石英砂岩	43	2145	648	11	77	1330	599	66
K_1l 龙门院组	凝灰岩	83	281	184	3	321	380	351	18
	粗安岩	136	1205	562	7	130	3883	475	42
K_1zh 砖桥组	凝灰岩	71	3433	799	7	234	1745	716	42
	次生石英岩	450	133425	31064	25	672	39483	12645	150
	粉砂岩角砾岩	27	1022	310	5	105	184	144	30
	粗安岩	91	26230	3376	28	204	24116	5076	168
K_1s 双庙组	粗面岩	737	737	737	1	—	—	—	—
	粗面玄武岩	92	4334	715	23	454	40059	5755	138
	粗安岩	443	443	443	1	1060	1060	1060	6
	粉砂岩角砾岩	21	613	194	5	66	223	124	30
	凝灰岩	33	773	351	4	132	279	206	24
	角砾熔岩	55	4006	461	15	298	3700	1216	90
	正长斑岩	292	292	292	1	—	—	—	—
K_1f 浮山组	粗面岩	201	6819	1464	12	263	3128	1628	72
	粗面玄武岩	132	540	336	2	8610	8610	8610	12
	角砾熔岩	108	1306	378	16	78	872	417	96
T_1n 南陵湖组	灰岩	26008	92921	59465	2	19466	23561	21513	12
T_2d 东马鞍山组	灰岩	523	1125	824	2	1247	1247	1247	12
D_3w 五通组	石英砂岩	12245	12245	12245	1	15252	15252	15252	6
$K_1\delta$	闪长岩	766	35245	9412		6071	23078	14408	42
$K_1\beta\mu$	玄武玢岩	1303	1068	1185	2	2275	2275	2275	12
$K_1Pr\tau\alpha\mu$	辉石粗安玢岩	123	11590	2801	15	154	29447	7822	90
$K_1\tau\alpha\mu$	粗安玢岩	269	269	269	1	—	—	—	
$K_1\xi$	正长岩	159	14857	2413	36	356	28284	3523	216
$K_1\xi\pi$	正长斑岩	258	2145	736	2	6058	6058	6058	12

　　通常情况下，电性梯度带、错断带及畸变带常指示断裂或地质体边界等构造要素的存在，而不同的电导率可能代表不同的岩性。3 条剖面自北西向南东穿过区域的构造走向线，近垂直于郯庐断裂带、滁河断裂、"长江断裂带"等大型断裂构造带，穿过若干二级或三级构造单元，剖面上的电性梯度带揭示了这些断裂（带）的构造属性；2 条剖面自南西向北东穿过整个庐枞火山岩盆地，刻画了火山岩盖层和次火山岩（隐伏岩体）或基底的相互关系，指示了活动中的位置。5 条剖面的交界处电性结构相似，共同约束和相互验证了火山岩盆地的内部电性特征，下面对逐条测线的地质结构进行阐述。

一、LZ01 剖面

LZ01 剖面（图 4.30）北西起于桐城市新店镇，南东止于枞阳县汤沟镇的长江边，全长 60 km。剖面途经的城镇有新店镇、乐桥乡、罗河镇、白湖乡、白梅乡、金社乡和后方乡。

剖面穿过的已知（或推断）的大型断裂有北北东向的缺口-罗河-义津断裂和北东向隐伏的"长江断裂带"。

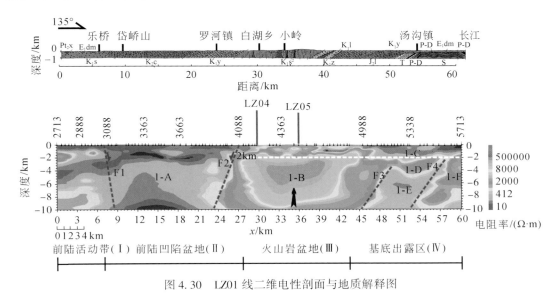

图 4.30 LZ01 线二维电性剖面与地质解释图

沿线出露的地层，在孔城凹陷为全新统（Q_4）、上更新统（Q_3）、上白垩统宣南组（K_2xn）、上侏罗统汪公庙组（J_3w）、下寒武统半汤组（$\in_1 b$）；火山岩盆地为全新统（Q_4）、上更新统（Q_3）、下白垩统浮山组（K_1f）、下白垩统双庙组（K_1sh）、下白垩统砖桥组（K_1zh）、下白垩统龙门院组（K_1l）、中侏罗统罗岭组（J_2l）。

出露地表的岩体有小岭岩体和金鸡岭岩体。小岭岩体位于庐枞盆地中部吴家院附近，呈岩株状产出，在平面上呈半环状分布，受破火山口的环状断裂控制，出露面积约 2.3 km^2，主要岩性为正长岩，似斑状结构。岩体侵入于小岭火山口中心，围岩为浮山组火山岩。金鸡岭岩体出露于枞阳县抱龙山附近，受北东东向断裂控制，主要岩性为石英正长斑岩，为凤凰山岩体的东延部分。

从二维连续介质联合反演的电性剖面（图 4.30）可以看出，除了近地表的低阻层和测点 2866～3266 段出现大范围的高阻体外，整条剖面表现为低阻背景。

沿走向上的电性变化特征可由四个分界面把剖面分为五段，分别为前陆活动带（I 段，测点 2649～3038）、前陆凹陷盆地（II 段，测点 3088～4038）、火山岩盆地（III 段，测点 4088～4888）、基底出露区（IV 段，测点 4988～5713）。

1. 前陆活动带（I 段，测点 2649～3038）

本段从浅到深由层状高低相间的电性层组成，低电阻率背景下显示出明显的分层。该段毗邻大别造山带，为潜山-孔城凹陷的一部分，出露的地层有第四系、古新统痘姆组（E_1d）红色磨拉石建造、上侏罗统汪公庙组（J_2w）火山-碎屑沉积岩组合、下寒武统半汤组（$\in_1 b$）泥质白云岩。

上侏罗统汪公庙组（J_2w）和下寒武统半汤组（$\in_1 b$）在出露部位呈断层接触关系，江来利等（1994）通过对桐山—大化一带的假整合在汪公庙组之上的上白垩统浦口组陆相紫红色砂砾岩进行追索，认为这套不同于中生代陆相沉积环境的早古生代硅化粗晶灰岩、白云质灰岩和硅质岩为推覆在下白垩统杨湾组（K_1y）之上的飞来峰，因此这种无根的岩块并未向深部延伸，这种认识也可以通过该段电性剖面的垂向上变化而走向上无明显变化的特征得以佐证。

由于本段的构造走向为 NE-SW 向，沿 SW 向追索发现在青草塥地区汪公庙组（J_2w）下部出露了中侏罗统江镇组（J_2j）中酸性-碱性火山沉积组合和下侏罗统钟山组（J_1z）厚层含砾砂岩-粉砂岩组合。汪公庙组（J_2w）与下伏的江镇组（J_2j）呈平行不整合接触。区域地质调查研究发现，中侏罗世—白垩纪的桐城-太湖断裂的左行平移诱发了火山喷发（江镇组、汪公庙组）和岩浆侵入。晚白垩世—古近纪，西部的大别造山带西部强烈隆升，东部下降，控制了伸展盆地，其中沉积了上白垩统杨湾组（K_1y）、古新统望虎墩组（E_1w）和痘姆组（E_1d）的红色磨拉石建造。这样一套沉积构造代表了造山带前陆的完整盖层层序，但在本段未出露白垩系，白垩系仅在大化一带呈 NE-SW 向出露。

根据本段电性结构结合地表地质特征推测，造山期后以火山沉积岩系和磨拉石建造为主的前陆盖层岩系（J_3—Q）的底界应在 2～3 km 处，显示为中等电阻率；而近地表（1 km 以上）低阻则代表第四系和部分固化不强的古近系沉积；3～7 km 则以造山带前陆有古生代地层的褶皱冲断体为主，显示是低阻；7 km 以下推测为控制造山带前陆褶皱冲断体的滑脱层以下以海相沉积为主的前志留系地层，显示为中等电阻率。

2. 前陆凹陷盆地（II 段，测点 3088～4038）

本段北西部为大化乡一带的下白垩统杨湾组（K_1y）低山，南东临近庐-枞火山岩盆地，为潜山-孔城凹陷的一部分。

潜山-孔城凹陷属大别山山前充填红层盆地。董树文等（2010）通过反射地震剖面揭示的盆地厚度约 6～8 km，呈箕状向东倾斜，是受罗河断裂伸展构造控制。在本段 MT 剖面上，孔城凹陷表现出低阻特征，凹陷最深处约为 6～8 km，应为侏罗纪—白垩纪（J—K）沉积的巨厚红色砂砾岩系的电性反映。

根据 I 段和 II 段的电性结构造差异可以定义 F1 断裂。孔城—大化一带出露 NE-SW 走向的下白垩统杨湾组（K_1y）低山且两侧区域地层未有出露，因此推测 F1 为上盘上升的逆冲断层。新生代以来，中国东部的区域动力学背景又转变为遭受近东西向的挤压。在此动力学背景下，古近系和新近系痘姆组中发育小型的逆冲断层，早期的盆地边界伸展断层又转变为逆冲性质。

3. 火山岩盆地（III 段，测点 4088～4888）

本段 2 km 以下存在一个大范围的高阻体，高阻体的中心位于测点 4288～4688 处。由图可见，小岭岩体地表出露于测点 4363，测点 4463、4563 处也有小范围岩体出露，推测在不到 2 km 厚的浮山组和双庙组火山岩底部存在一个连续的岩浆活动中心，该高阻体或直接为深部岩体的反映，那么深部隐伏岩体将向南东延伸；或为大范围岩浆活动过程中对基底的改造结果，因为如果 2 km 以下存在大范围的基底岩系，对比剖面的左右两边，本段将不会缺失低阻体，因此存在小范围或残留的基底岩系是可能的。

II 段与 III 段有着截然不同的地电结构，这种差别定义了火山岩盆地的北西界和凹陷盆地的南东界（F2）。

4. 基底出露区（IV 段，测点 4988～5713）

本段一直延伸至长江边，较火山岩盆地（III 段，测点 4088～4888）的电性结构变化显著，低阻背景中可见局部的中高阻体（1-D、1-F）。本段第四系覆盖面积较大，测线附近沿区域地层走向零星出露的地层有痘姆组（E_1d）、杨湾组（K_1y）、罗岭组（J_2l）、钟山组（J_1z），杨湾组（K_1y）与钟山组（J_1z）呈断层接触。本段测线东北面 3 km 处的横山出露坟头组（S_2f），本段测线西南面 3 km 处的杨浒山和黄泥山还出露了三叠系东马鞍山组（T_2d）、月山组（T_2y）和南陵湖组（T_1n）。这种低-中-低阻相间的电性结构及深部位置关系分别反映了陆相碎屑岩沉积（低阻层 1-C）、T_2-S_3（中阻层 1-D）海相-陆相碳酸盐岩、陆源碎屑岩沉积和 S_2-S_3 海陆交互相陆源碎屑岩沉积（低阻层 1-E）。而这套以受印支期挤压为主的构造运动的产物在深部的电性结构明显区别于火山岩盆地，电性梯度带（F3）则为两个构造单元的边界。另外，在低阻层 1-C 的下方还存在一个中高阻体 1-F，被一个倾向北西的低阻带所分隔，由低阻带及两侧的电性结构差异可确定一个倾向北西的断裂带（F4），复杂的电性结构揭示了印支期的构造形迹和构造指向。

二、LZ02 剖面

LZ02 剖面位于 LZ01 剖面北东方向约 14 km 处，北西起于庐江县汤池镇，南东止于枞阳县老洲镇老街的长江江堤，全长约 80 km。剖面途经的城镇有柯坦、沙溪、砖桥、周潭和陈瑶湖。

剖面跨越了两个一级大地构造单元，大别造山带（北淮阳构造带）和华南板块（扬子地块-长江中下游凹陷），由著名的郯庐断裂带所分隔。

穿过的已知（或推断）的大型断裂有北北东向的郯庐断裂、缺口-罗河-义津断裂和隐伏的长江断裂带。

大别造山带出露的地层主要为上侏罗统—下白垩统毛坦厂组（J_3—K_1m）、中元古界张八岭群西冷组（Pt_2x）。

华南板块下扬子分区从新到老分别为全新统（Q_4），上更新统（Q_3），下白垩统杨湾组（K_1y）、浮山组（K_1f）、双庙组（K_1sh）、砖桥组（K_1zh）、龙门院组（K_1l），中侏罗统罗岭组（J_2l），下侏罗统磨山组（J_1m），中三叠统东马鞍山组（T_2d），二叠系大隆组（P_3d）、龙潭组（P_3l）、孤峰组（P_2g）、栖霞组（P_2q），石炭系船山组（C_2c），黄龙组（C_2h），上泥盆统五通组（D_3w），志留系茅山组（S_3m）、坟头组（S_2f）、高家边组（S_1g），下寒武统半汤组（ϵ_1b）。

侵入体出露主要有西汤池岩体、沙溪岩体、巴家滩岩体、黄梅尖岩体。

从二维连续介质联合反演的电性剖面（图4.31）可以看出，LZ02线地下电阻率沿线高低相间。根据沿剖面走向的电性变化特征，结合已有的地质认识，可由四个分界面把剖面分为五个构造单元，分别为大别造山带（Ⅰ段，测点1974～2599）、前陆活动带（Ⅱ段，测点2649～3449）、前陆凹陷盆地（Ⅲ段，测点3474～3674）、火山岩盆地（Ⅳ段，测点3699～5224）、前陆构造带或基底出露区（Ⅴ段，测点5249～5974）。

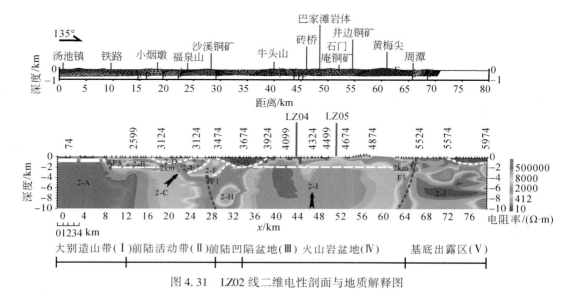

图4.31　LZ02线二维电性剖面与地质解释图

1. 大别造山带（Ⅰ段，测点1974～2599）

本段为三叠纪碰撞造山带，地表出露毛坦厂组（J_3—K_1m），上段以粗面质火山碎屑岩为主，少量粗面岩，下段以安山岩、火山质火山碎屑岩为主，少量粗安岩。剖面南西面出露西汤池岩体，该岩体侵位于古元古界卢镇关群（Pt_1z）和中生代火山岩毛坦厂组（J_3—K_1m）中，构造上位于池河-太湖断裂和桐柏-桐城断裂交汇处，为一复式岩体，面积>110 km²，主体岩石为碱长花岗岩和钾长花岗岩，碱长花斑岩和石英正长岩呈小岩株侵入在碱长花岗岩和钾长花岗岩中，紧靠岩体西部沿桐柏-桐城断裂断续出露若干闪长岩、花岗闪长岩小岩体，将它们统一考虑构成了西汤池岩基多期次、成分复杂特征。西汤池岩体的花岗岩年龄为121 Ma，石英正长斑岩分别为122 Ma和124 Ma（周泰禧等，1992），这一期间，华北板块与扬子板块之间碰撞挤压已经结束，转为拉张性的运动。

本段为两层电性结构，地表浅部的低阻层和下伏的高阻体，低阻层明显为火山岩的反映，而高阻体（2-A）可能反映了隐伏次火山岩体和西汤池侵入体或受其影响的古老的变质岩系（Pt—Ar），因此古老的变质基底与新生侵入体在电性上难以分辨。高阻的顶界向南东逐渐降低到2 km以下，且在测点B2399和B2524处存在明显的电性梯度带，在地表亦可追索到一条北北东向的断裂（F5），两侧均出露毛坦厂组（J_3—K_1m）火山岩，电性特征表明存在一个沉降区，北西盘上升，南东盘下降，两盘深部虽然均为高阻，但2 km以上电性差异明显，推测该处为一深度不大的断裂，可能与池河-太湖断裂关系密切，或为受池河–太湖断裂控制的地堑断裂，或深部收敛于池河–太湖断裂。

2. 前陆活动带（II 段，测点 2649～3449）

本段电性结构颇为复杂，地层出露较全，从新元古界浅变质岩系到下白垩统红层沉积均有出露。由于本段与郯庐断裂带密切相关，尝试从地层分布、区域地质演化以及受郯庐断裂带的影响等角度来探讨本段的电性结构所反映的地质涵义。依据区域地质特征将本段细分为两小段，分别为 II–1 段（测点 2649～2899）、II–2 段（测点 2924～3449）。

II–1 段（测点 2649～2899）在钱家院出露中元古界张八岭群西冷组（Pt_2x），上覆全新统芜湖组，半汤组（$\in_1b$）与张八岭群西冷组（Pt_2x）呈断层接触关系。以 2 km 为界，上部为低阻层（2–B），横向均一，而下部为高阻体（2–C），电导率存在横向上梯度变化，自北西向南东略有升高。浅部的低阻层较好理解，因为前陆活动带的构造活动强烈且持久，晚期的伸展活动继承了造山期的挤压构造，亦即晚期的正断层叠加在早期的褶皱冲断带之上。本段的下伏高阻体的存在意味着本段前造山带前陆裂陷盆地的强烈沉降区，因为老地层（Pt_2x、$\in_1b$）在沿着区域构造走向线（NNE–SSE 向）上仍可以连续追踪，表明老地层仍为挤压期后的原位地层，而并非伸展期的滑覆体，白垩系红层沉积物仅在短距离内出现，与老地层呈断层接触关系，厚度应该不大，因此本段不是前陆凹陷盆地。

II–2 段（测点 2924～3449）出露毛坦厂组（J_3—K_1m）火山岩，穿过福泉山火山口与沙溪闪长玢岩体，沙溪岩体因产出沙溪斑岩铜（金）矿床而闻名。沙溪岩体岩石类型以石英闪长玢岩为主，为一典型的富钠侵入岩。该富钠侵入体出露于两个相距约 30 km 的橄榄安粗岩（富钾）系火山盆地（北淮阳构造带和庐枞火山岩盆地）之间。王强等 2001 年在对沙溪侵入岩进行系统岩石地球化学研究的基础上，从 adakite 质岩石角度阐述了沙溪侵入岩的成因及与邻区橄榄安粗岩系的关系，认为与庐枞火山盆地双庙组粗面玄武岩的微量元素特征和 Nd–Sr 同位素组成类似，沙溪侵入岩不是由俯冲的洋壳熔融形成，而是由底侵的玄武质下地壳熔融形成，该玄武质下地壳的物质来自于富集地幔。通过电性结构差异可以看出火山岩系和其中侏罗统的直接基底组成低阻层（2–D），与下伏的受岩浆活动强烈影响的高阻体形成鲜明对比，而沙溪含矿岩体相对于岩浆活动中心表现为侧向侵位，电性上则为中高阻（2–E），与福泉山火山口成对并异位出现（图 4.40），为同源岩浆在不同时期能量差异所致。高阻岩体（2–E）超覆在低阻体（2–F）之上。据地表地质，该段出露早古生代地层，与下侏罗统钟山组（J_1z）及中侏罗统罗岭组（J_2l）呈不整合接触或断层接触，呈长条状北北东走向，同走向上在庐江县城附近从震旦系灯影组（Z_2d）到上二叠统龙潭组（P_3l）地层重复出露，呈冲断岩片产出，由此推测该段低阻体（2–F）应为古生代冲断体的反映。

3. 前陆凹陷盆地（III 段，测点 3474～3674）

本段低阻背景，浅部（2 km 以上）盆状低阻层（2–G）形象地刻画了凹陷盆地的形态，连同深部的低阻体（2–H）构成了与 II 段及 IV 段的明显不同的电性结构特征，反映了与 II 段及 IV 段不同的地质特征，与 II 段的电性梯度带应该为断裂（F1）所分隔，可以与 LZ01 剖面凹陷盆地的边界断裂 F1 相对应，可能为沿北东走向的同一条断裂。

4. 火山岩盆地（IV 段，测点 3699～5224）

与 LZ01 剖面相似，存在一个大范围的高阻体（2–I），高阻体的中心位于测点 3974～

4149 处，与本段地表出露的双庙组（K_1sh）以及侵位于砖桥组（K_1zh）的岩体相对应。巴家滩岩体地表出露于测点 4299～4449，测点 3974～4124 处也有小岩体零星出露，推测在不到 2 km 厚的双庙组和砖桥组火山岩底部存在一个连续的岩浆活动中心，如果高阻体直接为深部岩体的反映，那么深部隐伏岩体将向南东延伸；如果高阻体为大范围岩浆活动过程中对基底的改造结果，亦即 2 km 以下存在大范围的基底岩系，那么对比剖面的左右两边，本段将不会缺失低阻体，因此仅存在小范围的残留基底岩系是可能的。

5. 前陆构造带或基底出露区（V 段，测点 5249～5974）

本段电性特征为低阻背景中局部出现中高阻体。该段仅在黄梅尖岩体东南缘出露了下侏罗统钟山组（J_1z），其余全部被沿江第四系所覆盖。测点 5299～5474 附近出露东马鞍山组（T_2d）—坟头组（S_2f）地层，呈褶皱或岩片隆起。浅部的低阻层下伏似层状中高阻体，未向深部延伸，深部仍存在一个低阻体（2–J），这样的低阻背景可能确定了本段没有岩浆活动，与 IV 段的高阻背景确定了火山岩盆地的南东边界（F3），也可能为 LZ01 剖面F3 断裂的北延。

三、LZ03 剖面

LZ03 剖面北西起于庐江县罗埠乡，南东止于施家湾（枫沙湖）。全长 56 km。剖面途经的城镇有冶山镇、白湖镇、龙桥镇、黄屯乡和昆山镇。LZ03 剖面位于 LZ02 剖面北东方向约 10 km 处。

沿线出露的地层从新到老为全新统（Q_4），上更新统（Q_3），下白垩统杨湾组（K_1y）、浮山组（K_1f）、双庙组（K_1sh）、砖桥组（K_1zh）、龙门院组（K_1l），中侏罗统罗岭组（J_2l），下侏罗统钟山组（J_1z），中志留统坟头组（S_2f），下志留统高家边组（S_1g），下寒武统黄栗树组（$\in_1h$），震旦系灯影组（Z_2d）。

穿过的已知断裂为 NE 向的滁河断裂和缺口–罗河–义津断裂。侵入体出露有冶父山岩体、黄屯岩体、长冲–枫岭岩体和黄梅尖岩体。

从二维连续介质联合反演的电性剖面（图4.32）可以看出，LZ03 线地下电阻率以高阻背景中局部低阻为特征。沿走向上电性变化可由三个分界面把剖面分为四段，分别为前陆活动带（I 段，测点 2582～3182）、前陆凹陷盆地（II 段，测点 3332～3857）、火山岩盆地（III 段，测点 3932～5007）、黄梅尖岩体（IV 段，测点 5057～5307）。

1. 前陆活动带（I 段，测点 2582～3182）

本段穿过庐江县冶父山，出露中元古界西冷组（Pt_2x）、震旦系灯影组（Z_2d）、下寒武统黄栗树组（$\in_1h$）、下侏罗统钟山组（J_1z）、中侏罗统罗岭组（J_2l）、下白垩统杨湾组（K_1y）。其中黄栗树组（$\in_1h$）整合于灯影组（Z_2d）之上，这两组地层与上盘西冷组（Pt_2x）和下盘杨湾组（K_1y）呈断层接触，黄栗树组（$\in_1h$）或灯影组（Z_2d）逆冲于杨湾组（K_1y）之上，另外区域上在张八岭一带对应的西冷组（Pt_2x）及其上覆震旦系和下古生界盖层之间存在滑脱构造，在震旦系下统苏家湾组千枚岩中广泛发育 A 型褶皱，震旦系及下古生界均表现为向北西倾的同斜褶皱（荆延仁等，1989）。这说明强烈韧性剪切的震旦系可能为主滑脱层，上部盖层向东南方向滑脱（李曙光等，1993）。

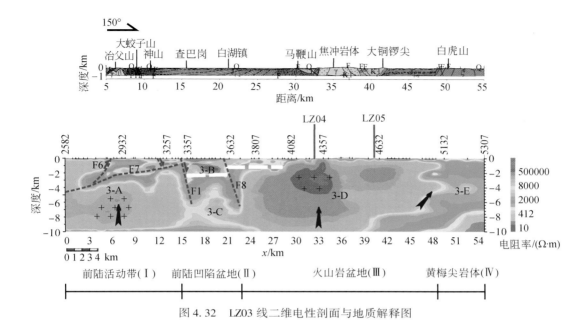

图 4.32 LZ03 线二维电性剖面与地质解释图

由已有的地质认识可知黄栗树–破凉亭断裂（黄破断裂）与滁河断裂交汇于此，位置和走向均一致，由寒武系横向上的沉积相突变可知，寒武纪滁河断裂就已控制了两侧的沉积特征，造成了两个沉积小区的岩性差异。滁河断裂是根据物探资料解译的隐伏断裂。据安徽省地质矿产局（1987），东侧为震旦系、古生界及上白垩统宣南组，西侧仅西南端及中段见震旦系和古生界的零星出露。两侧震旦纪及古生代褶皱紧密，地层普遍倒转。在反射地震剖面中，可见滁河断裂为一倾向北西的地震波组，推断向下进入中地壳低速层；白垩纪盆地之下有两条主要倾向北西的逆冲断层，向下收敛于统一的滑脱面上；与逆冲断层伴生的斜歪紧闭褶皱、局部同斜褶皱的轴面与逆冲断层产状一致，皆倾向北西。地球物理场反映特征显示的是滁河断裂最晚一次的活动。它的每次活动并不是沿同一断层面进行。本次大地电磁测深揭示的断裂深度不大，表现出电性界面的断裂由位于测点 2882 附近的 F6、收敛于一个低阻界面 F7，F6 倾向北西，F7 同样倾向北西，但倾角则平缓得多，应该为深部的滑脱层，控制了上部的冲断层组合。受冶父山岩体高阻（3–A）的影响，黄破断裂或滁河断裂在深部的产状及延伸情况在本次大地电磁测深剖面上并未能有效体现。

2. 前陆凹陷盆地（Ⅱ 段，测点 3332 ~ 3857）

本段在电性剖面上表现为双层结构，2 ~ 3 km 深度以上的低阻层（3–B）构造了一个断陷盆地的特征，与 I 段的电性梯度带为控制盆地正断层（F1）的反映，沿北西走向可与 LZ01 和 LZ02 剖面中的 F1 相对应。低阻层下伏的高阻体（3–C）与剖面 LZ02 中同深度的低阻体（2–H）明显不同。另外在本段和火山岩盆地（Ⅲ 段，测点 3932 ~ 5007）之间还存在一个倾向南东的低阻带，这证实了东西向延伸的区域性隐伏断裂"庐江–黄姑闸–铜陵拆离断层"（Song et al.，2010）的存在，由低阻带揭示的这条断裂（F8）也正是火山岩盆地的北界。

3. 火山岩盆地（III 段，测点 3932～5007）

本段为庐–枞火山岩盆地，与 LZ01 和 LZ02 剖面都很相似，存在一个大范围的高阻体，与本段地表出露的侵位于本段最近的火山旋回砖桥组的黄屯岩体和长冲–枫岭岩体。黄屯岩体地表出露于测点 4282～4457 处，长冲–枫岭岩体地表出露于测点 4557～4632 处，推测砖桥组和龙门院组火山岩底部存在一个连续的岩浆活动中心，该高阻体或直接为深部岩体的反映。测点 3707～4107 段 2 km 以下为高阻体且缺失低阻，地表出露下侏罗统钟山组（J_1z）和小岗头岩体（辉石闪长岩），在小岗头与白湖阀门厂之间的钻探揭露小岗头岩体向北东延伸到白湖阀门厂，孔中岩体厚度大于 400 m。因此，不排除在厚度不大的基底之下仍经历过岩浆活动，同样的推测也适用于测点 4682～5007 段。

4. 黄梅尖岩体（IV 段，测点 5057～5307）

黄梅尖岩体为燕山晚期多阶段、多期次侵入的复式岩体，由区内东西向浮山–黄梅尖"基底"断裂控制，并使黄梅尖岩体呈近东西向产出。主岩为黑云母石英正长岩、石英正长岩，呈大面积分布，细粒石英正长岩与细粒花岗岩以补体形式呈岩株、岩脉产出于岩体内。多阶段、多期次的岩浆侵入所产生的热动力，使岩体自变质作用和热液蚀变作用强烈（李朝长和金和海，2010）。

从二维电性剖面图中可以看出，本段在 3 km 以上为中等电阻率，为黄梅尖岩体在深部的电性反映。在 3 km 和 5 km 处存在一个电性差异界面，3～5 km 处电阻率上升，5 km 以下电阻率又逐渐下降。向北西追索 III 段的测深点数据可以发现，在测点 4907～5007 处存在两个高阻层，其中同样在 3～5 km 深度处的高阻层与本段同深度的高阻层是沟通的，而 III 段和本段的 8 km 以下电阻率都已明显降低，甚至在本段深部出现一个低阻层，高阻下方出现低阻层，且代表岩体的高阻体与庐枞火山岩盆地下方的高阻体相互连通，这似乎预示着黄梅尖岩体的侵位方式为顺滑脱层由北西向南东侵位，且岩浆活动中心仍然处于庐枞火山岩盆地下方。周涛发等（2007）和范裕等（2008）通过对岩体进行放射性同位素定年，获得岩体年龄约为 126 Ma，形成时代稍晚于庐枞火山岩盆地最晚喷发的浮山组火山岩（127.1±1.2 Ma），而明显晚于庐枞盆地内龙门院组、砖桥组和双庙组火山岩以及早期二长岩侵入体的形成时代（134～130 Ma），认为这类 A 型花岗岩的分布主要受区域北北东向长江深大断裂系控制，而与庐枞盆地的火山机构无关，推断该阶段岩浆侵入活动可能与盆地内火山岩浆活动无直接成因联系。事实上，郑永飞（1985）利用岩体矿物对的氧同位素地质测温结果推算出黄梅尖岩体（侵位年龄为 133 Ma）的原始侵位深度约为 8 km，岩浆结晶温度为 800±50 ℃，这种独立的地球化学方法研究结果与本次大地电磁测深结果不谋而合。因此黄梅尖岩体为形成于庐枞火山岩盆地下方的岩浆房沿滑脱层由北西向南东侵位是有说服力的。

四、LZ04 剖面

LZ04 剖面南西起于枞阳县雨坛乡，北东止于无为县开城镇，全长 76 km。剖面途经的城镇有浮山镇、店桥乡、砖桥乡、黄屯乡和百胜镇。

沿线出露的地层从新到老为全新统（Q_4），上更新统（Q_3），下白垩统杨湾组（K_1y）、浮山组（K_1f）、双庙组（K_1sh）、砖桥组（K_1zh）、龙门院组（K_1l），中侏罗统罗岭组（J_2l），下侏罗统钟山组（J_1z），中三叠统东马鞍山组（T_2d），中志留统坟头组（S_2f），下志留统高家边组（S_1g）。

穿过的已知大型断裂有北北东向的郯庐断裂和缺口–罗河–义津断裂，出露的岩体有巴坛岩体、小岭岩体、土地山岩体和黄屯岩体。

从二维连续介质联合反演的电性剖面（图4.33）可以看出，整条剖面表现为高、低阻相间的电性结构特征。沿走向上的电性变化特征可由两个分界面把剖面分为3段，分别为基底出露区（I段，测点1064～1389）、火山岩盆地（II段，测点1439～3839）、前陆构造带或基底出露区（III段，测点3889～4789）。

1. 基底出露区（I段，测点1064～1389）

本段地表大部分出露白垩系砖桥组（K_1zh）、龙门院组（K_1l）火山岩和中侏罗统罗岭组（J_2l）长石石英砂岩。3 km深度左右存在一个电性分界面，界面以上为低阻层，界面以下为中高阻层，与典型火山岩盆地段的电性结构相比，本段的这种电性结构可能意味着本段深部未遭受广泛岩浆活动的影响，参照区域物性参数，本段上部的低阻层代表了T_2—J_2的碎屑岩沉积，下部的中高阻则可能为S_3—T_1的综合反映。

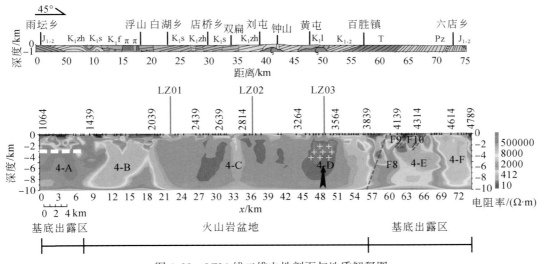

图4.33　LZ04线二维电性剖面与地质解释图

2. 火山岩盆地（II段，测点1439～3839）

本段存在一个大范围的高阻体，与地表出露有巴坛岩体、小岭岩体、浮山岩体和黄屯岩体相对应。巴坛岩体地表出露于测点1889处，小岭岩体出露于测点2564处，浮山岩体出露于测点2964～3064处，黄屯岩体出露于测点3339～3514处，推测本段在不到2 km厚的火山岩底部存在一个北东走向的岩浆活动中心。另外，反映黄屯岩体的高阻中心（4-D）意味着闪长岩体向深部延伸。

3. 前陆构造带或基底出露区（III段，测点3889～4789）

本段横向上高低阻相间，地表出露三叠系—志留系地层，发育翻转褶皱，老地层位于新地层之上并在垂向空间上出现地层重复。从本段电性剖面中识别出多个轴面倾向 NW 的倒转（翻转）背斜，且受一组倾向 NW 的断层（F9、F10）控制，这组断层可能又受控于深部滑脱面，以上这些构造式样展示了一个造山带前陆薄皮构造变形的特征。在火山岩盆地与基底出露区存在一个电性突变的低阻带，这个带与 LZ03 剖面的 F8 一样，反映的是区域性的庐江–黄姑闸–铜陵拆离断层（F8），确定了火山岩盆地的北界。

在测点 4614～4739 段深部意外地出现了一个高阻异常体（4–F），由于地表被第四系覆盖，并未见明显的岩体出露，而古生代地层难以形成如此大范围的高阻，因此其地质涵义有待进一步研究。

五、LZ05 剖面

剖面呈北东走向，起于枞阳县雨坛乡，止于无为县开城镇，全长 56 km。途经的城镇有浮山镇、店桥乡、砖桥乡、黄屯乡和百胜镇。LZ05 剖面位于 LZ04 剖面南东方向约 10 km 处。

沿线出露的地层从新到老为全新统（Q_4），上更新统（Q_3），下白垩统杨湾组（K_1y）、浮山组（K_1f）、双庙组（K_1sh）、砖桥组（K_1zh）、龙门院组（K_1l），中侏罗统罗岭组（J_2l）。

穿过的已知大型断裂有北北东向的郯庐断裂和缺口–罗河–义津断裂。侵入体出露有枞阳岩体、城山岩体、拔茅山岩体、将军庙岩体和谢瓦泥岩体。

从二维连续介质联合反演的电性剖面（图 4.34）可以看出，除了近地表的低阻层和测点 2866～3266 段出现一个极高阻体外，整条剖面表现为高阻背景。

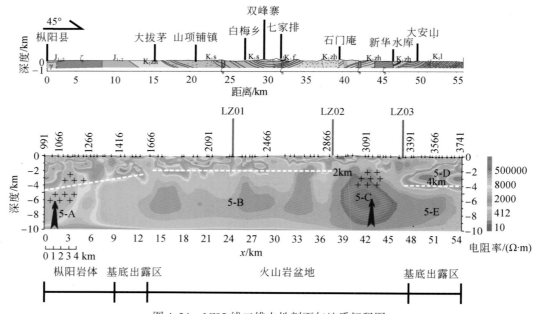

图 4.34　LZ05 线二维电性剖面与地质解释图

沿走向上的电性变化特征可把剖面分为四段，分别为枞阳岩体（测点 991 ~ 1616）、火山岩盆地（测点 1741 ~ 3366）、前陆构造带或基底出露区（测点测点 3391 ~ 3741）。

1. 枞阳岩体（I 段，测点 991 ~ 1416）

本段为高阻背景，出露的中侏罗统罗岭组（J_21）被枞阳岩体和城山岩体所围限，形成火山岩盆地的基底残留顶盖，测点 991 ~ 1066 下方高、低阻相间为岩体与基底的综合反映而向深部延伸的高阻体（图 4.34 中的 5–A）。

2. 基底出露区（II 段，测点 1491 ~ 1616）

本段在纵向上 0 ~ 2 km 为低阻层，2 ~ 10 km 的块状高阻体在全段几乎相连，推测为 NE-SW 走向相互连通的深部岩体（岩浆房），但往深部（9 ~ 10 km）电阻率有降低的趋势，岩体未向更深延伸，指示庐枞火山岩盆地可能存一片正长岩"海"。这种典型的"横向分层、纵向分块"的电性结构特征对应着断续分布、上侏罗统—下白垩统火山岩出露地表和火山岩下伏正长岩，正长岩岩体顶界面起伏较大，可能为侵入岩体多期次的活动特征。

火山岩之下的正长岩存在多个隆起，拔茅山铜矿（测点 1666 附近）、代岭湾铁矿（测点 2691 附近）、齐家院子磁铁矿（测点 3791 附近）和石门庵铜矿（测点 2916 附近）恰对应于侵入岩隆起，中间的中低阻凹陷区可能为盆地内火山机构的位置。

3. 火山岩盆地（III 段，测点 1666 ~ 3366）

本段为高阻背景，2 km 以上的高低阻相间结构为地表火山岩的综合反映，而 2 km 以下的大范围高阻（5–B）的顶界约束了火山岩盆地的底界。另外，大范围高阻带中还存在一个高阻中心（5–C），从地表露头可知，除四套火山岩外，还有闪长岩体以及呈条带状的次火山岩体（辉石粗安玢岩）产出。闪长岩体在平面上呈长条状，出露面积约 4 km^2，岩体侵入围岩为砖桥组和龙门院组火山岩，围岩发生强次生石英岩化，这与岩体的组合构成了从地表到深部贯通的高阻。

4. 前陆构造带或基底出露区（IV 段，测点 3391 ~ 3741）

本段以 4 km 深度为界分为两个电性层，上部为低阻层（5–D），为火山岩盆地的直接基底地层的反映；下部为高阻体（5–E），与区内同性质基底出露区从上至下贯通的低阻特征明显不同，预示着火山岩盆地岩浆活动范围的东移。

第五节　综合分析与讨论

一、数据采集、处理及反演

在强干扰地区进行大地电磁测深是富有挑战性的一项工作。庐枞矿集区地处长江中下游人口密集地区，干扰类型众多、干扰强度较大，为大地电磁测深的数据采集与处理工作带来了不可估量的困难。作为揭示上地壳电性结构、探测深部地质构造的一种行之有效的地球物理手段，大地电磁测深法在强干扰地区的应用研究具有重要的理论和实际意义。

本次 MT 数据采集工作采用凤凰公司的 V5-2000 大地电磁仪器，配 MTC-50 磁探头，频率范围定为 300～2000 Hz。在强干扰地区的 MT 数据采集，测点选择、仪器布设、操作程序等必须严格按相关规范（SY—T 5820—1999，DZ—T 0173—1997）执行，并结合实际情况灵活处理尽量避开强干扰影响，确保野外第一手资料的真实性。通过足够长时间的数据采集有效地压制随机噪声，提高数据信噪比，尽可能获得高品质的野外数据。强干扰地区的 MT 数据采集是一项艰苦但又必须耐心谨慎的工作，任何一个细微的改进都可能为提高数据质量做出贡献。

强干扰地区 MT 数据的处理，是一项极具挑战的工作。仅仅通过常规的时间域数据挑选、功率谱挑选、增加功率谱、远参考道等处理手段往往很难奏效。本次 MT 数据在进行常规处理的同时，项目组针对矿集区近源干扰能量大、频谱范围广、时间域波形特征明显等特点，提出了 EMD 分解与 Hilbert-Huang 变换、广义数学形态滤波、AMT "死频带" Rhoplus 数据校正技术等强干扰压制方法，为强干扰去噪研究开辟了新的思路。实验及实际数据处理表明课题组提出的去噪方法在一定程度上压制了强干扰，改善了数据品质。建议继续深入开展 MT 信号去噪方法的研究。

本次 MT 数据的反演综合考虑了各种反演方法的优缺点，结合测区山区范围广，测点间高差变化大等实际情况，选择中南大学戴世坤教授的二维带地形连续介质反演软件（戴世坤和徐世浙，1997）进行二维反演。获得了庐枞矿集区五条交叉剖面 10 km 以内的电性分布，为认识庐枞矿集区深部断裂构造的空间延伸，揭示火山岩盆地的基地深度及形态提供了地球物理信息。

二、庐枞矿集区的地壳结构

通过电磁法对庐枞矿集区 10 km 以上的电性结构（图 4.35）进行探测，结合地质地球物理分析，着重揭露了研究区的深部断裂、侵入岩体和次火山岩（隐伏岩体）的分布，

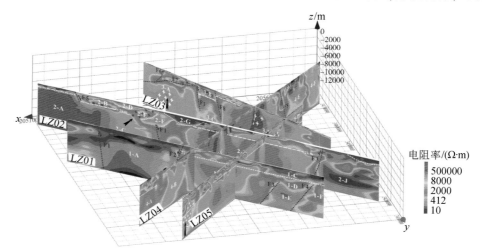

图 4.35　庐枞矿集区 MT 剖面地质解译三维显示图

刻画出火山岩盆地的直接基底深度及形态，为区域地质演化提供约束，为深部矿产勘查的靶区圈定提供依据。

五条大地电磁剖面通过地下电性分布特征清晰地揭示了区域性边界断裂所围限庐枞火山岩盆地的双层结构特征、跨过大别造山带的地堑式前陆凹陷盆地以及遭受多期构造运动的庐枞火山岩盆地外围基底出露区，划分了形成于不同时期、不同性质的地质构造单元。孔城凹陷边界断裂，其深度至少切穿上地壳。大别造山带与前陆活动带在深部的电性结构上并未表现出显著差异，穿过的郯庐断裂带没有在电性剖面上有所反映。前陆凹陷盆地的低阻背景表明没有类似于沙溪铜矿的隐伏岩体，而沙溪岩体则表现为亲大别造山带而非火山岩盆地。

根据五条大地电磁剖面特征确定了庐枞火山岩盆地的边界及火山岩沉积的厚度（1~2 km）。2 km 以下的大范围高阻记录了早白垩世该地区强烈的火山-岩浆活动，且活动范围并不局限于地表火山岩的分布区，跨过罗河-矾山-缺口断裂的西北部应该仍有一定范围的岩浆岩活动区，火山岩活动区比火山岩出露区范围较大，事实上泥河镇五里庙和泥河铁矿西段的钻孔也证实红层之下仍存在连续的火山岩序列。火山岩盆地与前陆凹陷盆地的组合共同反映了形成于白垩纪岩石圈伸展背景下的构造格局，明显有别于外围主要定型于印支期的构造形迹，不同的电性结构特征所反映的地质构造单元生动地描述了区域复杂的地质演化过程。

在大地电磁剖面上识别出了一系列区域性断裂，如孔城凹陷盆地的控盆断裂，而首次通过大地电磁数据揭示的庐江-黄姑闸-铜陵隐伏断裂，北东东走向，倾向南西，在 LZ03、LZ04 剖面上均有反映，控制了庐枞火山岩盆地的北界。

特别值得关注的 LZ02 剖面，穿过了大别造山带东段（北淮阳构造带）和沙溪铜矿，深部连续的高阻并未形成明显的电性梯度带，而沙溪铜矿所处的古生代地层出露区在深部的电性特征明显区别于其与火山岩盆地夹持的前陆凹陷盆地，预示着与沙溪斑岩型铜矿有关的岩浆系统可能不同于火山岩盆地，或为独立演化，或与大别岩浆系统密切相关。

另外，LZ02 与 LZ03 剖面沿走向上与前陆凹陷盆地的对应段，在深部的不同电性特征也揭示了断陷盆地在构造走向上的变化，这种变化如果不是受岩浆活动的影响，那么在区域上可能存在北西走向的构造。

LZ04 和 LZ05 这两条剖面通过大范围的高阻分布确定了庐枞火山盆地长轴方向为北东向，从大地电磁数据上确认深部的岩浆活动范围与地表火山岩的分布范围是相对应的。

结合区域地质，上地壳的一系列由正断层控制的沉积盆地和火山岩盆地的轴向表明，晚侏罗世挤压背景向早白垩世的伸展机制的转变，可能是在印支造山运动时期，华北和华南板块碰撞时及后碰撞期所形成的构造通过后来燕山期的幔源岩浆底侵作用再次激活和利用所完成的。也就是说，形成于印支期的北东向构造控制着庐枞地区的火山活动及侵入体的空间展布。

小　　结

（1）通过对庐枞矿集区 MT 数据时间域曲线及其频谱特征分析，总结了电道中的类方波噪声、磁道中的三角波噪声及阶跃噪声、脉冲噪声、充放电噪声的频谱特征及各噪声的影响频带范围。

（2）针对庐枞矿集区近源干扰的特征，提出了 EMD 分解与 Hilbert-Huang 变换、广义数学形态滤波、AMT "死频带" Rhoplus 校正的去噪方法，在一定程度上压制了噪声干扰，提高了数据质量。

（3）五条大地电磁剖面上可以清晰地识别火山盖层厚度，且四个倾向不同的断裂控制着庐枞火山岩盆地的范围，特别是庐江-黄姑闸-铜陵隐伏断裂在两条不同大地电磁剖面上的反映证实了地质上的预测，为限定庐枞火山岩盆地的北界断裂。同时，NE-SW 向剖面与 NW-SE 向剖面的对比确定了代表控制火山岩盆地岩浆活动的长轴方向为 NE-SW 向。

（4）火山岩盆地下部的高阻体反映岩浆活动范围不局限于火山岩出露区，与沙溪斑岩型铜矿具有成因联系的闪长岩体表现出亲造山带，可能为独立于火山岩盆地的具有不同演化路径的岩浆系统。

（5）根据一系列受断裂控制的 NE-SW 走向的造山带前陆活动带、前陆凹陷盆地、火山岩盆地、基底出露区的分布特征可以推演：在晚侏罗世挤压背景向早白垩世伸展机制转变时，燕山期构造继承了印支期造山运动的前陆构造体系，即庐枞矿集区的现今格局为华北和华南板块碰撞时及后碰撞期所形成的构造体系通过燕山期的幔源岩浆底侵作用再次激活和利用所完成的，NE-SW 向构造占区域主导地位。

第五章　重磁探测与三维建模

第一节　岩/矿石物性测量

一、庐枞矿集区物性研究

近 20 年来，庐枞矿集区开展了大量的物化探工作，也开展了很多岩石、矿石物性测量工作，项目组收集了大量物性数据，并对物性资料进行了系统分析，发现本区岩石按密度值的大小可分成三类：

a 类：主要为二长岩及潜火山岩，平均密度一般为 2.62 g/cm³。

b 类：主要为粗安质、安山质熔岩和次生石英岩、象山群砂页岩，以及正长岩和粗面斑岩，密度一般为 2.47 ~ 2.62 g/cm³。

c 类：主要为凝灰岩、粗面岩，以及 K—E 红层砂岩，平均密度一般为 2.43 ~ 2.44 g/cm³。

据罗河、大包庄矿区资料，铁矿的密度值为 3.00 ~ 4.26 g/cm³，矿化、蚀变岩石的密度值为 2.78 ~ 3.00 g/cm³，它们与岩石之间存在明显的密度差异。表 5.1 为庐枞矿集区岩石密度统计表，表 5.2 为铁矿密度表，表 5.3 为庐枞矿集区地层密度综合表。

表 5.1　庐枞矿集区岩石密度统计表

时代	岩石名称	地表		钻孔	
		块数	密度/(g/cm³)	块数	密度/(g/cm³)
K—E	红层（砂砾岩）	38	2.43	117	2.49
J₃—K₁	粗安质、安山质熔岩	>600	2.51	731	2.61
	粗面岩	108	2.43		
	凝灰岩	675	2.44	251	2.60
J₁—₂	砂页岩	241	2.50	439	2.64
T₁—₂	灰岩	36	2.68		
	次生石英岩	631	2.51	202	2.66
J₃—K₁	正长岩	489	2.48	115	2.58
	二长岩	238	2.62		
	闪长玢岩	37	2.63	86	2.66
	粗面斑岩	29	2.47		
	辉石粗安（玢）岩	126	2.63	8	2.81

表 5.2　庐枞矿集区铁矿密度统计表

矿石	品位/%	密度/（g/cm³）
富磁铁矿	51.20	4.26
贫磁铁矿	30.55	3.55
表外磁铁矿	22.17	3.25

表 5.3　庐枞矿集区地层密度综合表

时代	岩石名称	密度/（g/cm³）
K—E	红层（砂砾岩）	2.43
J	粗安质、安山质熔岩粗面岩凝灰岩、砂页岩	2.55
T—S	灰岩	2.65
Z—O	灰岩	2.73
Pt₂	云英片岩	2.67
Pt₁	片麻岩类	2.75
J₃—K₁	正长岩	2.48
	二长岩	2.62
	闪长玢岩	2.63
	粗面斑岩	2.47
	辉石粗安（玢）岩	2.63

　　参考泥河矿区的岩石标本的密度-速度关系，计算统计了庐枞矿集区的岩矿石纵横波速度等参数值。对泥河矿区的 ZK0901 钻孔的岩石标本进行了岩石的弹性参数等测试，得到了部分岩石、矿石的密度，纵波、横波速度等参数。

　　岩矿标本弹性参数测试情况如下：

　　（1）岩样标本：包括 77 块火山岩和铁矿标本。

　　（2）测试参数：岩样密度、纵波速度、横波速度、泊松比、剪切模量、体积模量、拉梅系数、杨氏模量。

　　（3）测试方法：样品的体积测试，由于本次样品大小不一，平整度较差，无法采用直接测试法，故本次采用排水法，取得测试样品的体积。称重法得到样品的重量。用重量除以体积计算样品的密度。

　　波速测量是利用脉冲透射方法实现的，即测量声波透射样品的路程长度除以透射时间，并通过计算获得纵波速度、横波速度、泊松比、剪切模量、体积模量、拉梅系数和杨氏模量。图 5.1 给出 ZK0901 钻孔的柱状图及深度-密度、深度-纵波速度和深度-横波速度图。由于钻孔穿过了火山沉积岩、蚀变带和矿体，岩石成分复杂，不能用单一的某种岩性来表达，即使是同一类岩石的物性参数变化也较大。因此，只能筛选部分合理的参数进行分类统计。

　　重点对角砾岩、砂岩、凝灰岩、安山岩、石英岩、闪长玢岩，石膏、黄铁矿、磁铁矿等主要岩石进行了密度-速度关系研究。当缺少速度或密度中的某一个值时，通常利用

Gardner（$\rho = CV_p^{1/4}$）关系公式，估计密度或速度的近似值。马中高等在 2005 年给出了火成岩的密度与速度的非线性关系（$\rho = 1.5066V_p^{0.3428}$，$\rho = 1.8853V_s^{0.3313}$）（马中高和解吉高，2005）。由于本区属于强蚀变发育且含金属矿的火山岩区，每类岩石的密度与速度关系不能简单地用同一关系式来表达。因此，针对不同的岩性，分别采用不同的公式（$\rho = C_p V_p^{0.3428}$，$\rho = C_s V_s^{0.3313}$）进行速度估算，首先使用 ZK0901 钻孔获得的每一类岩石的真实密度和速度值对比，求出每类岩石的 C_p 和 C_s，结果见表 5.4。再用这些 C_p 和 C_s 值和全区各种岩性的密度统计值计算纵波速度和横波速度，结果见表 5.5。利用得到的这些岩石物性参数就可以将地质模型转换为正演计算所需的地球物理模型。

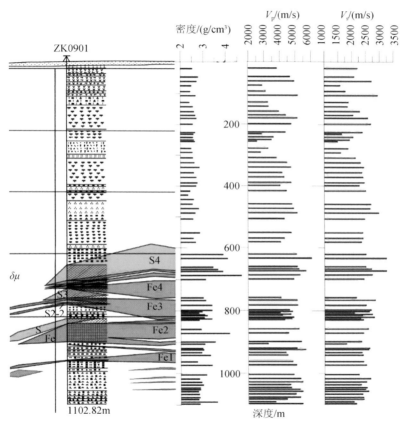

图 5.1　ZK0901 钻孔的柱状图及深度密度、深度速度图

表 5.4　ZK0901 钻孔岩性统计密度、纵横波速度与 C_p 和 C_s

岩石	密度/（g/cm³）	纵波速度/（m/s）	横波速度/（m/s）	C_p	C_s
角砾岩	2.54	2867.5	1637.5	0.166	0.219
砂岩	2.43	3108.3	1776.2	0.154	0.204
凝灰岩	2.61	4092.3	2245.4	0.151	0.202
安山岩	2.52	3835.5	2211.5	0.149	0.197
石英岩	2.88	4730.3	2667.7	0.158	0.211

岩石	密度/(g/cm³)	纵波速度/(m/s)	横波速度/(m/s)	C_p	C_s
闪长玢岩	2.88	4935.1	2508.6	0.156	0.215
石膏	2.97	4205.8	2340.9	0.170	0.227
黄铁矿	3.55	5448.7	2973.4	0.186	0.251
磁铁矿	3.42	5082.1	2538.0	0.183	0.255

表5.5　庐枞矿集区岩性统计密度、纵横波速度

岩石	密度/(g/cm³)	纵波速度/(m/s)	横波速度/(m/s)	波阻抗/[×10⁵g/(cm²·s)]
角砾岩	2.506	2758	1573	6.91
粗安质角砾熔岩	2.468	2637	1502	6.51
火山角砾岩	2.480	2676	1524	6.64
沉火山角砾岩	2.535	2853	1629	7.23
粉砂岩	2.426	3090	1765	7.50
凝灰粉砂岩	2.587	3730	2145	9.65
凝灰岩	2.604	4118	2047	10.72
晶屑凝灰岩	2.576	3951	2165	10.18
安山岩	2.655	4100	2370	10.88
辉石安山岩	2.674	4186	2421	11.19
粗安岩	2.617	3932	2269	10.29
杏仁状粗安岩	2.540	3605	2074	9.16
黑云母粗安岩	2.601	3862	2228	10.05
辉石粗安岩	2.642	4041	2334	10.68
粗面岩	2.530	3562	2048	9.01
高岭石岩	2.604	3532	1972	9.20
次生石英岩	2.676	3824	2141	10.23
闪长玢岩	2.841	4756	2414	13.51
碱性长石闪长玢岩	2.788	4501	2281	12.55
正长斑岩	2.509	3306	1657	8.29
正长岩	2.670	3966	2001	10.59
二长岩	2.700	4098	2070	11.06
膏辉岩	2.983	4258	2370	12.70
铁矿化膏辉岩	3.026	4439	2475	13.43
透辉石岩	3.067	4617	2578	14.16
铁矿化透辉石岩	3.086	4701	2627	14.51
硬石膏	3.002	4337	2416	13.20
黄铁矿	3.388	4738	2573	16.05
磁铁矿	3.535	5603	2808	19.81

经过分析，还可以发现火山沉积岩的波阻抗在 (6.5～7.5) ×10⁵g/(cm²·s) 之间变化；火山熔岩（粗安岩、安山岩类）的波阻抗在 (9.5～11.5) ×10⁵g/(cm²·s) 之间变化，膏辉岩（辉石岩）的波阻抗在 (12.5～14.5) ×10⁵g/(cm²·s) 之间变化，磁铁矿、

黄铁矿的波阻抗在（16.0~20.0）×10^5g/（cm^2·s）之间变化。由于产生反射的基本条件是波阻抗差异大于2.5×10^5g/（cm^2·s），这就意味着，该地区主要反射界面产生在火山沉积岩与火山熔岩之间、火山熔岩与侵入岩、火山沉积岩与侵入岩以及所有岩石与矿体之间。

二、泥河矿区物性研究

本次研究对泥河矿区19个钻孔，在0~1.2 km的深度范围内，进行了不同深度的标本采集，并进行了岩矿体样品的密度、磁化率、剩磁强度、纵横波速度的测量工作。其中纵波、横波速度及密度测量由本项目组完成，对882件样品进行了密度测量工作，对钻孔ZK0901的77件样品进行了横波、纵波速度测量。磁性测量由中国地质大学（北京）古地磁实验室完成，共计对1180件样品进行了磁化率及剩磁的测量工作。取样钻孔位置如图5.2所示。

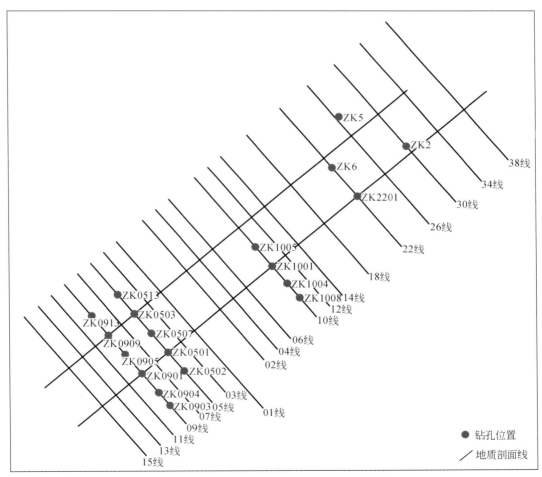

图5.2　泥河铁矿物性标本取样钻孔分布图

1. 密度

1）钻孔密度分布

系统地梳理样品密度测量结果，以钻孔为单位，对标本采样位置、岩性以及密度值进行整理，以钻孔 ZK01、ZK02 和 ZK06 为例，结果如表 5.6～表 5.8 所示。

表 5.6　泥河铁矿 ZK01 钻孔样品密度测定表

样品编号	深度/m	岩性	密度/（g/cm³）
ZK01-01	288.70	粉砂岩	2.39
ZK01-02	304.74	沉角砾凝灰岩	2.54
ZK01-03	324.82	黑云母粗安岩	2.46
ZK01-04	351.38	细斑粗安岩（灰黑色）	2.56
ZK01-05	388.22	细斑粗安岩（灰黑色）	2.70
ZK01-06	461.00	含角砾粗安岩（深灰色）	2.55
ZK01-07	342.43	细斑粗安岩	2.59
ZK01-08	372.20	细斑粗安岩	2.62
ZK01-09	363.50	细斑粗安岩	2.56
ZK01-10	517.13	角闪粗安岩（细斑）灰黑色	2.69
ZK01-11	525.43	角闪粗安岩（细斑）灰黑色	2.69
ZK01-12	549.00	角闪粗安岩（细斑）灰黑色	2.68
ZK01-13	563.68	含角砾粗安岩（细斑）	2.62
ZK01-14	631.07	含角砾粗安岩（细斑，灰绿色，绿泥石化）	2.57
ZK01-15	597.82	含角砾粗安岩（细斑，灰绿色，绿泥石化）	2.57
ZK01-16	610.70	含角砾粗安岩（细斑，灰绿色，绿泥石化）	2.58
ZK01-17	643.71	粗安岩（细斑），有绿泥石化	2.58
ZK01-18	670.38	粗安岩（细斑），有绿泥石化	2.59
ZK01-19	687.15	含角砾粗安岩（细斑，略带绿泥石化）	2.58
ZK01-20	713.10	粗安岩（细斑，绿泥石化）	2.61
ZK01-21	720.60	角闪粗安岩（细斑）绿泥石化	2.56
ZK01-22	741.10	角闪粗安岩（细斑）绿泥石化	2.65
ZK01-23	762.62	角闪粗安岩（细斑）绿泥石化	2.75
ZK01-24	778.86	粗安岩（细斑，灰黑色）	2.64
ZK01-25	791.30	粗安岩（细斑，灰黑色）	2.53
ZK01-26	798.10	杏仁状粗安斑岩（略泛白，白色长石斑晶粗大）	2.69
ZK01-27	809.50	杏仁状粗安斑岩（略泛白，白色长石斑晶粗大）	2.67
ZK01-28	839.00	粗安岩（细斑）	2.76
ZK01-29	861.54	杏仁状粗安斑岩（灰黑色，白色长石斑晶稍小）	2.73
ZK01-30	878.40	杏仁状粗安斑岩（灰黑色，白色长石斑晶稍小）	2.74
ZK01-31	919.20	粗安岩（细斑，绿泥石化）	2.73

续表

样品编号	深度/m	岩性	密度/(g/cm³)
ZK01－32	947.85	粗安岩（细斑，绿泥石化）	2.77
ZK01－33	979.47	紫灰色角闪粗安岩	2.69
ZK01－34	993.10	紫灰色角闪粗安岩	2.67
ZK01－35	1015.48	含砾晶屑凝灰岩	2.67
ZK01－36	1023.30	角闪石粗安岩（含细脉）	2.73
ZK01－37	1063.86	角闪石粗安岩	2.73
ZK01－38	1054.20	角闪石粗安岩（细脉较多）	2.76

表 5.7　泥河铁矿 ZK02 钻孔样品密度测定表

样品编号	深度/m	岩性	密度/(g/cm³)
ZK02－01	28.27	安山岩（白色团块状长石斑晶，见绿泥石化）	2.59
ZK02－02	39.15	杏仁安山岩（绿泥石化）	2.64
ZK02－03	53.98	辉石安山岩	2.65
ZK02－04	68.38	安山岩（沿裂隙发育绿泥石化）	2.66
ZK02－05	103.35	粗安质角砾熔岩	2.43
ZK02－06	122.80	黑云母粗安岩（灰黑色）	2.62
ZK02－07	141.72	黑云母粗安岩（略泛红色）	2.61
ZK02－08	163.91	黑云母粗安岩（灰黑色）	2.63
ZK02－09	181.15	粗安岩（灰色，斑晶较多，斑晶大可达 2 mm）	2.62
ZK02－10	200.57	粗安岩（灰色，斑晶较多，斑晶大可达 3 mm）	2.62
ZK02－11	221.10	粗安岩（灰色，斑晶较多，斑晶大可达 4 mm）	2.51
ZK02－12	239.30	安山岩（碳酸盐或石膏细脉发育）	2.66
ZK02－13	265.06	辉石安山岩（灰绿色，绿泥石化）	2.71
ZK02－14	289.48	凝灰火山角砾岩	2.38
ZK02－15	310.71	凝灰火山角砾岩	2.44
ZK02－16	333.79	凝灰火山角砾岩（粒度较粗，绿泥石化）	2.47
ZK02－17	362.49	凝灰质粉砂岩，紫红色	2.63
ZK02－18	382.90	凝灰质粉砂岩，紫红色	2.61
ZK02－19	402.44	凝灰质粉砂岩，紫红色	2.62
ZK02－20	422.50	黑云母粗安岩（黑云母似斑状，粒度 1 mm 左右）	2.58
ZK02－21	442.26	黑云母粗安岩（黑云母似斑状，粒度 1 mm 左右）	2.70
ZK02－22	460.90	黑云母粗安岩（黑云母似斑状，粒度 1 mm 左右）	2.66
ZK02－23	477.67	黑云母粗安岩（黑云母似斑状，粒度 1 mm 左右）	2.67
ZK02－24	500.78	黑云母粗安岩（黑云母似斑状，粒度 1 mm 左右）	2.66
ZK02－25	525.56	黑云母粗安岩（白色斑晶多，较粗大，粒度 1 mm）	2.59

样品编号	深度/m	岩性	密度/(g/cm³)
ZK02-26	552.41	黑云母粗安岩（白色斑晶、似斑状黑云母发育）	2.61
ZK02-27	630.46	黄铁矿化高岭石化沉角砾凝灰岩（H6尾）	3.04
ZK02-28	626.46	黄铁矿化次生石英岩（H10头）	2.56
ZK02-29	659.27	黄铁矿化高岭石化沉角砾凝灰岩	2.81
ZK02-30	713.72	黄铁矿化次生石英岩	2.70
ZK02-31	733.26	次生石英岩	2.55
ZK02-32	743.48	石膏高岭石化次生石英岩	2.70
ZK02-33	771.11	高岭土硬石膏次生石英岩	2.79
ZK02-34	794.27	正长斑岩	2.40
ZK02-35	827.95	黄铁矿化次生石英岩化闪长玢岩	2.73
ZK02-36	849.99	黄铁矿化次生石英岩化闪长玢岩	2.71
ZK02-37	865.94	黄铁矿化次生石英岩化硬石膏透辉石	2.85
ZK02-38	880.41	不均匀磁铁矿化硬石膏透辉石岩	2.92
ZK02-39	892.76	硬石膏透辉石岩	2.85
ZK02-40	913.61	稀疏浸染状含磁铁矿黄铁矿矿石	3.37
ZK02-41	932.92	团块状含磁铁矿黄铁矿矿石	3.20
ZK02-42	951.14	稠密浸染状黄铁矿矿石	3.69
ZK02-43	1105.93	钾化闪长玢岩	2.76
ZK02-44	1075.05	钾化闪长玢岩	2.99
ZK02-45	1060.24	水云母化高岭土化膏辉岩	2.79
ZK02-46	1021.98	团块状磁铁矿化硅化硬石膏透辉石岩	2.76
ZK02-47	1013.99	团块状磁铁矿矿石	2.80
ZK02-48	992.76	稠密浸染状磁铁矿矿石	3.61
ZK02-49	969.03	团块状磁铁矿矿石	2.88
ZK02-50	958.00	稠密浸染状黄铁矿矿石	4.22

表5.8 泥河铁矿ZK06钻孔样品密度测定表

样品编号	深度/m	岩性	密度/(g/cm³)
ZK02-01	31.68	安山岩	2.66
ZK02-02	53.47	杏仁安山岩	2.40
ZK02-03	71.34	高岭土化杏仁辉石安山岩	2.43
ZK02-04	88.65	黑云母辉石安山岩（碳酸盐细脉发育，绿泥石化强）	2.59
ZK02-05	109.74	辉石安山岩	2.61
ZK02-06	129.85	辉石安山岩（白色斑点发育，发育团块状绿泥石化）	2.61
ZK02-07	153.68	粗安岩（斑点发育）	2.39

样品编号	深度/m	岩性	密度/（g/cm³）
ZK02-08	172.20	蚀变粗安岩（灰黄色）	2.63
ZK02-09	197.40	粗安岩（斑点不发育，灰黑色）	2.65
ZK02-10	210.94	粗安岩（斑点发育，较粗大）	2.46
ZK02-11	233.00	蚀变粗安岩（石膏呈斑晶状）	2.66
ZK02-12	250.50	蚀变粗安岩（石膏呈斑晶状）	2.62
ZK02-13	272.15	蚀变粗安岩（发育细脉）	2.65
ZK02-14	293.05	蚀变粗安岩（细脉少）	2.64
ZK02-15	322.85	磁铁矿化辉石安山岩	2.67
ZK02-16	351.90	磁铁矿化辉石安山岩	2.72
ZK02-17	382.90	砂砾岩（团块状绿泥石化）	2.45
ZK02-18	401.15	砂砾岩（团块状绿泥石化）	2.41
ZK02-19	449.76	凝灰质粉砂岩	2.55
ZK02-20	466.20	凝灰质粉砂岩	2.61
ZK02-21	495.38	沉火山角砾岩（砂砾岩）	2.60
ZK02-22	534.44	沉火山角砾岩（砂砾岩）	2.60
ZK02-23	560.46	粗安岩	2.55
ZK02-24	579.70	（含）角闪石粗安岩	2.68
ZK02-25	611.60	碳酸盐化（含）角闪石粗安岩	2.66
ZK02-26	636.70	碳酸盐化（含）角闪石粗安岩	2.63
ZK02-27	661.00	次生石英岩	2.62
ZK02-28	679.50	（硬石膏晶屑）凝灰岩	2.74
ZK02-29	703.80	次生石英岩	2.55
ZK02-30	721.47	晶屑凝灰岩（闪长玢岩）	2.90
ZK02-31	752.15	粗安岩	2.56
ZK02-32	813.49	闪长玢岩	2.63
ZK02-33	830.35	闪长玢岩	2.69
ZK02-34	866.04	硬石膏黄铁硅化岩	2.78
ZK02-35	897.26	硬石膏黄铁硅化岩	2.56
ZK02-36	923.77	黄铁矿化硬石膏蚀变岩（膏辉岩）	2.80
ZK02-37	940.80	磁铁矿化黄铁矿化石膏岩	2.87
ZK02-38	962.23	磁铁矿石	4.47
ZK02-39	978.73	磁铁矿化黄铁矿石	4.43
ZK02-40	1003.82	磁铁矿化黄铁矿化膏辉岩	3.01
ZK02-41	1026.86	膏辉岩	2.79
ZK02-42	1045.74	磁铁矿化（高岭土化）膏辉岩	3.03

续表

样品编号	深度/m	岩性	密度/(g/cm³)
ZK02-43	1060.79	黄铁矿化磁铁矿化膏辉岩	2.62
ZK02-44	1090.92	磁铁矿化赤铁矿化蚀变闪长玢岩（膏辉岩）	3.02
ZK02-45	1105.03	钾化硬石膏黄铁矿化闪长玢岩	2.77
ZK02-46	1125.22	钾化硬石膏黄铁矿化闪长玢岩	2.64
ZK02-47	1135.69	蚀变闪长玢岩	3.34
ZK02-48	1160.42	蚀变闪长玢岩	3.05

为了进一步了解研究区岩矿石密度的总体分布规律，绘制密度随深度变化趋势图（图 5.3 ~ 图 5.6）。

通过钻孔的密度-深度变化趋势图定性分析矿区钻孔物性，可以看出矿区地层与矿体之间密度差异明显，在 0 ~ 600 m 范围内，密度差异较小，范围大致在 2.50 ~ 2.70 g/cm³。深度超过 600 m 后，密度明显增大，异常值集中在 700 ~ 1100 m，最大值可达 4.92 g/cm³，平均密度为 3.08 g/cm³。矿体附近的围岩密度也相对较大，再次说明了其存在一定程度的蚀变和矿化。

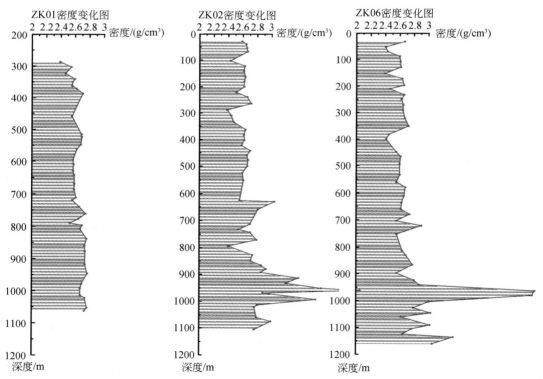

图 5.3　钻孔 ZK01、ZK02 和 ZK06 密度-深度变化趋势图

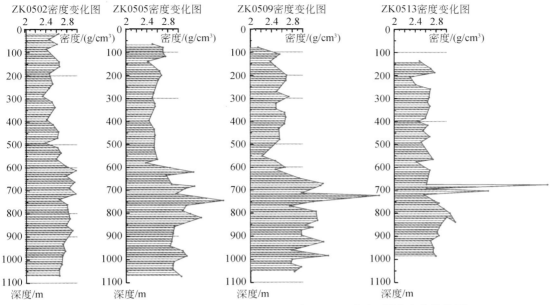

图 5.4 钻孔 ZK0502、ZK0505、ZK0509 和 ZK0513 密度–深度变化趋势图

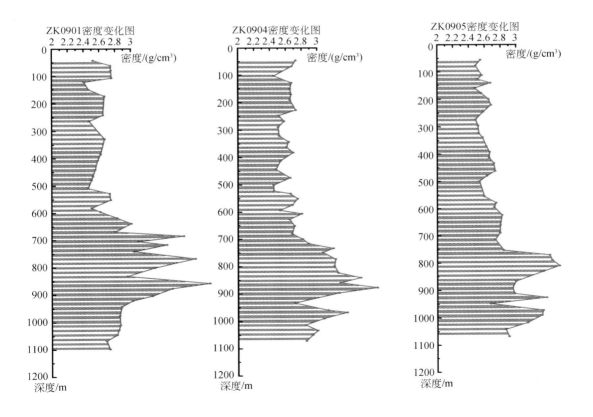

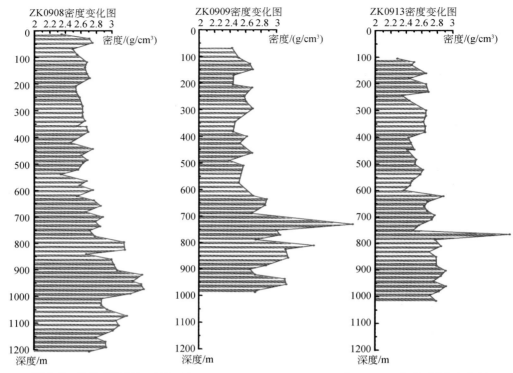

图 5.5　钻孔 ZK0901、ZK0904、ZK0905、ZK0908、ZK0909 和 ZK0913 密度–深度变化图

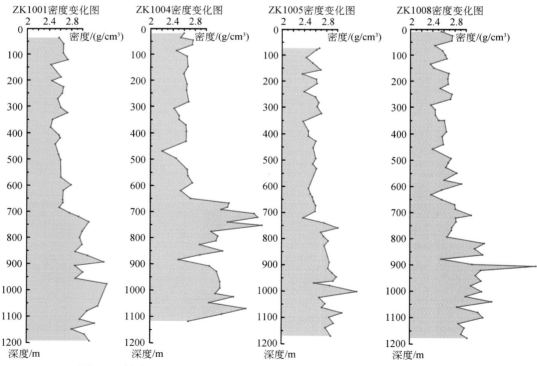

图 5.6　钻孔 ZK1001、ZK1004、ZK1005 和 ZK1008 密度–深度变化趋势图

2）地层密度分布

泥河矿区地表主要被第四系覆盖，在 $0\sim1500$ m 范围内钻孔揭示的地层为下白垩统砖桥组、下白垩统双庙组以及杨湾组。砖桥组岩性主要为含角砾凝灰岩、沉角砾凝灰岩、沉火山碎屑岩、凝灰质粉砂岩、黑云母粗安岩和辉石粗安岩等，常发育不同程度的硅化、黄铁矿化和硬石膏化。双庙组分为上下两个岩性段：下段均为火山碎屑岩及沉火山碎屑岩，呈喷发不整合覆盖在砖桥组层位之上；上段以熔岩为主，夹少量火山碎屑岩。杨湾组主要岩性为砂砾岩，与下伏双庙组火山岩地层呈沉积不整合接触。

为了准确获得各时期地层密度参数值，在钻孔单块标本详细测量的基础上，针对同一时期地层、岩矿石样品密度数据进行统计分析，例如双庙组上段组地层样品密度见表 5.9。

表5.9　泥河地区白垩系双庙组上段（K_1sh_2）部分样品密度测定表

序号	样品编号	深度/m	岩性	密度/(g/cm³)
1	ZK02-01	28.27	安山岩（团块状长石斑晶，见绿泥石化）	2.59
……	……	……	……	……
13	ZK06-01	31.68	安山岩	2.66
……	……	……	……	……
46	ZK0505-01	64.78	杏仁状辉石安山岩	2.51
……	……	……	……	……
52	ZK0501-02	89.10	安山岩	2.66
……	……	……	……	……
68	ZK0901-01	43.34	杏仁状辉石安山岩	2.52
……	……	……	……	……
76	ZK0904-01	46.49	辉石安山岩	2.73
……	……	……	……	……
83	ZK0905-01	56.33	含角砾粗安岩	2.55
……	……	……	……	……
93	ZK0913-01	105.42	粉砂岩	2.29
……	……	……	……	……
106	ZK0908-01	29.38	安山岩（细脉发育）	2.71
……	……	……	……	……
118	ZK1001-01	36.33	杏仁状辉石安山岩	2.57
……	……	……	……	……
130	ZK1004-01	18.22	辉石安山岩	2.60
……	……	……	……	……
141	ZK1005-01	74.13	粗安质角砾岩	2.67
……	……	……	……	……
155	ZK1008-01	8.70	粗安质角砾熔岩	2.56

3）岩矿体密度分布

通过对样品的统计分析，泥河地区样品主要岩性成分大致包括：安山岩、粗安岩、角砾岩、砂岩、凝灰岩、石英岩、闪长岩、闪长玢岩及膏辉岩。整理其密度均值如表5.10所示。

表 5.10 泥河矿区岩石样品密度统计表

名称	符号	密度均值/（g/cm³）	样品数
砂岩	ss	2.55	31
凝灰岩	tf	2.68	45
角砾岩	br	2.50	55
安山岩	α	2.66	51
粗安岩	τα	2.62	232
闪长玢岩	δμ	2.91	179
闪长岩	δ	2.89	14
石英岩	qz	2.66	66
膏辉岩	hh	2.99	26

泥河矿区内主要矿体为磁铁矿、黄铁矿以及石膏矿，侵入岩主要为闪长玢岩。通过整理可以看出岩体密度普遍较高，主要是由于样品多存在矿化和蚀变，致使密度值增大。

2. 磁化率和剩余磁化强度

1）钻孔磁化率和剩磁分布

本研究共送泥河矿区样品1180块到中国地质大学（北京）进行磁化率和剩磁的测量工作，其中3个样品损坏，8个样品编号磨损不清，因此共计得到1169块样品的有效测量结果。部分样品测量结果如表5.11和表5.12所示。

表 5.11 泥河铁矿 ZK01 钻孔样品磁化率和剩磁强度测定表

序号	样品编号	深度/m	岩性	剩磁/（A/m）	磁化率/SI
1	ZK01-01	288.70	粉砂岩	0.202003391	0.0001044
2	ZK01-02	304.74	沉角砾凝灰岩	0.162327878	0.06531
3	ZK01-03	324.82	黑云母粗安岩	1.226803163	0.0001712
4	ZK01-07	342.43	细斑粗安岩	2.341800376	0.02171
5	ZK01-08	372.2	细斑粗安岩	1.09221518	0.0007679
6	ZK01-05	388.22	细斑粗安岩	1.703725917	0.002601
7	ZK01-06	461.00	含角砾粗安岩	1.145175096	0.03424
8	ZK01-10	517.13	角闪粗安岩（细斑）灰黑色	2.164670876	0.04656
9	ZK01-11	525.43	角闪粗安岩（细斑）灰黑色	1.216301772	0.05242
10	ZK01-13	563.68	含角砾粗安岩（细斑）	4.313420916	0.001068
11	ZK01-15	597.82	含角砾粗安岩	0.264663976	0.05541
12	ZK01-16	610.7	含角砾粗安岩	1.172394558	0.0656

序号	样品编号	深度/m	岩性	剩磁/(A/m)	磁化率/SI
13	ZK01-14	631.07	含角砾粗安岩	1.015423065	0.042953333
14	ZK01-17	643.71	粗安岩（细斑），有绿泥石化	1.100145899	0.01142
15	ZK01-18	670.38	粗安岩（细斑），有绿泥石化	4.907280306	0.000605367
16	ZK01-19	687.15	含角砾粗安岩，绿泥石化	0.203363443	0.009071
17	ZK01-20	713.10	粗安岩	3.107571399	0.0002994
18	ZK01-21	720.60	角闪粗安岩（细斑）绿泥石化	1.684853109	0.01048
19	ZK01-22	741.10	角闪粗安岩（细斑）绿泥石化	3.475888376	0.02019
20	ZK01-23	762.62	角闪粗安岩（细斑）绿泥石化	1.071716847	0.023276667
21	ZK01-24	778.86	粗安岩（细斑，灰黑色）	0.712217663	0.01897
22	ZK01-25	791.30	粗安岩（细斑，灰黑色）	0.249401283	0.019216667
23	ZK01-26	798.10	杏仁状粗安斑岩	0.375694024	0.05385
24	ZK01-27	809.50	杏仁状粗安斑岩	2.369046433	0.05158
25	ZK01-28	839.00	粗安岩（细斑）	0.349802802	0.045583333
26	ZK01-29	861.54	杏仁状粗安斑岩	1.098472121	0.087713333
27	ZK01-30	878.40	杏仁状粗安斑岩	8.737825817	0.06616
28	ZK01-31	919.20	粗安岩	5.901542171	0.05825
29	ZK01-32	947.85	粗安岩	0.278136657	0.001293
30	ZK01-33	979.47	紫灰色角闪粗安岩	0.637483333	0.00127
31	ZK01-34	993.10	紫灰色角闪粗安岩	0.003823415	0.000428967
32	ZK01-36	1023.30	角闪石粗安岩	0.072296404	0.0002051
33	ZK01-38	1054.20	角闪石粗安岩	1.304111192	0.047363333
34	ZK01-37	1063.90	角闪石粗安岩	1.107607331	0.080753333

表 5.12　泥河铁矿 ZK02 钻孔样品磁化率和剩磁强度测定表

序号	编号	深度/m	岩性	剩磁/(A/m)	磁化率/SI
1	ZK02-01	28.27	安山岩	0.690874084	0.019636667
2	ZK02-02	39.15	杏仁安山岩（绿泥石化）	0.754803948	0.041423333
3	ZK02-03	53.98	辉石安山岩	0.444392844	0.07021
4	ZK02-04	68.38	安山岩（沿裂隙发育绿泥石化）	0.161664653	0.088053333
5	ZK02-05	103.35	粗安质角砾熔岩	0.086410763	0.000224067
……	……	……	……	……	……
10	ZK02-10	200.57	粗安岩	0.258429874	0.044646667
11	ZK02-11	221.1	粗安岩	1.060317877	0.01816
12	ZK02-12	239.3	安山岩（碳酸盐或石膏细脉发育）	1.268003549	0.04378
13	ZK02-13	265.06	辉石安山岩（灰绿色，绿泥石化）	0.413648401	0.07366

序号	编号	深度/m	岩性	剩磁/（A/m）	磁化率/SI
14	ZK02-14	289.48	凝灰火山角砾岩	0.013952867	0.0002034
15	ZK02-15	310.71	凝灰火山角砾岩	0.031501905	0.000323367
……	……	……		……	……
21	ZK02-21	442.26	黑云母粗安岩	0.421773636	0.0231
22	ZK02-22	460.9	黑云母粗安岩	1.034963767	0.043946667
23	ZK02-23	477.67	黑云母粗安岩	2.503397691	0.051413333
24	ZK02-24	500.78	黑云母粗安岩	0.725183425	0.0503
……	……	……		……	……
32	ZK02-32	743.48	石膏高岭石化次生石英岩		
33	ZK02-33	771.11	高岭土硬石膏次生石英岩		
34	ZK02-34	794.27	正长斑岩	0.000171013	0.00001777
35	ZK02-35	827.95	黄铁矿化次生石英岩化闪长玢岩	0.002245861	2.26133×10^{-5}
……	……	……		……	……
42	ZK02-42	951.14	稠密浸染状黄铁矿矿石	0.736145366	0.002512667
43	ZK02-50	958	稠密浸染状黄铁矿矿石	1.905122568	0.001059
……	……	……		……	……
50	ZK02-43	1105.93	钾化闪长玢岩	0.003694009	0.0001341
……	……	……		……	……

绘制磁化率及剩磁随深度的变化趋势图，如图 5.7 所示，可以大致了解研究区岩矿石物性的总体分布规律。

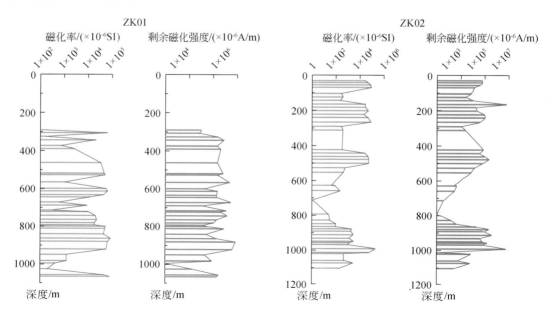

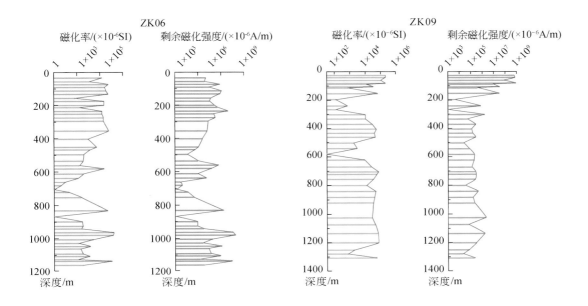

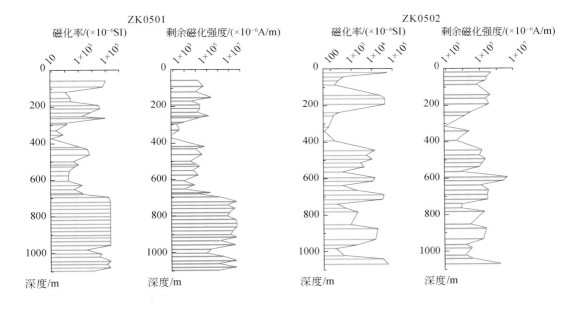

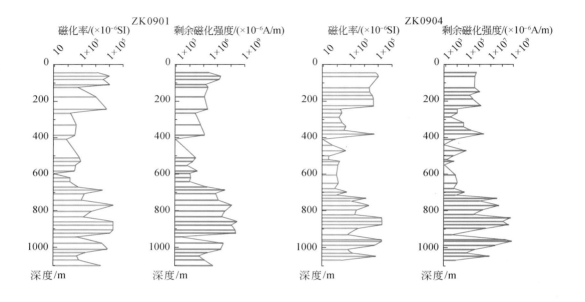

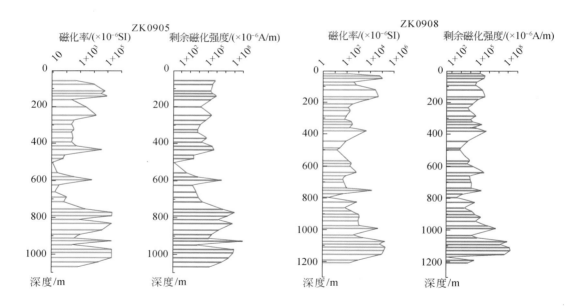

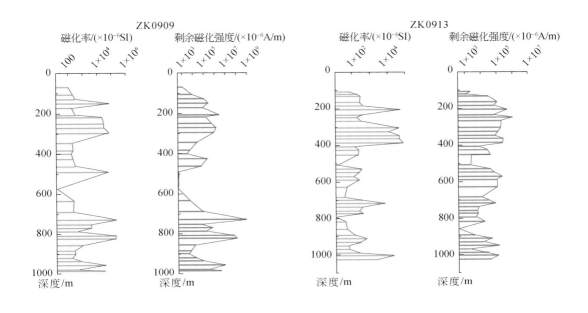

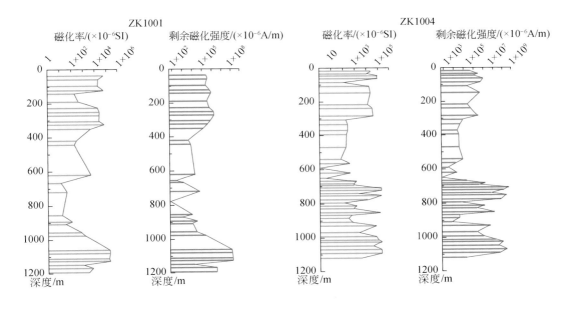

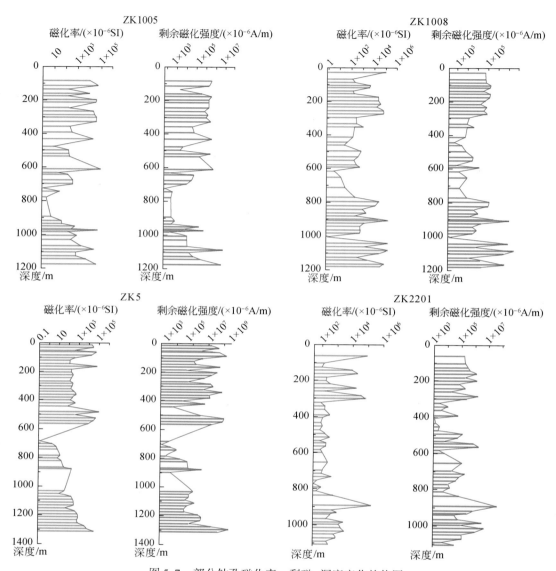

图 5.7　部分钻孔磁化率、剩磁–深度变化趋势图

　　从图 5.7 中可以看出，剩余磁化强度和磁化率正相关，磁化率变化范围 0 ~ 0.2 SI，剩磁变化范围 0.000015 ~ 909.1496 A/m。各钻孔磁化率和剩磁基本存在两个峰值，第一个多在 0 ~ 400 m 范围内，磁化率平均值约为 0.02254 SI，最高值在 0.12 SI 左右。剩磁平均值约为 0.86202 A/m，最高值在 62 A/m 左右；第二个峰值大多集中在 600 ~ 1100 m 范围内，磁化率平均值为 0.04234 SI，最高值超过 0.2 SI。剩磁平均值为 37.8699 A/m，最大值在 909 A/m 左右。

　　2）地层磁化率和剩磁分布

　　为了进一步了解磁化率和剩磁的变化规律，根据钻孔资料，划分地层界面，观察地层磁化率和剩磁的变化规律。以钻孔 ZK0901 和 ZK1004 为例，见图 5.8。

　　火山岩地层磁化率变化明显，双庙组上段地层磁化率和剩余磁化强度相对较高，磁化率均值在 0.0284 SI 左右，剩磁均值在 1.199 A/m 左右，双庙组上段以熔岩为主，磁性主要由安山岩引起。深度超过 600 m 后，磁化率和剩磁也显著增加，主要由矿体引起，矿体附近的围岩剩磁和磁化率也相对较大，说明存在一定程度的蚀变和矿化。对同一地层的磁化率和剩磁进行整理，以白垩系砖桥组为例，如表 5.13 所示。

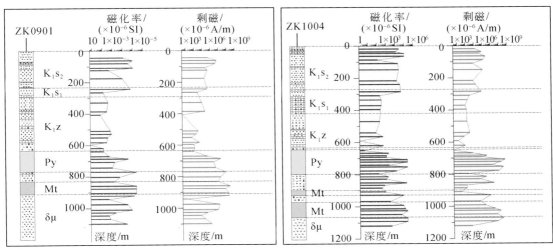

图 5.8　钻孔 ZK0901 和 ZK1004 取样磁化率、磁化率随深度变化图

表 5.13　白垩系砖桥组样品剩磁和磁化率测量数据表

序号	样品编号	深度/m	岩性	剩磁/（A/m）	磁化率/SI
1	ZK0904-09	247.08	沉火山角砾岩	0.010458771	0.0001224
2	ZK0904-10	267.51	沉火山角砾岩	0.012134702	0.000164033
3	ZK0908-14	283.65	黑云母粗安岩	0.035128905	0.0000972
4	ZK0904-11	289.72	蚀变黑云母粗安岩	0.002662198	0.00009558
5	ZK0501-13	294.4	凝灰粉砂岩（含细砾）	0.001872177	0.000135467
……	……	……	……	……	……
26	ZK0905-16	392.96	黑云母粗安岩	0.018971	0.000223
27	ZK0505-13	397.25	次生石英岩	0.000896	0.00000339
28	ZK0513-11	399.89	砾岩	0.021226	0.000189
29	ZK0901-12	406.56	次生石英岩	0.000381	0.00006235
30	ZK1008-22	410.48	沉火山角砾岩	0.00547	0.000132
……	……	……	……	……	……
175	ZK06-34	866.04	硬石膏黄铁硅化岩	0.000191	0.00000504
176	ZK1001-34	869.15	硬石膏石英岩	0.001002	0.00000055
177	ZK1005-40	890.74	硬石膏石英岩	0.000681	0.00000741
178	ZK06-35	897.26	硬石膏黄铁硅化岩	0.025508	0.000644

3）岩矿石磁化率和剩磁分布

对岩矿体样品（磁铁矿样品）的磁化率和剩磁进行整理，如表 5.14 所示。如同对密度数据的统计，岩体的磁化率和剩磁强度测量均值如表 5.15 所示。

表 5.14　磁铁矿（Mt）样品剩磁和磁化率测量数据表

序号	样品编号	深度/m	岩性	剩磁/（A/m）	磁化率/SI
2	ZK0509-24	672.97	黄铁矿化脉状磁铁矿矿层	155.1851	0.2
3	ZK0501-32	676.67	花斑状磁铁矿层	0.161724	0.001676
4	ZK0513-20	679.05	磁铁矿矿石	45.69562	0.2
5	ZK0509-25	681.95	黄铁矿化脉状磁铁矿矿层	213.5623	0.2
……	……	……	……	……	……
26	ZK0501-37	781.66	块状磁铁矿层	106.1792	0.2
27	ZK0905-31	790.49	磁铁矿矿层	17.91795	0.2
28	ZK0505-29	791.37	脉状浸染状黄铁矿磁铁矿	0.152243	0.004525
30	ZK0501-38	800.07	块状磁铁矿层	66.71986	0.2
……	……	……	……	……	……
71	ZK1001-41	1080.13	细脉状稀疏浸染状磁铁矿石	132.8046	0.196767
72	ZK1008-56	1080.85	细脉状稀疏浸染状磁铁矿石	418.7326	0.2
……	……	……	……	……	……
75	ZK1001-42	1111.2	细脉状稀疏浸染状磁铁矿石	164.3782	0.1761
76	ZK1001-43	1126.35	稀疏浸染状磁铁矿石	161.5607	0.2
……	……	……	……	……	……

表 5.15　泥河矿区岩石样品磁化率和剩磁统计数据表

名称	符号	剩磁均值/（A/m）	磁化率均值/SI	样品数
砂岩	ss	0.01702	0.00072	20
凝灰岩	tf	0.25358	0.00415	40
角砾岩	br	0.11200	0.00111	45
安山岩	α	0.91893	0.05423	51
粗安岩	τα	1.05452	0.01617	212
闪长玢岩	δμ	2.48909	0.01116	167
闪长岩	δ	0.51330	0.00648	11
石英岩	qz	0.01160	0.00157	45
膏辉岩	hh	22.56017	0.03806	25

第二节　边缘检测与地质体边界划分

一、边缘检测方法

利用位场数据进行多尺度边缘检测技术，是在图像分形学和澳大利亚联邦科学与工研究组织（CSIRO）有关部门研究的基础上发展起来的，Hornby 等（1999）首先提出了多尺度边缘检测的概念，由于检测结果形态类似蜿蜒爬行的蠕虫，该方法又被称为 WORMS 法，随后 Archibald 等（1999），Horowitz 等（2000），Holden 等（2000）和 Austin（2008）等人相继对其理论和应用进行了研究。

WORMS 法的原理是：由一系列上延到不同高度重磁数据的水平导数极大值点组成的，处理过程约束了位场梯度的位置和强度，其结果可以解释为地质构造的三维分布格局。按不同的延拓高度，可以将检测点按一定逻辑规则连接形成线，称之为 WORMS 线或者线束，随着延拓高度的上升，WORMS 线反映的边界位置从精细向粗糙渐变（Archibald *et al.*，1999），WORMS 线束反映了具有密度差和磁性差异地质体的边界，如断裂构造和各类接触面。WORMS 点数据包含位场数据梯度极大值的位置和梯度的振幅（或强度），上延较低高度对应了梯度的高频（短波长）部分，是浅源信息的反映；相反，上延较大高度则对应位场梯度的低频（长波长）部分，是地壳深部信息的反映（Murphy，2005）。

多尺度边缘检测的流程如图 5.9 所示，该方法一般以布格重力异常和化极磁异常为初始输入数据，如果有其他特定需要，还可以对剩余重力异常或化极磁异常的垂向导数进行处理。延拓高度视研究区大小进行设置，对初始数据进行不同高度的上延，当增加上延高度，异常形态不变或变化程度很小时的高度设置为最高延拓高度；最高延拓高度根据研究目的设置，延拓高度系列应当分布均匀，一般采用对数间隔使其均匀分布。水平梯度在频率域中进行。极大值的检测可以采用 Blakly 或者 Canny 方法，基本原理是对每个点周围的点进行对比，如果它比周围每个点都大，则保留该点，通过滑动窗口的方法依次检测每个

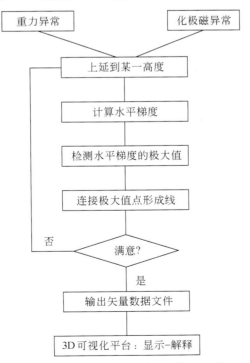

图 5.9　重磁多尺度边缘检测技术流程

点，通过检测标准的保留下来，然后利用逻辑拓扑关系（如相邻点最小距离，组成一条线所需最少点数等），将这些点连接形成线，即 WORMS 线，从而完成重磁数据的多尺度边缘检测（严加永等，2011，2015）。

二、庐枞矿集区边缘检测结果

采用布格重力数据和航磁数据，经过上延、求水平导数、边缘检测点、点形成线等一系列处理，获得了庐枞矿集区布格重力和磁异常的多尺度边缘检测结果（图 5.10、图 5.11、图 5.12）。重力多尺度边缘检测反映了密度边界，航磁多尺度边缘检测反映了磁性体的边界。总体来看检测结果显示随着延拓高度的变化，一些规模小、切割不深的浅表构造边界逐渐消失，保留下来的长波长的信号基本反映了区域内发育规模巨大、切割较深或深部隐伏的地质构造边界（如郯庐断裂、长江断裂、火山岩体边界）。这些线性展布的边界形迹，显示出各构造的走向、连续性以及各线性构造不同深度层次的变化。深部保留的各边界之间所分割的块体代表地下深部有物性差异地质体的分布。

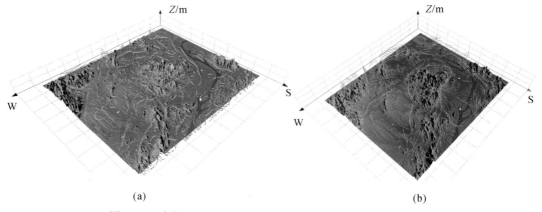

(a)   (b)

图 5.10 庐枞地区重力（a）、航磁（b）多尺度边缘检测结果

三、检测结果的地质解释

1. 解释的基本原则

在同一幅图内，将不同延拓高度检测结果叠加到一起，采用不同颜色、大小的线型表示不同深度尺度的信号边界形迹，从不同深度边界信号形迹在分布位置上所体现的相似性即可获知该构造形迹的发育深度及倾向特征：线束越密集表示边界构造切割深度越大，线束稀疏则表示其切割发育的深度较浅；线束组合越宽表示该构造倾向越缓，反之则表示该边界构造发育产状较陡、倾角较小。每组线束组合均能反映边界构造的走向及摆动、倾向、切割深度等特征（严加永，2010；Austin and Blenkinsop，2008）。

2. 断裂构造

庐枞矿集区周边主要断裂构造：重力边缘检测中西北部一条北东走向的线束密集带反

映的是郯庐断裂，该断裂在磁异常边缘检测中反映明显，磁异常边界与郯庐断裂位置更加吻合。另一条位于东南部北东走向的重力线束密集带推测是沿江断裂，其在磁异常检测中只有局部地段有所显示。重力图上西北部边角，郯庐断裂西部隐见一环形轮廓，视为大别—苏鲁超高压变质带东缘。西北部东西向的线束反映的是华北板块与扬子板块边界。多尺度检测所得线束的密集程度还提供了地质体接触边界产状信息，如大别与下扬子之间的边缘检测线束密集，说明接触界线产状较陡。

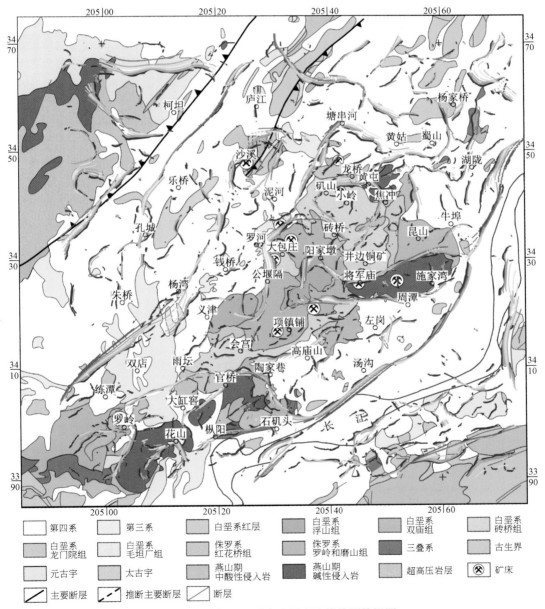

图 5.11　庐枞地区重力多尺度边缘检测俯视图

庐枞盆地内断裂构造极为发育，性质复杂，大部分属表层构造，延伸不大。重力、航磁检测结果的线性特征提供了丰富的断裂构造信息，本地区火山岩系中的断裂构造较为发育并以 NE-NNE 向为主，SN 向断裂次之，NW 向断裂也较为发育，初步确定以下断裂构造分布特征。郯庐断裂：郯庐断裂带是东亚大陆上的一系列北东向巨型断裂系中的一条主干断裂带，切穿中国东部不同大地构造单元，规模宏伟，结构复杂，前人研究及争论较多。板块构造学说观点对其大致有三种看法：其一，认为郯庐断裂带是一条大陆古缝合线；其二，认为它是一条转换断层；其三，认为它是一条大陆裂谷带。对其向南延伸至何处也存在较大争议，前人（王京彬，1991）认为它延湖北广济，经江西修水，湖南连云山、衡山、江永直抵广西大容山—六万大山的一条深断裂带。在庐枞地区重力边缘检测图上，沿孔城—檀树巷—青山—庐江县断续出现的一条线束，可以认为该线束是郯庐断裂带在研究区内的反映，这与地质图上位置重合，郯庐断裂带同时也是下扬子板块与大别造山带及华北板块的边界。

长江深断裂：1958 年，地质部航测大队 902 队根据武汉至镇江段的长江中下游航磁异常分析，认为沿长江河床方向，存在一条区域性断裂（或破裂带）。1965 年，地质部江苏省地质局基于上述资料，也认为由安庆经芜湖、南京至镇江，沿长江存在断裂，并称之为长江破碎带（或下扬子破碎带）。关于长江断裂带的定义、性质一直存在着争议。前人将其称为长江深断裂、长江破碎带、长江断裂拗陷带和裂谷等，秦大正等（1983）和刘湘培等（1988）认为长江断裂带，由九江、安庆经芜湖、南京东延至镇江后，并未终止，而是继续向东延伸。其全长近千千米（包括海域部分），宽约 10～15km，组成一条巨大的地堑式张性裂谷带，这一裂谷带直至现代仍然在继续活动。由重力多尺度边缘检测结果图上可见在枞阳县东南部有一形态连续线束密集的带，其主体部位与唐永成（1998）等推测的长江深断裂基本吻合。重力检测结果所反映的长江深断裂形态清楚，比较完整地刻画了长江深断裂的展布特征。

其他断裂构造：根据重磁多尺度边缘检测结果，还可厘定的一些次级断裂构造，如罗河断裂走向为 NE、产状较陡，庐江-黄陂湖断裂走向为 NW、产状较缓。

3. 火山岩盆地边界

盆地边界一直是庐枞基础地质讨论的热点，特别是对其中一些盆地的边界曾一度存在争论，如庐枞盆地有无另一半等。由航磁多尺度检测结果可以清楚地看到庐江南—枞阳一带的环形线束，此线束反映的是庐枞盆地的边界，证明了庐枞盆地并不存在所谓的另外一半。

在航磁边缘检测图上，在庐江县城南、孔城北出现两条北西向的线束，这两个边界推测应该是毛坦厂组火山岩的边界。

4. 岩体边界

重磁多尺度边缘检测结果还反映了岩体、隐伏岩体的边界范围，判别岩体边界的基本原则是，WORMS 线束为环形或近似封闭形态，在地质图上有一定反映。从重磁多尺度边缘检测图中，除了能识别以中基性岩为主的火山岩边界外，如沙溪岩体和塘串河岩体。还可以确定出具有磁性中酸性岩体（包括隐伏岩体）的边界，如黄梅尖岩体、大缸窑岩体等。对于磁性较弱的花岗岩体，或产出于磁性背景较强地区中的中酸性岩体，航磁多尺度

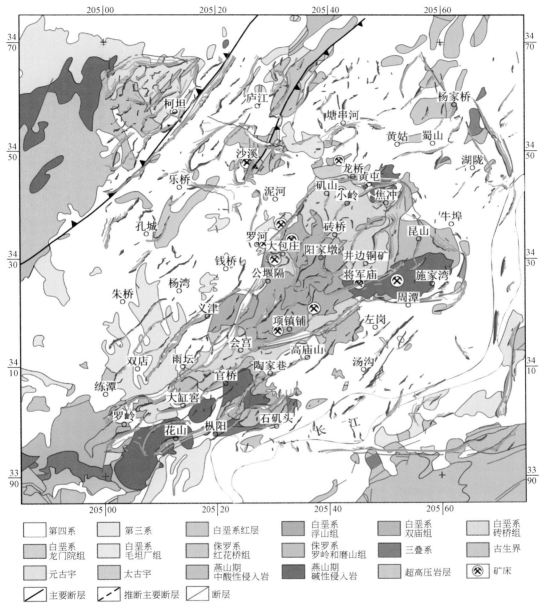

图 5.12　庐枞地区航磁多尺度边缘检测俯视图

边缘检测很难区分出岩体和背景之间的磁性边界，但如果岩体与围岩存在一定的密度差，那么可采用重力多尺度边缘检测法来确定岩体边界，如枞阳县城北的侵入岩边界，对应的环形构造比地表出露岩体范围大，说明这些岩体往深部逐渐变大。

第三节 基于重磁三维反演的岩性填图试验

长期以来，重磁综合解释是用来刻画探测地下目标体有效方法之一。最初，人们仅对重力和磁力异常图进行直接的对比，进行平面上的定性分析，解释不同重磁异常组合可能对应的地质单元，以实现"地表地质填图"。除了直接对异常图进行解释，还有人从重力和磁力之间对应关系入手，开展提取更多信息用于岩性识别的研究。Kanasewich 和 Agarwal（1970）在波数域实现了求取磁化率与密度比值的方法，并用实例验证了该比值在岩性识别方面的效果。Dransfield 等（1994）通过泊松方程直接实现了重磁异常梯度的对应关系求解，Price 和 Dransfield（1995）将这种方法用于视岩性填图，取得了一定效果。鉴于重磁测量技术的发展，现在已经可以直接测量重磁的梯度，高精度的梯度数据为岩性识别带来了方便（Braga *et al.*，2009）。

除了直接利用重磁数据计算视磁化率和视密度图，通过反演获取磁化率和密度研究岩性分布特征是当前重磁技术发展的重要方向。Lane 和 Guillen（2005）探索了用反演所得的磁化率和密度作为辅助信息进行岩性分类识别的方法，Williams 和 Dipple（2007）以先验地质信息为参考模型，进行三维物性反演，获得了密度和磁化率三维模型，结合钻孔资料，探索了矿化蚀变填图方法。Richard 和 Simon（2011）将该方法发展到流体蚀变填图中，在澳大利亚 Cobar 矿区开展了重磁三维反演，根据蚀变与密度、磁化率的关系，成功地刻画了黄铁矿化、硅化、绢英岩化等与斑岩铜矿关系密切蚀变的三维分布特征。Kowalczyk 等（2010）用重磁三维反演获得了区域磁化率和密度差模型，根据密度和磁化率的散点图，确定了岩性与物性之间的对应关系，用该模型区分识别了不同岩性单元及其分布。

本项工作从带先验信息约束的重磁三维反演入手，结合密度、磁性与岩性直接的关系，开展庐枞地区岩性填图试验。

一、方法流程

按"先验信息收集→形成参考模型→约束反演→物性与岩性关系→岩性识别"的思路开展重磁三维约束反演的填图试验研究，技术路线如图 5.13。

1. 先验信息

先验信息形式多样、种类繁多，在收集信息时主要选择有物性信息或有转换为物性信息可能的资料，而在实际地球物理探测过程中，收集到的先验信息往往是有限且分布不均匀的，因此，先验信息的收集多为稀疏先验信息，这些信息可分为两类：一类是直接获取物性的资料，如测井、地面物性标本、钻孔标本等；另一类是需要通过某种转换才能获取到物性的资料，包括地质填图、地震波速反演等资料。由于本次工作研究对象是矿集区尺度的，主要以地表地质图为参考对象，将地表地质转换为密度和磁化率，构建对应的参考模型。

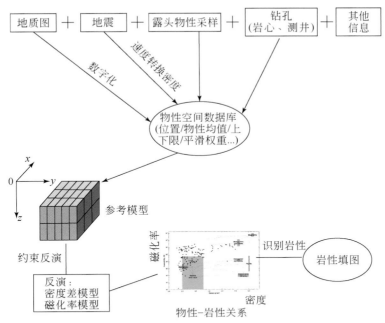

图 5.13　基于先验信息约束下重磁三维反演的岩性填图流程

2. 带约束的重磁三维反演

以先验模型为反演的初始条件，在稀疏限定物性平均值、边界、模型平滑因子的前提下，对有确定物性资料网格单元，固定其密度或磁化率，在反演迭代过程中保持不变，对可以取得物性上下边界的网格单元，在迭代过程中限制反演物性不超过上下边界，对无确定物性和上下边界的网格单元，通过离其最近的具有确定物性的网格单元外推其物性边界，限制反演迭代过程中的物性变化的范围，同时，根据先验信息，对可能存在断层等物性突变的网格单元，降低其平滑系数，从而实现带先验地质信息约束的重磁三维反演，获取密度和磁化率的三维反演模型。

3. 物性-岩性关系分析

物性是连接地球物理与地质的纽带和桥梁，细致的物性研究是区分岩性的关键步骤。本次工作通过密度和磁化率散点图，分析不同岩性对应的磁化率和密度区间，并据此来判断岩性。

4. 岩性填图

在物性-岩性分析的基础上，找出密度、磁化率与岩性的对应关系，对约束反演所获得的密度模型和磁化率模型进行逻辑拓扑运算（交集、并集等），判断不同岩性所属的网格单元，并通过切片及等位面的方式进行显示，确定不同岩性的三维空间形态和相互关系，以达到岩性填图的目的。

二、物性-岩性关系研究

根据庐枞矿集区岩矿石物性资料（如前所述），作密度与磁化率的交叉图（图 5.14），从图中可以看出，不同岩性对应的不同的密度和磁化率组合：

（1）高磁高密度对应的岩性为磁铁矿、辉长岩、辉绿岩及透辉石岩；

（2）次高磁次高密度对应的岩性为偏中性的闪长岩、闪长玢岩；

（3）弱磁低密度对应的岩性为正长岩、A型花岗岩、二长岩等偏酸性岩石；

（4）低磁高密度对应的岩性为灰岩等高密度的沉积岩；

（5）低磁低密度对应的岩性为红层、破碎带及密度较低的砂岩、页岩等沉积岩。

这些规律为利用重磁三维反演结果识别岩性，开展岩性填图奠定了良好的基础。

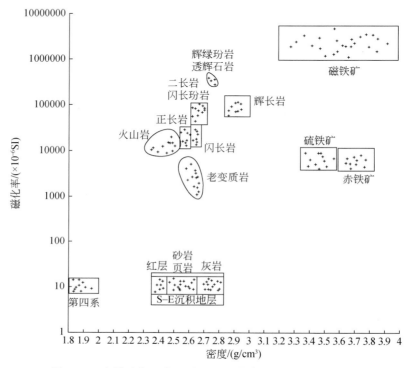

图5.14　庐枞矿集区岩（矿）石磁化率与密度对应关系图

三、稀疏先验信息约束的重磁三维反演

由于研究区范围较大，东西近80 km，南北近79 km，可以借鉴的先验地质信息主要为地表地质图，因此，本次重磁三维反演的约束条件主要途径是将地表地质图中的岩性单元转换为物性单元，将物性赋予三维反演剖分网格对应的网格单元，建立参考模型，边界模型和平滑权重模型，由这三个模型进行约束反演，获取密度差和磁化率的三维分布模型。

1. 重磁数据预处理

重力数据采用安徽省地质调查院提供的1∶5万地面布格重力数据，布格异常是莫霍面起伏及地壳内密度不均匀体的综合反映，根据研究深度和目的的不同，需要开展区域场和剩余场的分离工作，提取所关注的深度内目标体的重力响应，再进行三维反演工作。事实上，位场分离是一个出现很早但一直没有彻底解决的问题，几十年来人们一直在不断探求，提出了许多方法，包括趋势分析、插值切割、匹配滤波、解析延拓、圆周平均、垂向二阶导数等，这些方法由于数学原理不同应用前提不同，因而都具有针对性和选择性，如何正确合理地使用好这些方法对于重力数据的处理尤为关键。本研究对比了高通滤波（波长15 km）、匹配滤波、三阶趋势和上延1.5 km作为区域场后求取的剩余异常（图5.15），与地表地质图（图5.11）对比，发现高通滤波求取的剩余异常与实际地质情况吻合度较高，将此剩余异常作为反演数据。

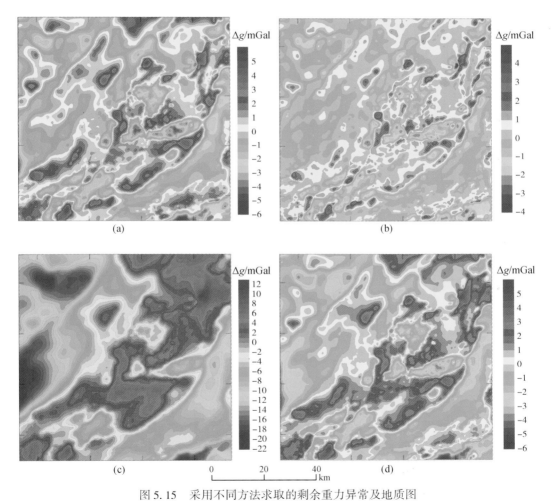

图 5.15　采用不同方法求取的剩余重力异常及地质图
（a）高通滤波剩余重力异常，波长15 km；（b）匹配滤波剩余重力异常；（c）三阶趋势剩余重力异常；
（d）上延1.5 km作为区域场后求取的剩余异常

磁力反演采用1∶5万航磁数据，为提取10 km以浅信息，本研究对比了高通滤波（波长15 km）、匹配滤波、三阶趋势和上延2 km作为区域场后求取的剩余异常（图

5.16），与地表地质图对比，发现高通滤波、匹配滤波和上延 2 km 作为背景的剩余航磁异常形态类似，特别是高通滤波求取的剩余异常与实际地质情况吻合度较高，将此剩余异常作为反演数据。

2. 反演区域及网格剖分

以重力和磁力数据范围为反演范围，为便于开展拓扑运算，重力和磁力反演用同一网格剖分文件。研究区网格剖分：水平方向网格大小为 500 m，垂向大小遵循从浅到深逐步增大的原则，网格垂向大小从 50 m 逐步增加到 100 m、250 m 和 500 m。为减少边部效应，网格向四周扩边 3500 m。按此规则，庐枞矿集区地下划分为 155（南北向）×155（东西向）×35（垂向）= 840875 个矩形网格单元，将研究区下半空间完整充填（图 5.17）。

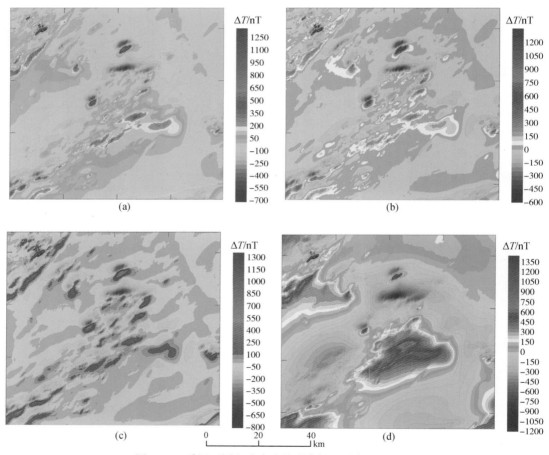

图 5.16 采用不同方法求取的剩余航磁异常及地质图

（a）上延 2 km 作为区域场后求取的剩余航磁异常；（b）高通滤波剩余航磁异常（波长 15 km）；（c）匹配滤波剩余航磁异常；（d）三阶趋势剩余航磁异常

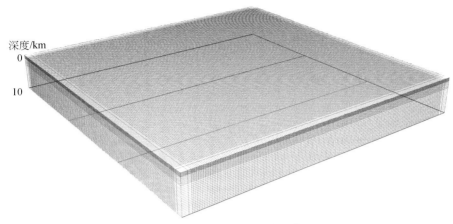

图 5.17　研究区网格剖分示意图

3. 先验信息及约束条件

　　研究区范围较大，可以用来进行约束反演的地质信息主要为区域地质图。首先根据物性资料，将地质图简化，然后将地质单元转换为物性单元，并将对应的磁化率和密度赋予图 5.17 所示的网格，建立参考模型，该模型的作用是控制反演过程，使反演所得模型尽可能接近参考模型，以达到约束的目的。同时，根据地表地质图反映的地质信息，还可以构建权重模型，对应有岩石露头出露的区域，赋予较大的权重，反之给予较小的权重，权重的目的也是控制反演结果往参考模型上靠，与参考模型一起，起到约束的作用。重力三维反演参考模型见图 5.18，磁力三维反演参考模型见图 5.19。

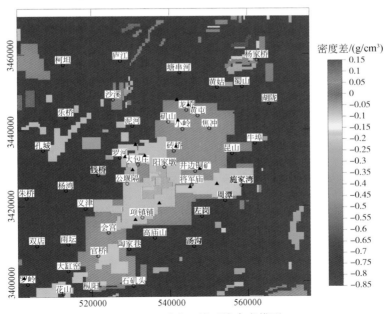

图 5.18　重力三维反演参考模型

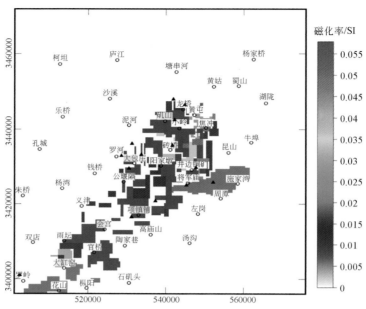

图 5.19　磁力三维反演的参考模型

4. 反演参数及结果

采用 chifact 模式，以上面建立的参考模型和权重模型作为约束条件，开展重力和磁力的三维物性反演。通过多次迭代，重力反演拟合差为 2006.4，磁力反演拟合差为 5560，获得了庐枞矿集区密度和磁化率的三维数据体（图 5.20）。

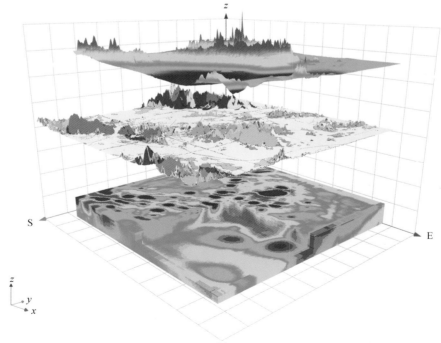

(a)

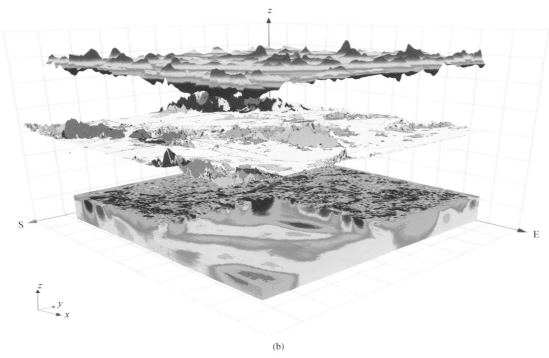

(b)

图 5.20　航磁三维反演结果（a）和重力三维反演结果（b）

四、岩性填图

根据岩性与物性关系，对反演所得的磁化率和密度差三维数据体进行逻辑拓扑运算，对满足某种逻辑关系的网格体单元（cell）赋予对应的岩性编码，实现岩性填图。

如对高磁高重的超基性及铁磁性岩石识别的运算表达式如下：

$$\text{mafic} = \text{if}\ \{\ [\ (\text{grav} >= 0.400)\ \&\ (\text{mag} >= 0.04)\ ]\ ,\ 520\ ,\ 0\ \} \qquad (5.1)$$

式中，mafic 表示超基性及铁磁性岩石的数据体，grav 表示反演所得的密度差，mag 表示反演所得的磁化率。该表达式表示当密度差≥0.4 g/cm³ 且磁化率≥0.04 SI 时，给 mafic 这个数据体返回表示超基性及铁磁性岩石代码 520，如果不满足，则返回数值 0。完成逻辑运算后，得到 mafic 这个数据体，其中数值等于 520 的部分为超基性及铁磁性岩石。对每种岩性组合进行类似的逻辑判断，最后将各岩性代码的三维数据体相加，即可获得代表不同岩性的三维数据体，采用不同颜色表示，实现三维岩性填图。

为分析岩性识别效果，沿着地震测线进行了垂向切片，与地表地质进行对比。以LZ02 线为例，图 5.21（a）是从反演所得密度差模型中获取的密度差垂向切片，反映了地下密度体的分布，高密度反映了中基性岩体、老变质岩及灰岩等岩性，低密度体主要反映了酸性岩体，背景密度区无法识别出具体岩性。图 5.21（b）是从反演所得磁化率模型中获取的磁化率垂向切片，反映了地下磁性体的分布，高磁性体反映了中基性岩体和磁性基底，对无磁性的灰岩、红层等无法区分识别。由此可见，单一的磁化率或者密度差只能识

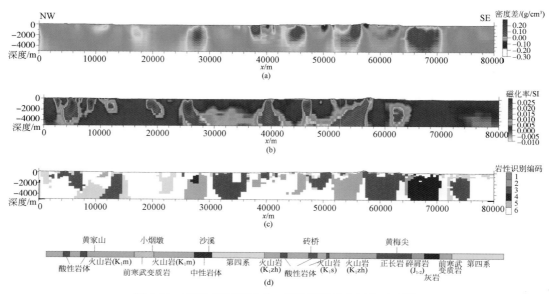

图 5.21 LZ02 线反演结果、岩性填图垂向切片对比图

（a）密度差切片；（b）磁化率切片；（c）岩性填图切片：1. 酸性岩体、A 型花岗岩、正长岩，2. 火山岩、中性岩体，3. 超基性岩体、铁磁性岩石，4. 高密度地层、灰岩，5. 红层、泥岩、第四系、古近系和新近性系沉积，6. 未能识别的岩性；（d）地表地质

别某些特征的岩性，很难准确识别出具体的岩性。通过磁化率和密度差的逻辑运算，获得了岩性模型［图 5.2（c）］，从该图中可以比较清楚地识别出不同物性组合对应的岩性分布，与地表出露地质情况［图 5.2（d）］对比，岩性填图反映的宏观岩性与地表地质分布基本一致，而且还反映了深部岩性的变化，弥补了地表地质填图的不足。自西向东，水平距 0～12000 m 地表多为毛坦厂组（K_1m）火山岩，深部出现两个大的酸性岩体，结合地表出露的岩脉，推测为花岗斑岩。再往东的沙溪岩体得到了很好刻画，其岩性为闪长杂岩，形态向北西倾斜，指示岩体自北西方向侵入，岩浆的形成与运移可能与郯庐断裂有关。沙溪往东地表为第四系覆盖，岩性填图结果显示为酸性岩体，推测为隐伏的正长岩或花岗岩。在横坐标 39000 m 处进入庐枞火山岩盆地，盆地中间的蓝色部分推测主要为闪长玢岩或闪长岩，红色部分为正长岩，从图中可以看出正长岩分布较为广泛。黄梅尖东侧的蓝色部分为古生代—中生代灰岩地层，黄梅尖岩体与灰岩接触部位可能是寻找夕卡岩型矿床的有利地段。从 70000 m 处到测线东段，地表均为第四系覆盖，岩性填图结果推测在 74000 m 下方可能存在隐伏的酸性岩体（严加永等，2014a）。

为研究不同深度岩性分布情况，对岩性填图数据体进行了不同标高的水平切片（图 5.22），从海拔 0 m 的水平切片来看，岩性填图结果与地表地质图基本一致：庐枞盆地主体为大面积分布的火山岩、正长岩和酸性岩体，外围杨家桥和庐江县城东部识别出了元古宇地层的分布，乐桥周边反映出了砂岩的分布。结合主要岩性三维显示（图 5.23）和不同深度的水平切片，对庐枞矿集区深部岩性预测分析如下。

（1）高磁高密度岩性分布范围有限，为超基性岩和磁铁矿的反映。高磁高密度组合的岩性在本区主要对应为超基性岩或铁磁性物质，其分布范围有限，仅在三处地方出现。塘串河附近出现的高磁高密度体为超基性岩，为一长轴方向北东东的椭球体，在 2500 m 深的水平切片上已经没有显示，推测其底板埋深小于 2500 m；罗河镇北东方向的高磁高密度体为罗河铁矿的反映，其顶端埋深约 400～500 m，底板埋深在 2500 m 深度水平切片上仍

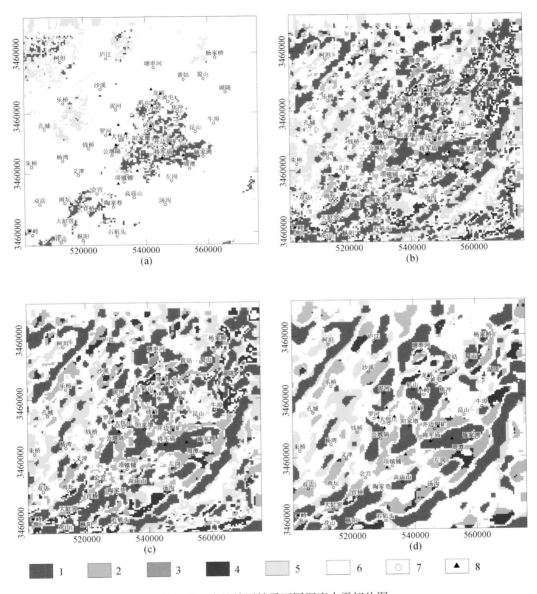

图 5.22　岩性填图结果不同深度水平切片图

（a）海拔 0 m；（b）海拔 -500 m；（c）海拔 -1000 m；（d）海拔 -2000 m

1. 酸性岩体、A 型花岗岩、正长岩；2. 火山岩、中性岩体；3. 超基性岩体、铁磁性岩石，4. 高密度地层，灰岩，5. 红层、老变质岩、泥岩、第四系、古近系和新近系沉积；6. 未能识别的岩性；7. 地名；8. 矿床

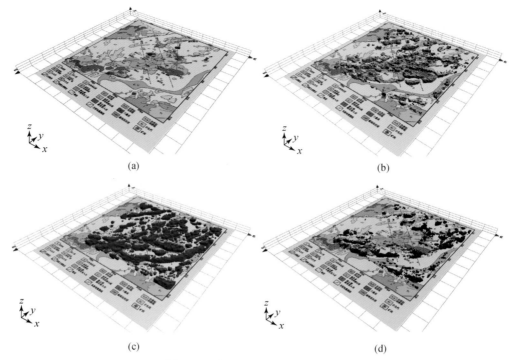

图 5.23　主要岩性的三维分布特征

（a）高磁高密度（超基性、铁磁性地质体）；（b）中磁中密度（中性地质体：闪长岩、玢岩类）；
（c）弱磁弱密度（偏酸性地质体：正长岩、花岗岩类）；（d）高重低磁地质体（灰岩类）

有局部显示，说明该矿体埋深有可能至 2500 m，2013 年在罗河铁矿外围西侧和南侧的小包庄施工的钻孔在孔深 1590～1735 m 处发现可视厚度为 145 m、品位 TFe 38% 的全铁，也证明了罗河深部具有良好的前景。另外一处高磁高密度体位于罗岭东北，地表出露以正长岩为主的罗岭岩体，附近有高谷岭磁铁矿，地表脉状磁铁矿发育，因此，推测该高磁高密度为磁铁矿的可能性较大，在 2000 m 深度的水平切片上已经没有显示，说明其主体埋深较小。

（2）庐枞盆地中广泛分布酸性岩体和正长岩体，推测在盆地东侧第四系下存在一条隐伏的酸性岩带。

从水平切片（图 5.22）和三维显示 [图 5.23（c）] 可以看出，研究区酸性岩体广泛分布。外围的铜陵、北淮阳等地预测出的酸性岩体与地表情况十分吻合，在庐枞盆地内部反映了正长岩和 A 型花岗岩的分布，如黄梅尖、大缸窑等岩体都得到了很好的反映。随着深度的增加，一些岩体在深部有连为一体的迹象，如黄梅尖-阳家墩-小岭深部逐渐相连，此外罗岭-大缸窑等也有逐渐连为一体的迹象。岩性填图发现庐枞盆地深部存在大面积正长岩和 A 型花岗岩，结合庐枞异常验证科学钻深部铀矿化的发现，指示了盆地深部存在巨大找铀潜力，更重要的是打开了庐枞矿集区深部找铀的"窗口"，为深部寻找与 A 型花岗岩有关的铀矿指明了方向。

在盆地东侧汤沟向北东和南西出现一条低密度弱磁性的岩性带，推测可能为隐伏的酸性岩体，该带地表为较厚的第四系覆盖，周边局部有灰岩出露，结合铜陵矿集区成矿模式，该隐伏岩浆岩带如真实存在，则有可能成为寻找长江中下游第二类矿集区即"铜陵式"（吕庆田等，2007）铜矿的有利地段。

（3）闪长岩杂岩分布沙溪等地，闪长玢岩类在庐枞盆地内分布较为广泛。

从水平切片（图5.22）和三维显示［图5.23（b）］可以看出，研究区中等磁性中等密度组合的岩性分布也较为广泛，该类岩性主要包括浅部火山岩、闪长岩及闪长玢岩。该类岩性在沙溪附近为石英闪长杂岩体的反映，从形态来看，该岩体应为从北西侧侵入形成，即岩浆沿着围岩中的软弱地段自西向东侵位，由于岩浆分异，在不同地段形成了不同类型的岩枝，沿着岩浆通道，萃取了金属元素，在有利地段富集成矿，如在凤台山附近的志留系地层中形成了含矿的石英闪长斑岩，从而形成了沙溪斑岩铜矿。在庐枞盆地内部，该类岩性组合在浅部为火山岩的表现，深部为闪长玢岩类的反映。沿罗河往北至泥河、矾山东一带，可能反映了闪长玢岩的隆起，在该隆起带上分布了庐枞矿集区最大的几个铁矿床，如罗河、泥河等大型铁矿。

（4）灰岩类主要分布在盆地东、北和南侧。

高密度低磁性物性组合对应的岩性在本区主要反映的是灰岩分布，主要分布在庐枞盆地的东、北和南西部位。盆地东侧出现中生代以前的灰岩，这与研究区东南的铜陵地区出露的灰岩岩性基本一致。

第四节　重磁三维建模

一、重、磁三维建模技术

目前的重磁三维反演建模方法主要有离散体（discrete）、物性（pure property）和岩性（lithologic）反演模拟法，每一种方法有其自身的优势和劣势（Mahir and Hakki，2009；Vinicius *et al.*，2012；Pinto *et al.*，2005；Ilya *et al.*，2011；Farquharson and Mosher，2009）。何种反演方法的选择取决于建模的目标、精度、工作量以及现有地质约束的类型等。物性反演（或称网格反演）方法很容易获得模型的物性分布，而且模型产生的理论异常与实测异常的细节吻合也较好，但是很难加入地质构造方面的先验约束，模拟结果仅能反映地质体的宏观分布，细节上与实际差距较大；而离散体反演方法中，如果使用复杂形态的模型则可以在很好模拟地质信息的同时，也使观测场与理论场的拟合误差较小，其优点主要有以下几个：

（1）反演速度快；可以简单且精确地刻画地质体边界；反演集中于目标异常；便于修改模型。

（2）离散体反演方法最大优势是可以方便地加入先验地质、构造等信息，如地层倾向、断层和矿化体等，还可以最大限度发挥地质学家的经验和对区域地质的理解。

通过对相关资料的整理，以及对以往类似工作的借鉴，研究拟定采用2.5D离散体模型整合的方式刻画实际三维地质结构，这种方式可以精确地刻画地质边界，较为准确地模拟真实地质形态，且 2.5D 离散体模型具有正演计算方法成熟，计算速度快，形态便于调节等优点。在反演过程中，人为引导反演进程，通过对曲线拟合误差的评估来衡量反演结果的可靠性。反演涉及的主要数学公式即横截面为多边形的 2.5D 离散体的重磁正演公式，对公式简述如下。

1. 重力

由场论可知，如图 5.24，物体在其外部任一位置 r 处产生的引力由式（5.2）表示：

$$\hat{F}(\hat{r}) = -\nabla U(\hat{r}) \tag{5.2}$$

其重力位公式为

$$U(\hat{r}) = -G \int_V \sigma(\hat{r}_0) \frac{\mathrm{d}^3 r_0}{|\hat{r} - \hat{r}_0|} \tag{5.3}$$

式中，U 为引力位（又称牛顿位）；G 为万有引力常数 [在 CGS 单位制中：$G = 6.67 \times 10^{-8}$ $\mathrm{cm}^3/(\mathrm{g} \cdot \mathrm{s}^2)$；在 SI 单位制中：$G = 6.67 \times 10^{-11} \mathrm{m}^3/(\mathrm{kg} \cdot \mathrm{s}^2)$]；$\sigma$ 是物体相对于周围介质的剩余密度；物体体积为 V。

建立坐标系以及任意多边形水平柱体模型如图 5.25 所示，Y 轴沿模型体走向方向，Z 轴垂直向下，模型体过 $x = 0$ 平面。由式（6.1）和式（6.2）推导，最终得 2.5D 重力公式为

$$
\begin{aligned}
F_z = G\sigma \cdot \sum_{i=1,\,N} & \left[T_i \ln r_{i+1}^2 - S_i \ln r_i^2 + 2K_i \tan^{-1}(T_i/K_i) - 2K_i \tan^{-1}(S_i/K_i) \right. \\
& + S_i \ln[(Y_1 + R_1)(Y_2 + R_{2,\,i})] - T_i \ln[(Y_1 + R_{1,\,i+1})(Y_2 + R_{2,\,i+1})] \\
& + \frac{Y_1}{c_i} \ln\left(\frac{c_i S_i + R_{1,\,i}}{c_i T_i + R_{1,\,i+1}}\right) + \frac{Y_2}{c_i} \ln\left(\frac{c_i S_i + R_{2,\,i}}{c_i T_i + R_{2,\,i+1}}\right) + K_i \tan^{-1}\left(\frac{a^2 + Y_1^2 + Y_1 R_{1,\,i+1}}{z_{0i} T_i}\right) \\
& + K_i \tan^{-1}\left(\frac{a^2 + Y_2^2 + Y_2 R_{2,\,i+1}}{z_{0i} S_i}\right) - K_i \tan^{-1}\left(\frac{a^2 + Y_1^2 + Y_1 R_{1,\,i}}{z_{0i} S_i}\right) \\
& \left. - K_i \tan^{-1}\left(\frac{a^2 + Y_2^2 + Y_2 R_{2,\,i+1}}{z_{0i} S_i}\right) \right]
\end{aligned}
\tag{5.4}
$$

式中，$S_i = x_i + x_{0i}$；$T_i = x_{i+1} + x_{0i}$；$r_i^2 = x_i^2 + z_i^2$；$r_{i+1}^2 = x_{i+1}^2 + z_{i+1}^2$；$K_i = a_i/c_i$；$i = 1, \cdots, N$，即逆时针依次增加直至多边形的第 N 条边结束。在观测点下相对密度为正的地质体的重力异常 $\Delta g = F_z$，其正方向是沿 Z 轴向下的（Cady，1980）。

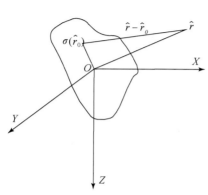

图 5.24　物体引力示意图

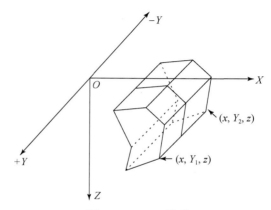

图 5.25　2.5D 模型

2. 磁法

坐标系及模型示意图同图 5.25，Y 轴平行于模型体走向，X 轴和 Z 轴平分模型。则 2.5D 磁场强度公式为

$$\Delta T = |\hat{T}| - |\hat{T}_0| = (T_0 \cos I \cos A + H_x)^2 + [(T_0 \cos I \sin A + H_y)^2 + (T_0 \sin I + H_z)^2]^{1/2} - |\hat{T}_0|$$

$$(5.5)$$

其中 $T_{0_x} = T_0 \cos I \cos A$，$T_{0_y} = T_0 \cos I \sin A$，$T_{0_z} = T_0 \sin I$，$I$ 为 $\hat{T}_0$ 的磁倾角，A 为 $\hat{T}_0$ 的磁偏角。实际工作中，很难直接测量 $\hat{T}_0$、I 和 A，因此一般通过区域场来估计。

如果 H_x，H_y，H_z 的标量值小于 $\hat{T}_0$ 的标量值，则式（5.5）展开得 ΔT 的近似公式如下：

$$\Delta T = H_z \sin I + H_x \cos I \cos A + H_y \cos I \sin A \qquad (5.6)$$

反演使用专业重磁处理及建模软件 Encom ModelVision Pro™，该软件是由澳大利亚 Encom Technology Pty Ltd. 公司开发的。软件可建立多种反演模型，进行交互式二维、三维反演。其基本的操作流程如图 5.26。

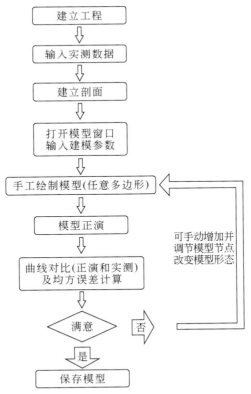

图 5.26　ModelVision 反演流程图

（1）建立工程：ModelVision 以工程（project）形式来管理和组织各类数据、模型、文档等模块，在利用此软件时，操作者应将一个工区的重磁、地质等数据放到一个工程中来进行处理分析，这样有助于数据的管理和处理。因此首先建立一个文件夹用来作为重磁处理软件 ModelVision 所建立工程的指定路径，来保存反演过程中的数据以及模型等资料。工程建立后输入建立者日期等基本信息。

（2）输入数据：将实测的重力数据按照软件所要求的数据格式编辑，然后输入到工程中。

（3）建立剖面：实测数据输入后，选择剖面建立项，在弹出对话框中选择要反演的剖面。建立反演剖面，剖面上显示实测数据的异常曲线。

（4）输入参数：打开建立模型窗口，将整理确定的模型参数输入到窗口相应位置，参数包括模型颜色、密度、磁化率和模型体走向长度。

（5）绘制模型：手动绘制模型，模型有多种形态，包括长方体、柱形体、锥形体、椭球体、多边形体等，对于地层的反演要选择多边形体，边数不限，可以精细刻画实际地层形态。

（6）模型异常曲线的产生和对比：模型绘制出后，模型正演曲线自动显示，与实测曲线各点位置对应，方便模型异常曲线和实测曲线的对比，软件可以计算曲线的均方误差。

（7）模型校正和保存：通过对两条异常曲线的对比以及均方误差的计算，对没有达到反演要求的模型继续调节，直到拟合程度和均方误差满足要求为止，然后保存模型，建议保存为 tkm 格式。反演结束后将工程保存，命名并备注日期、内容等简要信息，方便以后调用查看。

二、综合地质–地球物理约束下的三维建模流程

进行重力反演得到可靠的三维模型需要集成大量地质、钻孔、岩性和其他地球物理资料，合理的反演建模流程可以取得事半功倍的效果，并可以供他人借鉴，或应用到其他地区的反演建模工作中。已有很多学者提出过地质信息约束下的三维反演建模流程（Malehmir *et al.*，2009a；Michael *et al.*，2009；Lü *et al.*，2013），虽然不同学者提出的建模流程细节上各有差别，但基本上都包括三个部分，即初始模型的构建、二维/三维重力反演模拟和三维显示与地质解释。其中，二维/三维重力模拟在建模过程中起着至关重要的作用，它是对初始模型的进一步优化，并最终提供模型的物性和几何参数的空间分布。

本研究使用离散体反演建模方法，总体思路是用 2.5D 的剖面地质体拼合构建三维模型。本方法可最大限度地利用物性数据和钻孔地质信息，使用的建模流程如图 5.27，主要包括建模区域定义、先验地质信息处理、二维地质模型构建、2.5D/3D 反演模拟、可视化与解释等步骤（Lü *et al.*，2013）。

（1）建模区域定义：根据研究目标，首先确定建模范围（水平和深度），然后确定二维剖面的间距，一般情况下二维剖面间距与矿区勘探剖面间距相同。

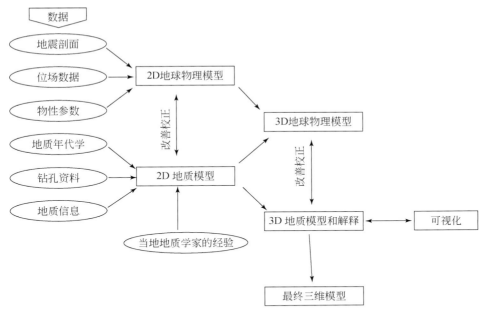

图 5.27　三维反演建模工作流程

（2）先验地质信息处理：主要包括对地表岩性单元或地质单元进行简化，钻孔数据、年代学数据收集，岩石物性测量，岩性与物性对应关系分析，数据预处理（如编辑、网格化、滤波和局部场分离等）和地震剖面解释等。对构造地质、岩性变化复杂的地区对岩性单元进行适当简化尤其重要，可以降低反演模拟的难度。钻孔信息提供深部主要地层单元的边界深度，一般在重磁反演中作为重要的约束，保持不变。区域场和局部异常分离在这个环节中非常重要，分离出的局部异常将作为考量模型是否合理的依据。

（3）二维地质模型构建：根据步骤（1）确定的剖面间距，在对已有地质、钻孔资料分析的基础上，依次推断、绘制建模区域所有的二维地质剖面。每条剖面由若干紧密关联的模型体（地质体）构成，大致反映对剖面穿过区域的地层、构造、岩体和矿体空间分布的认识。对矿区熟悉的地质学家的认识和对区域地质的理解在创建二维地质剖面时十分重要，随后的反演模拟实际上是对初始模型的修正和完善。

（4）2.5D/3D 反演模拟：主要包括 2.5D 和三维重力反演模拟。2.5D 模拟的初始模型来自步骤（3）的二维地质模型，假设每个模型体沿走向足够长（长度由沿走向的坐标 y_1 和 y_2 定义），截面为任意形态的多面体，且满足 2.5D 重磁异常计算的近似条件。然后，对每一个模型体赋予初始密度和磁化率强度，使用人机交互"试错法（trial-and-error）"对二维剖面上的模型进行修改，直到获得合理的地质模型和满意的数据拟合为止（Li and Oldenburg，1996）。模型体的物性和空间形态的修改范围由物性数据和地质合理性决定。按照上述方法完成建模区所有二维剖面的重力模拟，然后将每条二维剖面的模型走向长度 y_1 和 y_2 缩短为剖面间距，按照剖面的空间顺序依次将 2.5D 模型拼合成三维模型。最后，计算三维模型的理论异常，并与实际异常对比，拟合误差较大的地方，返回到二维剖面进行修改。此时，虽然是在二维剖面上进行模型修改，但计算的异常是所有三维模型的异常。对所有拟合误差较大的地方进行模型修改，直到获得满意的结果为止。在整个模拟过程中，物性与岩性的对应关系保持不变。

（5）可视化与解释：最后一步是将三维模型输出到三维可视化平台开展空间分析。如果是区域三维建模，可以提取深部成矿信息，结合成矿模型开展深部成矿预测。如果是矿区三维建模，可以全面分析控矿地层、矿体和岩体的空间关系，建立成矿模式，还可以进行储量计算、矿山设计和预测深部或边部矿体等。

三、三维地质模型

根据建模流程，庐枞矿集区三维地质模型的建立工作主要包括建模区域定义、先验地质信息处理、二维地质模型构建、2.5D/3D反演模拟、可视化与解释这五个步骤，详述如下。

1. 确定研究区域的空间位置

三维地质模型地表面积约 6573.9664 km² （81.08 km×81.08 km），深度范围为地表至地下5 km；拟定建模剖面23条，方位角北偏西46°；剖面长度不等，最长剖面112.7 km，最短剖面9.4 km，多数剖面间距为5 km，为更精确拟合异常，部分线距有所调整，如图5.28所示。

2. 对先验信息的处理

这个步骤是一个收集整理已知资料的过程，是提取有效约束条件的过程。主要包括对地表岩性单元或地质单元进行简化，钻孔数据、年代学数据收集，岩石物性测量，岩性与物性对应关系分析，数据预处理（如编辑、网格化、滤波和位场分离等）和地震剖面解释等。

（1）地质信息整理及物性分析：庐枞矿集区的地质信息整理归纳和岩石物性测量分析如第二章和本章第一节所述。

（2）地震剖面处理解释：地震剖面处理解释如第三章所述。

（3）位场数据处理：反演使用的实测数据应该是反映建模空间区域内地质体的局部异常，位场分离十分重要。位场分离的方法有很多，如上下延拓、非线性滤波、匹配滤波、趋势分析和三维反演分离法（吕庆田等，2010；Keating et al.，2011；徐世浙，2007；曾琴琴等，2011；杨文采等，2001），但还没有哪一种方法适应所有地区和位场特点。在实际应用中，一般要考虑异常的频谱特征和空间分布特征，选择多种方法进行试验，如果两种或两种以上方法获得相近的结果，则认为分离较为合理（Fullagar and Pears，2007）。因此对庐枞矿集区重力数据采用多种不同的位场分离方法求取剩余异常，最终将高通滤波方法得到的位场分离结果作为反演建模的位场数据。

（4）确定建模单元及物性变化范围如表5.16所示。

（5）地表地质图简化：根据所确定的地质单元对研究区地表地质图进行简化，如图5.28所示。

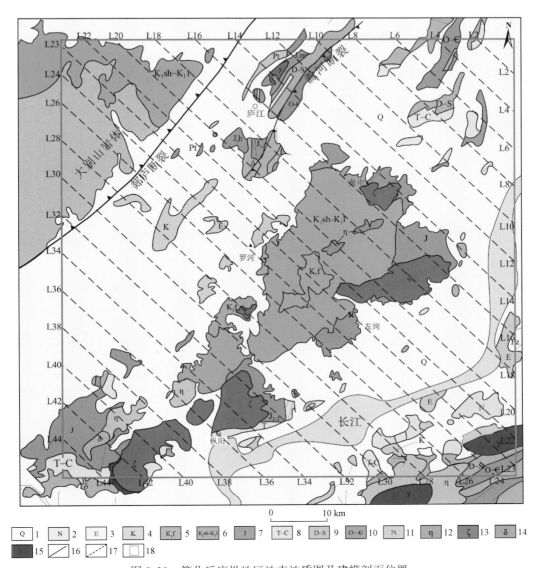

图 5.28　简化后庐枞地区地表地质图及建模剖面位置

1. 第四系；2. 新近系；3. 古近系红层；4. 白垩系红层；5. 白垩系浮山组；6. 白垩系双庙组—龙门院组；7. 侏罗系；8. 三叠系—石炭系；9. 泥盆系—志留系；10. 奥陶系—寒武系；11. 元古宇；12. 二长岩；13. 正长岩；14. 闪长岩；15. 花岗岩；16. 主要断裂；17. 建模剖面位置；18. 地质建模区域

表 5.16　庐枞矿集区建模单元及物性表

代号	名称	岩性	密度范围/(g/cm³)	参考厚度/m
Q	第四系		1.83 ~ 2.00	
N	新近系		2.00 ~ 2.10	

续表

代号	名称	岩性	密度范围/(g/cm³)	参考厚度/m
K—E	红层	砂岩	2.30~2.50	
K₁f	白垩系浮山组	粗面岩	2.40~2.51	450
K₁sh—K₁l	白垩系双庙组—龙门院组	粗安岩、碎屑岩	2.56~2.66	2550
J	侏罗系	碎屑岩	2.62~2.72	2100
T—C	三叠系—石炭系	灰岩、页岩、白云质灰岩、	2.65~2.75	
D—S	泥盆系—志留系	石英砂岩、泥质粉砂岩、砂岩	2.49~2.59	
O—Є	奥陶系—寒武系	灰岩	2.68~2.78	538~904
Pt	元古宇	云英片岩、片麻岩类	2.67~2.77	8324
η	二长岩	—	2.57~2.67	
ζ	正长岩	—	2.53~2.63	
δ	闪长岩	—	2.70~2.75	
γ	花岗岩	—	2.56~2.65	
DB	大别山岩体	—	2.40~2.70	

3. 二维地质模型构建

以地震资料为基础结合研究区地表地质图、地质资料（如褶皱、断裂位置，地层倒转情况以及岩体大致形态等）和钻孔资料，系统地梳理该区域地层单元、划分和推断地层界面、确定地层厚度、岩矿体的厚度及空间位置。研究构建了研究区 23 条剖面的初始二维地质模型剖面（位置如图5.28），以 26 线为例，二维初始地质模型剖面如图5.29。

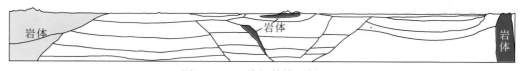

图5.29　26线初始模型剖面图

4. 2.5D/3D 反演模拟

重力模拟使用软件 Encom ModelVision Pro™（MV），软件使用离散体建模方法，利用不同的模型体表示不同的地质单元，每个模型体都有其固定的密度值，对于不同区域物性差异较大的地质单元，则可将其划分为多个相连的模型体，并分别赋予相应物性值。

（1）2.5D 反演模拟：首先以上一步骤中绘制的二维地质剖面图为基础，建立 2.5D 地质模型。模型基本参数如下：模型倾角 0°，方位角 46°NW，模型宽度 20 km，背景密度采用 2.63 g/cm³，深度范围为地表至地下 5 km，为了消除边界的影响，将模型体向南东和北西两个方向各延长 10 km，如图 5.30 所示。

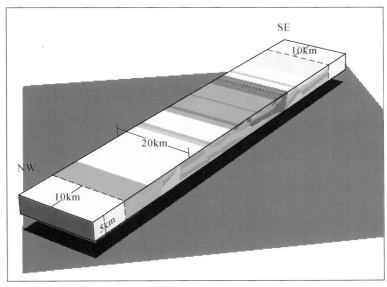

图 5.30 2.5D 模型示意图

　　然后根据表 5.16 对每个模型体赋予相应的密度参数，对于同一地层或者岩矿体自身密度差异较大的，将其划分为多个部分，单独建立模型，使密度变化更加接近实际情况，提高反演模型的精度。进行正演计算，曲线拟合情况如图 5.31（a）所示。反复修改模型，直到曲线拟合程度满意，修改时模型体的物性和空间形态修改范围由物性数据和地质合理性决定，2.5D 模型最终拟合情况如图 5.31（b）所示。

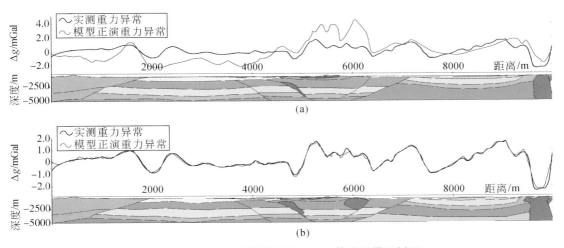

图 5.31 （a）初始模型剖面；（b）修改后模型剖面

　　（2）三维反演模拟：将所有 23 条剖面的模型体走向长度调整为测线距离（5 km），按照剖面的空间位置将所有 2.5D 模型整合为三维模型体（如图 5.32）。

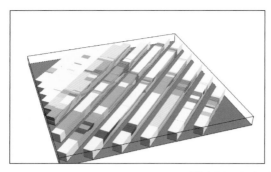

图 5.32　2.5D 模型整合图

此时该模型集成到了三维环境中，计算三维模型的理论异常，并与实际异常对比，拟合误差较大的地方，返回到 2.5D 剖面进行修改。此时，虽然是在 2.5D 剖面上进行模型修改，但计算的异常是所有三维模型的异常，即：此时任何一条剖面的修改将影响到全区任何一点的模型理论值。对所有拟合误差较大的地方进行模型修改，直到获得满意的结果为止。在整个模拟过程中，物性与岩性的对应关系保持不变。最终三维模型正演计算异常和实测重力异常普遍拟合较好，部分剖面如图 5.33 所示。

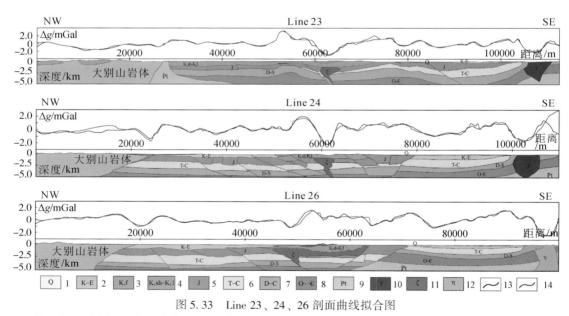

图 5.33　Line 23、24、26 剖面曲线拟合图

1. 第四系；2. 红层；3. 白垩系浮山组；4. 白垩系双庙组—龙门院组；5. 侏罗系；6. 三叠系—石炭系；7. 泥盆系—志留系；8. 奥陶系—寒武系；9. 元古宇；10. 花岗岩；11. 正长岩；12. 二长岩；13. 实测异常曲线；14. 模型正演异常曲线

　　图 5.34 为实测重力数据位场分离后所得的局部异常与模型正演的重力异常对比图。模型正演重力异常图中有轻微的沿测线的条带状响应，主要原因是 2.5D 模型体在边界衔接处有阶梯状起伏，经过进一步细致调节可以将该影响消除。图 5.35 为实测与模型正演

位场之差，从位场差值影像图中可以看出位场拟合程度较好，主要的异常形态和幅值均十分相近，重力拟合均方误差小于观测误差，拟合程度较为满意。

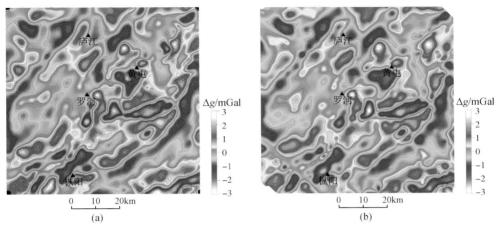

图 5.34　重力场模拟对比图

（a）实测重力异常；（b）模型正演重力异常图

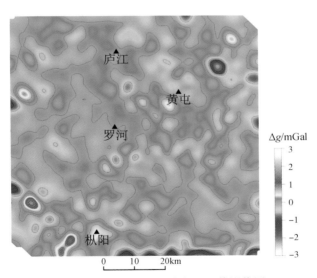

图 5.35　实测和正演位场的差值影像图

5. 地质模型可视化

通过可视化软件展示三维地质模型，可以从不同角度观察各个地质单元，有助于更好地分析地质单元的三维空间形态和展布规律。将所建立庐枞矿集区三维地质模型导入 Encom PA 及网格天地等可视化软件进行三维显示（图 5.36～图 5.40）。

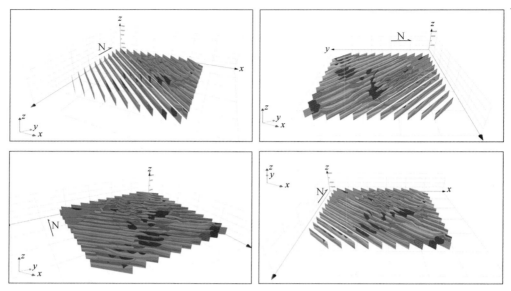

图 5.36 三维地质模型不同方位切片图

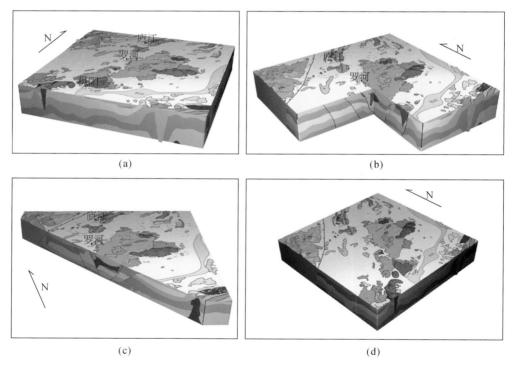

图 5.37 庐枞矿集区三维地质模型及剖切图

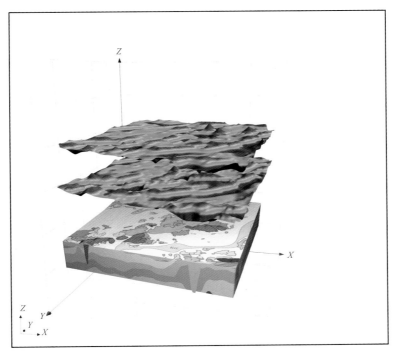

图 5.38 实测重力异常（上）、模型正演重力异常（中）及整体模型（下）图

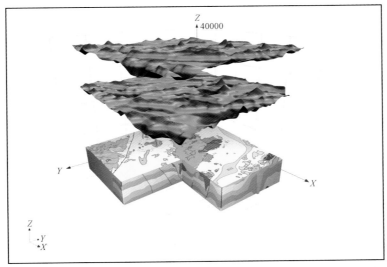

图 5.39 实测重力异常（上）、模型正演重力异常（中）及模型剖切（下）图

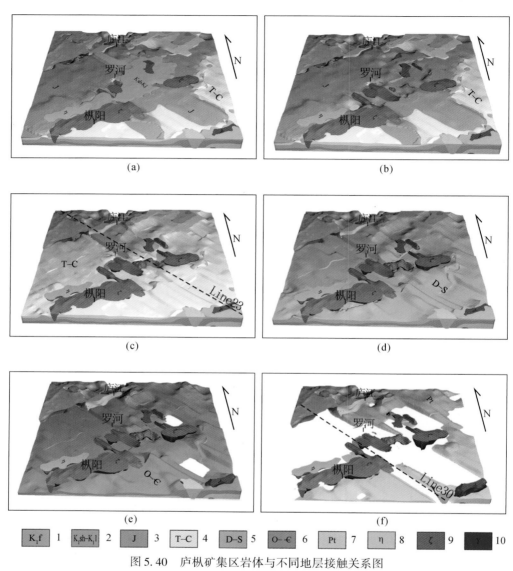

图 5.40　庐枞矿集区岩体与不同地层接触关系图

1. 白垩系浮山组；2. 白垩系双庙组—龙门院组；3. 侏罗系；4. 三叠系—石炭系；5. 泥盆系—志留系；
6. 奥陶系—寒武系；7. 元古宇；8. 二长岩；9. 正长岩；10. 花岗岩

第五节　综合分析与讨论

一、重磁反映的庐枞矿集区构造格架

重磁边缘检测对于反映断裂位置、岩体边界以及地质体接触边界产状有着较好的应用效果。如图5.11和图5.12,重力和磁法边缘检测结果均反映了郯庐断裂,且在磁异常边缘检测中反映更为明显,位置也更加吻合;另外,结果还反映出一条位于东南部北东走向的重力线束密集带,推测是沿江断裂,其在磁异常检测中只有局部地段有所显示。根据重磁多尺度边缘检测结果,还可厘定一些次级断裂构造,如罗河断裂走向为NE、产状较陡,庐江-黄陂湖断裂走向为NW、产状较缓。边缘检测结果还反映了岩体、隐伏岩体的边界范围,除了能识别以中基性岩为主的火山岩边界外,还可以确定出具有磁性中酸性岩体(包括隐伏岩体)的边界。

根据三维反演建模结果显示,庐枞矿集区地质单元展布较为平缓,褶皱不发育。白垩纪火山岩分布较为广泛,主要集中在研究区中北部,即庐枞盆地内部,火山岩形态复杂,大体呈NE向展布,北部和中部部分区域出现凹陷,白垩纪火山岩厚度主要为2000~3000 m。根据三维模型形态,结合边缘检测结果可较为清楚地确定火山岩盆地边界,这再次证明了庐枞盆地并不存在所谓的另外一半。

二、庐枞矿集区地层与岩体三维形态

火山岩盆地直接基底为侏罗系,从三维模型[图5.41(c)]可见,其分布广泛,东西两侧边界受郯庐断裂和沿江断裂控制。地层平缓,厚度在2000m左右,东部较浅西部较深,局部地区出现褶皱,褶皱轴向多为北东向,中北部区域出现类似小盆地的凹陷带。三叠系至石炭系(T—C)地层[图5.41(d)],总体平缓,但在研究区北部和西部均有较明显褶皱,轴向北东向,在研究区中西部该地层部分区域缺失,推断为早期地层隆起剥蚀作用造成。三维模型可见该地层在23线南北两侧有较为明显的变化,推断此处可能存在近东西向断裂构造,但由于模型剖面为东西向,因此在三维模型中无明显展示。石炭系至志留系地层北西侧有明显褶皱[图5.41(e)],轴向北东。元古宇(Pt)地层[图5.41(f)]相对平缓,但在测区北西侧有明显隆起,局部地区出露地表。

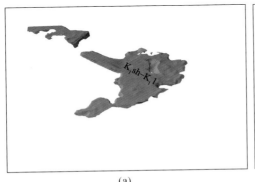

(a)

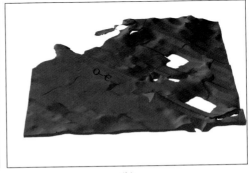

(b)

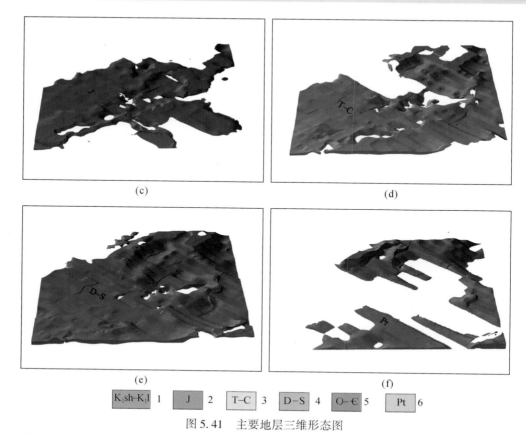

| K_1sh-K_1l | 1 | J | 2 | T–C | 3 | D–S | 4 | O–∈ | 5 | Pt | 6 |

图 5.41　主要地层三维形态图

1. 白垩系双庙组—龙门院组；2. 侏罗系；3. 三叠系—石炭系；4. 泥盆系—志留系；5. 奥陶系—寒武系；6. 元古宇

　　庐枞盆地主体部位大面积分布正长岩和酸性岩体，分布广泛，形态复杂，规模变化较大，从三维模型可见，岩体主要侵位于火山岩地层中，少部分侵位于侏罗系地层中，呈北东向展布，多呈岩床、岩瘤等形态产出，岩体多位于深部断裂构造处，说明其受深部隐伏断裂控制。另外，三维模型显示，岩体深部有连成一体的趋势（图 5.42），且在 30 线（图 5.28）两侧岩体明显错动，以 30 线为分界线将岩体分成两大部分，各部分深部可能相连。重磁三维反演岩性填图结果显示在盆地东侧汤沟向北东和南西出现一条低密度弱磁性的岩性带，推测可能为隐伏的酸性岩体。

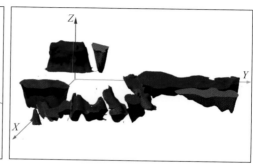

图 5.42　庐枞地区部分岩体三维形态图

小 结

（1）细致整理和分析了庐枞矿集区和泥河矿区地层及岩（矿）石的物性（主要是密度和磁化率），统计了分布规律，为重磁资料解译提供了支持。

（2）重磁多尺度边缘检测初步厘定了庐枞矿集区构造格架，确定了主要断裂的位置、火山岩盆地边界和岩体边界。

（3）提出了基于重力、磁力三维反演的岩性填图的流程并开展了填图试验。在分析岩性和密度、磁化率关系的基础上，采用高精度的重力和航磁数据，进行先验信息约束的重磁三维反演，对反演所得的密度体和磁化率体进行逻辑拓扑运算，获得了庐枞矿集区地下5 km以内五类主要岩性的三维分布。岩性填图结果显示的浅部特征与地表地质填图结果基本吻合，更重要的是反映了深部岩性的变化，弥补了地表地质填图的不足。庐枞矿集区岩性填图试验结果表明，开展基于重磁三维反演的岩性填图，是了解矿集区深部岩性特征、发现深部矿产的有效方法。

（4）采用综合地球物理方法建立了庐枞矿集区地表面积约6574 km²（81.08 km×81.08 km），深度范围地表至地下5 km的三维地质模型，给出了深部地质体的几何形态、深度范围和物性分布等特征。在三维可视化平台上对该模型进行了地质解释，全面分析了基底、岩体、矿体、地层之间的空间分布及对应关系。在证实许多原有认知的同时，也得到了新的认识，如不同的褶皱特征和侵入特征，这些对于深入认识深部成矿、控矿规律以及寻找深部隐伏矿体意义重大。结合地质模型和成矿理论预测了一些深部找矿靶区。同时，研究结果表明在复杂地区使用地质条件约束下的地球物理数据反演方法建立三维模型来进行深部找矿的可行性，是深部找矿技术发展的重要方向。

第六章 典型玢岩型铁矿的综合探测方法试验

泥河玢岩铁矿是新近发现的大型隐伏铁矿床，位于长江中下游庐枞矿集区内（图6.1）。为了解泥河铁矿地下介质的物性结构，建立地球物理模型，在该区域布置了多种方法的地球物理勘探工作，包括音频大地电磁测深法（AMT）、可控源音频大地电磁测深法（CSAMT）、瞬变电磁测深法（TEM）、频谱激电测深法（SIP）以及重力和磁法测量。

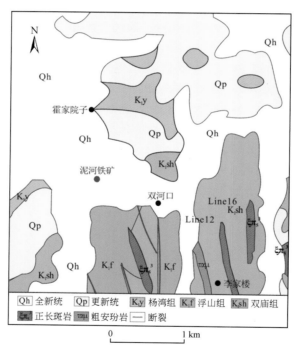

图 6.1 泥河铁矿区域地质图

第一节 泥河铁矿区地质概况

泥河矿区内出露地层由老至新依次为：下白垩统砖桥组、双庙组、浮山组、杨湾组和第四系覆盖层等。砖桥组下段主要为火山碎屑岩、沉火山碎屑岩和粗安岩，上段以熔岩为主，夹少量火山碎屑岩，矿区内无地表出露；双庙组下段为火山碎屑岩及沉火山碎屑岩，覆盖于砖桥组地层之上，上段以熔岩为主，夹少量火山碎屑岩，出露在矿区东南部；杨湾组主要为红色砂砾岩，出露于测区北部，与下伏双庙组火山岩地层呈沉积不整合接触。地表地层呈半环状分布，老地层包裹新地层，并且地层年代越老，层厚以及分布范围越广，地层产状平缓，走向北东 20°~40°，向北西倾斜，倾角 10°~15°。

区内褶皱发育较弱，构造形迹以浅层陡倾状斜断裂为主，主要为北东向、南北向和北西向（赵文广等，2011），断裂、裂隙产状较陡，倾角一般为 40°~70°，深部地层产状有起伏变化。目前发现的断裂主要为一区域性断裂罗河-缺口断裂，该断裂隐伏于矿区西部杨湾组之下，走向北东 40°~50°，断裂面倾向南东，倾角 60°~80°。

矿区侵入岩主要为辉石闪长玢岩和脉岩，受强蚀变和矿化作用的改造，含矿侵入岩的同位素年龄为 132.8±2.6 Ma（覃永军等，2010）。已探明泥河铁矿区现有磁铁矿体 11 个，呈似层状、透镜体产出，矿体上下叠置，大致平行。总体走向呈北东向展布，倾向北西，倾角 15°~30°。控制矿体长度 700~900 m，宽度 300~400 m，矿体埋藏深度 655~1065 m。整个矿区有 4 个较大的磁铁矿体（层），从下往上命名为 Fe1、Fe2、Fe3、Fe4 号矿体，各矿体主要特征见表 6.1。矿体赋存于闪长玢岩的顶部，闪长玢岩侵入于砖桥组火山岩内，形成向上突起的穹窿，矿体在穹窿处相对厚大，品位也较高（吴明安等，2011）。

表 6.1　泥河铁矿区主要磁铁矿体特征一览表

矿体编号	走向				倾向			
	控制工程	厚度/m	品位/TFe%	品位/mFe%	控制工程	厚度/m	品位/TFe%	品位/mFe%
Fe1	ZK0201	16.74	28.48	20.34	ZK0905	2.03	23.55	15.3
	ZK0501	29.38	24.41	20.28				
	ZK0901	1.44	38.5	33.35				
Fe2	ZK0401	21.4	50	40				
	ZK0201	31.52	32.85	24.53				
	ZK0501	65.17	38.94	34.17	ZK0503	1.55	23.45	14.65
	ZK0901	56.26	31.91	22.44	ZK0509	3.89	33.12	18.95
Fe3	ZK0401	7.24	40	30				
	ZK0201	11.71	31.75	16.92	ZK0503	1.53	35.62	16.68
	ZK0501	66.07	54	50.71	ZK0509	9.49	35	25
	ZK0901	6.68	31.24	18.44	ZK0905	26.7	32.41	20.18
Fe4	ZK0201	28.28	33.32	24.32	ZK0503	13.93	36.64	16.92
	ZK0501	70.28	39.01	34.46	ZK0509	21.35	20	15
	ZK0901	15.02	34.94	21.28	ZK0905	30.63	34.52	27.37
					ZK0909	28.36	25	20

第二节　重磁探测试验

一、位场数据处理

　　反演使用的实测数据应该反映建模空间区域内地质体的局部异常，因此位场分离十分重要。位场分离的方法有很多，如上下延拓、非线性滤波、匹配滤波、趋势分析和三维反演分离法（吕庆田等，2010；Keating *et al.*，2011；徐世浙，2007；曾琴琴等，2011；杨文采等，2001）等，但目前还没有哪一种方法适应所有地区和位场特点。在实际应用中，一般要考虑异常的频谱特征和空间分布特征，选择多种方法进行试验，如果两种或两种以上方法获得相近的结果，则认为分离较为合理（Fullagar and Pears，2007）。因此研究采用多种不同的位场分离方法对研究区的重磁数据进行处理对比工作，最终确定参与反演建模的位场数据。

　　泥河研究区重力数据使用 1∶5 万高精度数据，对数据进行 20 m×20 m 的网格化和圆滑处理。磁法数据为 1∶1 万地面实测数据，并对数据进行了 25 m×25 m 的网格化及圆滑处理。经以上初步处理后，实测重磁异常如图 6.2 所示，黑框为研究区范围。

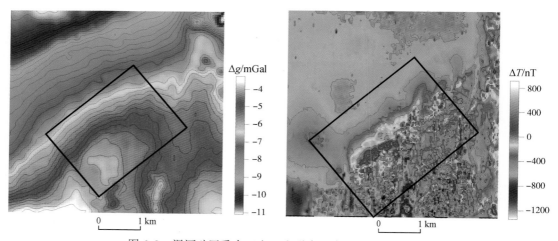

图 6.2　泥河矿区重力（左）和磁力（右）异常等值线图

1. 磁测数据

　　磁异常主要由矿体和火山岩地层产生，区域异常不明显，因此不进行位场分离，只对原始数据进行化极和高频去噪处理，化极磁异常结果如图 6.3 所示。

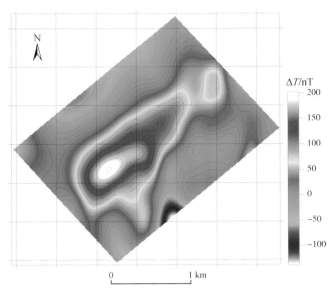

图 6.3　泥河矿区化极磁异常图

2. 重力数据

1）解析延拓

采用向上延拓的方法得到区域重力异常，再从原始测量数据中去除区域异常，得到相应延拓高度的剩余重力异常结果，等值线如图 6.4 ~ 图 6.6。

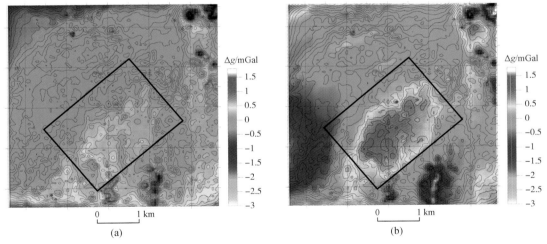

图 6.4　向上延拓法求取的剩余重力异常

（a）上延高度 100 m；（b）上延高度 200 m

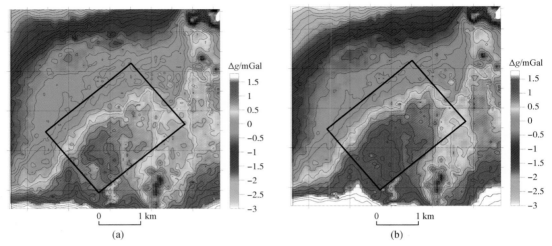

图 6.5 向上延拓法求取的剩余重力异常

（a）上延高度 400 m；（b）上延高度 600 m

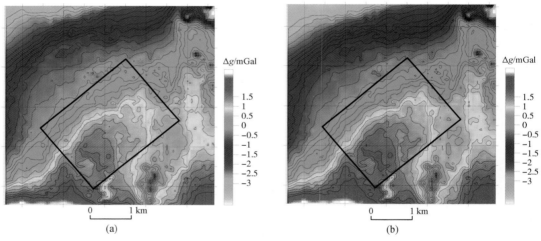

图 6.6 向上延拓法求取的剩余重力异常

（a）上延高度 800 m；（b）上延高度 1000 m

2）趋势分析

首先分别采用一阶到四阶的多项式拟合区域异常，然后求取剩余重力异常，位场分离结果见图 6.7、图 6.8。

3）高低通滤波

对泥河矿区重力数据采用高通滤波方法进行位场分离，得到不同波长相应剩余重力异常结果等值线见图 6.9 ~ 图 6.11。

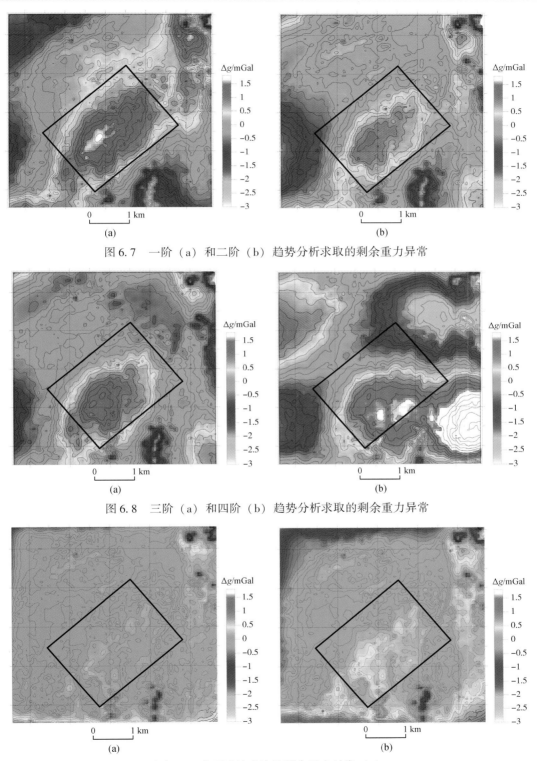

图 6.7　一阶（a）和二阶（b）趋势分析求取的剩余重力异常

图 6.8　三阶（a）和四阶（b）趋势分析求取的剩余重力异常

图 6.9　高通滤波求取的剩余重力异常（1）

（a）波长 1000 m；（b）波长 2000 m

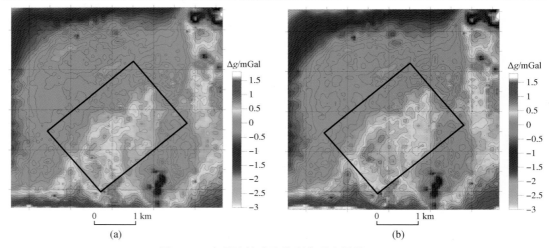

图 6.10 高通滤波求取的剩余重力异常（2）

（a）波长 2500 m；（b）波长 3000 m

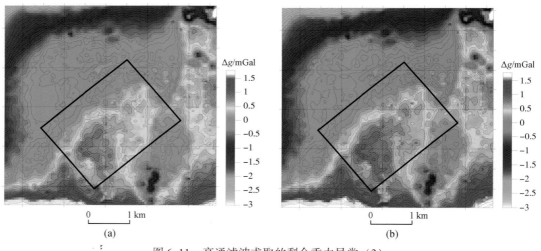

图 6.11 高通滤波求取的剩余重力异常（3）

（a）波长 3500 m；（b）波长 4000 m

通过对比分析以上的位场分离结果可知，上延高度 200 m 和二阶趋势分析所求得剩余异常圈闭较好，异常形态完整且位场分离结果十分相似，因此认为这两种位场分离结果较为合理，并使用二阶趋势分析法所得剩余重力异常进行三维反演。

此外，鉴于庐枞地区有一定规模的铁矿床均是深部隐伏矿床，矿体埋藏深度一般在 200 m 以上，附近的罗河铁矿区主矿体埋深距地表最浅 425 m，最深 856 m（安徽省地质调查院），根据地质及钻孔岩性推断，泥河铁矿矿体深度可能更大，矿体埋深可能在 700 m 以上。为了重点拟合矿体异常，减少浅部火山岩体的干扰，在进行位场分离后，分别将重力异常延拓 100 m、磁异常延拓 150 m 的结果作为实际异常进行模拟（如图 6.12），拟合误差也分别用相应高度的理论与实际异常的均方差来评估。

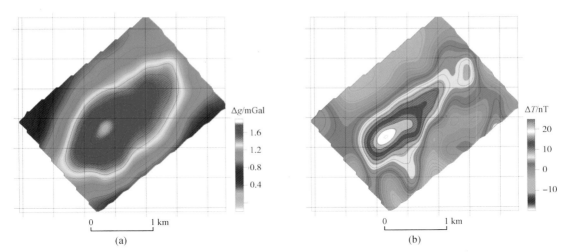

图 6.12　泥河矿区重力（a）和磁力（b）剩余异常图

泥河铁矿区剩余重力异常变化范围大致为 –3 ～ 1.8 mGal，以正异常为主。重磁位场特征（图 6.12）主要由一个椭圆形重力高组成，长轴方向北东向，长度约为 2000 m，短轴长约 700 m。根据矿区地质资料可知，矿区异常主要反映矿体的响应，从异常形态可以看出，矿体大致呈北东向展布。磁测异常可简单划分为两个异常区，北东侧异常范围较小，因此矿区以西南侧大范围异常为主，位场变化范围大致为 0 ～ 300 nT，异常形态不规则，长轴方向同重力异常方向一致，均为北东向，磁力高偏西南侧，对应矿区磁铁矿体位置。

二、物性数据处理

根据第五章第一节物性资料所述，近年来，研究区开展了大量的物化探工作，积累了丰富的物性资料，研究对泥河矿区 19 个钻孔，在 0 ～ 1.2 km 的深度范围内，进行了不同深度的标本采集，并进行了岩矿体样品的密度、磁化率等物性参数的测量工作。密度测量由本项目组完成，对 882 件样品进行了密度测量工作。磁性测量由中国地质大学（北京）古地磁实验室完成，获得了 1169 件样品的磁化率及剩磁强度资料。

系统地梳理本次测量和所收集的以往物性资料，为了得到合理的物性参数变化范围，研究采用求取置信区间的方法来确定地层及岩矿体模型的物性参数变化范围，根据样品数量分为两种情况进行计算。

（1）样品较多时，在 100（1–α）% 可信度上的置信区间为

$$\bar{x} \pm Z_{\alpha/2}\frac{\sigma}{\sqrt{n}} \quad (n \geqslant 30) \tag{6.1}$$

（2）样品较少时，则使用下式计算置信度为 100（1–α）密度变化范围：

$$\bar{x} \pm t_{(n-1),\alpha/2}\frac{\sigma}{\sqrt{n}} \quad (n < 30) \tag{6.2}$$

式中，$\bar{x}$ 为样品均值；σ 为样品标准误差；n 为样品数；$Z_{\alpha/2}$ 为标准正态分布的侧分位点；

$t_{(n-1),\alpha/2}$ 是 t 分布中自由度为 $n-1$ 且单侧值为 $\alpha/2$ 的 t 值。例如在某一地层中取得 100 件样品（$n=100$），测量得到所有样品的密度值，密度值出现频率如图 6.13 所示，经计算样品均值为 $\bar{x}=2.7610$ g/cm^3（图 6.13 中黑色竖直实线所示），样品密度标准误差为 $\delta=0.1232$，利用上述公式计算 95% 可信度（$\alpha=0.05$）时密度值的置信区间，此时查表 $Z_{\alpha/2}=1.96$，则得到在可信度为 95% 时该模型体密度的置信区间为 ［2.7369，2.7852］（如图 6.13 中竖直虚线所示范围），则认为模型体密度为 2.7369～2.7852 g/cm^3 的概率是 95%，此范围可根据不同精度要求重新求取。

按照以上方法求得本研究所涉及的建模地质单元物性统计如表 6.2。

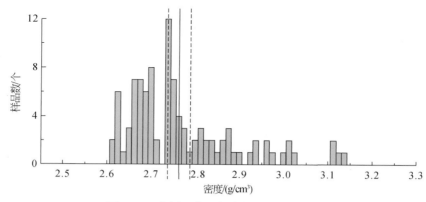

图 6.13　使用置信区间计算密度边界实例

表 6.2　泥河矿区岩矿石物性表

地质单元	符号	岩性	密度/（g/cm^3）	磁化率/SI	样品数
杨湾组地层	K$_1$y	砂砾岩	2.12～2.56	0～0.00023	4
双庙组上段	K$_2$sh	粗安岩、辉石粗安岩、辉石安山岩、凝灰质粉砂岩	2.57～2.61	0.02292～0.03383	179
双庙组下段	K$_1$sh	沉火山角砾岩、辉石安山岩、火山角砾岩、凝灰质粉砂岩、杂色细角砾岩、正长斑岩	2.51～2.60	0.00507～0.01959	83
砖桥组地层	K$_1$zh	含角砾凝灰岩、辉石粗安岩、角砾岩、凝灰质粉砂岩、凝灰岩、黑云母粗安岩、沉角砾凝灰岩	2.61～2.69	0.00134～0.00594	229
闪长玢岩	—	—	2.85～2.95	0.00643～0.01590	179
黄铁矿	Py	—	3.17～3.51	0.00068～0.51000	34
磁铁矿	Mt	—	3.34～3.61	0.12250～0.20000	79
石膏矿	Ah	—	2.80～3.10	0～0.00004	11

三、泥河矿区三维建模

建模流程如第五章第四节所述，首先定义建模区域，并将其划分为一系列的地质剖面。根据研究目标，确定建模区域地表面积 5.6 km² (2.8 km×2.0 km)，深度范围为地表至地下 1200 m。将研究区划分为 28 条平行的剖面，间距 100 m，方向北偏西 40°。并根据地表地质图和钻孔信息建立二维地质剖面。

由于研究区地表大部分被第四系覆盖，地表地质图所提供的地质信息有限，二维剖面的建立主要依据安徽省地质调查院提供的钻孔资料。在研究区布置的 28 条剖面中，有部分剖面拥有钻孔资料，钻孔深度均大于 1000 m，为确定地质体倾向、地层界面和岩（矿）体几何形态，提供了重要依据。

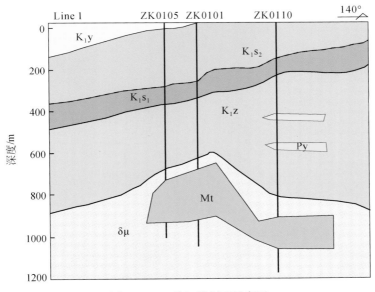

图 6.14　二维初始剖面示意图

根据钻孔信息，先对拥有钻孔资料的剖面建立较为精细的二维初始剖面（图 6.14）。其他地质信息相对较少的剖面则以此为基础，结合地质专家对于该区域的地质认知加以推断获得。

2.5D/3D 重磁模拟使用软件 Encom ModelVision Pro™ (MV)，该软件使用离散体建模方法，利用不同的模型体表示不同的地质单元，每个模型体都有其固定的密度和磁化率值，对于不同区域物性差异较大的同一地质单元，则可将其划分为多个相连的模型体，并分别赋予相应物性值。本研究的位场模拟分为两个步骤：

（1）对所建立的 28 条剖面分别进行单剖面的 2.5D 重磁模拟。参照所建立的剖面分别为每条剖面建立 2.5D 初始地质模型（图 6.15），并根据表 6.2 对地层和矿体赋予相应密度值（即将初始模型转化为密度模型），反复调节剖面模型的几何形态和密度值（在表 6.2 所限定的范围内调整密度），直到模型正演重力曲线与实测重力曲线形态吻合。再将密度模型赋予相应磁化率，同时参考重力和磁法曲线进行模型修改，直到拟合均方误差均达到要求（图 6.16）。在修改过程中，由钻孔和地质资料确定的地质体深度范围作为约束条件，不得改变。为降低边界影响，沿垂直走向方向将 2.5D 模型向两侧各延伸 2 km，扩大建模范围。

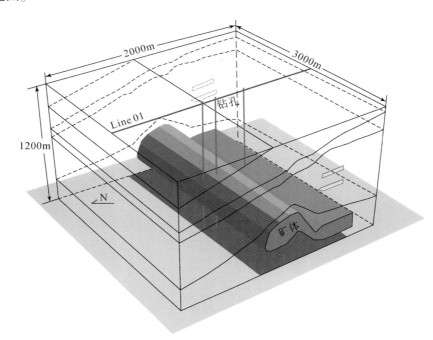

图 6.15　2.5D 模型立体图

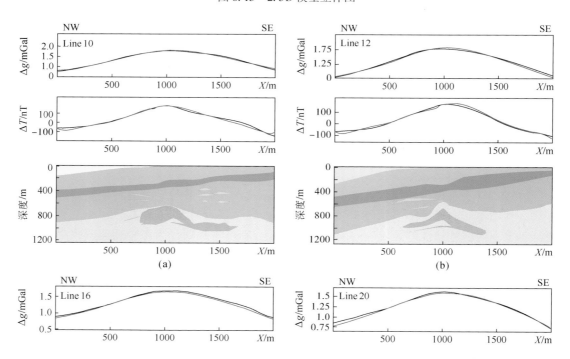

(a)　　　　　　　　　　　　　　　　(b)

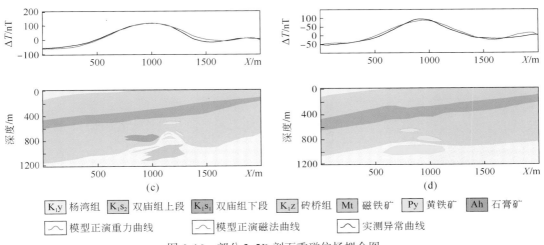

| K₁y 杨湾组 | K₁s₂ 双庙组上段 | K₁s₁ 双庙组下段 | K₁z 砖桥组 | Mt 磁铁矿 | Py 黄铁矿 | Ah 石膏矿 |

$\sim$ 模型正演重力曲线　　　$\sim$ 模型正演磁法曲线　　　$\sim$ 实测异常曲线

图 6.16　部分 2.5D 剖面重磁位场拟合图

（2）三维重磁模拟。按照上述方法完成各条剖面的模型建立及修改工作，然后将所有剖面整理合并［图 6.17（a）］，作为三维建模的初始模型，并进行三维环境下的正演模拟。对误差明显的剖面做进一步精细调节，此时对任何一个模型体的修改都将影响到全区任意一点的模型正演理论值。反复调节，完成三维重磁模拟。最终三维模型正演计算异常和实测重磁异常普遍拟合较好。重力拟合均方误差为 0.044 mGal，远小于观测误差［图 6.17（e）］，磁法拟合误差 18.49 nT，略大于观测误差，从图 6.17（f）中可以看出部分区域磁测异常拟合程度相对较差，主要原因是研究区为火山岩地层，侵入岩以辉石闪长玢岩和脉岩为主，受矿化和蚀变作用改造，很多岩体都具有一定的磁性，且分布较为复杂，而建模使用的是物性均匀分布的平滑模型体，这对该区域的磁法解释造成了一定的困难。

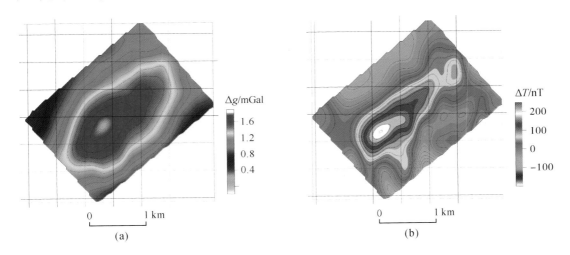

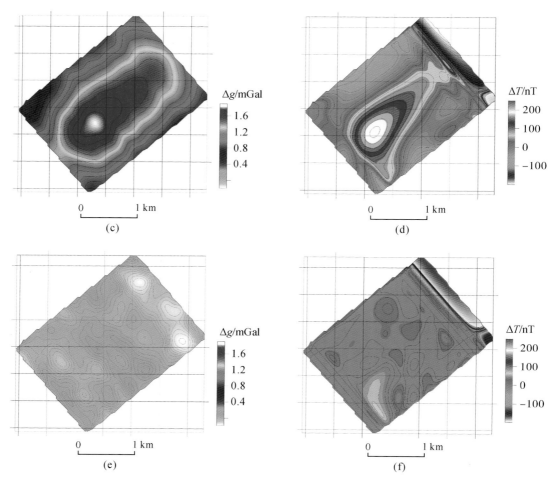

图 6.17　泥河矿区重磁场建模拟合对比图

（a）、（b）为观测重磁异常；（c）、（d）为模型正演重磁异常；

（e）和（f）分别为模型正演重磁异常和观测异常的差值

四、模型可视化

　　按照以上工作流程得到了既符合地质认知又可以拟合实测地球物理数据的三维模型体。模型建立完成后，将建模结果使用三维可视化软件显示，可以全方位展示建模细节，有针对性地从不同角度观察模型（图 6.18～图 6.22），了解所关注地质体的形态、空间位置以及其与周围地层或者岩体之间的关系。

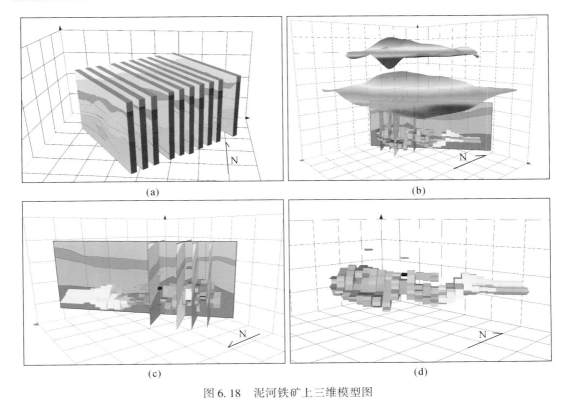

(a)   (b)

(c)   (d)

图 6.18 泥河铁矿上三维模型图

（a）整体模型（抽稀后）；（b）矿体模型以及重力（中）和磁法（上）异常图；（c）、（d）矿体与地层俯视、平视图（粉红色代表磁铁矿，浅黄色代表黄铁矿，淡蓝色代表石膏矿）

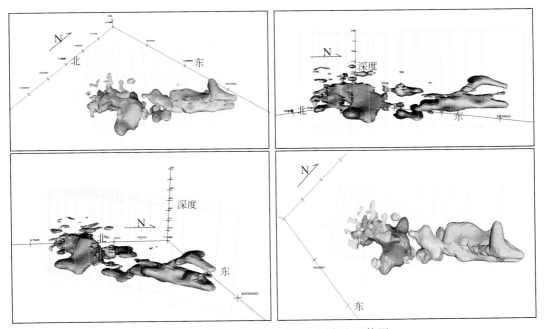

图 6.19 泥河铁矿矿体模型不同角度立体图

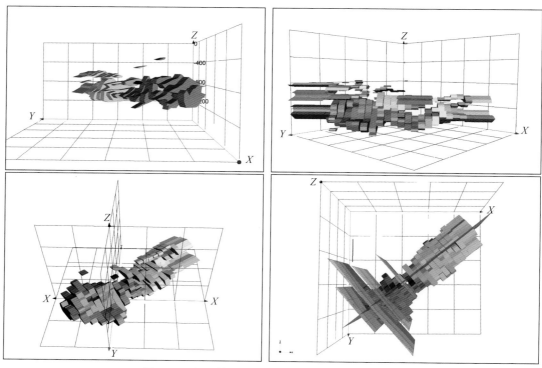

图 6.20 泥河铁矿矿体模型不同视角展示图（1）

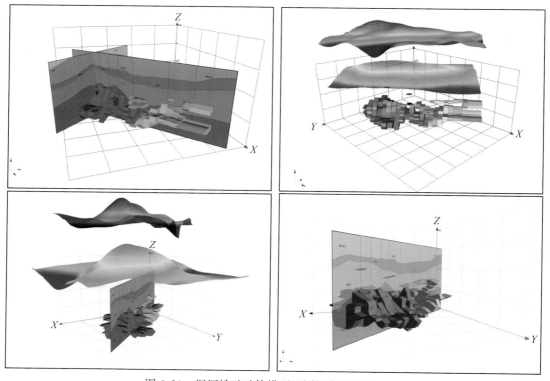

图 6.21 泥河铁矿矿体模型不同视角展示图（2）

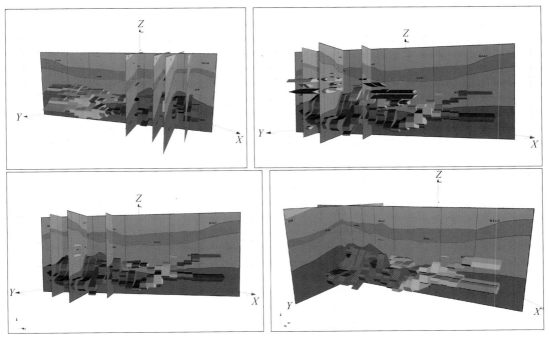

图 6.22　泥河铁矿矿体模型不同视角展示图（3）

第三节　AMT 探测试验

一、数据采集

1. 音频大地电磁测深法数据采集设计

AMT 数据采集使用美国 GEOMETRICS 和 EMI 公司联合生产的 EH4 连续电导率成像仪同时进行电场（E）和磁场（H）的测量，共有 3 套仪器同时采集，仪器接收信号分为 1 频段（10 Hz ~ 1 kHz）、4 频段（300 Hz ~ 3 kHz）、7 频段（1.5 ~ 99 kHz）三个频段，本次试验进行 1 和 7 频段采集，共采集 40 个频点，如表 6.3 所示。为获得更为准确的地电信息，每个测点的数据采集时间大于 5 min，滤波频率设为 50 Hz。测线位置如图 6.23 所示，测线方位 NE140°。测线总长 56 km，每条测线长度为 2 km，点距 50 m，线距 100 m，覆盖高重、磁异常区域。

2. 测点布设方法

矿区主体为平地农田区，最大高差小于 20 m。采集工作主要受到相对茂密的植被、局部树林、村庄房屋、高压和民用电线、水沟、乡村道路中村民走动和车辆通行等干扰影响。

表 6.3　AMT 采集频率表

频点	f/Hz	频点	f/Hz	频点	f/Hz	频点	f/Hz	频点	f/Hz
1	96000	9	15800	17	2510	25	398	33	63.1
2	79400	10	12600	18	2000	26	316	34	50.1
3	63100	11	10000	19	1580	27	251	35	39.8
4	50100	12	7940	20	1260	28	200	36	31.6
5	39800	13	6310	21	1000	29	158	37	25.1
6	31600	14	5010	22	794	30	126	38	20
7	25100	15	3980	23	631	31	100	39	15.8
8	20000	16	3160	24	501	32	79.4	40	12.6

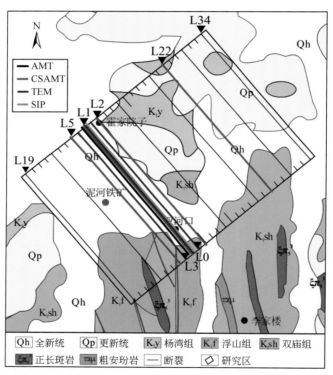

图 6.23　泥河铁矿 AMT、CSAMT、TEM、SIP 测线布置图

　　针对以上存在的干扰问题，通过适当调整测点位置、调整采集参数、掩埋磁传感器连接线等措施减少干扰，取得了一定的实际效果。根据地质任务的要求，野外施工时，选择设计点或附近地势平坦的地方布站，两接地电极之间的高差与距离之比小于 5%，避免地形的起伏影响大地电流场的分布。GPS 同步测量测深点的具体位置。测点布站时用森林罗盘测定电极和磁棒的方向，电极和磁传感器埋入地下，以减少噪声和误差。布站结束后，根据信号大小选择前置放大器增益和其他参数。

3. 工作质量

1）一致性试验

数据采集共使用 3 台仪器，野外数据采集工作首先进行了一致性对比试验，本次进行了两种形式的一致性试验，分别为同点同时的数据采集和不同仪器同一测线的数据采集。单点一致性对比结果如图 6.24 所示，测线反演一致性对比结果如图 6.25 所示。

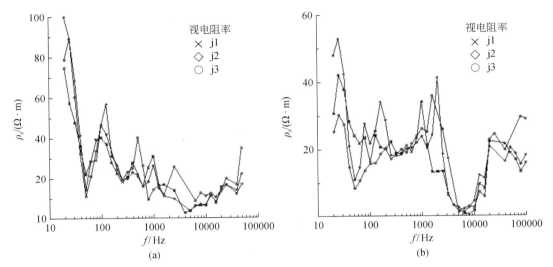

图 6.24　AMT 单点一致性对比

（a）测点 1 测深曲线对比；（b）测点 2 测深曲线对比

j1. 一号仪器；j2. 二号仪器；j3. 三号仪器

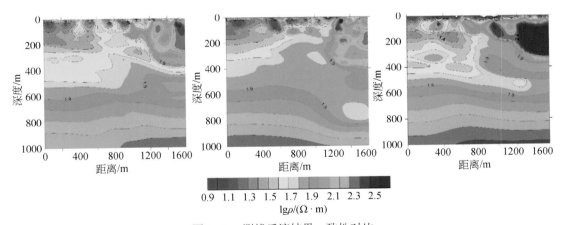

图 6.25　测线反演结果一致性对比

图 6.24 为测深曲线对比图，图中三套仪器的曲线形态基本一致，频点的平均相对误差较小。存在误差的主要原因除了系统误差外，每套仪器的主机、前置放大器、磁传感器以及电极之间的连接线及接口的磨损，也会造成每套仪器的信号接收和转换差异，最终反映在不同仪器的视电阻率和阻抗相位计算结果中。

实际工作中，三套仪器分别在不同的测点上开展数据采集工作，为了查明不同仪器对相同电性结构探测的结果是否一致，于 L1 线分别使用三套仪器进行数据采集。为保证电性结构和背景干扰的一致性，三套仪器的探测工作均在同一时间段内完成。图 6.25 是三套仪器对 L1 线 0～1.6 km 探测数据的反演结果，三个反演结果均反映出相似的电性规律。试验表明本次投入勘探的三套 EH4 电磁系统，系统误差在允许范围内，可以在同一区域进行数据采集。

2）质量评价

相干度是信号处理时监控数据质量的一个重要参数，由于一般的随机噪声具有非相关性，因此理论上对于线性关系的两个信号，其相干度越高，则信噪比也越高。大地电磁测深采集的两组正交电磁信号在理论上具有线性关系，所以可以根据实测信号的相干度判断信号质量以及受不相关噪声干扰的影响程度。用全信息矢量相干度评价数据质量，应保证75% 的数据全信息矢量相干度在 0.5 以上，如表 6.4 所示。

表 6.4 测线全信息矢量高相干度频点比例统计表

测线号	总频点数	TM 模式 CP>0.5 的频点数	TE 模式 CP>0.5 的频点数	TM 模式 CP>0.5 的频点比例	TE 模式 CP>0.5 的频点比例	测线号	总频点数	TM 模式 CP>0.5 的频点数	TE 模式 CP>0.5 的频点数	TM 模式 CP>0.5 的频点比例	TE 模式 CP>0.5 的频点比例
0	1716	1141	1349	0.6649184	0.7861305	13	1755	1575	1594	0.8974359	0.9082621
1	2145	1615	1872	0.7529138	0.8727273	14	1599	1380	1439	0.8630394	0.8999375
sy01	1287	1038	1175	0.8065268	0.9129759	15	1755	1416	1415	0.8068376	0.8062678
sy02	1287	1041	1179	0.8088578	0.9160839	16	1599	1355	1395	0.8474046	0.8724203
sy03	1326	1041	1146	0.7850679	0.8642534	17	1716	1523	1428	0.8875291	0.8321678
2	1560	1288	1371	0.825641	0.8442308	18	1677	1383	1433	0.8246869	0.8545021
3	1638	1363	1394	0.8321123	0.8510379	19	1599	1438	1159	0.8993121	0.724828
4	1716	1424	1366	0.8298368	0.7960373	20	1638	1443	1455	0.8809524	0.8882784
5	1428	1201	1042	0.8103914	0.7031039	22	1599	1330	1236	0.8317699	0.7729831
6	1638	1461	1489	0.8919414	0.9090354	24	1755	1492	1361	0.8501425	0.7754986
7	1716	1456	1525	0.8484849	0.8886946	26	1716	1581	1569	0.9213287	0.9143357
8	1599	1429	1511	0.8936836	0.9449656	28	1599	1412	1440	0.8830519	0.9005628
9	1482	1195	1159	0.8063428	0.7820513	30	1677	1350	1329	0.8050089	0.7924866
10	1443	1253	1097	0.8683299	0.7602218	32	1599	1351	1414	0.8449031	0.8843027
11	1833	1561	1503	0.8516094	0.8199673	34	1638	1446	1462	0.8827839	0.8925519
12	1560	1316	965	0.8435897	0.6185898						

各测线中相干度值大于 0.5 的数据所占比例基本大于 75%，说明数据受不相关噪声影响较弱。然而，当存在相关噪声干扰时，两通道信号的相干度不会受到影响而变低，因此相干度参数并不能完全说明这些数据的质量是可靠的，但相干度仍能在很大程度上反映采集信号的数据质量。

二、数据处理

AMT 采集的是天然大地电磁场的水平分量，信号强度较弱并且随机性强，因此观测结果极易受到噪声干扰。实验区人文噪声干扰较为严重，使用数据进行二维反演前，需进行预处理。因此，使用 IMAGEM 软件对 AMT 数据开展时间序列筛选、阻抗以及视电阻率和阻抗相位计算等处理，使用拟合去噪软件（张昆，2012a）开展频率域去噪处理，使用首支重合与空间滤波联合校正软件（张昆，2012b）开展静位移校正处理。

1. 时间域去噪

使用时间域信号删选的方法进行时间域去噪，识别噪声的时间序列形态，直接删除受噪声干扰的数据，避免其参与功率谱估计的计算。可识别噪声主要包括大型用电设备启动、关闭或负荷突然改变时引起的三角波或方波噪声，雷电或人类通信造成的脉冲噪声，风和振动引起的阶跃噪声或严重的基线漂移等。

2. 频率域去噪

由于天然场噪声、人文噪声、环境噪声以及仪器噪声的存在，采集信号受到干扰，对后期处理和解释有较大负面影响。为此，在杨生（2004）等工作的基础上，改进了基于一维反演的数据拟合去噪算法（删除反演不能拟合的频点数据），并编写了（拟合去噪）软件。

利用此方法对测点频率域的视电阻率和相位曲线进行最佳拟合，逐次剔除方差最大的飞点，直到方差达到一定的标准。对于获得大地电磁测深及其衍生勘探方法的有效信息十分有益。剔除飞点，并不是使用数学方法修改实测数据，这样避免了直接或间接地二次污染，不存在人为因素，并且计算速度快，能够进行批量资料处理。

3. 静位移校正

静位移是指电磁波波长比地表局部不均匀体的几何尺寸大得多时，产生类似波的衍射效应，使不均匀体表面的累积电荷产生电场畸变效应。这种静位移效应的存在，很可能导致错误的地球物理解释和地质解译。为此，提出了平面汉宁窗加权与首枝重合联合大地电磁场静位移效应校正方法。将单模式数据校正方法与双模式数据校正方法结合起来，并且使用首枝多个频点数据估计最佳校正系数。

4. 数据处理效果

经过上述数据处理过程，最终得到用于反演计算的数据，数据处理效果如图 6.26 所示。

由图 6.26 可见，泥河铁矿实测数据受干扰影响较为严重，视电阻率和阻抗相位曲线连续性并不理想，数据处理前 TE（电场平行极化模式）和 TM（磁场平行极化模式）两种模式均存在频率域飞点，并且不同模式的视电阻率曲线有分离现象，说明数据在一定程度上受到静位移效应影响。经过处理后，飞点被删除，并且校正了静位移效应产生的影响，为下一步反演解释提供了较为理想的数据。

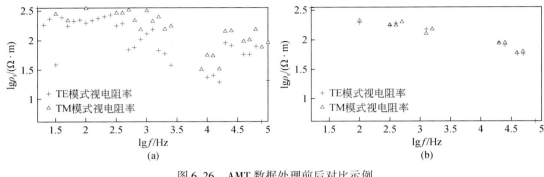

图 6.26 AMT 数据处理前后对比示例

（a）处理前；（b）处理后

三、数据反演与解释

反演可以将观测的电磁场资数据换成电性结构模型，解决地质任务。目前（音频）大地电磁测深数据的反演计算主要使用二维反演方法，常用的方法有：Constable 等（1987）提出的奥克姆反演法（OCCAM）、Smith 和 Booker（1991）提出的快速松弛反演法（RRI）、Siripunvaraporn 和 Egbert（2000）在 OCCAM 算法的基础上提出的 REBOCC 法、Rodi 和 Mackie（2001）提出的非线性共轭梯度方法（NLCG）等。对 AMT 资料进行上述四种方法的反演计算，综合考虑反演拟合差、模型光滑度以及地质资料等因素，最终在 NLCG 反演电阻率模型的基础上，不断修改初始模型和反演参数，通过反复试验得到最终的二维解释结果。此外，使用张昆等（2013）给出的三维非线性共轭梯度反演算法和程序对泥河铁矿部分数据进行了三维反演计算，得到了泥河铁矿三维电阻率模型。

1. 二维反演

泥河玢岩铁矿 28 条 AMT 剖面最终二维电阻率模型如图 6.27 所示。物性数据表明，矿区砂岩电阻率值为 20~200 Ω·m，闪长玢岩体等中酸性侵入岩体的电阻率为 200~800 Ω·m，火山岩电阻率为 100~500 Ω·m，砂岩与火山岩、岩体明显的电阻率差异为圈定岩体范围奠定了基础。

图 6.28 为 1 线地质剖面图，表明矿区地壳浅表主要由四组地层和磁铁矿体组成。通过对比可见，泥河铁矿的 AMT 二维电阻率模型基本包含 4 个倾斜电性层，倾向北西，倾角较大。测线北西至南东表现为低阻（1~20 Ω·m）、高阻（>200 Ω·m）、低阻（10~30 Ω·m）和高阻（>200 Ω·m）的电性分布，并且在 400 m 以深出现高阻基底（>100 Ω·m），呈波状起伏。浅表电性结构相对复杂，高、低阻异常体交错分布。矿区浅表张性断裂、第四系堆积物、砂岩及侵入岩裂隙均是含水的有利区域，是二维断面上浅表 −50 m 深度范围内低阻层的成因，而干燥砂岩和断裂或充填石英脉表现为高阻特征。浅部火山岩（厚度约 300 m）与深部岩体的电阻率普遍大于 200 Ω·m，其间低阻区域为砂岩、蚀变、黄铁矿以及层间断裂引起的异常，厚度约 300 m。岩体基底与上覆过渡带的电性异常成因较为复杂，但已知磁铁矿体基本赋存于岩体隆起部位。

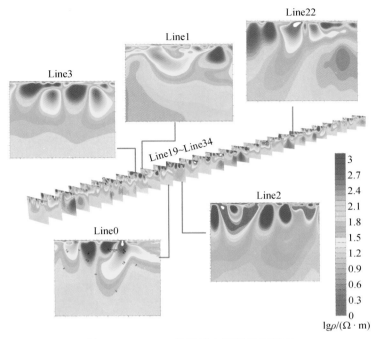

图 6.27 AMT 二维反演电阻率模型剖面

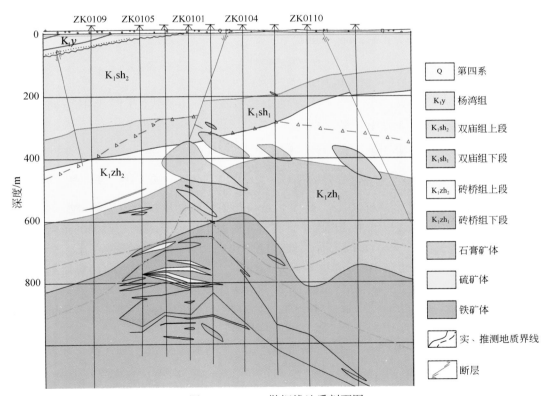

图 6.28 Line1 勘探线地质剖面图

2. 三维反演

1) 大地电磁场非线性共轭梯度三维反演方法

在大多数情况下，地质环境比较复杂的地区，很难用二维模型和反演来实现地质解释，这就需要有效、高效的三维反演方法（Wannamaker *et al.*，1984）。为此，在改进以往算法的基础上，自主研发了三维反演软件。用预处理非线性共轭梯度方法构建 MT 反演问题，在 Smith 1999 年提出的交错网格有限差分方法、Newman 和 Alumbaugh（2000）提出的三维目标函数和梯度计算方法和 Rodi 和 Mackie（2001）提出的二维预处理方法基础上，结合前人的工作成果，改进了预处理方法，减少了每个频点中 4 次正演计算，在保证计算精度的情况下，实现每次迭代每个频点仅需 6 次正演计算——1 次响应计算和 5 次模型修改量计算。此外，使用 OPENMP 并行方法建立了反演算法的并行结构，采用分频点并行计算，依据理论试验结果减少了正演计算的迭代次数，很大程度上提高了效率，并且使用一维定位存储技术存储三维稀疏矩阵，很大程度上减少了内存消耗。

反演算法的目标函数为

$$\varphi = \sum_{n=1}^{2N} \left[(Z_n^{\mathrm{obs}} - Z_n)/\varepsilon_n \right]^2 + \lambda \boldsymbol{m}^{\mathrm{T}} \boldsymbol{W}^{\mathrm{T}} \boldsymbol{W} \boldsymbol{m} \tag{6.3}$$

式中，φ 为目标函数；Z^{obs} 为观测数据；Z 为正演响应；ε 为数据误差；λ 为正则化因子；$\boldsymbol{m}$ 为模型参数；$\boldsymbol{W}$ 为正则化矩阵。目标函数的梯度表示为

$$\nabla\varphi = \nabla\varphi_{\mathrm{d}} + \lambda\nabla\varphi_{\mathrm{m}} \tag{6.4}$$

式中，$\nabla\varphi_{\mathrm{d}}$ 为数据梯度；$\nabla\varphi_{\mathrm{m}}$ 为模型梯度。非线性共轭梯度的模型由单减或沿搜索方向的线性查找确定（Rodi and Mackie，2001）：

$$m_0 = \mathrm{given}$$
$$\varphi\left(m_k + \alpha_k p_k\right) = \min_{\alpha}\varphi\left(m_k + \alpha p_k\right) \tag{6.5}$$

式中，m_0 为初始模型；k 为迭代次数；α 为查找步长；p 为查找方向。查找方向表示为（Rodi and Mackie，2001）：

$$p_0 = -C_0 \left(\partial\varphi_0/\varphi m_0\right)$$
$$p_k = -C_k \left(\partial\varphi_k/\partial m_k\right) + \beta_k p_{k-1}, \quad k=1, 2, \cdots \tag{6.6}$$

式中，p_0 为初始方向；C_0 为初始预处理因子；β 为海森矩阵的近似。

改进的算法中 $C = \left(\gamma I + \lambda L^T L\right)^{-1}$，其中 γ 是与当前迭代中的模型电阻率和数据误差相关的参数，有别于前人提出的预处理因子，在一定程度上降低了对初始模型的依赖性。通常，对 h 求解方程组 $C^{-1} h = \partial\varphi/\partial m$，将预处理矩阵作用于 $\nabla\varphi$，其原理是存在一个有效算子，在一定意义下起到近似 Hessian 矩阵 $\tilde{H}$ 逆的作用。求解上述方程组的计算量远远小于一次正演计算，但取代了 4 次正演计算，因此减少了大量计算。

改进的三维反演算法的计算量相对较少，所需内存较少，因此，能够在 Windows 操作系统下的普通计算机上实现高效的三维反演，容易推广使用。

使用普通电脑计算 30×30×38 的网格模型、200 个测点数据量，每个频点每次迭代时间小于 1 分钟。

2) 三维反演电阻率模型

使用上述三维并行反演程序对泥河铁矿 9～34 线 12 条 AMT 测线的数据进行三维非线

性共轭梯度反演和成像处理。在笛卡儿坐标系下，测线方向为 y 轴，垂直测线方向为 x 轴，地下竖直方向为 z 轴，坐标原点位于矿区东南边界 9 线起点，线距 200 m，点距 100 m，较测量工作抽稀一倍。将电阻率反演结果按照 x、y、z 三方向差值，建立三维电阻率模型，获得深度为 1 km 的测区三维电性结构模型，如图 6.29 和图 6.30 所示。以三维地电模型为基础，得到电阻率大于 100 Ω·m 的高阻异常体分布图，用以推断侵入岩顶界面分布，如图 6.31 所示。

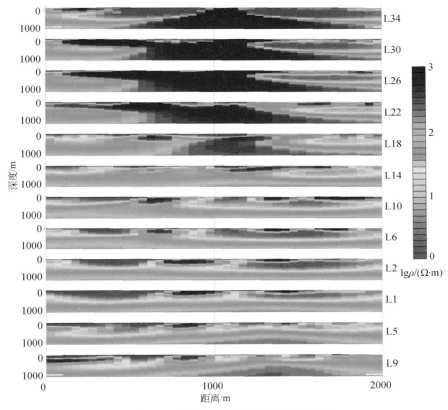

图 6.29　电阻率模型沿测线垂向切片图

由三维反演模型可见，杨湾组砂岩地层主体位于测区西部，呈"半圆碗"状分布，而其下方出现低阻异常体；杨湾组下伏走向 NNE-SSW 的高阻层，倾向 NW，倾角较小，普遍位于测区内部，西部由地表杨湾组地层覆盖，东部出露，并且高阻层普遍被 NNE 向低阻异常体分隔，表现为多个 NNE 向延伸的高阻块体，因此认为该高阻层是受多组 NNE 和 NE 向浅层断裂构造控制的火山岩地层，厚度约 150~300 m，但在测区西南部未见高阻电性特征。此外，断裂的影响范围延伸至测区以外。由于受蚀变作用影响（吴明安等，2011），砖桥组地层主要表现为低电阻率特征，被测区内部火山岩高阻层覆盖，平均厚度大于 300 m，并且该低阻层与测区西部杨湾组地层下方的低阻体具有相似的电性特征，并在测区西南部拼接；深部高阻侵入岩体顶界面由南向北总体呈现浅—深—浅的趋势，横向分布范围较大，并且西部顶界面较深，东部顶界面较浅，磁铁矿体基本赋存于顶界隆起区域。

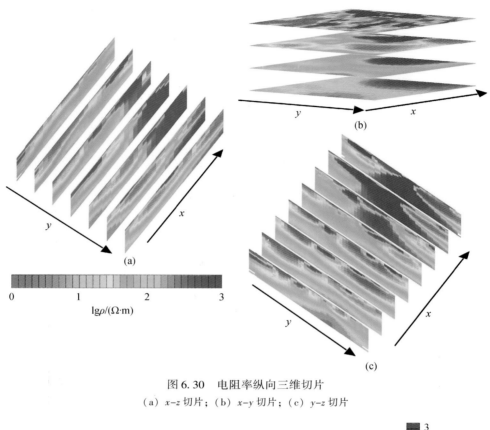

图 6.30　电阻率纵向三维切片

（a）x–z 切片；（b）x–y 切片；（c）y–z 切片

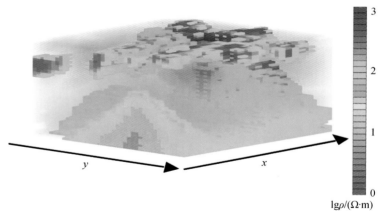

图 6.31　高阻异常体分布图

　　此外，测区火山岩高阻层的反映特征向西隐没，深度约 200 m 以下表现为低阻电性特征，测线方向最大延伸范围约 700 m，垂直测线方向最大延伸范围约 800 m，大致在 L5 线以北，L18 线以南，距测线起点约 600 m 的范围内。其电性特征与受蚀变作用影响的砖桥组地层相似，因此该区域的双庙组和砖桥组火山岩地层很可能都受到蚀变作用影响，表现为低阻特征；而另外一个可能性是在岩浆侵入过程中，与活动较剧烈的岩穹距离较远的地层由于温度相对较低而发生了脆性断裂，经后期构造运动改造后表现为低阻特征。

第四节　CSAMT、TEM 与 SIP 探测试验

一、数据采集

1. 可控源音频大地电磁测深法（CSAMT）数据采集

CSAMT 数据采集使用加拿大 PHOENIX 公司研制的 V8 多功能电磁测量系统，发射标量场源信号，测量平行于测线的电场水平分量和垂向磁场水平分量。通过参数实验，最终确定收发距 7 km，源极距 1.7 km，发射电流 10 A，测线方向 320°，测线长度 2.16 km，点距 40 m，接收极距 40 m，采集频率为 5120～10 Hz 范围内的 40 个频点，如表 6.5 所示，增益设为 4，去噪系数 2，叠加次数 60，共测量四条剖面（图 6.23，L5、L1、L2 和 L22）。

表 6.5　CSAMT 采集频率表

频点	f/Hz	频点	f/Hz	频点	f/Hz	频点	f/Hz	频点	f/Hz
1	5120	9	853.33	17	128	25	21.333	33	3.3333
2	3840	10	640	18	106.67	26	16	34	2.6667
3	3200	11	512	19	85.333	27	13.333	35	2
4	2560	12	426.67	20	64	28	10.667	36	1.6667
5	1920	13	341.33	21	53.333	29	8	37	1.3333
6	1600	14	256	22	42.667	30	6.6667	38	1
7	1280	15	213.33	23	32	31	5.3333		
8	1024	16	170.67	24	26.667	32	4		

2. 瞬变电磁测深法数据采集设计

TEM 数据采集使用加拿大 PHOENIX 公司研制的 V8 多功能电磁测量系统，使用磁场场源，测量供电间隙的二次磁场信号。数据采集采用中心回线法，通过布设大定源回线进行发射，在发射线框边长 1/3 范围内移动线圈接收信号。在测量时为了提高效率，同时对线框范围内的 3 条线进行测量，测量每条线位于线框中心位置 140 m 范围的 8 个点，然后沿测线向前挪动大线框，依次测量。通过参数实验，最终确定线框大小为 400 m×400 m，发射电流 10 A，测线方向 320°，测线长度 2 km，点距 20 m，发射频率为 25 Hz、2.5 Hz 和 1.25 Hz 的三个频点，采集 0.08～151 ms 的数据（表 6.6），增益设为 4，叠加次数 60，共测量三条剖面（图 6.23，L3、L1 和 L0）。

表 6.6　TEM 采集时间表

频率	延迟时间/ms	带宽/ms	频率	延迟时间/ms	带宽/ms	频率	延迟时间/ms	带宽/ms
25	0.079167	0.020498	5	0.950000	0.245979	1.25	1.9	0.491958
25	0.099665	0.025806	5	1.195979	0.309669	1.25	2.391958	0.619339
25	0.125471	0.032488	5	1.505649	0.389851	1.25	3.011297	0.779701

续表

频率	延迟时间/ms	带宽/ms	频率	延迟时间/ms	带宽/ms	频率	延迟时间/ms	带宽/ms
25	0.157958	0.040899	5	1.895499	0.490793	1.25	3.790998	0.981586
25	0.198858	0.051489	5	2.386292	0.617872	1.25	4.772584	1.235743
25	0.250347	0.064821	5	3.004164	0.777854	1.25	6.008328	1.555709
25	0.315168	0.081605	5	3.782018	0.979261	1.25	7.564036	1.958521
25	0.396773	0.102735	5	4.761297	1.232816	1.25	9.522557	2.465632
25	0.499508	0.129335	5	5.994095	1.552023	1.25	11.98819	3.104047
25	0.628843	0.162823	5	7.546118	1.953882	1.25	15.09223	3.907764
25	0.791667	0.204983	5	9.5	2.459791	1.25	19	4.919583
25	0.996649	0.258058	5	11.959791	3.096694	1.25	23.91958	6.193388
25	1.254707	0.324876	5	15.056485	3.898507	1.25	30.11297	7.797013
25	1.579583	0.408994	5	18.954992	4.907929	1.25	37.90998	9.815858
25	1.988577	0.514893	5	23.862921	6.178717	1.25	47.72584	12.357433
25	2.50347	0.648212	5	30.041638	7.778543	1.25	60.08327	15.557087
25	3.151682	0.81605	5	37.820181	9.792606	1.25	75.64036	19.585212
25	3.967732	1.027347	5	47.612787	12.32816	1.25	95.22557	24.656321
25	4.995079	1.293353	5	59.940948	15.52023	1.25	119.8818	31.040469
25	6.288432	1.628235	5	75.461182	19.53881	1.25	150.9223	39.077635

3. 频谱激电测深法数据采集设计

SIP 数据采集使用加拿大 PHOENIX 公司研制的 V8 多功能电磁测量系统，通过测量视复电阻率频谱或视时变电阻率谱（或激电场的衰减曲线），探测地下电性结构。数据采集采用偶极-偶极装置，一个 V8 主机盒子和一个辅助盒子组成一个排列，同时采集数据。根据矿区实际地质情况及工作要求，选定参数如下：1 线极距 40 m、点距 40 m、偏移距 40～200 m、频率 170～0.065 Hz、电流 10 A、发射频率 25 个（表 6.7），叠加次数 60，增益为4，滤波因子 2，共测量 1 条剖面（图 6.23，L1）。

表 6.7　SIP 采集频率表

频点	f/Hz	频点	f/Hz	频点	f/Hz	频点	f/Hz	频点	f/Hz
1	128	6	21.22222	11	4	16	0.66667	21	0.125
2	85.3333	7	16	12	2.66667	17	0.5	22	0.08333
3	64	8	10.66667	13	2	18	0.33333	23	0.0625
4	42.66667	9	8	14	1.33333	19	0.25	24	0.04167
5	32	10	5.33333	15	1	20	0.16667		

4. 质量评价

野外数据采集按照《可控源声频大地电磁法勘探技术规程》（SY/T 5772—2002）、《地面瞬变电磁法技术规程》（DZ/T 0187—1997）等相关规范执行，确保采集到合格的数据。

二、数据处理

分别应用 V8 多功能电法仪配套的 CMTPRO、TEMPRO、SIPPRO 软件进行 CSAMT、TEM、SIP 采集数据的预处理。处理流程包括数据导入、数据筛选、修改参数、数据编辑和结果输出等步骤。

此外，对上述软件输出的相应视参数数据进行频率域和时间域去噪处理以及静位移校正处理，具体方法见表 6.8，处理效果见图 6.32 和图 6.33。

表 6.8 数据处理

数据	时间域去噪	视参数计算	频率域去噪	静位移校正
CSAMT	无	视电阻率和阻抗相位	拟合去噪	首支重合与空间滤波联合校正
TEM	飞点去除	视电阻率	无	无
SIP	无	视电阻率等	电磁耦合校正与平滑	无

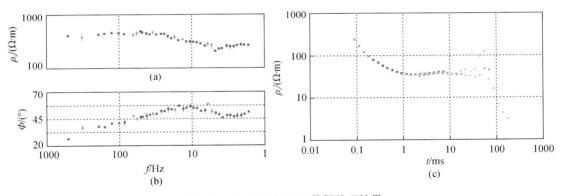

图 6.32 CSAMT 和 TEM 数据处理结果

（a）CSAMT 视电阻率曲线；（b）CSAMT 相位曲线；（c）TEM 视电阻率曲线

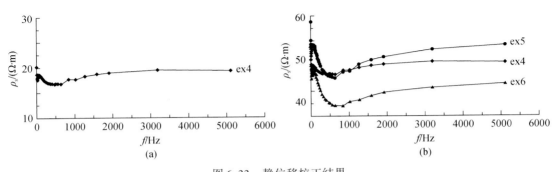

图 6.33 静位移校正结果

（a）静位移校正前；（b）静位移校正后

　　CSAMT 和 TEM 数据分别经过频率域和时间域去噪、静位移校正处理，为反演解释提供较为准确的数据。

三、数据反演与解释

　　当前，可控源音频大地电磁测深数据的反演计算主要使用一维和二维反演方法，而且带源反演方法还没有广泛应用，常用方法与 AMT 相同。TEM 目前主要使用一维"烟圈"反演和 OCCAM 反演两种方法。SIP 目前主要使用二维最小二乘反演。对 CSAMT、TEM 和 SIP 资料进行了上述方法的反演计算，并且在所得到的电阻率模型基础上不断修改初始模型和反演参数，通过反复试验得到最终的解释结果。

1. 可控源音频大地电磁测深法

1）反演方法对比试验

　　为确定较为理想的反演方法和电阻率模型，得到相对准确可靠的地下电性结构，对泥河玢岩铁矿 CSAMT 野外实测数据进行了三种反演方法对比试验，如图 6.34 ~ 图 6.37 所示。

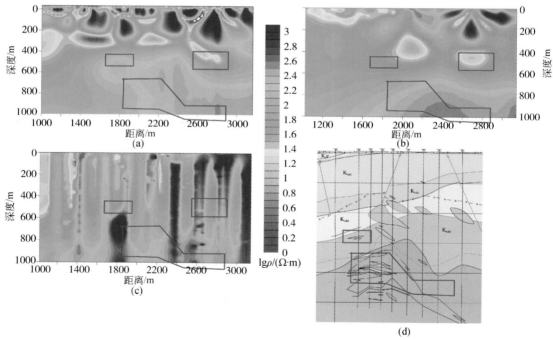

图 6.34　1 号线反演电阻率模型对比示意图
（a）CSAMT 数据 OCCAM 反演结果；（b）CSAMT 数据 NLCG 反演结果；
（c）CSAMT 数据 Bostick 反演结果；（d）地质剖面

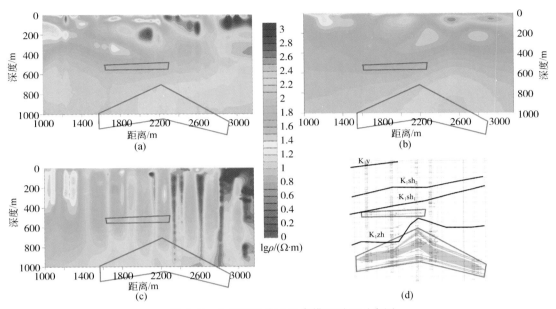

图 6.35　2 号线反演电阻率模型对比示意图

（a）CSAMT 数据 OCCAM 反演结果；（b）CSAMT 数据 NLCG 反演结果；

（c）CSAMT 数据 Bostick 反演结果；（d）地质剖面

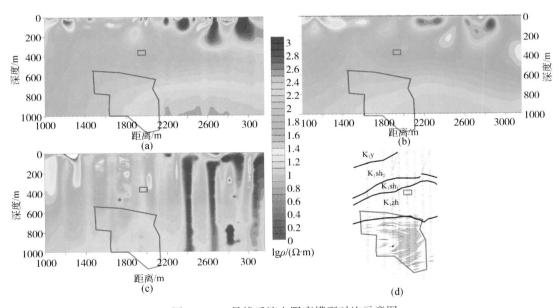

图 6.36　5 号线反演电阻率模型对比示意图

（a）CSAMT 数据 OCCAM 反演结果；（b）CSAMT 数据 NLCG 反演结果；

（c）CSAMT 数据 Bostick 反演结果；（d）地质剖面

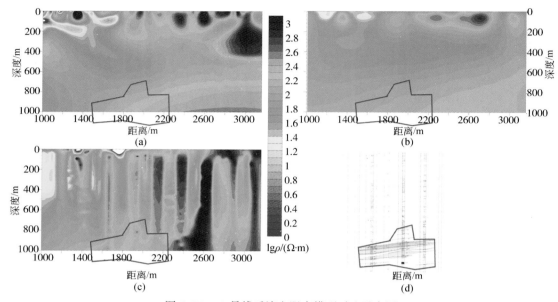

图 6.37 22 号线反演电阻率模型对比示意图

（a）CSAMT 数据 OCCAM 反演结果；（b）CSAMT 数据 NLCG 反演结果；

（c）CSAMT 数据 Bostick 反演结果；（d）地质剖面

　　各反演方法原理不同，受计算误差、噪声、初始模型的影响也不同，因此不同反演方法的结果并不完全相同。虽然不同的 CSAMT 反演结果与测区地质信息均有吻合之处，但也存在一定程度的差异：Bostick 反演结构中垂向延伸的高阻异常推测为静位移的影响，不能代表实际电性分布；OCCAM 与 NLCG 反演结果大体一致，但对比先验信息发现使用二维视电阻率平滑模型作为初始模型的 OCCAM 反演结果的深部高阻异常区域偏大，浅层低阻异常区域偏小、偏浅，因此认为二维非线性共轭梯度反演结果更为接近真实地下电性结构。

　　2）电阻率模型解释

　　由电性剖面与地质剖面对比可见，根据电阻率可将地下大致分为四个电性特征层：第一层为测线起点附近浅部低阻层（<25 Ω·m），由地表向西逐渐延伸至地下 200 m，呈北东向展布，推断为杨湾组砂岩引起的异常；第二层为高阻层（>120 Ω·m），高阻体不连续，被断裂分割，层厚约为 200 m，断裂倾角较大，推断为双庙组上层粗安岩、安山岩引起的异常；第三层为低阻层（25～65 Ω·m），该层电阻率变化较弱，层状特征明显，厚度约 200～300 m，推断为双庙组下层砂岩以及砖桥组次生石英岩和黄铁矿引起的异常；第四层深度在 600 m 以下（>100 Ω·m），为顶界起伏的高阻层，推断为侵入岩和磁铁矿引起的异常（已知磁铁矿体基本赋存于岩体顶界隆起区域）。此外，L1 线附近浅部高阻层被低阻异常体切割成多个块体，表明浅层构造活动相对剧烈，而东北部表现出活动减弱的电性结构分布。根据电阻率分布的特征，可以大致推断出地层的界线、浅部断裂以及岩体顶界的分布范围。

2. 瞬变电磁测深法

1）反演方法对比试验

　　为确定较为理想的反演方法和电阻率模型，得到相对准确可靠的地下电性结构，对泥河玢岩铁矿 TEM 野外实测数据进行了两种反演方法对比试验，结果见图 6.38 ~ 图 6.40。

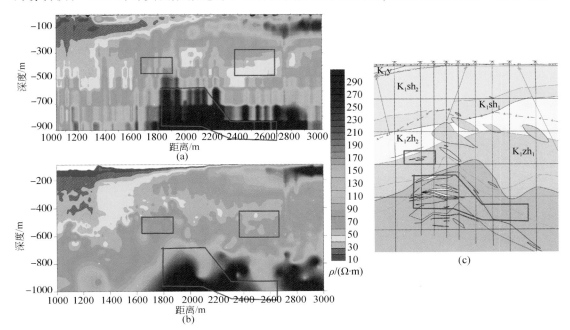

图 6.38　1 号线反演结果对比图

（a）TEM 数据 OCCAM 反演结果；（b）TEM 数据"烟圈"反演结果；（c）地质剖面

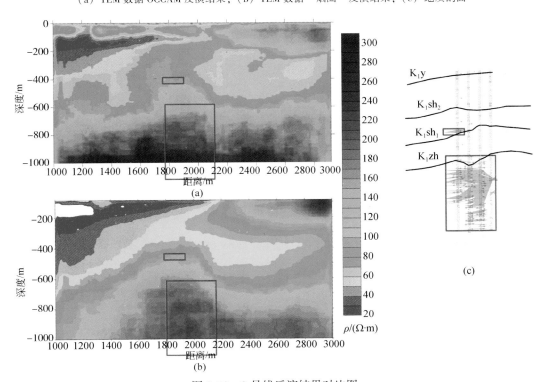

图 6.39　3 号线反演结果对比图

（a）TEM 数据 OCCAM 反演结果；（b）TEM 数据"烟圈"反演结果；（c）地质剖面

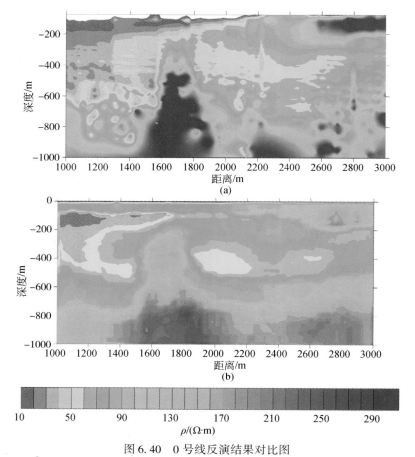

图 6.40　0 号线反演结果对比图

（a）TEM 数据"烟圈"反演结果；（b）TEM 数据 OCCAM 反演结果

　　TEM 数据的"烟圈"反演和 OCCAM 反演结果基本一致，仅在模型光滑程度上存在一定的差异。通过对比图 6.34 和图 6.38，发现 TEM 的反演结果与 CSAMT 大致相同，但对浅表小的电性不均匀体分辨能力较弱，因此，表现出较强的成层性。

　　2）电阻率模型解释

　　由电性剖面与地质剖面对比，可以根据电阻率将地下大致分为四个电性特征层，层位以及层厚和 CSAMT 模型基本一致，但模型中层状形态更为明显，电阻率值略有差异，不同层位电阻率值分别为 <30 Ω·m、>110 Ω·m、30~60 Ω·m 和 >110 Ω·m，已知磁铁矿体基本赋存于岩体顶界隆起区域。

　　根据电阻率的分布特征，可以大致推断出地层的界线、浅部断裂以及岩体顶界的分布范围。

　　3. 频谱激电测深法

　　1）电阻率模型解释

　　目前广泛应用于 SIP 数据反演的方法主要是二维最小二乘法，反演电阻率模型如图6.41 所示。

图 6.41 （a）为长 SIP 反演剖面，反演深度较浅；（b）为短剖面，反演深度较大；（c）为钻孔推测的地质剖面，约为 SIP 长剖面的 1/3。长剖面结果与 CSAMT 和 TEM 结果较为接近，并且对地下电性异常体的分辨能力较强，在 500 m 的深处仍能分辨出范围接近 50 m 的电性异常体。

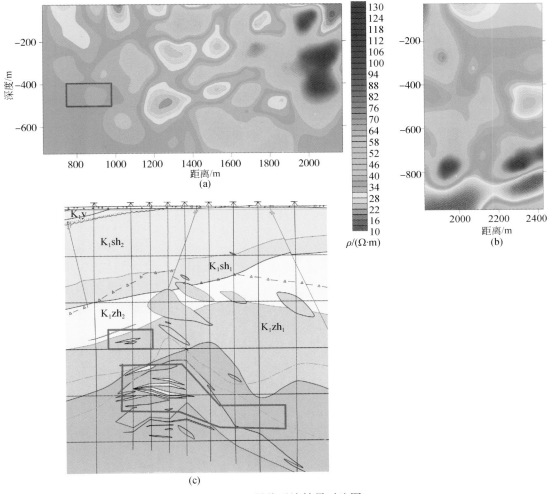

图 6.41　1 号线反演结果对比图

（a）SIP 反演长剖面；（b）SIP 反演短剖面；（c）地质剖面

由长剖面可见，在地下浅层以及中深部出现多处小范围的低阻异常体，浅层低阻异常主要是由杨湾组砂岩以及双庙组砂岩引起，深部异常则由黄铁矿、砖桥组砂岩以及次生石英岩产生，其中方框内的低阻异常延伸部位为黄铁矿产生的低阻异常。靠近起点的高阻异常体主要为双庙组火山岩，靠近中点的高阻异常体主要是双庙组火山岩，深部高阻体为侵入岩体和磁铁矿。

由深剖面可见，在深部 900 m 以下出现低阻异常体，推断为次生石英岩以及砖桥组薄层砂岩产生的低阻异常，可能含有黄铁矿。

2）极化率模型解释

SIP 极化率反演的方法主要是二维最小二乘反演方法，反演极化率模型如图 6.42 所示。

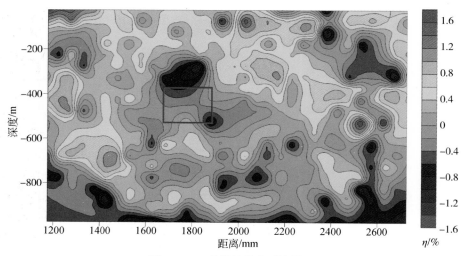

图 6.42　1 号线极化率反演模型

极化率结果与电阻率结果相似，但分布较为凌乱，高极化异常体主要分布在浅层，极化率大于 10%，弱极化异常体广泛分布，极化率为 1% ~ 10%，在 800 m 以下的深处仍能分辨出范围接近 50 m 的极化异常体。因为含水砂岩的极化率较高，因此推测浅部异常主要由杨湾组砂岩以及双庙组砂岩产生，深部异常主要由含水裂隙和黄铁矿产生，其中方框内的极化率异常延伸部位为黄铁矿产生的异常。

第五节　综合分析与讨论

通过泥河玢岩铁矿典型矿床的多种地球物理勘探方法试验研究，各种方法均可以得到某一物性的地球物理模型，而多种物性参数或由多种方法得到的同一物性参数模型可以相互参考、弥补不足，为地质解释提供更为合理、更为准确的地球物理依据。

一、重磁三维反演模型分析

反演得到的地质模型清晰刻画了矿体的三维形态和展布特征：泥河矿区内主要矿为磁铁矿、黄铁矿以及石膏矿。从模型可以看出矿体整体呈北东向展布，横向展布较为平缓，延伸至东北部时矿体稍有抬升。磁铁矿以及黄铁矿的含量较高，石膏矿含量较少，其中磁铁矿主要位于研究区的西南部，黄铁矿主要集中在矿区的东北部，中部有少量的石膏矿，黄铁矿和石膏矿埋深相对于磁铁矿较浅。西南部除浅部少量似层状黄铁矿外，主要为规模较大的透镜状磁铁矿体，包含小块黄铁矿矿体。透镜状矿体赋存深度约为地下 600 ~ 1100 m，浅部主要为石膏矿，也含有似层状或透镜状黄铁矿，或磁铁矿及黄铁矿共生矿体。研究区东北部矿体以垂向上的两层黄铁矿为主，上层矿体体积较小，呈层状分布，西南部宽度较小、东北部较大，平均宽度约为 245 m，埋深约为 600 m，平均厚度 40 m。下层矿体体积较大，呈透镜状，埋深约 800 ~ 1050 m，最大宽度约为 680 m。

三维模型揭示了控矿特征：研究区内地层由上至下主要为第四系（Q）、白垩系杨湾组（K_1y）、白垩系双庙组（K_1sh）和砖桥组（K_1zh）。较浅层的黄铁矿和石膏矿多位于砖桥组上段地层中，体积较小，多呈层状似层状分布，特征较为复杂。主要矿体集中在砖桥组下段侵入岩中，侵入岩主要为辉石闪长玢岩和脉岩，辉石闪长玢岩体侵位于砖桥组下段火山岩地层中。侵入体顶面形成隆起，矿区南西部呈钟状隆起，在矿区北东部呈宽缓隆起。从三维模型可以看出矿体走向与隆起的长轴方向近似一致，磁铁矿体主要分布在西南部钟状隆起的顶部和上部，且其形态变化特征也与其围岩（闪长玢岩）的隆起及变化特征相一致，黄铁矿体主要分布于东北部的宽缓隆起部分，在深度上位于侵入岩体与地层边界附近。本研究采用重磁三维反演建模技术，在地质、钻孔数据的约束下建立泥河铁矿区地表面积 5.6 km^2、深度 1.2 km 的三维地质模型。通过对模型的分析，可以得到以下结论和认识：

（1）泥河铁矿矿体主要赋存于闪长玢岩顶部和砖桥组下段的火山岩中，只有小部分黄铁矿赋存于砖桥组上段，多为层状分布，没有显著的成矿构造特征。因此，砖桥组下段是寻找矿体的地层标志。

（2）泥河矿体的主要成矿母岩及赋矿围岩是闪长玢岩，其侵位于地层中，在侵入岩顶面形成穹状隆起，而矿体走向与隆起的长轴方向一致，说明矿体与辉石闪长玢岩类次火山岩关系密切。结合成矿规律可知，闪长玢岩穹状构造是矿区最重要的控矿构造，也是找矿的重要构造标志。

（3）对比模型正演理论异常和实测异常，可知重力和磁法的拟合程度良好（图6.18），尤其重力异常拟合误差仅为 0.044 mGal。根据模型实验，假设在研究区内存在一个中心深度 1500 m，走向长 500 m，宽度 500 m，深度范围 300 m 的板状体，其密度和磁化率与区内磁铁矿体近似，其模拟重力异常最高值可达 0.20 mGal，模拟磁异常最高值为 29 nT，均远大于建模拟合误差。因此推断研究区边部不存在新的矿体，深部 2000 m 范围内存在新矿体的可能性很低。

另外，该建模方法利用局部重磁异常数据作为衡量模型可靠性的重要指标，因此，位场分离结果对于模型的建立具有一定影响，但目前还没有有效的位场分离手段，需要进一步加强研究。本研究采用人机交互反演方法，因此研究人员对于地质信息的认识和推断能力具有不可忽视的作用，对于模型的合理性以及反演时间具有一定的影响。

二、泥河铁矿多种电磁勘探方法效果对比

1. 反演结果评述

针对测区不同勘探方法的数据，采用了多种反演算法进行计算，通过对比确定了最终的电阻率模型。对 AMT 数据进行了一维 Bostick 时深转换（周晋国和寇绳武，1988）、二维快速松弛反演（RRI）、二维奥克姆（OCCAM）反演，并且在数据抽稀（点距 100 m，线距 200 m）后使用三维非线性共轭梯度方法（张昆等，2013）进行反演计算。结果表明三维反演模型

与钻孔结果相似度较高，因此选用该结果作为 L1 线 AMT 对比模型；对 CSAMT 数据进行了 TM 模式的二维 OCCAM 和 NLCG 反演，选择 NLCG 反演结果作为 CSAMT 对比模型；对 TEM 数据进行了一维"烟圈"反演和一维 OCCAM 反演，最终选择"烟圈"反演结果作为 TEM 对比模型；对 SIP 数据进行了 2.5D 最小二乘反演得到对比模型。

L1 线对比结果如图 6.43 所示，L2 线对比结果如图 6.44 所示，L5 线对比结果如图 6.45 所示。

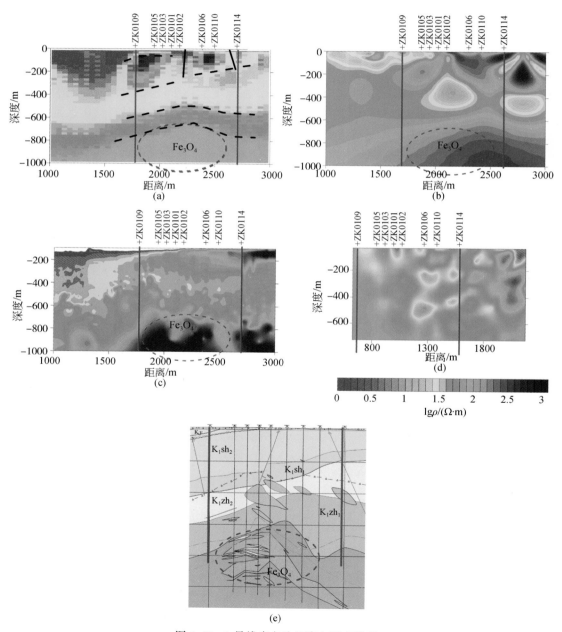

图 6.43　1 号线多方法反演电阻率模型

（a）AMT 电阻率模型；（b）CSAMT 电阻率模型；（c）TEM 电阻率模型；（d）SIP 电阻率模型；（e）地质剖面

1）L1 线对比

以 AMT 三维反演结果为主，CSAMT、TEM、SIP 结果为辅，结合已知的地质和钻孔资料判断，由浅至深第一层为分布于 ZK0102 号钻孔以西的地表出露砂岩地层，电阻率基本小于 10 Ω·m，倾向北西，倾角较小，西部厚（最大厚度约 100 m）、东部薄，钻孔 ZK0109 以西的砂岩地层下方存在次低阻异常体，反映了该段地层受控于断裂构造的特点，而且断裂对上覆砂岩地层没有影响，说明该断裂为隐伏断裂构造，其发育早于杨湾组地层的沉积成岩时间；第二层为受构造作用影响的火山岩地层，电阻率基本大于 120 Ω·m，倾向北西，倾角较小，西部厚（最大厚度约 300 m）、东部薄（最大厚度约 150 m），与上覆砂岩地层界限清晰，层内可以清晰地看到钻孔 ZK0102 与 ZK0106 之间的断裂，以及 ZK0110 与 ZK0114 之间的断裂，但由于点距较大，断裂倾角较陡，因此倾向反映不明显，但断裂切割火山岩高阻体，说明其发育时间晚于火山岩地层的形成时间；第三层为蚀变地层，电阻率约 30~100 Ω·m，倾向北西，倾角较小，层厚约 400 m，测线两端底界较深（800 m 左右），并且底界面受岩浆侵入作用影响很大，呈波状起伏；基底为（含矿）玢岩岩体，电阻率一般大于 100 Ω·m，岩穹位于测线中部偏东，内含磁铁矿体，是岩浆活动较强的区域。此外，已知矿体位于砖桥组与岩体接触带中岩体隆起的内部，表现为高电阻率特征，虽然电阻率模型不能分辨出岩体中的磁铁矿体，但是能够圈定侵入岩体的范围和深度。

可见，AMT、CSAMT、TEM 三种方法的反演结果虽然不能够直接定位磁铁矿体，但基本上能够反映出杨湾组、双庙组、砖桥组地层和侵入岩体，其中 CSAMT 结果对浅层构造的反映较好、TEM 结果对层位的反映较好，而 AMT 三维反演结果与地质剖面中地层、构造、侵入岩界面以及蚀变带的对应关系相对于其他三种方法更为突出。

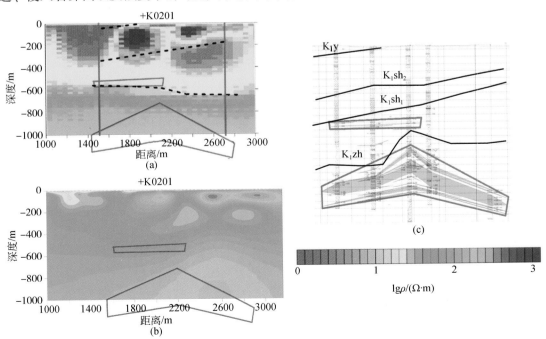

图 6.44　2 号线多方法反演电阻率模型

（a）AMT 电阻率模型；（b）CSAMT 电阻率模型；（c）地质剖面

2）L2 线对比

以电性结构剖面为基础，结合已知的地质和钻孔资料判断，L2 线的电性结构分布以及反映出的地质结构与 L1 线十分相似，由浅至深第一层为分布于 ZK0205 号钻孔以西的地表出露砂岩地层，并且该砂岩地层下方也出现了次低阻异常体；第二层为受构造作用影响的火山岩地层；第三层为范围较大的蚀变地层，蚀变影响了双庙组下段和砖桥组地层；基底为（含矿）玢岩岩体，内含磁铁矿体，是岩浆活动较强的区域。

与 L1 线结果相似，AMT、CSAMT 两种方法的反演结果不能够直接定位磁铁矿体，但基本上能够反映出杨湾组、双庙组、蚀变带和侵入岩体，其中 CSAMT 结果对玢岩岩体顶界面的反映较好，而 AMT 三维反演结果没有分辨出 K0201 东侧的蚀变带与岩体的界面，这是该区域实测数据受干扰影响较大，用于反演的数据量很小（测线平均仅使用 5 个频点的数据）导致的。

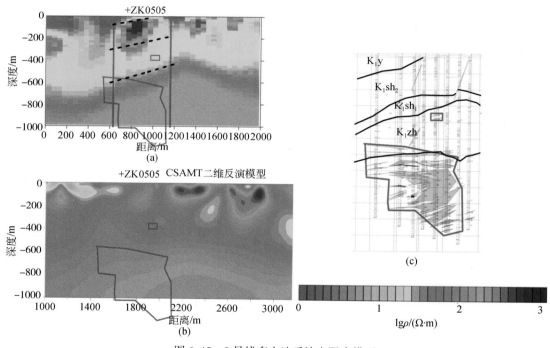

图 6.45　5 号线多方法反演电阻率模型
（a）AMT 电阻率模型；（b）CSAMT 电阻率模型；（c）地质剖面

3）L5 线对比

以电性结构剖面为基础，结合已知的地质和钻孔资料判断，L5 线的电性结构分布以及反映出的地质结构与 L1 线十分相似，由浅至深第一层为分布于 ZK0505 号钻孔以西的地表出露砂岩地层，并且该砂岩地层下方也出现了次低阻异常体；第二层为受构造作用影响的火山岩地层；第三层为范围较大的蚀变地层，蚀变影响了双庙组下段和砖桥组地层；基底为（含矿）玢岩岩体，内含磁铁矿体，是岩浆活动较强的区域。

与 L1 和 L2 线结果相似，AMT、CSAMT 两种方法的反演结果不能够直接定位磁铁矿体，但基本上能够反映出杨湾组、双庙组、砖桥组和侵入岩体，其中 CSAMT 结果对玢岩岩体顶界面和矿体的反映相对较好，而 AMT 三维反演结果对地层层位的反映较好，但该区域实测数据受干扰影响较大，用于反演的数据量很小，并且点距是 CSAMT 的 4 倍，因此对深部岩体的反映和分辨能力受损。

2. 方法对比

由图 6.43~图 6.45 可见，各种电磁勘探方法的电阻率模型反映电性结构总体一致，忽略地表沉积层和浅表破碎带，主要为四层倾斜层状电性结构，由浅至深分别为低、高、低和高电阻率分布。由于各电磁勘探方法勘探原理、野外测量、室内资料处理、反演方法不同，并且对地下电性结构反映特征也不尽相同，所以各方法的电阻率模型存在细节上的差异。对于泥河玢岩型铁矿床及邻区的结果，这种差异表现在：①对浅层低阻异常体的范围和电阻率值反映不同；②对浅层高阻异常体的大小、形状和电阻率值反映不同，三维 AMT 和一维 TEM 模型更接近层状，并且 AMT 三维反演结果中各地层界面的深度和起伏变化与地质剖面最为接近，以 ZK0109 钻孔为标准，地层顶界埋深分别为 50 m、400 m 和 770 m，与电性界面对应一致；③TEM 和 SIP 方法由于装置参数的因素，存在范围较大的勘探盲区；④SIP 模型的分辨能力相对较高，反演电阻率模型相对粗糙，因为该方法属于几何测深方法，其分辨能力与装置参数有关。此外，通过综合电磁勘探结果与地质剖面的对比，可以发现，三维反演的应用是提高勘探方法应用效果的革新技术，虽然 AMT 的采集数据受到较强的电磁干扰影响，但三维 AMT 反演结果能够很好地对应已知地质信息，说明三维反演技术的抗干扰能力较强。总的来说，上述四种电磁勘探方法均是矿区电性结构定性分析的有效方法，并且 SIP 是定量分析较理想的方法。可见，实际应用多种电磁勘探方法得到不同的电阻率模型以及不同维度的反演计算技术可以完善测区电阻率模型。

三、玢岩型铁矿找矿方法组合讨论——以泥河铁矿为例

由于重力勘探可以发现区内高密度体，而磁法勘探可以发现区内高磁性体，因此可以用以推断侵入岩体和磁铁矿体的大概范围。由于 AMT（三维）、CSAMT、TEM 结果对岩体顶界的反映较好，因此可以用其结果推测岩体大致的分布范围，AMT（三维）和 TEM 结果对地层界面的反映能力较强，因此可以用于判断地层（围岩）分布和蚀变带范围，SIP 结果的电性参数值与物性参数更为接近，因此可以用于精细结构探测。

就泥河玢岩铁矿而言，磁铁矿体赋存于岩体内部，且与岩体类似，均表现为高电阻率特征，并且该区域表现为高重力、高磁性异常特征；深色蚀变带表现为中高电阻率、中高密度、弱磁性特征；浅色蚀变带中出现很多低阻矿化，表现为低阻、低密度、弱磁性特征。矿区不同深度的地层表现出不同电性分布，而且横向上的层位深度和范围变化产生重力和磁异常，如将泥河铁矿的基本地质结构作为玢岩型铁矿主要地质结构，可以简单归结为图 6.46 所示的地质–地球物理模型。

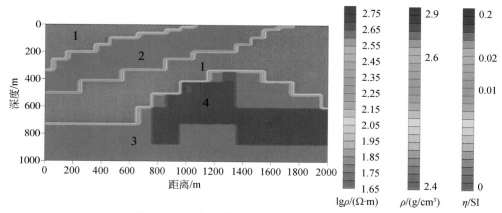

图 6.46　玢岩型铁矿理论地质–地球物理模型
1. 砂岩、蚀变带；2. 火山岩；3. 玢岩；4. 磁铁矿体

由图 6.46 可见，为突出深部岩体的定界面分布，在忽略与成矿作用无关的浅层构造信息的前提下，玢岩型铁矿区的地质结构相对简单，成层性较好。并且简化模型存在一定的地球物理物性结构分布规律，主要表现在侵入岩体与上覆地层会发生强烈的蚀变作用，而蚀变带由深到浅表现为高阻—低阻—高阻的电性特征，围岩至矿体表现为低重低磁—高重高磁的特征。因此，在保证数据质量的前提下，考虑到施工复杂度的不同，可以选择重磁勘探和三维 AMT 或者二维 CSAMT 作为区域性大范围普查的首选方法，用以确定区域重、磁、电性结构框架，判断主要地层层位和构造信息；在 AMT 测点密集的情况下，可与 TEM 方法一起用于蚀变带范围划分；重磁结果可为岩体以及矿体的横向分布提供参考依据，而三维 AMT、CSAMT、TEM 和 SIP 均可为深部岩体的定位提供相对准确的参考，用以确定岩体隆起界面的位置和深度。

小　　结

通过泥河铁矿不同地球物理方法勘探试验的对比研究，取得了以下认识：

（1）通过对建模结果的分析，深化了对研究区 0～1200 m 深度范围内的三维地质结构的认识，进一步了解了泥河地区矿体的形态及其与地层和围岩之间的空间关系，并以此为依据给出了泥河地区找矿的地层标志和构造标志，对认识"玢岩型"铁矿的成矿模式和在长江中下游地区寻找"玢岩型铁矿"的工作具有重要参考和指导意义。

（2）模型重磁模拟结果与实测重磁异常基本拟合，说明该研究区内不存在盲矿体，为进一步的找矿工作提供指导，对该矿区或者类似矿区的深、边部找矿工作意义重大，具有广阔的应用前景。

（3）泥河矿区三维重磁地球物理–地质模型说明重磁反演方法和处理流程可以在精细剖析重磁异常的同时，充分利用已知地质信息，得到可靠性较高的三维地质模型，为其他地区开展类似工作提供参考借鉴。

（4）在泥河铁矿 AMT 数据基础上自主编写了拟合去噪软件和静位移校正软件，并应用于 AMT 和 CSAMT 资料处理，取得了较好的效果。

（5）应用自主研发的大地电磁非线性共轭梯度三维反演软件（具有高效、低损耗等特点，对计算机内存和 CPU 要求较低，一般情况下，对 200 个测点的数据量进行反演计算仅需 1 小时，易于在普通 PC 机上应用和推广）对泥河铁矿 AMT 数据进行了反演计算。获得了矿区中北部真三维电性模型。

（6）对比了泥河铁矿不同电磁勘探方法的结果，认为 AMT、CSAMT、TEM 和 SIP 是定性分析矿区地下电性结构的有效方法，可用于分析矿区地层的深度和分布范围，而且 SIP 是定量分析电性结构的有效方法。此外，三维反演的应用是提高勘探方法应用效果的革新技术，能够得到更为准确的电性信息。

（7）根据泥河玢岩型铁矿床的地质和电性结构提出了玢岩铁矿的基本地质-地球物理模型，并根据模型结构给出了电磁勘探找矿方法组合建议。

第七章　典型斑岩型铜矿的综合探测方法试验

选择庐枞矿集区内的沙溪斑岩型铜矿床为试验矿床，通过重磁反演、音频大地电磁法（AMT）、可控源音频大地电磁法（CSAMT）、瞬变电磁法（TEM）和频谱激电法（SIP）等综合探测工作，分析和对比各探测方法试验结果，评价各方法对斑岩型铜矿探测的有效性，提出斑岩型铜矿深部找矿方法技术组合，建立沙溪斑岩铜矿地质–地球物理模型。

第一节　沙溪铜矿区地质概况

沙溪斑岩铜矿床位于庐枞矿集区西北部，位置见图2.2。该矿床在构造上属于秦岭–大别碰撞造山带与郯庐断裂、矾（山）–铜（陵）断裂的复合部位（任启江等，1991）。矿床的形成与中国东部燕山期岩浆侵入与喷发活动相关，是典型的板内环境斑岩型矿床（侯增谦等，2007）。矿床由北向南依次分布着棋盘山、凤台山、铜泉山、断龙颈和龙头山等矿段。

一、地层

沙溪地区地层属于扬子地层中的下扬子地层分区（常印佛等，1991；任启江等，1991）。矿区内地层简单，出露地层主要有第四系、早白垩世陆相火山岩、侏罗系和志留系（图7.1）。第四系砂砾岩层、粉质黏土和淤泥等广泛分布于沟谷坡地。早白垩世陆相火山岩包括浮山组（K_1f）和龙门院组（K_1l），以粗面质–角闪粗安岩为主。侏罗系地层主要为罗岭组（J_2l）和磨山组（J_1m），岩性以砂岩为主，分布于矿区西部及东侧，厚度可达几百米。志留系地层主要为坟头组（S_2f）和高家边组（S_1g），岩性为泥质粉砂岩、粉砂岩和砂页岩。

二、构造

矿区内的构造主要表现为褶皱和断裂两种类型。

志留系高家边组和坟头组地层组成了一系列北北东向的复式褶皱构造，是菖蒲山–盛桥复式背斜的组成部分。铜泉山背斜是区内的主要褶皱构造，轴部岩层陡立，轴面向南东倾，倾角在60°以上，受断裂和岩浆岩切割，形态破坏严重。

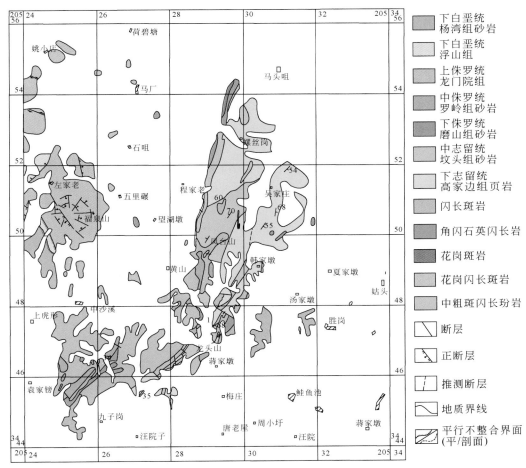

图 7.1 沙溪地区地质略图

区内形成有近东西向、北东向、北西和北北东向四组断裂，其中北北东向断裂形成最晚但最为发育，表现为压性及压扭性结构面，多显示为高角度的逆冲断层和正断层。北北东与北东、近东西向断裂交汇处为赋矿的有利部位。

三、岩浆岩

矿区内岩浆活动强烈（傅斌等，1997；徐兆文等，2000；杨晓勇，2006），形成了一套钙碱性系列的中酸性侵入岩体，与围岩接触带形态复杂，向北沿北东和北北东向构造呈树权状分布。侵入于志留系和侏罗系地层中的石英闪长斑岩、黑云母石英闪长斑岩等为主要赋矿岩体，总体呈北东-北北东向沿背斜核部分布（徐文艺等，1999）。火山岩主要分布在矿区西北侧的福泉山一带，在其他地段零星出露，主要为安山斑岩、熔岩和凝灰质角砾岩等。

四、矿体及矿化特征

凤台山和铜泉山矿段为主要的矿化富集地段，主要矿体均位于石英闪长斑岩体内，少量赋存于岩体上部接触带的泥质粉砂岩及捕虏体中，矿体与围岩之间渐变过渡。矿体形态复杂，剖面上总体呈"钟状"或"蘑菇状"，受背斜核部控制。

矿石类型主要包括含铜石英闪长斑岩和含铜砂岩。矿石主要金属矿物有黄铁矿、黄铜矿和斑铜矿等。矿床以浸染状和脉状矿化为特征，脉体具有多样性、多期次的特征，其中含铜斑岩型矿石普遍为浸染状矿化叠加疏密不等的细脉状矿化。

矿床具有斑岩型铜矿床典型的蚀变特征，发育钾硅酸盐化、青磐岩化、石英绢云母化和高岭土化，晚期的石英绢云母化和黏土化在空间上重叠，可合并为长石分解蚀变，不同类型的蚀变在空间上分带现象明显（Ulrich and Heinrieh，2001；袁峰等，2012）。

第二节　重磁探测试验

一、重磁场特征

沙溪地区重磁数据由安徽省地质调查院提供，其中重力为地面测量数据，磁法为1990年飞行的航空磁测数据。

沙溪布格重力异常的高异常呈"△"型沿北东向分布，南西部异常强宽度大，朝北西逐渐收缩尖灭，异常北西方向宽缓，南东侧陡变。高异常主要反映了岩体的形态，低异常反映了无磁性沉积地层的分布。为了了解局部和浅部密度体分布信息，需要对布格重力异常进行异常分离，提取局部异常场。本次工作采用高通滤波的方法，采用波长为6 km的高通滤波器，获得了沙溪剩余重力异常（图7.2）。

剩余重力异常图中存在四个主要的高重力异常：沿菖蒲山—龙头山—鼓架山—沙湖山一线带状高异常刻画了沙溪闪长杂岩体的分布，菖蒲山—桂元的弱重力异常对应地表为古近系、新近系和第四系覆盖，推测其下可能为沙溪岩体向西伸出的岩枝；钱家院附近北东向高异常反映了前寒武纪老地层的隆起；杨家山—寨山高磁异常是毛坦厂组粗安岩的反映；福泉山局部高重力异常则是粗安质凝灰角砾岩的反映。在较高重力背景的福泉山和菖蒲山分别出现了极低的重力异常，福泉山低重力异常已证实是破火山口的反映，菖蒲山附近的低重力异常也可能是存在的破火山口或火山通道导致的。

沙溪航磁异常如图7.3（a）所示，高磁异常主要分布在菖蒲山一带，其余为低异常背景，由于研究区纬度较低，斜磁化严重，异常偏离地质体较远，需要进行化极处理。图7.3（b）是化极后的航磁异常，强磁异常沿菖蒲山—中沙溪—福泉山分布，可能反映了强磁性的黑云母闪长玢岩。杨家山、寨山等地出现的北东向团块状异常反映了具有一定磁性火山岩如粗安岩、凝灰岩等的分布。低异常背景区则对应各类无磁性沉积岩。

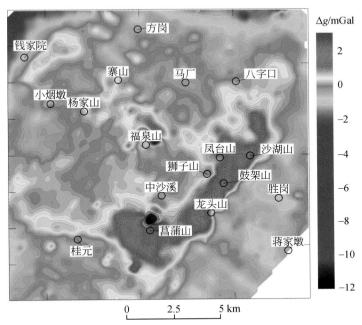

图 7.2　沙溪地区剩余重力异常

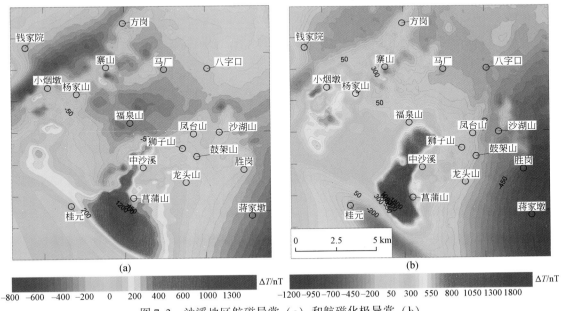

图 7.3　沙溪地区航磁异常（a）和航磁化极异常（b）

　　无论在原始磁异常还是化极磁异常中，沙溪铜矿主体赋矿岩体均无明显反映，根据物性分析，赋矿岩体具有一定的弱磁性，应该能产生一定的磁异常，为提取赋矿岩体的磁异常，对化极异常进行了波长 12 km 的高通滤波，获得了剩余化极磁异常（图 7.4）。在剩余异常中，除保留了化极异常中的高异常外，突显出龙头山到凤台山、沙湖山等局部弱磁异常。

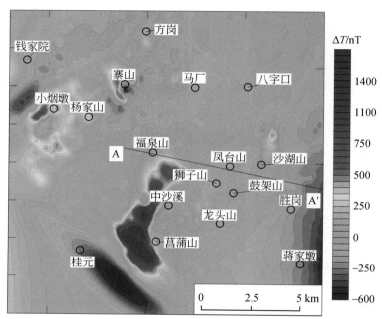

图 7.4　沙溪地区航磁化极剩余异常
高通滤波，波长 12 km

二、重磁三维反演

　　基于高通滤波（波长 6 km）获得的剩余重力异常和航磁化极剩余异常（高通滤波，波长 12 km）数据，采用 UBC 重磁三维反演软件进行了重磁三维反演。重力和航磁采用同一个剖分网格：网格单元水平长宽均为 100 m，考虑到重磁分辨率随深度衰减剧烈，网格单元从浅到深逐渐从 50 m 加大到 200 m。反演中考虑了地形因素，通过多次迭代得到了沙溪地区重磁三维反演结果，如图 7.5 所示。从垂向切片栅栏图可以看出，重磁反演具有一定的分辨率，刻画了地下密度和磁化率的三维分布形态，结合物性资料分析，三维密度体和磁化率体主要反映了各类岩体和火山机构的分布特征。

1. 岩体三维特征

　　沙溪矿区地层主要为下、中志留统砂页岩，下、中侏罗统石英砂岩、砂页岩和泥质粉砂岩，这些地层构成无磁性低密度组合体，如表 7.1 所示。外围福泉山、杨家山等地出露粗安凝灰岩、角砾岩等火山岩，物性特征表现为弱磁性低密度。沙溪矿区岩体主要

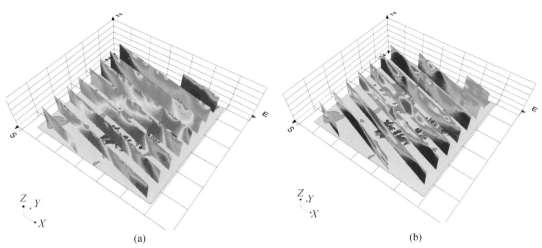

图 7.5 沙溪重力三维反演（a）和航磁三维反演（b）切片栅栏图
切片方位角 101°，倾角 90°

有石英闪长斑岩，表现为高密度低磁化率，其中含矿的石英闪长斑岩由于矿化蚀变，具有一定的弱磁性，由于含矿岩体裂隙发育、破碎等原因，密度较无矿石英闪长斑岩低，总体表现为低磁－中密度组合。菖蒲山钻孔揭露的闪长岩为高密度强磁性组合。从物性特征可知，沙溪地区岩体与围岩具有明显的物性差异，且不同岩体的物性也具有一定差别，因此，通过重磁三维反演获得的密度体和磁化率体，可以推测各类岩体的三维空间形态。

表 7.1 沙溪矿区岩矿物性统计表

岩石类型	密度/（g/cm³）	磁化率/（×10⁻⁶SI）	剩磁强度/（×10⁻³A/m）	极化率 η
闪长斑岩	2.65~2.70	8000	400	
含矿石英闪长斑岩	2.75	1000	400	18.0×10⁻²
不含矿石英闪长斑岩	2.55	无磁性	无磁性	10.7×10⁻²
黏土质粉砂岩	2.55~2.65	无磁性	无磁性	7.0×10⁻²

图 7.6 是基于重磁三维反演结果推测的岩体空间分布图，图中反映了闪长岩、黑云母二长岩、石英闪长斑岩和含矿石英闪长斑岩的分布。闪长岩主要分布在菖蒲山附近。菖蒲山北到福泉山的高磁化率体，对应为低密度体，推测为隐伏的以黑云母二长岩为主的杂岩体。含矿的石英闪长斑岩沿龙头山到凤台山、沙湖山等地分布，顶界面高低起伏；此外，在胜岗北侧的第四系覆盖下面，也可能存在隐伏的石英闪长斑岩。不含矿的石英斑岩主要分布在含矿石英斑岩的东侧，表现为高密度低磁化率。八字口南的花岗闪长斑岩规模较小、埋深有限，在重磁三维反演中均未出现与围岩密度和磁化率的明显差异，未能有效从

岩性识别图中分辨出来。

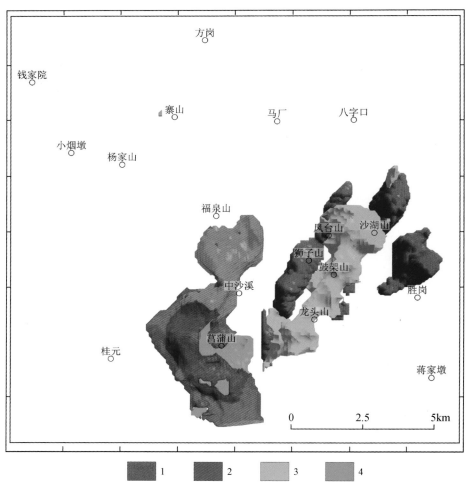

图 7.6 基于重磁三维反演的岩体空间分布推测图

1. 含矿石英闪长斑岩；2. 黑云母二长岩；3. 石英闪长斑岩；4. 闪长岩

2. 火山机构

重力三维反演结果中出现了两个近似圆柱形的低密度体（图 7.7），其中福泉山低密度体与已查明的破火山口位置吻合，另一处位于菖蒲山相对高密度体中的极低密度体，其规模比福泉山低密度体要大，该处有可能是一个破火山口或者是一个岩浆喷发通道，沙溪杂岩体可能正是沿着该通道上涌侵位形成的。

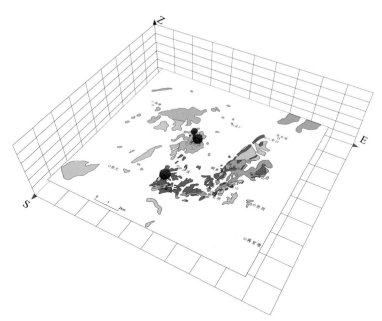

图 7.7　沙溪重力三维反演低密度体（蓝色）三维形态

第三节　AMT 探测试验

一、数据采集与质量评价

1. 试验部署

本次 AMT 探测试验主要部署在矿区凤台山和铜泉山矿段。探测剖面走向 NE104°，间距 100 m，长 1.8～2.0 km，测点距 40 m 或 50 m，共完成探测剖面 18 条，测点 736 个，累计长度 35.75 km。AMT 探测剖面位置如图 7.8 所示。

2. 野外数据采集

野外数据采集工作于 2010～2012 年冬季、春季进行，共投入两台套 EH4 连续电导率成像系统。测点位置根据野外 GPS 实际测量结果确定，剖面端点坐标见表 7.2。

采集数据之前，对两台仪器进行了检查和一致性对比试验，试验结果表明两台仪器工作正常且单点电阻率曲线形态一致，相应频点之间的平均相对误差小于 10%。测量时，将测线方向定为 X 方向，垂直测线方向为 Y 方向，通过"十"字形布设的电极和水平磁探头，在时间域连续测量电磁场信号，观测正交的电场、磁场分量。采集频率范围 12.6 Hz～96 kHz。滤波频率设为 50 Hz。

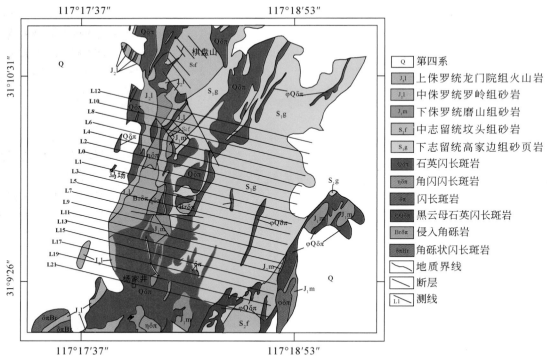

图 7.8 沙溪矿床探测试验剖面部署图

表 7.2 AMT 测线端点坐标一览表

线号	起点坐标		终点坐标		线号	起点坐标		终点坐标	
	X	Y	X	Y		X	Y	X	Y
0	530029	3449258	528041	3449760	1	530005	3449161	528017	3449663
2	530053	3449355	528066	3449856	3	529980	3449064	527992	3449566
4	530078	3449452	528090	3449953	5	529956	3448967	527968	3449469
6	530102	3449549	528115	3450050	7	529931	3448870	527943	3449372
8	530127	3449646	528139	3450147	9	529907	3448773	527919	3449275
10	530151	3449743	528164	3450244	11	529882	3448676	527894	3449178
12	530176	3449840	528188	3450329	13	529858	3448579	527870	3449081
					15	529833	3448482	527846	3448984
					19	529788	3448282	527797	3448790
					17	529809	3448385	527822	3448887
					21	529761	3448187	527785	3448699

3. 质量保证及评价

矿区植被茂密、村庄房屋、高压和民用电网密集、钻机振动、人文及场地环境等对测量带来一定的干扰，通过适当调整测点距离、电极布设方式和采集参数等措施尽可能地减少对测量的干扰，取得了较好的效果。

野外数据采集严格按照相关规范执行。为了保证数据质量，完成质量检查点 43 个，质检率达 5.8%。通过对比，视电阻率和相位曲线前后形态基本一致，表明本次野外 AMT 数据采集工作操作规范，获得的野外数据质量可靠。

二、数据处理

由于 AMT 探测观测的是天然的大地电磁场，能量相对较弱易受到干扰源的干扰，致使部分测点曲线形态产生畸变；另外，地表不均匀体产生的近场源效应使得曲线出现漂移等现象。因此，在数据反演之前，针对以上问题对数据做了时间域去噪、曲线圆滑处理及静位移校正等工作（详细见第六章第三节）。通过一系列的数据处理工作，数据质量得到了明显的改善（图 7.9）。

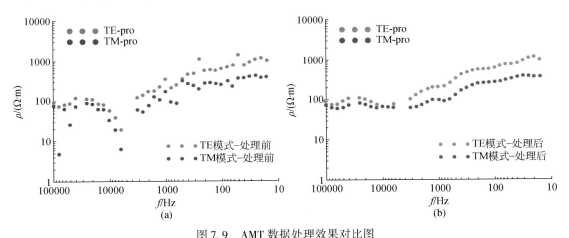

图 7.9　AMT 数据处理效果对比图

（a）L12 线 23 号点处理前，（b）L12 线 23 号点处理后

三、数据反演与解释

大地电磁测深反演方法适用于 AMT 数据的反演，且二维反演方法已比较成熟，常用的方法有 OCCAM 法（Constable *et al.*，1987）、RRI 法（Smith and Booker，1991）、REBOCC 法、非线性共轭梯度方法（NLCG）（Rodi and Mackie，2001）等。基于使用 Bostick 法（IMAGEM 软件）、OCCAM 法、RRI 法和 NLCG 法对 AMT 数据反演结果的对比，最终选择 NLCG 法对全部 AMT 数据进行了反演，综合考虑反演拟合差、模型光滑度以及地质资料等因素，在不断修改初始模型和反演参数的基础上得到了 18 条 AMT 二维反演电阻率断面图（图 7.10）。

为了对比 AMT 探测试验的效果，选取对 L10 线、L8 线和 L6 线二维反演得到的电阻率-深度剖面（图 7.11、图 7.12 和图 7.13）进行电性结构分析。从图中可以看到整个剖面范

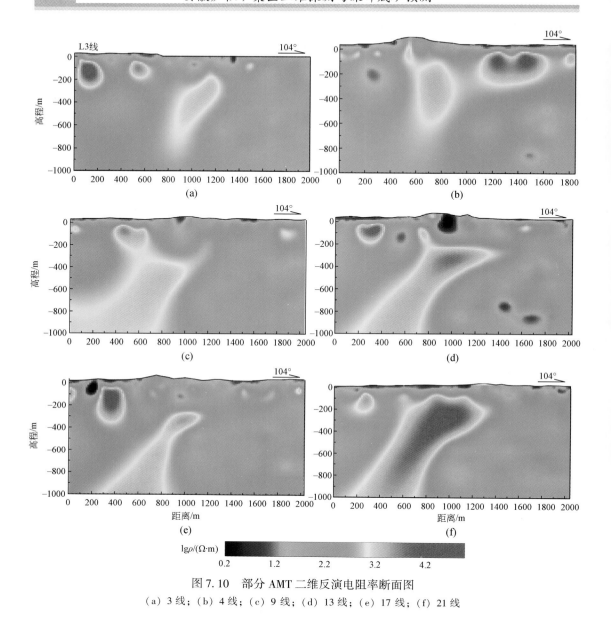

图 7.10　部分 AMT 二维反演电阻率断面图

（a）3 线；（b）4 线；（c）9 线；（d）13 线；（e）17 线；（f）21 线

围电性结构较为简单，显示出 3 种不同的电性体：①低电阻率电性体，电阻率值范围在 10 ~ 100 Ω·m，在剖面上主要呈条带状分布于浅表，延伸由地表向下不超过 50 m；其次，在剖面中深部呈椭圆状零星散布。②中等电阻率电性体，电阻率范围在 200 ~ 500 Ω·m，该电性体广泛分布于剖面整个范围，构成背景电阻率值，分布范围可由地表一直向下延伸至 -1000 m 深度，常在该电阻率值区域存在零星分布的低电性体，使得该电阻率值变化较大，等值线曲线较为凌乱。③高电阻率电性体，电阻率范围在 800 Ω·m 以上，该类型的高阻电性体常呈钟状或蘑菇状由剖面深部上延到近地表；而在近地表整个剖面范围存在水平分布的近乎相连的串珠状高阻电性体。

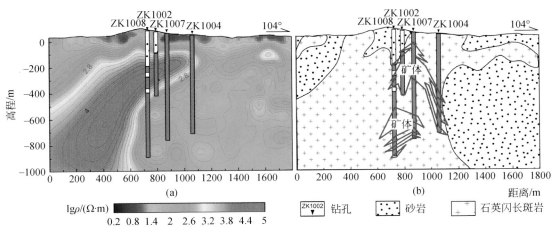

图 7.11　L10 线 AMT 探测电阻率–深度剖面图（a）及地质解译图（b）

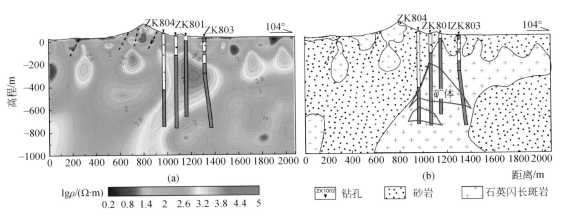

图 7.12　L8 线 AMT 探测电阻率–深度剖面图（a）及地质解译图（b）

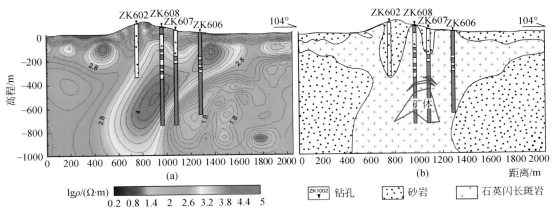

图 7.13　L6 线 AMT 探测电阻率–深度剖面图（a）及地质解译图（b）

　　根据矿区地质概况可知：剖面范围出露的地层或岩体主要有第四系砂砾岩层、侏罗系罗岭组和磨山组砂岩、志留系高家边组和坟头组泥质粉砂岩（粉砂岩、砂页岩）、石英闪长斑岩、黑云母石英闪长斑岩等。侏罗系砂岩主要分布于矿区西部，厚度可达几百米，而志留系砂岩地层主要分布在矿区的西部，厚度也达百米，而石英闪长斑岩为主的酸性杂岩体侵位于志留系砂岩地层组成的背斜核部，成为主要的容矿岩体。基于以上矿床地质概况，根据二维电阻率–深度剖面所显示的电性结构特征和地质勘探剖面等综合分析对电性结构做如下框架性的解译：低阻电性体可能是浅表分布的第四系沉积物；中电阻率（200～500 Ω·m）电性体可能为容矿围岩（侏罗系和志留系砂岩地层）；高电阻率电性体（>800 Ω·m）可能为以石英闪长斑岩为主体的酸性侵入杂岩体。

第四节　CSAMT、TEM 与 SIP 探测试验

一、数据采集与质量评价

1. CSAMT、TEM 和 SIP 试验部署

　　本次 CSAMT、TEM 和 SIP 探测试验部署在凤台山矿段，共设计 3 条 CSAMT 剖面（L8、L10 和 L12）、3 条 TEM 剖面（L8、L10 和 L12）和 1 条 SIP 探测剖面（L10），具体位置见图 7.8 所示。数据采集均使用加拿大 PHOENIX 公司生产的 V8 多功能电磁测量系统。

2. 野外数据采集

1）CSAMT 数据采集

　　CSAMT 数据采集使用电偶源标量测量方式。首先，通过参数设置试验确定如下主要采集参数：收发距 7.5 km，发射极距 2 km，发射电流 10 A，供电电压 700～900 V，去噪系数 3，点距 40 m，接收极距 40 m，采集频率为在 10～5120 Hz 范围内的 40 个频点。确定采集参数后，通过发射标量场源信号并在发射极 AB 中垂线±30°覆盖范围之内测量平行于剖面的电场水平分量和磁场水平分量。

2）TEM 数据采集

　　TEM 数据采集使用中心回线法，使用磁场场源，测量供电间隙的二次磁场信号。通过试验确定了采集参数：线框大小为 400 m×400 m，发射电流 10～15 A，点距 20 m，采集频率为 25 Hz、2.5 Hz 和 1.25 Hz 三个频点，采集 0.08～151 ms 的数据，增益设置为 4，叠加次数 60 次。

　　设计的 3 条 TEM 探测剖面相邻，为了增加数据采集效率，布设发射线框时使其横向覆盖 3 条剖面范围，这样可以同时对线框范围内的 3 条剖面进行测量。每次可以测量每条线位于线框中心位置 1/3 长度范围的 8 个点，然后沿测线向前挪动发射线框，依次测量。

3）SIP 数据采集

　　SIP 数据采集采用偶极–偶极装置，测量视复电阻率频谱或视时变电阻率谱（或激电

场的衰减曲线）。数据采集前通过试验和试验区场地条件确定了以下采集参数：发射极距 $AB=200\ m$，接收道间距 $50\ m$，电流 $10\ A$，发射频率 25 个（$0.0313\sim128\ Hz$），叠加次数 60，增益为 4，滤波因子 2。

数据采集时将 V8 主机和三个辅助盒子相连组成一个排列同时采集数据，每个排列 12 道，共采集 16 个排列的数据。

3. 质量评价

野外数据采集按照《可控源声频大地电磁法勘探技术规程》（SY/T 5772—2002）、《地面瞬变电磁法技术规程》（DZ/T 0187—1997）等相关规范执行，确保采集到合格的数据。

二、数 据 处 理

数据处理包括预处理和针对性的处理。首先，利用 V8 多功能电法仪配套的 CMTPro、TEMPro、SIPPro 软件对 CSAMT、TEM、SIP 数据通过数据导入、数据筛选、修改参数、数据编辑和结果输出等步骤进行了预处理。

其次，对 CSAMT、TEM、SIP 数据预处理的结果进行了频率域、时间域去噪处理以及静位移校正等。CSAMT 数据处理的关键是对静态效应的校正和近场源数据的处理。CSAMT 静态效应校正采用曲线平移法，通过比较相邻的几个测点的数据，判别各条曲线是否受静态效应影响，通过对受静态效应影响的整条曲线进行平移的方法来进行校正。TEM 数据采集时进行了多次叠加，不接地发射源较好地避免了静态效应和近场效应的干扰，数据处理时将视电阻率曲线尾支由于信号能量太弱、跳动太大的"飞点"进行了剔除。SIP 数据在 SIPPro 数据预处理的基础上利用 SFIPX–SW 软件进行了电极坐标偏差校正、去除电磁耦合校正等处理。

三、数据反演与解释

1. CSAMT 反演与解释

对采集到的 3 条 CSAMT 剖面数据进行了二维平滑模拟反演，得到了 3 条剖面的电阻率–深度断面图（图 7.14）。

从 3 条剖面的 CSAMT 反演电阻率–深度剖面图中可以看出，与 AMT 反演断面相似，在剖面范围电性结构特征同样表现为"背景中阻、局部高–低阻"的 3 种不同的电性体：①低电阻率电性体，电阻率值范围在 $100\ \Omega\cdot m$ 以下，在不同的剖面上形状有所差异，L12 剖面上呈带状覆盖浅表层，厚度不超过 $50\ m$，L10 和 L8 剖面上低阻体分布广泛，除浅层覆盖外，在山尖两侧均有向下延伸的低阻体，深度可达 $-400\ m$。②中等电阻率电性体，电阻率范围在 $200\sim800\ \Omega\cdot m$，该电性体广泛分布于 3 个剖面整个范围，构成背景电阻率值，纵向可由地下 $-50\ m$ 延伸至 $-1000\ m$ 深度。③高电阻率电性体，电阻率范围在 $800\ \Omega\cdot m$ 以上，在 L10 和 L12 剖面上表现 $-200\ m$ 以浅水平串珠状分布的电性体，在山尖下方存在钟状的高阻电性体，延伸至 $-600\ m$。虽然 L8 线同样存在 3 种不同的电性体，但电性结构与其余两个剖面差异较大。总体来看，因为 CSAMT 采用二维平滑模拟反演，所以反演断面要比 AMT 反演剖面显得光滑。将 3 条剖面结合勘探剖面对比发现，L12 线和 L10 线中的钟状高阻电性体基本对应勘探剖面揭示的石英闪长斑岩体，矿体位于岩体靠南东一侧，部分矿体位于中阻电性体中（或为岩体与围岩的过渡带），金属硫化物可能是引起该低电阻率值的主要因素。

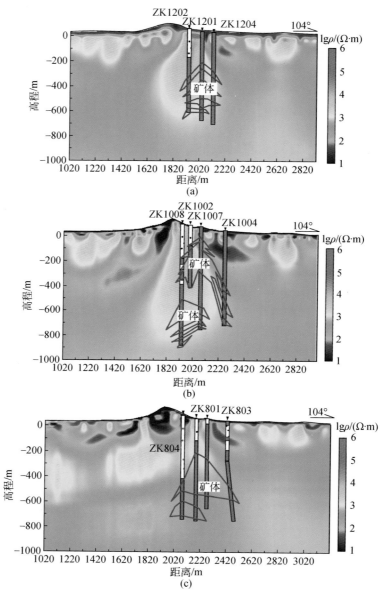

图 7.14　L2 线（a）、L10 线（b）及 L8 线（c）CSAMT 探测电阻率–深度剖面图

2. TEM 反演与解释

通过对 3 条剖面 TEM 数据进行一维反演得到了每条剖面的电阻率–深度断面图，如图 7.15 所示。

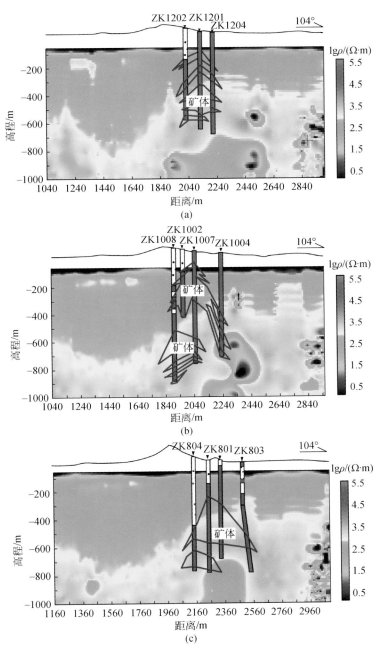

图 7.15 L8 线（a）、L10 线（b）及 L12 线（c）TEM 探测电阻率–深度剖面图

从 TEM 反演断面可以看出，L8 线、L10 线和 L12 线具有相似的电性结构，也存在 3 个不同电阻率值范围的电性体：①低电阻率电性体，电阻率值在 20 Ω·m 以下，主要分布在深度–50 m 以浅的范围。另外，在靠南东侧高阻电性体中零星分布点状的低阻区域。②中等电阻率电性体，电阻率范围在 100 ~ 800 Ω·m，该电性体广泛分布于 3 个剖面整个范围，但深度上有所差异，在剖面北西部深度可达–700 m，而在南东部深度在–400 m 左

右。③高电阻率电性体，电阻率范围在 800 Ω·m 以上，该高阻电性体在 3 个剖面上具有相似的结构，位于中电阻率电性体下方，从北西向南东顶界面逐渐抬升至-400 m 左右。

通过对 3 条探测剖面已有的勘探剖面比对发现，深部矿体位置位于高电阻率电性体，而较浅部的矿体则位于中-低电阻率电性体中，表明钻孔揭示的石英闪长斑岩体在 TEM 反演断面纵向上电阻率变化较大，石英闪长斑岩表现出浅层低阻、深部高阻的电性特征。

3. SIP 反演与解释

对 L10 线 SIP 数据进行视电阻率和视相位数据的 2.5D 联合反演（范翠松等，2012），得到了零频电阻率、极化率、频率相关系数和时间常数四个参数的反演结果图（图 7.16）。

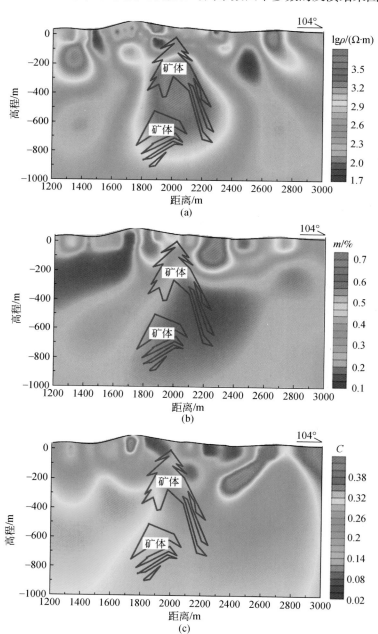

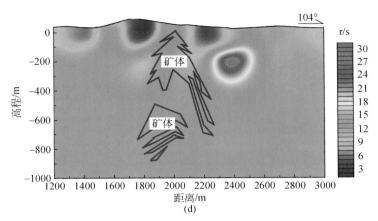

图 7.16　L10 线 SIP 反演断面图（图中蓝色封闭区域为钻孔控制的矿体范围）

(a) 零频电阻率；(b) 极化率；(c) 频率相关系数；(d) 时间常数

从零频电阻率断面可以看出，在山尖下方存在高阻电性体，电阻率值在 1000 Ω·m 以上；在其两侧则出现向相反方向倾斜的低电阻率电性体，电阻率值小于 100 Ω·m；在剖面两端则是电阻率值在 200~600 Ω·m 的中电阻率电性体，其间有零星的高阻体分布。根据矿区地层、构造特征和钻孔信息，主体高阻电性体是含矿岩体的反映，而零散的高阻体可解释为岩枝或小的岩体，而中-低阻区域则应该是侏罗系和志留系砂岩地层的表现。SIP 反演结果表明矿体具有较小的时间常数，而频率相关系数由浅至深逐渐变大。频率相关系数主要反映矿物颗粒的均一性特征。在岩浆上侵过程中，随着温度和压力的急剧下降，快速上升的岩浆由于气体的溢出和迅速结晶，导致结晶体颗粒大小不同，结构复杂，不均匀性严重，因此浅部频率相关系数较小，而深部矿物结晶缓慢，晶体的均一性较好，频率相关系数则会相对较大。反演结果表明矿体极化率约为 20%，并没有表现出高极化特征；但是在浅部的砂岩地层则出现较高的极化率，可能是砂岩中存在的碳质成分在岩浆侵入过程中发生接触蚀变引起的。

第五节　综合分析与讨论

一、重磁三维反演信息

重磁三维反演结果可以反映岩体、构造等丰富的地质信息，为深部找矿提供重要参考依据。

图 7.4 中 AA′剖面经过福泉山火山机构，凤台山矿段（综合电磁法试验区）等，地表地质情况表明除福泉山和凤台山外，其余地表均为第四系覆盖，为了获取沿剖面的深部地质构造情况，沿该剖面截取了磁化率和密度差剖面（图 7.17）。

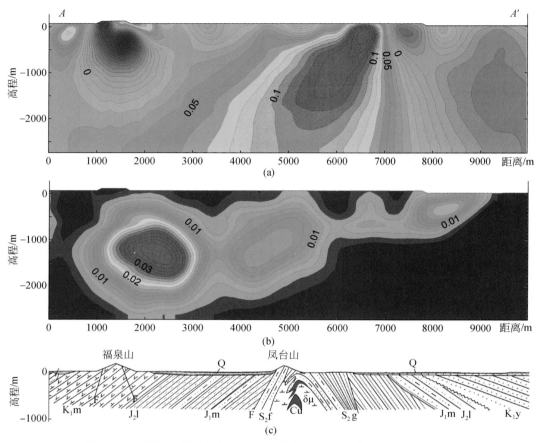

图 7.17　沙溪 *AA'* 剖面密度差（a）；磁化率（b）和推测地质剖面（c）

（地质剖面图据张千明等，2005[①]修改）

　　密度差剖面中左端低密度体反映了福泉山火山机构的形态，高密度体反映了石英闪长斑岩，在 5000 点附近出现的低密度凹陷，具有弱磁化率，可能是凤台山矿段含矿斑岩体的反映。在磁化率剖面上，自西向东、从深到浅依次分布着 4 个串珠状的高磁化率体，可能是沙溪岩体及岩枝。重磁反演剖面表明，无论是高密度体还是高磁性体，均呈北西向倾斜，反映了岩浆活动是从北西向南东方向侵入的。重磁反演剖面表明福泉山和凤台山附近的重磁特征与地质情况吻合，因此，通过重磁三维反演结果来解译第四系覆盖区深部地质构造特征是可行的。

二、电磁法探测效果分析

　　本次 AMT 探测试验共得到了 18 条 AMT 二维反演电阻率断面图，通过对探测剖面的立体显示，清晰地反映出了凤台山至铜泉山矿段深部−1000 m 范围的电性变化趋势，如图

---

①　张千明，邱金喜，池月余 . 2005. 安徽省庐江县狮子山−八字口铜金矿区凤台山矿段普查报告

7.18 所示。从图中可以看出：①在 L3 线以南的区间，剖面的中段均出现由深向浅分布的高电阻率电性体（>800 Ω·m），电性体由北西向南东方向倾斜，沿纵向延展远远大于横向；而在该组高阻体的北西侧则散布零星的瘤状高阻体。②在 L3 线以北的区间，高电阻率电性体分布范围较广，在剖面的中段还是主体高阻体，而在剖面南东侧表现为浅而小的多个高阻体。总体看来，高电阻率电性体基本沿着北北东方向分布。

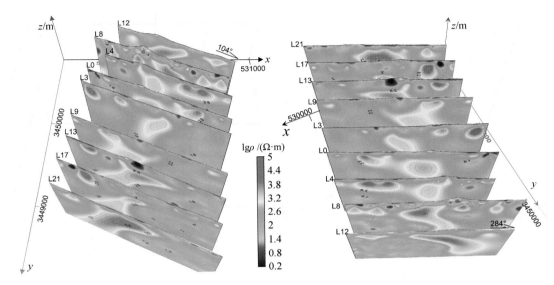

图 7.18　AMT 探测二维反演电阻率–深度剖面立体示意图

通过第三节中对典型剖面的电性体特征分析和解译，将该高阻电性体推测为岩体，钻孔资料表明该高阻岩体即为石英闪长斑岩体。在剖面北西侧的中–低阻电性体则是第四系和侏罗系砂岩的反映；南东侧的中电性层（200~600 Ω·m）即志留系高家边组和坟头组砂岩地层；而呈高阻特征的岩株、岩枝及岩瘤等则在南东侧的志留系地层中分布较多。探测表明，呈高阻特征的石英闪长斑岩体向北沿北东和北北东向复式背斜呈枝杈状撒开。

以上框架性的解译与实际情况存在一些矛盾，因为决定电阻率的因素是多样的，如风化程度、含水度、孔隙率、岩石的致密性、矿石结构、矿物成分、温度和压力等。在对典型剖面分析时发现以下几个问题：①地表出露的侏罗系和志留系地层或呈现高阻或呈现低阻，若砂岩地层风化、破碎严重，受断裂切割富水等都可导致电阻率急剧下降，而砂岩结构致密、含长石石英矿物或石英脉等时可能表现为高电阻率电性体。②石英闪长斑岩等酸性岩体出露地表，因风化等因素也会表现出低电阻率特征。③从 L10、L8、L6 和 L12 线（与 L10 线电阻率–深度剖面结构相似）电阻率–深度剖面中可以看出，钻孔揭示的石英闪长斑岩表现出不同的电阻率值，电阻率高值可达上千欧·米，主要出现在岩体的顶部和北西侧（不含矿），低值可降到 100~300 Ω·m，主要出现在岩体的底部靠南东一侧（经钻孔揭示常富矿）与志留系高家边组砂岩接触带。由岩矿分析可知，矿床主要金属矿物有黄铁矿、黄铜矿和斑铜矿等，而矿体含有金属硫化物则往往会引起低电阻率值异常，因此，这一与石英闪长斑岩体相关的低阻异常可能是寻找富矿部位的标志。

　　L10 线除了进行 AMT 探测外，还开展了 CSAMT、TEM 和 SIP 探测试验，探测剖面见图 7.19。对比 3 种方法的电阻率反演断面可以看出，虽然均显示出高-中-低的三种电性结构体，但形态却不尽相同。CSAMT 法反演的电阻率剖面与 SIP 法反演的零频电阻率剖面吻合较好，主要的电性结构体基本一致，并且 SIP 反演结果的分辨率相对更高。在 SIP 零频电阻率剖面中，矿体两侧出现的向相反方向倾斜的低阻条带可能是岩浆在侵入背斜核部时，由于核部砂岩地层的破碎及后期断裂错动造成的。SIP 另外一个反演参数就是极化率，

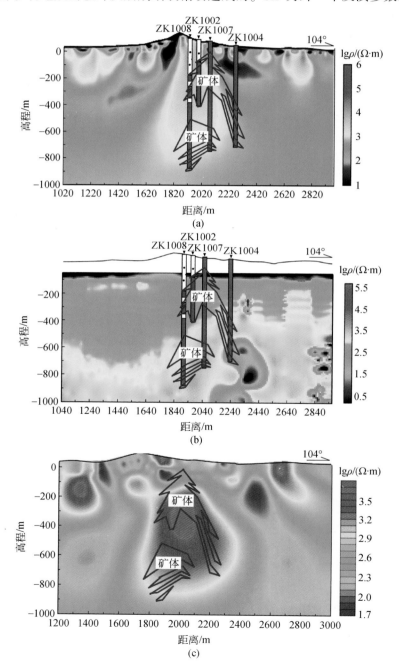

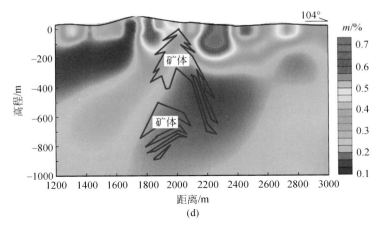

图 7.19　L10 线 CSAMT、TEM 和 SIP 综合探测结果图

（a）CSAMT 二维反演断面；（b）TEM 一维反演断面；（c）SIP 反演断面（零频电阻率）；（d）SIP 反演断面（极化率）

一般利用极化率曲线的变化和电阻率的低阻畸变来确定找矿部位，但是从极化率反演断面上显示钻孔控制的矿体并未出现高极化率特征，反而具有较低的极化率。综合 SIP 各参数反演断面可以看出：矿体具有高电阻率，相对低极化，中等频率相关系数和较小的时间常数的特点。TEM 反演断面则与 CSAMT 和 SIP 电阻率反演断面差别较大，高阻电性体分布的范围要大得多，特别是志留系的地层显示高阻特征，利用 TEM 电阻率区分岩体和围岩边界难度较大。

三、斑岩型铜矿探测方法技术组合分析

本次沙溪斑岩铜矿综合探测试验包括两个层面的内容：①沙溪地区重磁探测试验；②已知矿段综合电磁法探测试验。利用重磁三维反演得到的密度和磁化率特征，较好地刻画出了闪长岩、黑云母二长岩、石英闪长斑岩和含矿石英闪长斑岩在空间上的分布范围，为深部及外围找矿指明了方向。而已知矿段的综合电磁法探测试验旨在通过部署在已知矿段的探测剖面，与已有地质、钻孔等数据进行对比，确定各种探测方法在斑岩铜矿定位与预测中的有效性。综合电磁法探测试验结果表明，AMT 探测方法虽然观测的是天然的电磁场，受干扰因素较多，但通过一系列的数据处理和反演工作，还是可以很好地反映出岩体的空间展布特征，为深部和外围找矿提供参考。CSAMT 和 SIP 探测方法的精度相对 AMT 要高，高阻体与岩体（矿体）吻合较好，能够很好地刻画岩体的形态和控岩控矿构造。TEM 探测方法的分辨率相对较低，要较好地定位深部岩体比较困难。

四、成矿背景分析与找矿预测

1. 岩浆运移通道与成矿背景

沿图 7.4 中 *AA′* 剖面截取了磁化率和密度差剖面（图 7.17），在推测地质剖面上，除福泉山和凤台山外，其余地表均为第四系覆盖，在无钻孔揭露地段，无法反映深部真实地

质情况。通过重磁反演，可发现福泉山和凤台山附近的重磁特征与地质情况吻合，因此，我们认为其余第四系覆盖地段下的深部地质特征可通过重磁三维反演结果来推断解释。密度切片中左端低密度体反映了菖蒲山火山机构的形态，高密度体反映了石英闪长斑岩，在5000点附近出现的低密度凹兜，具有弱磁化率，应该是凤台山矿段含矿斑岩体的表现。在磁化率剖面上，自西向东、从深到浅，依次处理了四个高磁化率体，反映了沙溪岩体的四个分支。无论是高密度体还是高磁性体，均向北西方向倾斜，反映了岩浆活动是从北西向南东方向侵入的。大地电磁探测结果也反映了沙溪岩体来自北西方向（图4.25），从图中可以看出，沙溪岩体为中高电阻率，向北西方向倾覆，到深部与大岩基连为一体，南东方向为低阻区将其与庐枞盆地隔断，说明沙溪岩体形成与庐枞盆地形成无直接关系，同时也说明沙溪斑岩铜矿与庐枞玢岩铁矿可能并不是同一成矿体系。王强等（2001）在对沙溪侵入岩进行系统岩石地球化学研究的基础上，从adakite质岩石角度阐述了沙溪侵入岩的成因，认为沙溪侵入岩不是由俯冲的洋壳熔融形成，而是由底侵的玄武质下地壳熔融形成，该玄武质下地壳的物质来自于富集地幔，这也说明沙溪岩体是深部岩浆沿北西侧的深大断裂上升侵位形成的。

　　图7.17中的地质内涵可以通过如图7.20所示的模式来解释，即福泉山下存在一个火山机构，岩浆沿此上涌喷发，形成附近的粗安岩、凝灰岩等火山岩，并有大量硫化物随之喷出，在适当位置富集形成陆相火山热液铅锌、硫铁矿等，如打银山铅锌矿。随着火山活动减弱，逐渐以侵入活动为主，沿着围岩中的软弱地段自西向东侵位，由于岩浆分异，在不同地段形成了不同类型的岩枝、岩瘤。沿着岩浆通道，萃取了围岩中的金属元素，在有利地段富集成矿，如在凤台山附近的志留系地层中形成了含矿的石英闪长斑岩。

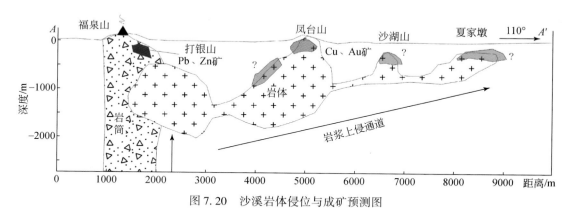

图7.20　沙溪岩体侵位与成矿预测图

2. 找矿预测

　　在凤台山矿段开展的音频大地电磁探测结果也表明含矿石英闪长斑岩向北西方向倾伏，间接证明岩体是北西向南东侵位的。图7.12为凤台山矿段8线音频大地电磁反演结果，根据2D电阻率–深度剖面所显示的电性结构特征和地质勘探剖面等综合分析，对电性结构做如下框架性的解译：低阻电性体可能是浅表分布的第四系沉积物；中电阻率（$200 \sim 500 \, \Omega \cdot m$）电性体可能为容矿围岩（侏罗系和志留系砂岩地层）；高电阻率电性体（$>800 \, \Omega \cdot m$）可能为以石英闪长斑岩为主体的酸性侵入杂岩体，钻孔资料表明该高阻岩体即为石英闪长斑岩体。探测表明，呈高阻特征的石英闪长斑岩体自北西向南东呈枝杈状撒开，这与重磁三维反演结果基本一致（Chen *et al.*，2012）。从音频大地电磁探测还可看出，目前发现的矿体赋存于高阻石英闪长斑岩中，音频大地电磁反演结果刻画了石英闪长斑岩体的分布范围，该岩体向东依然有延伸，是找矿的有利地段。

综合重磁三维反演结果和音频大地电磁探测结果，认为沙溪铜矿东侧外围的沙湖山和夏家墩等地是寻找斑岩型铜金矿的有利地段，凤台山西部也有可能存在隐伏矿体，但其埋深要比沙湖山和夏家墩等地深（严加永等，2014）。

小　　结

通过开展重磁及综合电磁法探测试验研究，完成了沙溪地区重磁数据处理及三维反演、AMT、CSAMT、TEM 及 SIP 探测剖面数据采集处理、解释及应用效果对比研究，取得了以下几点认识：

（1）三维重磁反演基本实现了岩体填图，根据重磁特征区分出闪长岩、黑云母二长岩、石英闪长斑岩和含矿石英闪长斑岩在三维空间的分布，为圈定找矿靶区提供了参考。

（2）含矿斑岩体具有弱磁性和低密度。地表弱磁−低重力组合及三维反演结果揭示的高密度体边上的低磁性体是成矿有利地段。

（3）三维重磁反演和综合电磁法探测均表明岩体由深到浅向北西倾斜，在矿区北西侧呈岩枝、岩瘤状的高阻体分布广泛，沙溪西北地区应是找矿突破的重点区域。

（4）AMT、CSAMT 和 SIP 方法对岩体和构造反映较好，可以有效地圈定含矿岩体。综合探测结果表明，含矿石英闪长斑岩体具有高电阻率，较低极化率，小时间常数和中等频率相关系数的特点。

第八章 深部找矿预测

第一节 区域成矿模式

一、典型矿床特征

庐枞矿集区内矿产资源种类较多，盆地内现已探明的有铁、硫、铜、铅锌、银和明矾石等28个矿种，矿区内大中型矿床包括沙溪铜金矿床、泥河铁矿床、罗河铁矿床、龙桥铁矿床、马鞭山铁矿床、大包庄硫铁矿床、大岭铁矿床、矾山明矾石矿床和井边铜矿床，此外还有马口、盘石岭等小型矿床（图2.2）。庐枞矿集区主要矿床地质特征见表8.1，矿床详细地质特征见下文所述。

1. 沙溪铜金矿床

庐江县沙溪矿床位于长江中下游成矿带庐枞火山岩盆地外围、郯庐断裂带内，距离沙溪镇约2 km，目前矿床已经探明铜金属资源量约100万t，金资源量约40 t。

1）地层

沙溪地区出露地层主要有志留系、侏罗系、白垩系及第四系，其中志留系、侏罗系主要出露于矿区中部（图8.1），白垩系零星分布在矿区西南和东南边部的地势低平处，早白垩世陆相火山岩主要分布于矿区的西北和东南部，该火山岩系不整合覆盖于侏罗系之上，并被后期的白垩系不整合覆盖。

2）构造

矿区内的构造以褶皱和断裂为主，可分为印支期和燕山期两期。以早侏罗世地层不整合界面为界，将前侏罗纪地层（以志留系为主）组成的褶皱构造划为印支期，侏罗纪以后包括白垩纪火山岩系在内地层所组成的构造划为燕山期。印支期区主要发育由志留系高家边组、坟头组组成的一系列北北东向、南西倾伏的复式褶皱构造，主要有棋盘山向斜和铜泉山背斜，是区域菖蒲山-盛桥复式背斜的组成部分。铜泉山背斜是区内的主要褶皱，位于铜泉山一带，轴面走向北北东向，近轴部岩层陡立，轴面往南东倾斜，北西翼地层较陡，一般倾角60°以上，部分直立或倒转；南东翼稍缓，多在50°以上，近轴部岩层陡立，显示强烈挤压特征，并多被岩体侵位。区内断裂可归并为四组，即近东西向、北东向、北北东向和北西向，其中北北东向断裂最为发育，北东向断裂次之。

表 8.1 庐枞盆地主要矿床地质特征表

矿床名称	矿体形态	控矿构造	赋矿围岩	主要侵入体	矿物组合	矿石结构构造	围岩蚀变
盘石岭铁矿床	层状、扁平镜状	沉积层	砖桥组下段凝灰岩、沉凝灰岩、角砾岩、粉砂岩	未见侵入体	石英-赤铁矿，石英-磁铁矿，石英-黄铁矿-磁铁矿	块状、条带状、角砾状及浸染状构造；显微细晶结构、鳞片状结构	硅化
岳山铅锌银矿床	透镜状、似层状、囊状	次火山岩体与火山岩和沉积岩接触构造带	主矿体产于粗安斑岩及粉砂岩中	粗安斑岩	方铅矿-闪锌矿，石英-方解石；石英-方解石-自然银	块状、条带状、浸染状、角砾状构造及层纹状构造	绢云母化、黄铁矿化、碳酸盐化、赤铁矿化
井边、拔茅山等铜金矿床	透镜状、脉状	次火山岩体内部的裂隙带	主矿体产于粗安斑岩中的裂隙或二长岩中	粗安斑岩或二长岩	黄铜矿-斑铜矿-黄铁矿，石英-碳酸盐	脉状、网脉状、块状、角砾状	硅化、叶蜡石化、碳酸盐化、绢云母化和高岭土化
罗河铁矿床	脉状、网脉状、层状、似层状	近接触带岩体冷缩裂隙及破碎带	闪长玢岩中，部分位于砖桥旋回粗安岩或黑云母辉石安山岩中	闪长玢岩	磁铁矿-硬石膏-磷灰石，黄铁矿-硬石膏，石膏-黄铁矿-磷灰石	自形-半自形晶结构，块状、浸染状、脉状、网脉状、角砾状构造	上部为泥英岩浅色蚀变带，中部为磁铁矿-绿泥石-绿帘石-碳酸盐叠加蚀变带，以及夕卡岩化深色蚀变带
泥河铁矿床	浸染状、似层状、脉状、网脉状、透镜状	近接触带岩体冷缩裂隙和破碎带	闪长玢岩中，部分位于砖桥旋回粗安岩或黑云母辉石安山岩中	闪长玢岩	磁铁矿-透辉石，黄铁矿-硬石膏，磁铁矿-石榴子石-硅灰石-硬石膏，石英-硬石膏-闪锌矿-辉钼矿-方铅矿-方解石-重晶石	自形、半自形-他形晶粒结构；块状构造、稠密或稀疏浸染状构造、角砾状构造、网脉状构造和脉状构造	上部为泥英岩浅色蚀变带，中部为磁铁矿-绿泥石-绿帘石-碳酸盐叠加蚀变带，以及夕卡岩化深色蚀变带
杨山铁矿床	浸染状、脉状、网脉状	近接触带岩体冷缩裂隙带和破碎带	闪长玢岩中	闪长玢岩	磁铁矿-磷灰石-金云母，石英-黄铁矿-绿泥石-绿帘石；石英-黄铁矿-硬石膏	自形-半自形晶结构，块状、浸染状、脉状、网脉状构造	钠长石化、绿泥石化、绿帘石化、碳酸盐化、夕卡岩化

续表

矿床名称	矿体形态	控矿构造	赋矿围岩	主要侵入体	矿物组合	矿石结构构造	围岩蚀变
龙桥、马鞭山铁矿床	透镜状,似层状	沉积层	东马鞍山组粉砂岩,泥质粉砂岩粉砂岩中	正长岩,可能存在深部闪长玢岩中	磁铁矿-菱铁矿-铁白云石-方解石,磁铁矿-铁白云石-石榴子石-透辉石(金云母),磁铁矿-透闪石-金(绿)云母-电气石-石榴子石	他形-半自形晶粒结构;块状构造,稠密浸染状构造或稀疏浸染状构造,条带层纹状构造,角砾状构造	夕卡岩化,绿泥石化,碱性长石化,角岩化,绿帘石化,后期的绢云母化,高岭土化,碳酸盐化
大岭铁矿床	透镜状	角砾岩及裂隙	闪长玢岩中,部分产于砖桥旋回凝灰岩中	闪长玢岩	赤铁矿-镜铁矿-石英-绢云母,赤铁矿-绢云母-绿泥石-黄铜矿-萤石	自形-半自形,他形粒状,细粒结构;块状,浸染状构造,其次为网状,条带状构造	硅化,绢云母化,高岭土化,绿泥石化
明矾石(如矾山、天官山)矿床	条带状,透镜状	火山岩岩层	产于砖桥旋回火山岩中的凝灰岩岩层	可能存在深部闪长玢岩	石英-明矾石-黄铁矿;明矾石-高岭石-地开石	自形-半自形,他形粒结构;块状构造,浸染状构造和细脉状构造	石英-黄铁矿化,绢云母化,高岭石化,地开石化,蒙脱石化等
大包庄硫铁矿床	似层状,穹窿状	内外接触带的角砾破碎带和裂隙中	产于砖桥旋回的角砾凝灰岩中	闪长玢岩	黄铁矿-硬石膏-磷灰石,假象赤铁矿-绿泥石-硬石膏-磷灰石-假象赤铁矿	自形-半自形晶结构;块状,浸染状,角砾状构造等	钠长石化,高岭石化,绿泥石化,硅化
马口、坳山 Fe-Cu-Au-U 矿点	透镜状,脉状	构造破碎带	产于石英正长岩或A型花岗岩内部	正长岩,A型花岗岩	磁铁矿-磷灰石-阳起石;金云母;石英-黄铁矿-黄铁矿,镜铁矿-石英-碳酸盐-沥青铀矿	块状,条带状,浸染状,角砾状构造	钾长石化,赤铁矿化,高岭石化,碳酸盐化
沙溪铜矿床	透镜状	区内褶皱和早期断裂	志留系高家边组砂岩	石英闪长玢岩	石英-钾长石±黑云母±硬石膏-黄铁矿±磁铁矿,石英-硬石膏-黄铜±斑铜矿±黄铁矿±辉钼矿	半自形-他形粒状结构,网脉状交代结构,网脉状浸染状构造,细脉浸染状构造	钾长石化,黑云母化,硅化,绢云母化

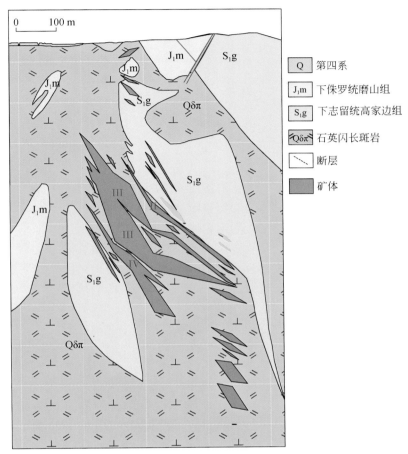

图 8.1　沙溪斑岩型铜矿床 13 号勘探线蚀变带及脉体分布图（据袁峰等，2012）

3）岩浆岩

矿区岩浆岩非常发育，岩浆活动主要集中于早白垩世，但前人的测年结果相差很大（傅斌等，1997；徐兆文等，2000；杨晓勇，2006；Wang et al.，2006）。

侵入岩岩石类型较多，主要有粗斑石英闪长斑岩、中斑石英闪长斑岩、细斑石英闪长斑岩、黑云母石英闪长斑岩，其次还有闪长玢岩、角砾状闪长斑岩、辉绿岩脉岩等（图8.1）。火山岩主要在矿区西北侧福泉山一带和东南部出露，主要为安山斑岩、熔岩、凝灰角砾岩等。地表上有数十个大小不一、形态不规则的出露体，呈北北东向，向北撒开，向南收敛的特点分布。中细斑石英闪长斑岩和黑云母石英闪长斑岩是主要的赋矿岩石，形成的精确年龄（锆石 U-Pb 年龄）为 131 Ma。

粗斑石英闪长斑岩：深灰色，斑状结构，块状构造。斑晶主要成分有斜长石和角闪石等，斜长石斑晶大小一般为 2.5～8.0 mm，基质由微细粒长石和少量石英、角闪石等组成（部分石英为次生），发育浸染状黄铁矿化。

中斑石英闪长斑岩：新鲜呈灰黑色、深绿灰色，斑状、似斑状结构，块状构造。斑晶主要为斜长石、角闪石、石英、少量黑云母等。斜长石斑晶大小一般为 0.5～3.0 mm，个别小至 0.25 mm，大小不均，基质由更长石及少量的钠长石、石英、角闪石、黑云母、碳酸盐等组成，发育钾硅酸盐化、青磐岩化和长石分解蚀变。在石英闪长斑岩与地层和粗石英闪长斑岩接触的地段，长石斑晶变小（斑晶大小为 0.3~2.0 mm），岩性转变为细斑石英闪长斑岩。

黑云母石英闪长斑岩：新鲜呈深灰色、绿灰色，中-细粒斑状结构，块状构造，斑晶主要为斜长石、角闪石、石英、黑云母等。黑云母斑晶含量约 5%，常蚀变为白云母、绿泥石、碳酸盐等矿物。基质部分变化较大，多数由微细粒长石和少量石英等矿物组成，常发育钾硅酸盐化、青磐岩化等蚀变。

4）矿化蚀变特征

沙溪斑岩型铜矿床共分为四个矿段，自南而北依次为龙头山矿段、断龙颈矿段、铜泉山矿段及凤台山矿段，其中凤台山矿段和铜泉山矿段为主要的矿化富集地段。

铜泉山矿段由四个矿体组成，最大的铜矿体主要赋存在石英闪长斑岩内，少量赋存在岩体上部外接触带的泥质粉砂岩中。主要矿体的形态复杂。矿体总体走向 15°~35°，倾向南东东，倾角 25°~55°。矿体长 884 m，宽 49~483 m；凤台山矿段由两个矿体组成，最大的铜矿体主要赋存在石英闪长斑岩岩体内，少量赋存在岩体上接触带的泥质粉砂岩及其捕虏体中。矿体形态较复杂，剖面上总体呈不规则的似层状、透镜状，矿体头部和尾部因不均匀矿化而出现分叉现象。矿体总体走向 32°~38°，倾向北西西，倾角 40°~66°。矿体长约 655 m，宽 122~346 m，平均宽约 252.5 m。

沙溪斑岩型铜矿床中的矿石类型主要包括含铜石英闪长斑岩和含铜砂岩。矿床中目前已发现的矿物种类约 40 余种。金属矿物主要有黄铁矿、黄铜矿、斑铜矿，其次为磁铁矿、赤铁矿、辉钼矿、菱铁矿等。非金属矿物主要有斜长石、钾长石、石英，其次为钠长石、绢云母、绿泥石、方解石等。矿石结构主要为自形晶粒状结构、半自形-他形粒状结构、网脉状交代结构、固溶体出溶结构等；矿石构造主要有脉状构造、网脉状构造、角砾状构造、细脉浸染状构造等。

沙溪斑岩型铜矿床发育有斑岩型矿床典型的围岩蚀变（图 8.1）：钾硅酸盐化、青磐岩化、石英绢云母化和高岭土化，晚期的石英绢云母化和黏土化在空间上很难分清楚，可合并为长石分解蚀变（Ulrich and Heinrich，2001；杨志明等，2008），不同类型的蚀变在空间上具有明显的分带现象，从深到浅发育有钾硅酸盐化、长石分解蚀变叠加钾硅酸盐化、长石分解蚀变和高岭土化等。伴随蚀变在空间上明显的分带，不同的脉体在空间上也有一定的分布规律。石英碳酸盐阶段的脉体分布范围较广，主要分布在岩体的上部；在岩体深部常穿插早期形成的脉体；钾硅酸盐阶段和石英硫化物阶段的脉体则较为集中，主要分布于岩体深部（袁峰等，2012）。铜的矿化始于钾硅酸盐阶段的晚期，石英硫化物亚阶段是黄铜矿主要的沉淀阶段，石英碳酸盐阶段也对成矿贡献了部分铜质。

矿床综合地质地球化学特征研究表明，沙溪铜矿床与沙溪岩体关系密切，矿床辉钼矿的 Re-Os 年龄为 130 Ma。

2. 泥河铁矿床

泥河铁矿床位于庐枞火山岩盆地的北西边缘，处于罗河—黄屯北东向成矿带上，南西距罗河铁矿床约 3 km，北东距龙桥铁矿床约 13 km，目前已探明铁矿石资源量约为

1.8 亿 t（赵文广等，2011）。

1) 地层

矿区内地层（图 8.2）主要为下白垩统砖桥组（K_1zh）和双庙组（K_1sh）火山岩，杨湾组（K_1y）砂岩及第四系（Q）。

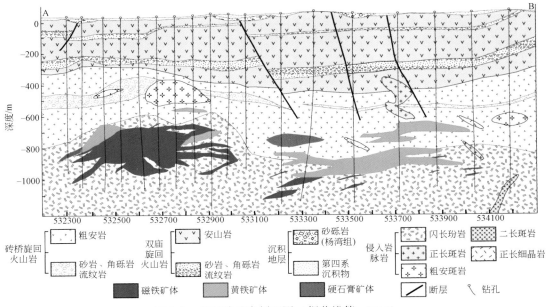

图 8.2　泥河铁矿床剖面图（据范裕等，2012）

砖桥组分为上下两个岩性段，砖桥组下段（K_1zh_1）主要为火山碎屑岩和沉火山碎屑岩，夹薄层粗安岩。岩性主要为含角砾凝灰岩、沉角砾凝灰岩、沉火山碎屑（角砾）岩和凝灰质粉砂岩等，通常遭受强烈蚀变作用，大部分岩石难以恢复原岩。总厚度大于 562.75 m。砖桥组上段（K_1zh_2）以熔岩为主，夹少量火山碎屑岩，岩性主要为黑云母粗安岩、辉石粗安岩、凝灰岩和凝灰质粉砂岩，常发育不同程度的硅化、黄铁矿化和硬石膏化。总厚度大于 212.52 m。

双庙组分为上下两个岩性段，双庙组下段（K_1sh_1）均为火山碎屑岩及沉火山碎屑岩，呈喷发不整合覆盖在砖桥组层位之上，总厚度 33.66～202.39 m。双庙组上段（K_1sh_2）以熔岩为主，夹少量火山碎屑岩。岩性主要为粗安岩、辉石粗安岩、辉石安山岩和凝灰质粉砂岩等，总厚度 106.60～339.75 m。

杨湾组主要岩性为红色砂砾岩，在矿区内较薄，厚度约 1～10 m，与下伏双庙组火山岩地层呈沉积不整合接触。

2) 构造

矿区构造较为简单，主要为火山岩地层的单斜构造和成矿期后的浅层断裂。

矿区火山岩地层产状平缓，深部地层产状略有起伏，总体倾向北西，走向 30°～50°，倾角一般 10°～20°，火山岩地层整体未形成明显的褶皱，主体为向北西倾的单斜构造，层面较为平直，局部略有起伏，可能受火山活动时原始地形及后期辉石闪长玢岩侵位影响。

矿区规模较大的断裂有 6 条，主要为北东向、近南北向和北西向。断裂均为浅层断裂，切割一般不深，断层断距也较小，少数深度达到砖桥组上段，断裂活动使得矿区浅部火山岩地层发生错断和位移。断裂均未切割矿体，为成矿后断裂，发育于白垩纪双庙旋回之后。

3）岩浆岩

矿区侵入岩主要为辉石闪长玢岩和脉岩（图 8.2）。辉石闪长玢岩为矿床主要成矿母岩及赋矿围岩，矿区内辉石闪长玢岩常受强烈蚀变及矿化作用的改造而变得较难以识别，矿区外围和深部可见较新鲜的辉石闪长玢岩。脉岩主要有正长斑岩、粗安斑岩、安山玢岩、细晶正长岩和辉绿玢岩等，脉岩多为成矿期后形成，穿切火山岩地层和矿体。

成矿岩体为辉石闪长玢岩，呈灰绿色，斑状结构为主，深部为斑状–不等粒状结构，基质为细粒结构，块状构造。斑晶为斜长石、辉石（次透辉石–普通辉石），偶见角闪石。斜长石斑晶呈自形和半自形板条状，粒径约 1.0～2.0 mm，少量斜长石斑晶局部带碱性长石化环边，粒径可达 3.0～5.0 mm。辉石斑晶为短柱状，粒径以 1.0～3.0 mm 为主。斑晶含量约占 20%～40%。基质由细小的斜长石和辉石组成。副矿物有榍石、磷灰石、磁铁矿。岩石内暗色矿物主要为辉石，含量为 5%～30% 不等。其锆石 U–Pb 年龄为 132.4±1.5 Ma。

4）矿化蚀变特征

本矿床是由磁铁矿体、硫铁矿体、硬石膏矿体组成的多矿种共生隐伏矿床。在走向上，矿床西南部以磁铁矿为主，中部以硬石膏为主，北东部以硫铁矿为主；在垂向上，上部为硬石膏、硫铁矿，下部为磁铁矿。

磁铁矿体总体呈厚大的透镜状或似层状（图 8.2），产于辉石闪长玢岩穹窿上部，总体形态受辉石闪长玢岩穹窿控制；磁铁矿主要矿体 1 个，即 I 号矿体，矿体总体走向呈北东向展布，主体产状较平缓，边部产状多变。I 号矿体长度最大为 1217 m，平均 741 m，宽度最大 816 m，平均 445 m，矿体平均厚 86 m。矿体主体部分赋存标高为 –642～–1000 m。

硫铁矿体呈两种形态产出，一是产于辉石闪长玢岩体内，与磁铁铁矿体共生，这类硫铁矿体多呈似层状、透镜状分布，主要产于矿区的南西部，常穿插于铁矿体之中，多为小矿体，在以硫铁矿为主的北东部则常包裹铁矿体，占总资源量的 52%。二是产于砖桥组下段火山岩中，这类硫铁矿体主要呈似层状分布于浅色蚀变带内，占总资源量的 48%，以 Ⅵ 号矿体为代表，长度最大 1381 m，平均为 935 m；宽度最大 636 m，平均 351 m；厚度最大 87 m，矿体平均厚 37 m。

硬石膏矿体独立产出，矿体长度最大 570 m，宽度最大 197 m，厚度最大 48 m，分布在 I 号矿体和 Ⅳ 矿体之间。

泥河铁矿床矿石的矿物种类已知有 40 余种。金属矿物主要有磁铁矿和黄铁矿，其次有赤铁矿、菱铁矿和磁黄铁矿，还有少量的方铅矿、闪锌矿、黄铜矿、辉钼矿和磁赤铁矿等。非金属矿物主要有硬石膏、辉石、石英、钠长石、钾长石、碳酸盐矿物（方解石、白云石–铁白云石、菱镁矿）、高岭石、绿泥石、绿帘石，此外还有少量的石榴子石、硅灰石、磷灰石和榍石。矿石结构主要有自形–半自形粒状结构、他形粒状结构、交代假象结构和筛状结构，其次为叶片状变晶结构、格纹状结构、束状变晶结构、填隙结构、共边结构和碎裂结构等。矿石构造主要有浸染状构造、块状构造、斑杂状构造、细脉浸染状构造，其次有网纹状构造、条带状构造、角砾状构造、变余层纹状构造等。

矿床围岩蚀变十分强烈，分布范围广，围岩蚀变类型多，主要蚀变类型有膏辉岩化、黄铁矿化、硬石膏化、硅化、泥化等。围岩蚀变在水平方向具成层性，在垂向上具分带性。按蚀变矿物组合特征和蚀变带形成的先后顺序，围岩蚀变自上而下也可以分为三个蚀变带：下部浅色蚀变带（碱性长石化，以钠长石化为主）；中部为深色蚀变带（夕卡岩化、叠加蚀变和磁铁矿化）；上部的浅色蚀变带（硅化、泥化和黄铁矿化、硬石膏化）。泥河铁矿床的蚀变-矿化作用划分成热液期和表生期，热液期从早到晚分别为：钠长石-钾长石阶段（阶段Ⅰ）、夕卡岩阶段（阶段Ⅱ）、磁铁矿-绿泥石-绿帘石-碳酸盐阶段（阶段Ⅲ）、硫化物-次生石英岩阶段（阶段Ⅳ）、石英-方解石-硫化物脉阶段（阶段Ⅴ），表生期的主要组成矿物为赤铁矿、高岭石、伊利石。

矿床综合地质地球化学特征研究表明，泥河铁矿床与矿区辉石闪长玢岩关系密切，矿床中金云母的$^{40}Ar-^{39}Ar$等时线年龄为 130.9±2.6 Ma。

3. 罗河铁矿床

罗河铁矿床位于庐枞火山岩盆地的西缘，到目前为止，是庐枞盆地内已探明的储量最大的一个大型隐伏铁矿床，目前已知铁矿石资源量约 4 亿 t。

1）地层

矿区地表仅少量出露有砖桥组和双庙组的火山岩地层（图 8.3），大部分被第四系的沉积物所覆盖。矿区内的地层主要为下白垩统双庙组和砖桥组。其岩性特征与泥河矿区内

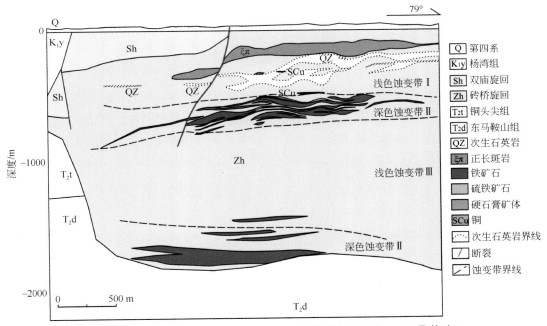

图 8.3　罗河-小包庄矿床地质剖面图（据安徽省地矿局，1989① 修改）

① 安徽省地矿局. 1989. 庐江罗河铁矿勘探报告

所对应的火山岩相似：双庙组主要为粉砂岩、凝灰岩，粗玄岩及火山角砾岩，砖桥组以粗安岩为主，两组地层间为不整合接触。砖桥组的中下段火山岩和闪长玢岩是罗河铁矿床的赋矿岩石。砖桥组的下部为辉石粗安岩、黑云母粗安岩、中细斑粗安岩；上部为火山角砾岩、辉石安山岩、凝灰岩和凝灰质粉砂岩等。

2）构造

矿区地层产状平缓，总体呈向北西倾斜的单斜构造，倾角18°。矿区内断裂较发育，在矿区的矿化蚀变范围内发育有共轭轴近于水平的两套共轭裂隙，以及与之伴生的角砾岩化带。铁矿体呈网脉状和似层大脉状分布，受缓倾斜似层状裂隙控制。硫铁矿体呈似层浸染状和似层脉状，受层状构造和似层状裂隙构造控制。硬石膏矿体呈缓斜脉状，受似层状裂隙构造控制。从区域上看，矿区构造主要受盆地中部火山喷发中心和盆地西界罗河-裴岗-练潭断裂与盆地内北西向断裂交汇部位控制，处于基底隆起、岩体穹窿以及基底断裂的交汇部位。

3）岩浆岩

区内岩浆岩主要为层状火山熔岩类、火山碎屑岩类、次火山岩、正长岩及脉岩类。火山熔岩包括玄武粗安岩、杏仁状含黑云母辉石粗安岩和黑云母辉石粗面岩。碎屑岩主要包括角砾凝灰岩、细火山角砾岩、熔结凝灰岩和凝灰质粉砂岩等。次火山岩及脉岩有正长斑岩、玄武粗安玢岩、粗安斑岩、云辉二长斑岩和细晶正长岩等，其中正长斑岩呈舌状或岩帘状侵位于砖桥旋回上段地层中，其余均呈陡倾斜脉状产出。区内矿体主要赋存砖桥旋回的次火山岩，主要岩性是闪长玢岩。

4）矿化蚀变特征

罗河铁矿床是由单独的磁铁矿体、黄铁矿体、硬石膏矿体和黄铜矿体组合而成的复式矿床。全矿床自上而下依次为磁铁矿体、黄铜矿体、黄铁矿体和硬石膏矿体（安徽省地矿局，1989[①]）。

矿体的空间分布特征与泥河铁矿床类似，但矿区内闪长玢岩体的侵位较高，因此其矿体的埋藏深度要浅于泥河铁矿床。矿区内的磁铁矿矿体总体呈似层状、透镜状，其主体位于闪长玢岩体的顶部。黄铁矿体和硬石膏矿体主要位于磁铁矿矿体上面的火山岩地层中。磁铁矿矿石主要呈脉状、网脉状和浸染状产出，局部呈块状。黄铁矿矿石以浸染状和细网脉状为主，硬石膏矿体是本矿床最浅部的矿体，矿石为致密块状构造。

前人对矿床中的蚀变岩石自下而上分为（安徽省地矿局，1989）：辉石-硬石膏-碱性长石岩带，硬石膏-辉石蚀变带，碳酸盐蚀变岩带，硬石膏-黄铁矿蚀变带，硅化岩带，高岭石蚀变岩带，绢云母-水云母-碳酸盐蚀变岩带。从前人对各蚀变分带的描述可知，罗河铁矿床的蚀变分带与泥河铁矿床的蚀变分带可以对应，同时与宁芜玢岩型铁矿床的蚀变分带也能对应，即下部浅色蚀变带（碱性长石岩带），中部的深色蚀变带（即前人描述的硬石膏-辉石带部分叠加了绿泥石、绿帘石、碳酸盐蚀变），上部的浅色蚀变带（硬石膏-黄铁矿蚀变带、硅化蚀变带、高岭石蚀变岩带和绢云母-水云母-碳酸盐蚀变岩带）。

矿床综合地质地球化学特征研究表明，罗河铁矿床与矿区的侵入岩关系密切，形成时

---

① 安徽省地矿局. 1989. 庐江罗河铁矿勘探报告

代应与泥河矿床一致。

4. 龙桥铁矿床

龙桥铁矿床位于庐枞盆地的北部，是庐枞盆地中目前正在开采的大型磁铁矿矿床，储量约 1.4 亿 t。龙桥铁矿床位于三叠系隆起带的北东端，北东向黄屯-枞阳基底断裂与近东西向石马滩-黄屯基底断裂的交汇部，沉积岩系与火山岩系的接合处。该矿床与相邻的马鞍山铁矿床是盆地中目前为止发现的产于沉积岩地层中的大型磁铁矿矿床（吴明安等，1996）。

1）地层

矿区内出露的地层有中三叠统东马鞍山组、下侏罗统磨山组、中侏罗统罗岭组、下白垩统龙门院组和砖桥组（图 8.4）。其中东马鞍山组、磨山组、罗岭组为火山岩系前沉积地层，龙门院组和砖桥组为火山岩地层。龙桥铁矿床的赋矿地层为三叠系东马鞍山组，其岩性可以分为上下两段，其岩性特征如下。

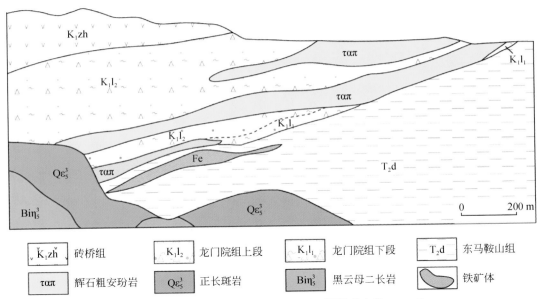

图 8.4　龙桥铁矿床 A-A′ 地质剖面图（据吴明安等，1996）

东马鞍山组上段：上部岩性主要为灰黄色、紫红色、紫灰色薄层状泥质粉砂岩、钙泥质粉砂岩、铁钙质泥质粉砂岩，局部纹层状构造发育。下部为灰色、灰白色泥灰岩，同生角砾状灰岩、白云质灰岩、灰质白云岩、含碳质灰岩、结晶灰岩等。顶部有一层赤铁矿、菱铁矿层，为矿区的含矿层位。该段中间夹有数层厚度不等的薄层状粉砂岩、细砂岩、泥质粉砂岩等。厚度>120 m。

东马鞍山组下段：主要岩性为紫红色、紫灰色铁钙质泥质粉砂岩、泥质粉砂岩，局部夹有少量的中粗粒长石石英砂岩和砂砾岩。砂岩段中上部纹层状构造发育，下部纹层状构造不发育。该段下部为角砾状、蜂窝状灰岩、泥灰岩、白云质灰岩、灰质白云岩。底部为条带状白云石石膏岩。厚度>320 m。

2）构造

矿区内褶皱构造不发育，地层基本上呈单斜产出。火山岩地层走向约为110°，倾向南西，倾角10°~20°，局部地段由于受到断裂及岩浆侵入作用的影响，地层的产状有所变化。火山岩系地层呈喷发角度不整合的形式覆盖在基底地层之上。矿区内基底地层也无明显的褶皱，地层也呈单斜产出。东马鞍山组地层走向90°~110°，倾向南，倾角为10°~40°。罗岭组地层走向70°~90°，倾向南，倾角40°~75°。局部地段由于受断裂构造的破坏和影响，基底地层的产状变化较大，在矿区范围内地层呈近东西走向，而向东至杨桥和马鞍山一带，东马鞍山组地层呈北东走向，与罗岭组地层呈断层接触。

矿区内断裂构造较为发育。矿区内的基底断裂主要有三条，即近东西向的龙门桥断裂，石马滩-黄屯断裂和北北东向的石马滩-黄姑闸断裂。其中龙门桥断裂与石马滩-黄姑闸断裂控制了中三叠统东马鞍山组含矿地层的空间分布，并使得东马鞍山组与罗岭组地层不整合接触，石马滩-黄屯基底断裂控制了矿区深部正长岩和二长岩体的产出。

3）岩浆岩

矿区内龙门院组和砖桥组中火山熔岩分布广泛，岩石类型较为复杂，主要为粗安岩和角闪粗安岩。粗安岩主要分布于龙门院组下段第二层下部和龙门院组上段第二层上部中。矿区内的次火山岩岩性单一，仅见有粗安斑岩。按侵入的部位可分为两类：一类是呈层状-似层状侵位于龙门院组地层中，岩石年代学研究其 U-Th-Pb 法同位素年龄为 135.5 Ma（安徽省327地质队1991年测定），根据 Zhou 等（2008）建立的庐枞盆地火山岩时空格架，其属于龙门院组火山旋回的产物；另一类粗安斑岩呈岩枝状产出。安徽省327地质队1991年根据地质勘探资料认为，矿区内总体呈顺层发育的粗安斑岩与铁矿化无直接关系，但由于粗安斑岩坚硬致密，能够阻止下部含矿流体向上运移，从而为成矿起到了屏蔽层的作用。

矿区内最为主要的是正长岩侵入体（图8.4）。正长岩，呈岩株状产出，主要侵位于盆地基底东马鞍山组地层，在矿区南部侵位到龙门院组和砖桥组的火山岩中。正长岩的侵入具有矿床西部岩体侵位高，南部、北部次之，东部最低的特征。Zhou 等（2011）通过对采自龙桥铁矿底部的正长岩进行锆石 LA-ICP-MS 年代学研究，得到正长岩的精确成岩年龄为 131.1±1.5 Ma，属于盆地中早期火山岩浆活动的产物。矿床内的正长岩体中仅发育星点状磁铁矿化，岩体与围岩接触的地方没有明显的热液交代作用，而只是发生由于热烘烤引起的角岩化等。

4）矿化及围岩蚀变

段超等（2009）在对龙桥铁矿床中的层纹状矿石进行研究时发现，这类矿石中含有沉积成因的菱铁矿，而且发现部分菱铁矿已经被磁铁矿所交代，并由此提出龙桥铁矿床存在一个主矿化期前的沉积期，即传统上所讲的矿胚层，组成矿胚层的主要矿物有菱铁矿、赤铁矿、石英、方解石和少量的铁白云石。根据上述矿床中矿石类型、结构构造特征、各类矿物的共生组合和穿切关系等，龙桥铁矿床的成矿期次划分为沉积期和热液期。沉积期发生于三叠系东马鞍山组形成过程中，为膏盐-碳酸盐沉积期，主要形成的矿物为方解石、铁白云石、（硬）石膏、菱铁矿、石英、长石、赤铁矿和黄铁矿等。该层位被白垩系龙门院组火山岩所覆盖。该层位的菱铁矿为燕山期热液期成矿提供了一部分铁质，所含膏盐-碳酸盐参与了热液交代蚀变作用。其中热液期又分为四个阶段：夕卡岩阶段，磁铁矿阶段，石英-硫化物阶段和碳酸盐阶段。

矿床综合地质地球化学特征研究表明，龙桥铁矿床与矿区侵入岩浆活动关系密切，矿床中金云母的 ^{40}Ar-^{39}Ar 等时线年龄为 130.5±1.1 Ma。

5. 马鞭山铁矿床

马鞭山铁矿床位于庐枞盆地北部，龙桥铁矿床的东侧。安徽省地质矿产勘查局 327 地质队研究认为，马鞭山铁矿床的矿体是龙桥铁矿床的延伸，两者之间被一断层所错开，矿床地质特征与龙桥铁矿床基本相似，目前已经探明铁矿石资源量约 3000 万 t。

1）地层

矿区内出露的地层有中三叠统东马鞍山组、下侏罗统磨山组、中侏罗统罗岭组、下白垩统龙门院组和砖桥组（图 8.5）。其中东马鞍山组、磨山组、罗岭组为火山岩系前沉积地层；龙门院组和砖桥组为火山岩地层。

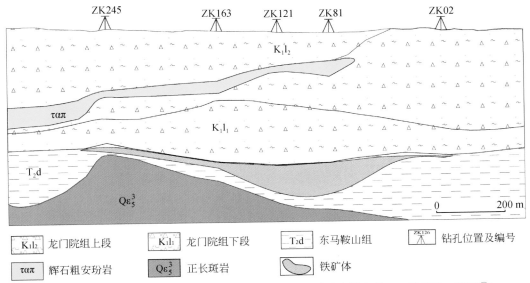

图 8.5 马鞭山铁矿床地质剖面图（底图据安徽省地质矿产勘查局 327 地质队，2005①）

2）构造

区内褶皱构造不发育，构造形迹以断裂构造为主。在矿区范围内，基底沉积岩系地层为一走向近东西向，在水口冲附近逐渐变化为北东向，往南-南东倾斜的单斜构造（二房院至马鞭山单斜构造）。马鞭山铁矿床即处于该单斜构造的南部。

矿区内断层构造较发育，已查明或初步查明规模大小不一的断层 12 条，根据断层走向可将矿区内断层分为北北东、北东、近南北和北西向四组。矿床内所见的唯一一个规模较大的断层，也是马鞭山铁矿床与龙桥铁矿床的分界断层，其走向 315°～330°，倾向北东，倾角 75°～85°，北西端延至第四系坡积-洪积物覆盖。延伸长 1160 m。地表见 2～5 m

---

① 安徽省地质矿产勘查局 327 地质队 . 2005. 安徽省庐江县马鞭山铁矿勘查地质报告

宽的破碎带和硅化带，破碎带内为构造角砾岩，其角砾呈次棱角状、棱角状，角砾大小悬殊，排列杂乱，由泥质和铁质胶结，破碎带内及其旁侧劈理发育。

3）岩浆岩

区内岩浆岩主要为层状火山熔岩、火山碎屑岩、侵入岩及脉岩。火山熔岩以粗安岩和角闪粗安岩为主（图8.5）。火山碎屑岩包括角砾凝灰岩、细火山角砾岩、熔结凝灰岩和凝灰质粉砂岩等。侵入岩及脉岩有正长斑岩及闪长玢岩，其中正长斑岩呈舌状或岩帘状侵位于砖桥旋回上段地层中，其余均呈陡倾斜脉状产出。

4）矿化及围岩蚀变

马鞍山铁矿床的矿体组成较为简单，全矿床主要为一个矿体组成（图8.5）。其资源/储量占矿床总资源/储量的99.84%，另有小矿体3个，均为单线单孔控制，规模甚小，其资源/储量仅占矿床总资源/储量的0.16%。主矿体呈层状、似层状产出，并受东马鞍山组地层控制。矿石中的矿石矿物成分较简单，以磁铁矿为主，次为黄铁矿，少量赤铁矿、黄铜矿等；脉石矿物成分较复杂，主要有透辉石、金云母、绿泥石、方解石、石榴子石、硬石膏、高岭石、石英等。矿石主要的结构有半自形-他形粒状结构，磁铁矿多呈半自形-他形晶产出，稀疏或稠密浸染状产出。矿石构造主要为块状构造和浸染状构造，其次有团块状构造、角砾状构造、粉末状构造、条带状构造和花斑状构造等。

矿床内岩石蚀变普遍发育，蚀变类型复杂，各种岩石蚀变的强弱有所不同，其蚀变类型与龙桥铁矿床完全一致，蚀变类型有钾化、高岭石化、绿泥石化、电气石化、夕卡岩化。同时矿区内的砂岩和碳酸盐地层在热烘烤的作用下发生了不同程度的角岩化和大理岩化等热变质作用。

马鞍山铁矿床的地质特征和地球化学特征与龙桥铁矿床基本相同。矿床中金云母的 $^{40}Ar-^{39}Ar$ 等时线年龄为 130.5±0.9 Ma，与龙桥铁矿床完全一致。

6. 大包庄硫铁矿床

大包庄矿床位于庐枞盆地西部，是一个相对埋藏浅而品位富的中型铁矿、大型硫铁矿及伴生有硬石膏矿、铜矿的综合性矿床（据安徽省地质矿产勘查局327地质队，1977[①]），该矿床紧邻罗河铁矿床和新近发现的泥河铁矿床，目前已经探明硫铁矿资源量9000多万t，铁矿石资源量1700多万t。

1）地层、构造、岩浆岩

矿床地层主要有一套砖桥组和双庙组钙碱性熔岩、火山碎屑岩。砖桥组可分为两个岩性段，下部以火山碎屑岩为主，上部以熔岩为主（图8.6）。

矿床内褶皱平缓简单，断裂比较发育。盘石岭褶皱形成了矿床的上、下两个穹窿构造。断裂主要有南北向、北西向，切割了地层及矿体，并发育有角砾岩带。

侵入岩岩性主要为闪长玢岩，侵位于角砾凝灰岩、沉角砾凝灰岩、沉凝灰岩等不同岩性的地层中。岩石呈深灰、黑灰色，残余斑状结构，基质具不等粒变晶结构，块状构造。斑晶以中长石为主，次为普通辉石。基质主要由斜长石微晶所组成，受到后期的钠长石化

---

① 安徽省地质矿产勘查局327地质队. 1977. 大包庄铁矿床地质勘探报告

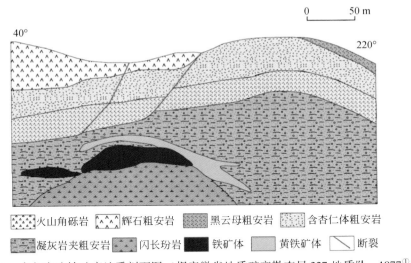

图 8.6　大包庄硫铁矿床地质剖面图（据安徽省地质矿产勘查局 327 地质队，1977[①]）

作用。脉岩分为三类：粗安斑岩–二长斑岩类，正长斑岩–细晶正长岩类，安山玢岩类，均有不同程度的高岭石化、硅化（图 8.6）。

2）矿化及围岩蚀变

硫铁矿体主要产在角砾凝灰岩中，赋存于铁矿体的顶、底和硬石膏矿体的下部，矿体总体呈似层状，产状与主铁矿体近于一致。金属矿物主要为黄铁矿、黄铜矿，脉石矿物主要有硬石膏、石膏、碳酸盐和石英。矿石构造以块状构造和浸染状构造为主，局部出现角砾状构造和条纹状构造。常见结构为自形–半自形晶结构、胶状结构、粒状变晶结构、假球粒状结构。

铁矿体共五个，1 号为主要矿体，分布在矿床中部偏南。主矿体产在角砾凝灰岩与闪长玢岩（膏辉岩）的内外接触带中，富矿主要分布在外接触带角砾凝灰岩中，贫矿主要产在闪长玢岩内及远离接触带的围岩中。矿体形态受下部次火山岩钟状隆起控制，在隆起顶部矿体为近水平分布的透镜状，沿倾斜方向多为似层状。走向 NE–SW，倾角一般较缓 5°～15°。矿体长 600 m，宽 200～500 m，平均厚约 32.95 m。由于后期硫铁矿的穿插和硬石膏的充填交代，对铁矿体有不同程度的改造作用，黄铁矿常沿铁矿体周边进行交代或穿插，形成铁矿体的外壳和巨大硫铁矿体。

富铁矿石矿物组合为硬石膏–磷灰石–假象赤铁矿，贫铁矿石矿物组合为绿泥石–硬石膏–磷灰石–假象赤铁矿。富铁矿和贫铁矿均为含钒高硫高磷矿石。矿石构造以块状构造和浸染状构造为主，其次为角砾状构造、团块状构造，局部见斑杂状构造、脉状构造。矿石的结构主要有假象自形–半自形晶粒状结构、交代残余结构、交代网状结构、显微格状结构、叶片状结构、团粒状结构、文象结构、交代乳浊状结构、周边结构、残余环带结构等。

铜矿体多数产于含透长石巨斑辉石粗安岩中，主要以裂隙充填细脉状产出。矿体产状

---

① 安徽省地质矿产勘查局 327 地质队 . 1977. 大包庄铁矿床地质勘探报告

不明确，走向大致 NW–SE，倾向 NW。主要金属矿物为黄铜矿，其次为黄铁矿黝铜矿、斑铜矿，脉石矿物主要为石英（硅质）、碳酸盐。矿石平均品位含铜 1.09%。

硬石膏矿体分布在矿床西、北部，位于铁、硫矿体之上。矿体呈似层状，走向 NE30°，倾向 NW，倾角 10°~25°。矿体沿走向和倾向都见多层出现。矿物成分主要为硬石膏，次为石膏及少量黄铁矿、假象赤铁矿、石英、碳酸盐、水云母和高岭石等。硬石膏以白色为主，自形–半自形晶，粒状、柱粒状。矿石构造以块状构造为主，局部为条纹状构造、角砾状构造。

矿区内的主要蚀变类型为高岭石化、绢云母化、硅化。

高岭石化在矿区范围内发育广泛，岩石均具有不同程度的高岭石化。长石蚀变后保留晶形。绢云母化分布广泛但均较弱，主要发育在石英正长岩和粗安斑岩中。绿泥石化在本区虽发育普遍，但蚀变程度都较弱。硅化主要发育于凝灰岩中。

矿床综合地质地球化学特征研究表明，大包庄硫铁矿床与矿区辉石闪长玢岩关系密切。

7. 杨山铁矿床

杨山铁矿床位于庐枞盆地北部的矾山镇地区，为小型的磁铁矿矿床，目前已经探明铁矿石资源量约 400 万 t。

1）地层

矿区内地表出露的地层有第四系沉积物、白垩系砖桥组火山岩地层、白垩系龙门院组火山岩地层、侏罗系罗岭组地层等，在矿区的南侧才有少量的双庙组地层出露。砖桥组主要分成三段。上段：灰–灰紫色辉石粗安岩、黑云母粗安岩、凝灰岩、沉凝灰岩、凝灰质粉砂岩，厚度>152 m。中段：暗灰色粗安质角砾熔岩、杏仁状粗安岩，紫红色角砾凝灰岩、沉凝灰岩、凝灰质粉砂岩，厚约 555 m。下段：灰褐、灰紫色粗安岩，灰黄色凝灰岩，夹少量紫红色凝灰质粉砂岩。在盘石岭一带底部为沉凝灰岩、粉砂质泥岩、夹硅质赤铁矿层（图 8.7）。

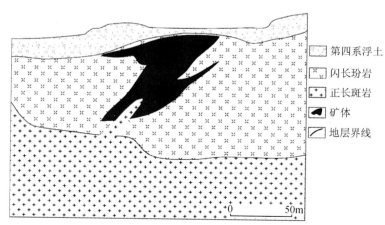

图 8.7　杨山铁矿床简化剖面图（底图据安徽省地质矿产勘查局 327 地质队，2005[1]修改）

---

[1]　安徽省地质矿产勘查局 327 地质队 . 2005. 安徽省庐江县杨山铁矿勘探报告

2）构造

杨山铁矿矿区内的褶皱和断裂构造均不发育。从庐枞盆地北部区域地质特征来看，杨山铁矿位于矾山-焦冲区域性东西向断裂构造和矾山-七家山区域性南北向断裂构造带的交汇部位。

3）岩浆岩

本矿区岩浆岩十分发育，矿区内的主要侵入岩为闪长玢岩以及深部的正长岩（图8.7）。闪长玢岩具有斑状结构，斑晶一般为 0.6 mm，长石占 20%～30%，普通辉石、透辉石约为 8%～15%；偶见极少量的黑云母，一般被蚀变成绢云母。基质约占 60%，主要由更长石、钾钠长石、角闪石微晶构成，副矿物主要由磁铁矿、磷灰石等组成。矿区内的闪长玢岩整体蚀变矿化较强。通过锆石定年得出 $^{206}Pb/^{238}U$ 加权平均年龄为 132.2±2.4 Ma，代表了杨山矿区闪长玢岩的成岩年龄。该闪长玢岩的形成时代与泥河铁矿床中的闪长玢岩的形成时代（132.4±1.5 Ma）也完全一致。

深部正长岩的手标本呈肉红色，块状构造，主要造岩矿物正长石约占 60%，斜长石含量约 10%，含少量黑云母和辉石。黑云母呈片状，多色性较强，完全解理，有一部分发生了绢云母化，大约占 3%，有弱的黄铁矿化，石英含量约为 5%。岩石中含少量星点状的磁铁矿。研究认为，矿区内的正长岩晚于闪长玢岩，同时在矿区内可见该正长岩体切穿蚀变矿化的闪长玢岩体的现象。我们对矿区内的正长岩进行锆石定年工作得出，$^{206}Pb/^{238}U$ 加权平均年龄为 131.5±0.8 Ma，晚于上述闪长玢岩的形成时代 132.2±2.4 Ma。

4）矿化及围岩蚀变

杨山铁矿床的铁矿体主要是产于闪长玢岩体中，矿体埋藏较浅，一部分接近地表或直接暴露于地表。矿区内的闪长玢岩普遍地遭受了较强烈的蚀变矿化作用。根据矿物共生组合关系和彼此之间的穿插关系，杨山铁矿床的蚀变矿化也可以分为热液期和表生期，其中热液期分为四个阶段：钠长石阶段（阶段Ⅰ），夕卡岩阶段（阶段Ⅱ），磁铁矿化阶段（阶段Ⅲ），绿泥石-绿帘石-碳酸盐阶段（阶段Ⅳ），表生期主要矿物为高岭石等。该矿床的矿化蚀变在垂向上可以分为下部浅色蚀变带（钠长石蚀变带），中部深色（绿色）蚀变带（夕卡岩化蚀变、磁铁矿化和绿泥石-绿帘石-碳酸盐化蚀变）和上部浅色蚀变带（表生阶段的高岭石化），这一蚀变矿化的分带特征可以与泥河铁矿床以及宁芜盆地中的玢岩型铁矿床对比。

矿床综合地质地球化学特征研究表明，杨山铁矿床与矿区辉石闪长玢岩关系密切，矿床中金云母的 $^{40}Ar-^{39}Ar$ 坪年龄为 130.6±0.9 Ma，与辉石闪长玢岩形成年龄基本一致。

8. 马口铁矿床

庐枞矿集区中 A 型花岗岩内部及周边发育一系列铁氧化物-铀-金多金属矿床，如马口铁矿、3440 铀矿等。马口铁矿床位于庐枞火山岩盆地中南部，行政区划隶属安徽省枞阳县钱铺乡，距枞阳县城约 42 km。该矿床是盆地中新近发现的一个小型磁铁矿矿床，其成矿类型在庐枞地区以及长江中下游地区较为独特：磁铁矿矿体产于石英正长斑岩体的构造裂隙中，且磁铁矿与磷灰石和阳起石紧密共生，构成了与宁芜玢岩型铁矿床中类似的典型三矿物组合（宁芜玢岩铁矿编写小组，1978；周涛发等，2012）。

1）地层

矿区出露地层较为简单，主要为双庙组玄武粗安质火山岩和第四系残坡积物。火山岩的岩性以粗面玄武岩、粗面玄武质角砾熔岩为主，与下伏砖桥旋回火山岩呈不整合接触（图8.8）。

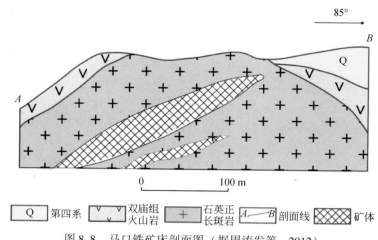

图 8.8　马口铁矿床剖面图（据周涛发等，2012）

2）构造

矿区内的构造以断裂为主。已初步查明矿区内存在1条破碎带，为矿区主要的导矿和控矿构造。该破碎带走向325°，倾向南西，倾角72°，属张扭性质，北段出露长约220 m，南段出露长约250 m，中段被第四系覆盖。该破碎带主要发育于石英正长斑岩中，破碎带附近节理较为发育，解理面平整，少数被镜铁矿、硅质和泥质充填。

3）岩浆岩

矿区内主要侵入岩为马口岩体（图8.8），马口岩体可能属将军庙岩体的一部分，其岩性为石英正长斑岩，似斑状结构。主要矿物为正长石约85%、条纹长石约5%、石英约10%。正长石呈他形斑状晶形，泥化较发育，粒径0.3～1 mm，条纹长石含量较少，聚片双晶发育，石英为他形粒状，充填于长石颗粒间隙中，粒径为0.5 mm。马口铁矿床中石英正长斑岩的形成时代为129.4±2.0 Ma（周涛发等，2012）。

4）矿化及蚀变特征

马口铁矿床的蚀变矿化可分成热液期和表生期。热液期分为：碱性长石阶段（阶段Ⅰ），磁铁矿阶段（阶段Ⅱ），绿泥石阶段（阶段Ⅲ），碳酸盐阶段（阶段Ⅳ），表生期的主要组成矿物为赤铁矿和镜铁矿。碱性长石化发育在整个石英正长斑岩中，主要为钾长石化，伴随少量的钠长石化。

马口铁矿床的矿体主要赋存于石英正长斑岩体中的构造破碎带中（图8.8），产状严格受构造破碎带控制。在破碎带的上部（即岩体的上部）发育有薄层状、脉状、网脉状矿石；在破碎带的下部（也即岩体的下部）发育有厚层的块状磁铁矿矿石。矿层与石英正长斑岩的接触关系截然，并在局部穿插石英正长斑岩。已有的勘探资料表明，矿区内的矿层走向上可达250 m，矿层单层厚度可达5.1 m，顺倾向延伸可达50 m。薄层状、脉状、网脉状矿石，含约 45% 磁铁矿、约 20% 磷灰石、约 15% 镜铁矿和少量的石英和金云母；块状矿石中含约 50% 的磁铁矿、约 30% 磷灰石（±阳起石）、约 10% 黄铁矿以及少量的赤铁矿、星点状黄铜矿、石英和黑云母。通过观察发现磁铁矿与磷灰石（±阳起石）紧密共生，且部分磁铁矿颗粒的边部已发生赤铁矿化。

在磁铁矿化阶段的晚期出现石英–硫化物，并伴随着少量的绿泥石化和碳酸盐化。硫化物呈脉状或斑点状产出于磁铁矿矿石中，主要矿物组合为石英–黄铁矿±黄铜矿。退蚀变叠加在磁铁矿化带上，主要体现为上一阶段的阳起石蚀变成为绿泥石，并伴随着绿泥石–碳酸盐化。另外，上一阶段生成的磁铁矿部分发生了赤铁矿化或镜铁矿化。晚期碳酸盐阶段的脉体比较发育，穿插在围岩或矿化层中，脉的主要类型为方解石脉或菱铁矿脉。

马口铁矿床的金云母的 ^{40}Ar–^{39}Ar 年龄为 127.3 ± 0.8 Ma，结合矿床地质地球化学特征认为（周涛发等，2012），矿区内石英正长斑岩只是提供了赋矿空间，矿床的形成与其无直接成因联系，而可能与黄梅尖 A 型花岗岩体有关。

9. 井边铜矿床

庐枞盆地中发育有多个规模不等的热液脉状铜金矿床，主要包括井边、石门庵、穿山洞、拔茅山以及巴家滩等，主要分布于盆地的中部，矿床的形成主要与粗安斑岩、安山斑岩等次火山岩或者与二长岩类侵入体有密切的关系。井边铜矿床位于庐枞盆地中东部，是盆地中脉状铜（金）矿床的典型代表。

1）地层、构造和岩浆岩

井边铜矿床内出露地层主要为砖桥旋回火山岩地层，岩性主要为粗安岩、粗安质火山角砾岩和凝灰岩。在矿区内的低洼处有第四系覆盖。矿区构造以断裂为主，按照其发育的方向可以分为 NW、NNW 和 NE 向三组，其中 NW 和 NNW 向的断裂控制了矿区内矿化蚀变带的走向，是矿床内的主要容矿构造。伴随着大规模的火山岩浆作用，矿区内分布有侵位于砖桥组火山岩中的安山斑岩等次火山岩体，和穿切砖桥组火山岩和安山斑岩次火山岩体的正长斑岩等脉岩。砖桥组火山岩地层和安山斑岩次火山岩体是井边铜矿床的赋矿岩石，正长斑岩脉为切穿矿体的晚期岩脉。

粗安斑岩呈深灰色，因风化或蚀变呈黄绿色，具斑状结构，块状构造，一般均较致密而坚硬，节理发育。主要矿物为长石和黑云母，长石绢云母化强烈，仅可见自形板状晶形，粒径 0.2 ~ 0.6 mm。黑云母呈褐色、黄褐色，片状，粒径 0.05 ~ 0.4 mm，中正突起，多色性显著，一组解理明显，平行消光，绿泥石化强烈。基质主要由他形粒状石英构成。我们对矿区内的粗安斑岩进行锆石定年得出 $^{206}Pb/^{238}U$ 的加权平均年龄为 133.2 ± 1.7 Ma，结合地质关系推断其应属于砖桥旋回次火山岩。

2）矿化蚀变特征

井边铜矿床矿体埋藏浅，部分地段出露地表（图 8.9），矿体赋存标高在 +225 ~ −100 m。矿体由不同尺度的矿脉组成，矿脉长度一般为 200 ~ 500 m，宽度变化较大，通常为 20 ~ 50 cm，最宽可达 4 m。矿脉的类型比较复杂，概括起来主要有以下几种：①沿裂隙充填而生成的条带状含铜石英脉，彼此平行，宽窄和走向变化不一，视围岩裂隙而定，窄的含铜石英脉常呈梳状构造。②沿围岩破碎带充填而生成的矿化角砾带，常形成大小不同的团块状或透镜体，它们均沿裂隙方向发育构成矿脉。③交代围岩形成的硅化脉，在这类脉体中往往含有浸染状黄铜矿。矿化类型较为单一，围岩蚀变不强烈，根据矿物共生组合关系，将矿区内的矿化蚀变划分为热液期和表生期，热液期分为：石英硫化物阶段（阶段Ⅰ）、碳酸盐阶段（Ⅱ），表生期的主要矿物为孔雀石和褐铁矿。石英硫化物阶段是矿床的矿化阶段。

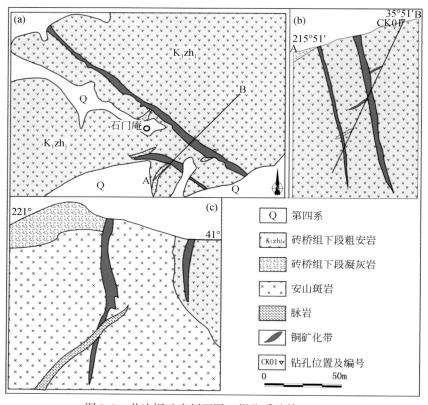

图 8.9　井边铜矿床剖面图（据张乐骏等，2010）
（a）井边铜矿区地质略图；（b）井边铜矿床 3 线剖面图；（c）井边铜矿床 5 线剖面图

　　矿石的结构以自形-半自形粒状结构为主，次为交代残余结构等。矿石的构造主要为脉状、网脉状和角砾状构造。矿石中主要金属矿物有黄铜矿、黄铁矿、斑铜矿和辉铜矿，脉石矿物主要为石英。

　　碳酸盐阶段主要以脉或者网脉的形式出现，矿物组成为石英、重晶石和方解石。表生期的作用主要发生在地表氧化带中，可见孔雀石、蓝铜矿、胆矾等，伴随的蚀变还有叶蜡石化和高岭土化。前人研究认为井边地区的铜矿化与巴家滩辉石二长岩体的形成密切相关（杨荣勇等，1993；刘珺等，2007；周涛发等，2007）。井边铜矿床的围岩主要为粗安斑岩。围岩蚀变类型有硅化、叶蜡石化、绿泥石化、碳酸盐化、绢云母化和高岭土化。

　　矿床综合地质地球化学特征研究表明，井边铜矿床与次火山岩粗安斑岩关系密切（张乐骏等，2010），井边铜矿床中石英样品的流体包裹体^{40}Ar–^{39}Ar同位素反等时线年龄为133.3±8.2 Ma（MSWD＝0.39），与粗安斑岩形成时间相近。

10. 岳山铅锌矿床

岳山铅锌矿地处庐枞火山岩盆地的北东缘陆相火山岩与侏罗系砂岩接触带附近，西邻北北东向罗河–义津桥断裂，是庐枞地区唯一的中型铅锌矿床，目前探明铅锌资源量约40万 t，银约300 t。

1）地层

矿区内主要出露地层为三叠系上统拉犁尖组、侏罗系下统磨山组和侏罗系中统罗岭组，三叠系中统铜头尖组仅在钻孔深部见到（图8.10）。矿区西部出露少量龙门院组火山岩，为粗安岩、安山岩或角闪安山岩、火山角砾岩、凝灰岩、熔结凝灰岩、沉凝灰岩、凝灰质粉砂岩。第四系地层主要为全新统和中更新统。

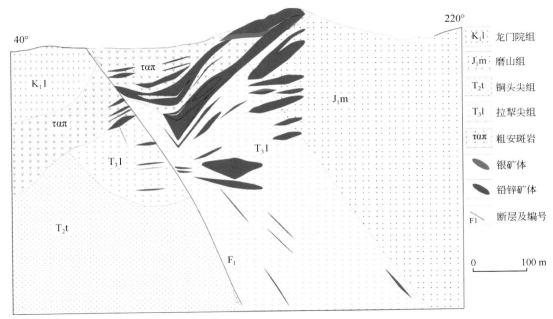

图8.10　岳山铅锌矿床地质剖面图（底图据查世新和韩忠义，2002）

2）构造

矿区西北部受黄屯–蜀山"S"形断裂控制，中部及南部受金山水库–鹤毛隐伏断裂控制。黄屯闪长玢岩岩体、岳山粗安斑岩岩体和焦冲正长斑岩岩体的空间分布明显受这两条断裂控制。矿床内的断裂主要为成矿期后的断裂，切穿沉积地层、次火山岩体和部分矿体。

3）岩浆岩

矿区内岩浆岩主要有超浅成相的黄屯闪长玢岩、浅成相的焦冲正长斑岩，以及龙门院旋回的次火山岩和喷发岩（图8.10）。龙门院旋回的喷发岩由两个岩性段组成，第一岩性段以粗安岩和粗安斑岩为主，第二岩性段则以安山岩尤以角闪安山岩为主。矿化主要发生在粗安斑岩次火山岩体与沉积地层的接触带及其附近。我们对矿区内的粗安斑岩体进行了锆石年龄测定，得出其 $^{206}Pb/^{238}U$ 加权平均年龄为 132.7±1.5 Ma，代表了粗安斑岩的形成年龄，晚于矿区内出露的龙门院组角闪粗安岩的形成时代 134.8±1.8 Ma（Zhou *et al.*，2008）。

4）矿化蚀变特征

根据矿物的共生组合和彼此之间的穿插交代关系（图 8.10），对岳山铅锌矿床的蚀变矿化期次进行了划分，热液期共分为三个阶段：钾长石阶段（阶段Ⅰ），黄铁矿–绢云母–石英阶段（阶段Ⅱ），方铅矿–闪锌矿阶段（阶段Ⅲ），表生期的主要矿物组合为赤铁矿和高岭石。钾长石阶段：本阶段的蚀变主要分布于粗安斑岩、安山岩和粗安岩中，呈面型展布。矿物组成主要为钾长石，含有少量的钠长石，局部可见电气石。黄铁矿–绢云母–石英带发育于龙门院旋回的粗安岩、安山岩以及次火山岩体粗安斑岩中，也呈面型展布。矿物组成主要为黄铁矿、绢云母和石英，局部含有少量的磁铁矿。方铅矿–闪锌矿阶段：这是矿床的主要矿化阶段。岳山矿床为一中型铅锌矿床，矿体主要赋存在龙门院旋回的粗安斑岩中，其次赋存在下部沉积岩地层拉犁尖组和磨山组下段的砂页岩中，以铅锌矿体为主，银矿体次之。铅锌矿体埋藏浅，赋存标高多数在 –150 m 以上，局部出露地表。铅锌矿体呈透镜状，主要赋存在四个部位：①在粗安斑岩与砂岩的接触带上，形态较规则，且规模较大，厚度中间大边缘小，变化规律明显；②在粗安斑岩中，规模大小不一，形态较规则，分布零散；③在接触带附近的砂岩中，分布零散；④在深部沉积岩地层中，零星分布。常见矿石构造有浸染状、细脉浸染状、脉状和环带状构造等。主要矿石矿物包括闪锌矿、方铅矿、黄铁矿和黄铜矿等。表生期是矿床中形成自然银矿石的主要阶段，银矿体位于浅部与铅锌矿体共生，常产于铅锌矿石内形成的石英孔洞中。同时在表生阶段还形成了大范围的高岭石化、伊利石化蚀变带，伴随有赤铁矿（褐铁矿）的形成。

矿床综合地质地球化学特征研究表明，岳山铅锌矿床与粗安斑岩关系密切。

11. 矾山明矾石矿床

庐枞盆地是我国重要的明矾石产地，明矾石矿床主要集中于盆地中的矾山镇地区，主要的矿床包括矾山（包括大矾山和小矾山）矿床和天官山矿床等。矾山明矾石矿区位于庐枞盆地中部，距庐江县城约 27 km，目前已探明明矾石资源量约 5000 万 t。

1）地层

矾山矿区内出露地层主要为下白垩统砖桥组火山岩（图 8.11），自下而上依次为安山

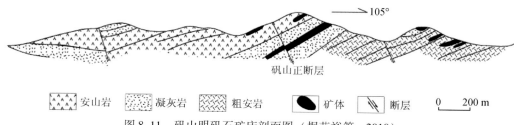

图 8.11 矾山明矾石矿床剖面图（据范裕等，2010）

岩、粗安岩和火山碎屑岩。安山岩分布于矿区东北部，厚约 200 m，走向 320°～355°，倾向南西，倾角 30°～40°，与上覆凝灰岩呈假整合接触。火山碎屑岩主要由沉角砾凝灰岩、凝灰质粉砂岩和沉含砾凝灰岩组成，具有粗细变化的韵律层，整合覆盖于安山岩之上，分布于矿区中部，走向 340°～350°，倾向南西，倾角 30°～38°，厚约 200 m。火山碎屑岩层是明矾石矿体的主要赋矿围岩。粗安岩主要分布于矿区西部和西南部，走向 330°～340°，倾向西南，倾角 20°～30°，厚度约 300 m，与下覆的凝灰岩呈假整合接触。

2）构造

矿区内构造主要为由火山熔岩和火山碎屑岩构成的单斜构造，走向 320°～355°，倾向西南，倾角 25°～40°。矿区内产出主要断裂为矾山正断层，穿切矿体及火山岩地层，将矿区分割为东山和西山两个矿段，为成矿后构造。断层倾向南东，倾角约 70°，最大断距约 200 m。

3）岩浆岩

矿区内侵入岩主要为正长斑岩，呈小岩株产出于矿区西北、西南及中部地区。正长斑岩穿切破坏明矾石矿体和火山岩地层，为成矿的侵入岩。正长斑岩呈肉红色，斑状结构，块状构造，主要矿物为正长石（约 75%）、斜长石（约 15%）、石英（约 5%）及少量暗色矿物。正长石斑晶呈他形，泥化较发育，粒径 0.3～1.0 mm，斜长石含量较少，呈板状，石英他形粒状，充填于长石颗粒间隙中，粒径为 0.5 mm。正长斑岩局部发育有高岭土化、绢云母化。从野外关系来看，正长斑岩与明矾石化没有明显的成因联系，属于晚期侵入的岩浆岩。矿化可能与深部的侵入体有关。

4）矿化及蚀变特征

矾山明矾石矿床位于矾山火山喷发中心的安山岩→凝灰砂岩→粗面岩等一套中酸性火山碎屑岩沉积地层内，火山口附近的火山岩层发生了强烈的热液交代和蚀变作用（图 8.11）。根据地质特征及矿物组合，明矾石矿床的形成可分为两个阶段（范裕等，2010），即：明矾石-黄铁矿-石英阶段和明矾石-高岭石阶段。

明矾石-黄铁矿-石英阶段：形成含黄铁矿的明矾石矿体，形成深度较大。岩石硅化强烈。这一阶段形成的明矾石主要呈叶片状，粒径较大，结晶程度较好。矿石品位高，且较为稳定，是矿床形成最为主要的阶段。

明矾石-高岭石阶段：形成不含或含少量黄铁矿的明矾石矿体。该期矿化蚀变作用发生于浅部，所形成的明矾石矿石品位不高，多为贫矿体，并伴随有强烈的绢云母化、高岭土化、地开石化、蒙脱石化和叶蜡石化等蚀变。

矾山矿区分为东山、西山和马石岭三个矿段，矿体形状主要为似层状和透镜状，其中东山矿段的矿体比较稳定，多为似层状，而西山矿段和马石岭矿段则以透镜状为主。矿体产状基本上与围岩一致，倾角 25°～40°，矿体与围岩之间呈渐变过渡关系。矿体厚度通常为 20～50 m，最厚约 110 m，长度 150～950 m，延深 100～400 m。明矾石矿体平均品位为 32.5%～39%，富矿平均品位大于 45%，主要赋存于火山碎屑岩中，贫矿平均品位 20%～35%，多产于安山岩和粗安岩中。

矿石结构主要为细粒状结构，明矾石、石英等呈他形细粒状，粒度仅 0.001～0.01 mm，少量明矾石呈自形叶片状，粒径约 0.1～10 mm，浸染状分布于矿石中；部分贫矿石具残余结构，即残余有原岩的碎屑结构或斑状结构。矿石构造主要为块状构造，矿石中明矾石以他形细粒状密集分布于矿石中。

通过显微镜下鉴定、XRD 分析和 PIMA 红外光谱综合鉴定，矾山明矾石矿床内矿石的主要组成矿物为明矾石、石英，次要矿物有高岭石、地开石、黄铁矿、褐铁矿、绢云母、叶蜡石、伊利石、黄钾铁矾等。明矾石通常呈他形细粒状，产于石英晶粒之间，矿石中明矾石含量约 20% ~90%。石英是矿石中主要脉石矿物，呈他形粒状，粒度与明矾石相近，其含量与明矾石成反比关系。高岭石通常呈细粒聚集状不均匀分布或呈脉状存在于矿石中，其含量与明矾石成反比例关系。黄铁矿呈他形粒状或自形立方体，浸染状或细脉状分布于矿石中，含量 2% ~10%。褐铁矿为黄铁矿风化的产物；绢云母、叶蜡石和金红石含量较低，仅在局部产出。

矾山明矾石矿床的产出指示庐枞盆地内存在典型的高硫化浅成低温蚀变系统。地质和地球化学特征综合研究表明（范裕等，2012），矿床的形成和深部与砖桥旋回晚期对应的火山-侵入岩的演化关系密切。

12. 其他矿床

庐枞盆地中除了上述一些矿床之外，还发育有多个规模较小的矿床（点），因为这些矿床（点）虽然不具备规模但是其矿化特征较为独特，往往代表了一种类型的成矿作用。总结起来主要有下面几类。

盘石岭铁矿床产于砖桥旋回的火山沉积岩中，围岩为沉凝灰角砾岩、沉凝灰岩和沉积碎屑岩，矿体呈顺层透镜体产出。未经过后期热液改造的矿石以石英-赤铁矿组合为特征，为成分单一的硅铁建造，局部含少量镜铁矿和黄铁矿。矿石结构构造包括致密块状构造、条带状构造、层纹状构造，热液蚀变作用弱。该矿床的大部分地质特征可以与宁芜盆地中的龙旗山式铁矿床进行对比（宁芜研究项目编写小组，1978），为火山沉积型铁矿床。

盆地中南部产出的一些脉状铜金矿床，主要集中在城山、巴坛和龙王尖等地，其含矿岩体为正长岩。此外，盆地东南缘的 A 型花岗岩产出地区，还产出一系列的金铀矿床（点），如位于黄梅尖岩体内部的 3440 铀矿点和 34 铀矿点（周涛发等，2010），随着勘探程度的深入，成为庐枞矿集区中重要的矿床类型之一，特别是铀矿床，目前的初步研究显示其与 A 型花岗岩关系密切，具有重要的成矿意义。

二、典型矿床成因

沙溪铜金矿床：为典型的斑岩型矿床，含矿岩浆沿郯庐断裂次级断裂带在浅部侵位，浅部岩浆房中流体开始出溶形成超临界流体。随着含矿斑岩不断出溶岩浆流体，携带大量流体的石英闪长斑岩在浅部就位，随着岩浆流体不断萃取金属并与志留系围岩发生强烈的围岩作用，在 560 ℃ 温度下开始在岩体内部形成早期的钾硅酸盐化及矿化相伴，但在钾硅酸盐化阶段矿化总体较弱，仅见少量的铜和钼矿化，在此期间形成了钾硅酸盐阶段的含矿脉体，在该钾硅酸盐化阶段晚期，随着出溶的挥发分逐渐增多，聚集到一定体积，斑岩体顶部及周围的岩石难以继续支撑流体内部巨大的压力时，大规模连通的裂隙会突然发生，流体的温度、压力和盐度突然降低，流体携带的金属开始在破碎的裂隙中沉淀，形成石英硫化物阶段的脉体，此类脉体边缘含少量的白色褪色边，为钾硅酸盐化向绢英岩化转换阶段的产物，大量的铜在此阶段沉淀。随着裂隙的产生，大气降水等地表水可以沿裂隙与岩浆流体对流循环，形成同时或稍晚于青磐岩化。随着岩浆的不断固结，岩浆流体与大气降水不断混合，温度和盐度不断降低，开始发生晚期的长石分解蚀变，该阶段的蚀变以长石分解蚀变为特征，该阶段的矿化形式主要表现为黄铜矿±黄铁矿细脉，脉体边缘伴随有绢云母化、硅化和绿泥石化。由于大气降水不断循环向岩体内部推进，晚期产生的分解蚀变都叠加在早期的钾硅酸盐化和青磐岩化蚀变之上，和蚀变同时发生的矿化也叠加在早期矿化的区域。

罗河、泥河、杨山和大岭矿床：为典型的玢岩型矿床，矿化蚀变主体发生在闪长玢岩体的顶部或上部的火山岩地层中。形成矿床的热液流体和成矿物质来自于矿区内的闪长玢岩，氢氧同位素表明流体在运移过程中与围岩发生了强烈反应。形成磁铁矿阶段的流体温度（343～506℃）和盐度（14.11 wt% NaCleq）都较高，形成硫化物阶段的流体与围岩反应和地层水等流体混合，温度降低，且变化范围较大（190～350℃）。硫同位素组成也表明磁铁矿阶段的硫主要为岩浆硫，而硫化物阶段的硫则显示了混合硫源的特征。矿物微量元素组成也显示磁铁矿阶段的黄铁矿中Co、Ni、As、Se和Te的含量和硬石膏中的稀土元素含量都明显高于硫化物阶段的黄铁矿和硬石膏中的含量，表明玢岩铁矿的形成从磁铁矿阶段到硫化物阶段是一个从高温到低温的连续演化过程。同时，泥河铁矿床和杨山铁矿床中黄铁矿和磁铁矿的微量元素组成均相似，而小岭硫铁矿床和大包庄硫铁矿床中黄铁矿的微量元素组成相似，指示玢岩铁矿床中产于不同矿区的磁铁矿具有相似的成因，产于不同矿区的硫铁矿也具有相似成因。因此，矿集区中玢岩型铁矿床是闪长玢岩体侵位到不同位置后，分离出成矿流体在不同的演化阶段、不同的位置形成的。早期形成的砖桥组粗安质火山岩为矿床定位提供了良好场所，成矿流体与闪长玢岩本身和周围火山岩层发生了强烈的水岩反应，在矿床内形成了从高温到低温逐渐演化的蚀变序列，与之伴随的在岩体内部形成了早阶段的磁铁矿体，而在岩体上部的火山岩中形成了晚阶段的黄铁矿矿床和硬石膏矿体。

矾山明矾石矿床：在罗河、泥河、杨山和大岭等矿床的外围或相似环境，形成强烈和大规模的酸性蚀变，和明矾石矿床的强酸性成矿热液可能来自于矿区深部的隐伏岩体。在砖桥旋回火山活动的晚期，深部侵入体在侵位过程中形成了富含大量SO_2的岩浆热液，沿着火山构造向上运移，强烈地交代之前形成的火山碎屑岩和火山熔岩，形成了明矾石矿床。这种高硫化型浅成低温热液矿床包括矾山等一系列明矾石矿床，从闪长玢岩中分离出来的岩浆热液流体沿着火山通道向上运移，形成富含SO_2的高温酸性气液，与火山岩围岩发生交代反应，形成大量的明矾石和与之伴随的蚀变矿物。

龙桥铁矿床：矿床的形成经历了沉积成矿作用和热液成矿作用两个成矿期。在中三叠世沉积的一套含菱铁矿的三叠系东马鞍山组含膏盐沉积地层，至早白垩世龙桥岩体侵入，导致富含成矿物质的岩浆热液与东马鞍山组地层的含膏盐碳酸盐及菱铁矿层等部分有利层位发生强烈的水岩作用，在高温阶段形成夕卡岩和磁铁矿，在中温和低温阶段形成硫化物、石英和碳酸盐等，最终形成了龙桥铁矿床。

岳山铅锌矿床：为与次火山岩有关的中低温热液型矿床，矿床的形成经历了三个主要的阶段。首先是在砖桥旋回火山喷发活动末期，随着火山活动能量的降低，未喷出地表的岩浆缓慢上侵，在围岩及岩体边部形成高温的蚀变，随着岩浆上侵到近地表，并就位形成次火山岩体之后，分离出来的岩浆热液在岩体内部或岩体与围岩的接触带附近形成了脉状铅锌矿床。铅锌矿化之后，近地表的矿体或矿化岩石在地下水淋滤的条件下，使矿床中的银发生次生富集作用而形成了部分自然银矿化。

马口铁矿床、城山等地的脉状铜金矿床（点）以及产于 A 型花岗岩中的 3340 和 34U 等铀金矿点：产于正长岩体中的马口铁矿床的矿化完全受岩体中的构造破碎带控制，而且矿体与围岩的接触界限非常截然，围岩中没有明显的蚀变交代现象。流体包裹体研究表明，该矿床的形成温度较低（152~223℃），成矿岩浆热液如直接来自于赋矿围岩石英正长斑岩，其温度应相对较高。年代学研究也表明赋矿岩石的形成时代（129.4±1.4 Ma）明显早于矿化时代（127.3±0.8 Ma），因而很难确定铁矿化与矿区内石英正长斑岩具有明确的成因联系。在这些正长岩体的周围存在大量的形成时代较晚的 A 型花岗岩，且 A 型花岗岩中发育有 Au-U 矿化，而且这种 U 矿化在安庆的大龙山一带的 A 型花岗岩中也有发育，庐枞矿集区中这一类 Fe-Cu-Au-U 矿床的形成可能与晚期的 A 型花岗岩密切相关，正长岩只是提供了一个赋矿空间。

井边等脉状铜金矿床：为与砖桥旋回次火山岩或二长岩有关的中低温热液脉状矿床，来自于粗安斑岩等次火山岩体或二长岩体的岩浆热液与大量的天水混合在岩体及围岩的裂隙中形成了脉状铜金矿床。

盘石岭铁矿床：在砖桥旋回火山喷发过程中，在地势较为低洼的部位沉积形成了赤铁矿矿床，矿床中伴生有硅质岩或铁碧玉层，盘石岭铁矿床的形成不是火山碎屑沉积成因，也不是火山物质在表生环境中分解产物的再次沉淀富集，而是火山含矿热液喷出地表之后在有利部位直接沉淀形成，属于火山沉积型矿床。

三、成矿模式

在前人研究的基础上，本次工作通过对庐枞矿集区内产出的一系列与岩浆岩有关的铁、铜、金、铅、锌、铀矿床的地质特征、时空分布、矿床成因研究，并结合本次工作取得的最新成岩成矿年代学数据，对庐枞盆地内主要矿床的成矿规律、成矿系统演化和成矿模式进行了阐明和构筑。

1. 矿床的时空分布特征

1）矿床的时间分布特征

庐枞盆地内矿床均形成于早白垩世（周涛发等，2010），主成矿期对应早白垩世砖桥旋回，形成了盆地内主要的铁、铜、铅、锌矿床。如玢岩型矿床-罗河铁矿床和泥河铁矿床的成矿时代为 131 Ma；龙桥铁矿床中与成矿有关的龙桥岩体成岩年龄为 131 Ma，矿床成矿年龄为 130.5 Ma；热液脉型岳山铅锌矿床中含矿岩体（岳山岩体）的成岩年龄为 132 Ma；热液脉型井边、石门庵、穿山洞等铜矿床中与成矿有关的二长岩体成岩年龄为 132 Ma；这些矿床成矿作用均发生于砖桥旋回晚期。早白垩世双庙旋回为次成矿期，形成了一系列小型脉状铜矿床，如城山、巴坛、龙王尖等热液脉型铜矿床中含矿石英正长岩成岩年龄为 126～125 Ma，具有类似陶村铁矿床和凹山铁矿床矿物组合特征（磁铁矿-磷灰石-阳起石）的马口热液脉型铁矿床所赋存的正长岩的成岩年龄为 128 Ma。此外，盆地南缘还产出一系列金、铀矿床，如 3440 铀矿床（点）、34 铀矿床（点），这类矿床与 A 型花岗岩（126～123 Ma）关系密切（范裕等，2008）。矿集区西北部的沙溪铜金矿床也形成于 130 Ma，与盆地内主成矿期对应，与石英闪长斑岩关系密切（图 8.12）。

2）矿床的空间分布特征

与石英闪长斑岩相关的斑岩铜金矿床主要分布于庐枞矿集区的西北部；热液脉型铅锌矿床主要分布于庐枞盆地北部的黄屯镇附近；与粗安斑岩有关的热液脉型铜矿床主要分布于庐枞盆地中东部的井边镇一带，玢岩型铁矿床主要分布于庐枞盆地西北部的罗河镇附近和庐枞盆地北部的龙桥镇附近，而与正长岩体有关的热液脉型铜、铁矿床主要分布于庐枞盆地南部的城山—龙王尖一带，与 A 型花岗岩有关的金、铀矿则分布在盆地东南部的黄梅尖一带（图 2.2，图 8.12）。

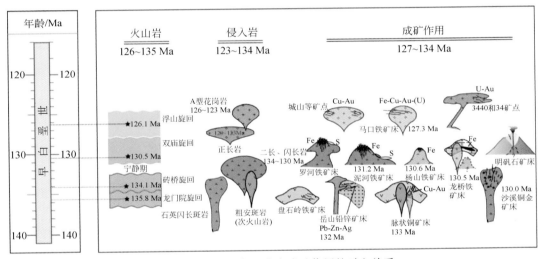

图 8.12　庐枞矿集区成岩成矿作用的时空关系

2. 控矿要素

庐枞矿集区中的主要矿床类型包括：位于庐枞矿集区西北部沙溪镇的沙溪斑岩型铜金矿床、位于庐枞矿集区北部黄屯镇附近热液脉型岳山铅锌矿床、位于庐枞矿集区西部或西北部的玢岩型铁矿床（罗河铁矿床、泥河铁矿床和杨山铁矿床，龙桥铁矿床，大岭铁矿床、小岭硫铁矿床和大包庄硫铁矿床）、位于庐枞矿集区东部矾山火山机构附近的矾山明矾石矿床、位于矿集区中部的以井边为代表的脉状铜金矿床和在矿集区的东南部发育于正长岩和 A 型花岗岩中的 Fe-Cu-Au-U 的矿化。

（1）赋矿围岩：庐枞矿集区主要是由晚侏罗世—早白垩世的陆相火山岩所构成，其直接基底并非完全由中、下侏罗统陆相碎屑岩所组成，在矿集区的北部及东北部边缘，上三叠统海相、海陆交互相的碎屑岩、碳酸盐岩及膏岩层构成了盆地的直接基底。围岩组成对蚀变矿物组合和矿床类型有重大的影响，其中最为明显的体现是：当赋矿岩石是凝灰岩的时候，往往发育较强烈的硅化（如盘石岭铁矿床，矾山明矾石矿床，以及泥河铁矿床上部的次生石英岩带）。盆地内的铁矿床中大多发育有强度不等的夕卡岩化，这是富含 CO_2 高温流体与钙、镁、铝、铁硅酸盐岩作用的结果。当赋矿围岩为碳酸盐地层时（如龙桥铁矿床），形成致密块状夕卡岩；当赋矿岩石缺乏碳酸盐地层时，早期的碱性长石化为夕卡岩化提供了大量的钙质，形成浸染状或脉状的夕卡岩（如泥河铁矿床）。沙溪矿床的围岩为高家边组砂岩，渗透性差，为含矿热液的屏蔽层，围岩中的蚀变较弱（仅产出少量脉状矿化），矿体主要赋存于岩体中。

矿集区基底地层对矿化蚀变类型也有一定的影响，如前文的硫同位素研究结果也证明，东马鞍山组硬石膏层是矿床中硫的主要来源，促进了矿床中黄铁矿和硬石膏的形成。盆地中玢岩型铁矿床如泥河铁矿床、杨山铁矿床中广泛发育着钠长石化，说明成矿流体中 NaCl 浓度较高，其来源可能是三叠系中的膏盐层。大多数矿床中还产出大量碳酸盐矿物，如方解石、铁方解石和菱铁矿等，这些矿物形成时的 CO_2 也可能来自于沉积的碳酸盐地层中。

（2）控矿构造：断裂构造是矿集区内主要构造类型，控制着矿集区内岩浆活动和成矿作用。矿集区内北东和东西向两组断裂是主要的控岩控矿断裂。矿集区西界的罗河深断裂是岩浆生成的重要因素和上升通道（董树文等，2011），本次工作实施的五条深地震反射剖面进一步揭示庐枞火山岩盆地是由四个向盆内倾斜的边界断裂围限，北、东边界断裂（BF2、LHTD）为深大断裂，控制盆地的发展与演化（吕庆田等，2014）。矿集区内部的断裂构造，特别是断裂交叉处，决定岩体的位置和岩体上部形态，还对成矿溶液运移和矿质沉淀起着重要控制作用。侵入岩体的形成过程是岩浆上升、冷却和收缩的过程，在岩体顶部常发育放射状裂隙，在接触带常形成较大的空间，这也是矿集区中主要矿床如泥河铁矿床、罗河铁矿床以及脉状铜矿床等产出的位置。火山沉积层的有利部位也是矿床形成的重要控矿构造，如盘石岭铁矿就位于砖桥旋回的火山沉积层中，龙桥铁矿床的矿体就受东马鞍山组地层的沉积层位控制。矿集区中的火山构造非常发育，其中以矾山破火山口为中心的火山机构最为重要，矿集区中目前发现的重要矿床基本都围绕该火山机构分布，如龙桥铁矿床、岳山铅锌矿床、杨山铁矿床以及井边巴家滩一带的脉状铜矿床等。

沙溪矿床主要矿体产出于沿福泉山背斜核部侵入的石英闪长斑岩中，北北东向背斜构造及其派生早期的北东向、北北东向断裂构造是区内岩体与矿体主要控矿构造，两组断裂与断裂交汇处是矿体的主要富集部位。

（3）岩浆岩：矿集区中发育有一套以安粗质岩浆为主的火山-侵入岩，其同位素年代为 135～123 Ma。岩浆活动主要受盆地边缘和内部的断裂控制，几组断裂的交叉部位是岩浆侵入活动的中心。矿集区中热液脉型铅锌矿床和脉状铜矿床（约 134～132 Ma）与龙门院旋回和砖桥旋回的火山岩浆活动有关，成矿岩石为同期的次火山岩体，岩性主要为粗安斑岩，部分地区（如巴家滩一带）与二长岩类侵入体有关，其中，岳山铅锌矿床中的次火山岩侵入体为砖桥旋回的粗安斑岩，该矿床的矿化蚀变的分布紧密地围绕在侵入体与围岩的周围或者侵入体内部，同位素研究结果也表明该矿床的成矿物质应来自于粗安斑岩。脉状铜矿床的矿体产于粗安斑岩中的裂隙中或二长岩体中，这些矿床的形成与矿区内的粗安斑岩或二长岩具有密切的关系（任启江等，1991），脉状铜矿床的成矿时代与粗安斑岩的形成时代基本一致，矿区内的成岩成矿作用是一个紧密联系的过程。

庐枞矿集区内玢岩型铁矿床（形成时代约 130 Ma）和矾山明矾石矿床等的形成与砖桥旋回的闪长玢岩侵入体有关。其中，罗河铁矿床、泥河铁矿床、杨山铁矿床、大岭铁矿床、小岭铁矿床、大包庄硫铁矿床都产于闪长玢岩体的顶部或者与岩体接触的火山岩地层中。这些矿床的主要铁矿体都是受岩体冷缩裂隙带和破碎带控制，而硫矿体则主要分布在岩体上部的火山岩地层中，并伴随有强烈的次生石英岩化，这些矿床中闪长玢岩的形成时代完全一致，均为 132 ~ 131 Ma。矿床的形成时代略晚于矿床内闪长玢岩体的形成时代，集中在 130 Ma 左右。关于龙桥铁矿床的成因还存在争议，本次工作将龙桥铁矿床也归为玢岩型铁矿类型中，该矿床与正长岩同期，成因关系密切，但暂不能排除深部可能存在隐伏的同时代的闪长玢岩体。这些玢岩型铁矿床的矿化蚀变特征彼此之间存在一定程度的差异，这主要是与矿床内侵入体的侵位深度、侵入体大小以及侵入的层位有关。闪长玢岩侵入体的侵位深度和大小对成岩和成矿作用的温度和压力的变化有着重要的影响，较大的岩体聚集着较多的热量，岩体周围的高温区较宽，常可形成夕卡岩类矿物和铁磁性矿物；较小的岩体聚集热量少，岩体周围高温区较窄，夕卡岩类矿物组合不发育，只在深部有少量产出（如杨山铁矿床）。在岩体浅成和超浅成条件下，负载压力较小，来自岩浆流体的内压力相对较大，在这种条件下，容易发生爆破作用，使流体进入已固结岩石和围岩裂隙中，形成网脉状构造。此外，在浅成条件下，地下水容易渗入，与来自岩浆的流体混合，对已固结岩石淋滤并促进成矿物质沉淀。而岩体侵入的层位不同直接影响蚀变的类型和强度，如果侵入到碳酸盐地层中，则局部形成致密块状的夕卡岩化（如龙桥铁矿床），如果侵入到缺乏碳酸盐的地层中，则不能形成大规模夕卡岩化蚀变，如泥河铁矿床中的浸染状和脉状夕卡岩化，蚀变岩石化学的研究表明，泥河矿床中夕卡岩阶段的钙质组分一部分来自于碱性长石化阶段活化转移的组分。

矾山明矾石矿床位于矾山火山口附近的砖桥旋回火山岩中，矿区内发育大规模的高硫型浅成低温热液蚀变岩，但未见与成矿相关的侵入体。通过矿床地质特征以及成矿流体的研究工作，推测在矾山明矾石矿床的深部存在与矿化密切相关的隐伏闪长玢岩体，矾山明矾石矿床是玢岩型铁矿成矿系统的一个组成部分，也暂不排除深部存在斑岩型铜矿成矿系统的可能性。

庐枞矿集区南部的 Fe-Cu-Au-U 矿化主要产于正长岩或 A 型花岗岩中，矿化带完全受岩体内的构造破碎带控制，蚀变矿化与岩体的接触界线较为截然，矿化与正长岩本身的成因联系还不很清楚，尚有待深入研究。本次工作得出马口铁矿床赋矿正长岩体的形成时代 129.4±2.0 Ma，早于铁矿化的形成时代 127.3±0.8 Ma，同时，已有研究表明庐枞矿集区中晚期 A 型花岗岩体的形成时代集中在 126 ~ 123 Ma（范裕等，2008；周涛发等，2010），地质关系上马口正长岩体就位于黄梅尖岩体的西南角，因此，矿集区中的这一期 Fe-Cu-Au-U 矿化的形成可能与晚期 A 型花岗岩有关（周涛发等，2012）。

沙溪岩体的形成时代主要为 130 Ma 左右，主要受矿区内构造控制，岩性为石英闪长斑岩，明显不同盆地内同时期的岩浆岩。沙溪含矿斑岩具有较典型的埃达克质岩石性质，可能是拆沉下地壳部分熔融的产物，在上升的过程中与地幔岩浆发生了相互作用，致使岩浆具有高氧逸度并富集成矿物质。

（4）围岩蚀变：对于单个矿床而言，因围岩和岩体侵位的深度不同，矿床的围岩蚀变类型有所不同。玢岩铁矿是盆地中最为主要的矿化类型，闪长玢岩体及其围岩都遭受了强烈的矿化蚀变，蚀变范围较广，蚀变分带也较为明显。这些矿床的蚀变综合起来自下而上可以分为三个蚀变带，即下部浅色蚀变带（碱性长石化，以钠长石化为主）；中部为深色蚀变带（为夕卡岩化带，并不同程度地发生了退化蚀变）；上部为浅色蚀变带（主要为次生石英岩化、黄铁矿化、硬石膏化和泥化）。各个蚀变带在单个具体矿床中的发育程度不一，铁矿化主要与深色蚀变带关系密切。

庐枞矿集区西北部的沙溪矿床主要发育典型的斑岩型蚀变，从深到浅发育有钾硅酸盐化（钾长石化、黑云母化和磁铁矿化）、长石分解蚀变叠加钾硅酸盐化、长石分解蚀变（硅化、绢云母化、绿泥石化）和高岭土化等蚀变类型，青磐岩化（绿帘石化、绿泥石化、钠长石化）局部呈补丁状叠加于钾硅酸盐化之上。铜金矿化主要与钾硅酸盐化蚀变关系密切。

3. 构造背景

庐枞矿集区内成岩成矿作用是中国东部中生代陆内构造–岩浆–成矿系统演化的有机组成部分，受中国东部中生代燕山期地球动力学背景的制约。长期的构造–岩浆作用形成了断隆区和断凹区的次级构造格局以及一系列陆相火山断陷盆地（常印佛等，1991；翟裕生等，1992；周涛发等，2008a）。区域构造背景大致经历了以下三个阶段的演化过程：

（1）燕山早期，中国东部由特提斯构造体制向太平洋构造体制转换，岩石圈加厚，长江中下游断裂构造带形成。古太平洋板块的北西向挤压作用，导致中国东部岩石圈构造垮塌，引发地幔对流异常，发生地幔交代作用，软流圈物质上升，含古俯冲洋壳物质的富集地幔岩石圈发生拆沉减薄和部分熔融作用，产生幔源含矿岩浆，底侵并熔化下地壳物质，岩浆沿长江深断裂及次级断裂上升、定位和冷却，形成挤压–伸展过渡背景下的断隆区145～137 Ma 的（高碱）钙碱性岩浆及有关的夕卡岩–斑岩型铜金矿床。

（2）135 Ma 后，区域完全进入太平洋构造体制，岩石圈拆沉、软流圈物质上升和地幔隆起作用加剧，区域伸展作用加强，庐枞、宁芜、繁昌、怀宁、金牛、溧水和溧阳等火山岩盆地形成。在张性环境中，软流圈地幔发生交代作用形成深源岩浆房，岩浆岩喷出地表或浅成侵入定位于断凹区火山盆地之中，先后形成盆地中135～127 Ma 的第一、第二火山喷发旋回的安山岩–粗安岩等和第三、第四火山喷发旋回的粗面岩–响岩及与之对应的二长岩–闪长岩和正长岩–花岗岩类。对应第二火山旋回晚期的浅成–超浅成侵入的（辉石）闪长玢岩和闪长岩–正长岩类岩浆冷却分异形成的岩浆热液与围岩发生交代作用，在岩体内外不同部位形成不同产出特征的玢岩型铁矿床及其他多金属矿床。

在盆地外围的沙溪地区，形成于130 Ma 左右的埃达克质岩浆，在上升过程中与地幔物质相互作用，出溶的岩浆流体形成岩体内部的早期蚀变（钾硅酸盐化）和矿化，晚期形成石英绢云母化，矿体主要分布在早期钾硅酸盐化蚀变区域。

（3）127 Ma 后，庐枞矿集区内火山喷发作用结束。成矿带完全处于太平洋构造体系，区域进入伸展高峰期，长江断裂带的北东向断裂活动加强，126～123 Ma 的碱性岩-变质核杂岩-A 型花岗岩形成，形成 Fe-Au-U 多金属矿化，随后，区域燕山期的岩浆作用和成矿作用结束。

4. 成矿模式

基于上述对庐枞矿集区地质特征、区内主要矿床地质地球化学特征的研究以及成矿作用的对比和联系，建立了庐枞矿集区的综合成矿模式，如图 8.13 所示。

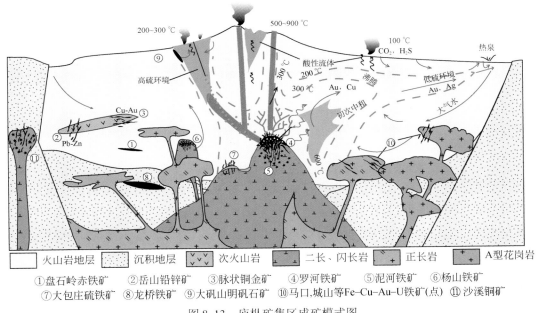

图 8.13　庐枞矿集区成矿模式图

对该成矿模式及庐枞矿集区成矿系统的演化解释如下：

长江中下游地区在古生代和中生代长期拗陷，沉积了较完全的古生代和中生代沉积地层。在中生代时期受区域构造背景的控制，深大断裂的形成导致了深部岩浆上升，在庐枞矿集区及外围中发育了一套具成因联系的中生代火山-侵入岩。区内共发生了四个旋回的火山喷发活动和对应的侵入岩浆作用，龙门院旋回和砖桥旋回的火山喷发时间非常接近，形成了一套粗安质的火山岩和以二长、闪长岩类为主的侵入岩，同时有少量的岩性为粗安斑岩的浅成次火山岩体的产生，外围发育石英闪长斑岩为主的侵入岩；双庙旋回和浮山旋回产生了一套以玄武安山岩、安山岩和粗面岩为主的火山喷出岩，伴随着这一阶段火山岩浆活动形成了两种类型的侵入岩，分别为正长岩类的侵入体和 A 型花岗岩侵入体。

在上述火山-侵入岩浆作用过程中不同时间，在矿集区内不同空间位置形成了不同类型的矿床，这些矿床是橄榄安粗质火山-侵入岩浆活动不同阶段热液成矿作用的产物。在龙门院旋回和砖桥旋回的火山喷发过程中，伴随着火山沉积作用在砖桥组的沉凝灰岩和沉积碎屑岩发育的地方形成了盘石岭铁矿床（图 8.13①），矿石为石英-赤铁矿组合；

在砖桥旋回火山活动末期，火山喷发能量减弱，在不同的深度形成了以粗安斑岩为主的浅成次火山岩体，和大量中等侵位的二长、闪长岩类侵入体。随着来自深部的岩浆热液的向上运移，并逐渐与越来越多的地下水混合，在次火山岩体中或岩体与沉积地层的接触带附近形成了铅锌矿床（图8.13②），而在次火山岩体内部或岩体与火山岩地层的接触带附近或者二长岩类侵入体中，形成了以井边为代表的脉状铜金矿床（图8.13③）。在中等侵位深度的闪长玢岩体内部或者岩体与火山岩地层的接触带附近形成了矿集区内规模最大的玢岩型铁矿床，这些铁矿床由于所处的岩体位置不一样其规模不一样，罗河铁矿床（图8.13④）和泥河铁矿床（图8.13⑤）位于大型闪长玢岩体穹窿顶部，其规模较大，蚀变分带较为完整。杨山铁矿床（图8.13⑥）位于小型闪长玢岩体内部，其规模较小，蚀变分带也不很明显。在闪长玢岩体与火山岩围岩接触的低洼带附近形成了规模不等的黄铁矿矿床和硬石膏矿床，如大包庄硫铁矿床（图8.13⑦）、小岭硫铁矿床以及罗河铁矿床和泥河铁矿床的上部硫铁矿体。这一时期的二长、闪长岩浆侵位的过程中，在远离闪长玢岩体的东马鞍山组沉积地层中，形成了沉积-热液叠加改造型（以燕山期热液成矿为主）的龙桥铁矿床（图8.13⑧），矿区内有同时代的正长岩体侵入，对矿床的形成有重要的作用，成矿可能与隐伏的闪长玢岩有关。砖桥旋回火山岩浆活动过程中，来自于深部闪长玢岩体的岩浆热液沿着火山构造向上运移并与大气降水混合，酸性热液与火山岩产生强烈的水岩作用，形成高硫型浅成低温热液成矿系统，在火山喷发口附近形成了高硫化型的矾山明矾石矿床（图8.13⑨）。在经历了砖桥旋回之后短暂的宁静期之后，矿集区内又连续发生了双庙旋回和浮山旋回的火山侵入岩浆活动，在区内形成了大量的正长岩和A型花岗岩侵入体，岩体侵位穿切早旋回火山岩地层和早期侵入岩，并破坏先存铁矿体。这一时期的成矿作用较弱，仅在局部形成一些规模不大的Fe-Cu-Au-U矿床，如马口铁矿床（图8.13⑩）以及城山等地的脉状铜金矿产和黄梅尖岩体中大量铀矿床。可见，庐枞矿集区盆地内的成岩成矿作用是一个连续而且成因上相互联系的过程，是与早白垩世岩浆热液活动有关的一个完整成矿系统演化作用的产物。庐枞矿集区西北部的沙溪矿床与钙碱性岩浆关系密切，其源区不同于庐枞盆地内部岩浆，含矿岩浆沿深大断裂上升，侵入到高家边组砂岩中形成的斑岩Cu-Au矿床（图8.13⑪），是独立于盆地外的一个斑岩型铜矿成矿系统。

第二节　区域找矿信息与找矿模式

找矿信息是各种与矿产相关的信息的综合体现，地质找矿信息包括了地质构造、地球物理、地球化学及其他相关的信息等。本节将重点对数据进行位场分离、分量转换、梯度计算等处理解释，开展庐枞矿集区示矿信息判别、提取工作，结合区域成矿模式，建立庐枞地区的找矿模式，为下一步预测成矿远景区，确定验证钻探位置提供依据。

一、地球物理找矿信息

庐枞矿集区矿产资源丰富，铁、铜、硫是区域优势矿种，玢岩型铁硫矿与斑岩型铜矿占据了主要的资源量。庐枞矿集区的矿床主要分布在重力高值与磁异常高值套合区域，大范围重力低区域中的局部磁异常也有矿床的产出。合理有效的处理庐枞矿集区重磁异常数据，能够很好地提取找矿信息，为成矿预测服务。庐枞矿集区 1 : 5 万重力及磁异常数据来自安徽省地质调查院。

1. 重力场异常信息

庐枞矿集区 1 : 5 万原始布格重力异常是一个由区域背景场与局部重力异常组成的复合体，不能很好地反映矿集区深部异常信息。本书采用了向上延拓及求垂向一阶导数方法，进行了位场分离，以期提取异常信息。

图 8.14 为庐枞矿集区重力向上延拓求取的剩余重力异常图。向上延拓工作能起到压制浅部局部异常，突出深部区域异常的作用。在对原始布格重力异常进行上延 1000、2000、3000……直至 7000 m 的过程中，当延拓到 5000 m 后，重力异常形态基本没有太大变化，说明浅部局部异常得到了很好的压制，因此将上延 5000 m 的重力异常作为深部背景场，再用原始布格重力异常值减去背景异常，就得到浅层局部异常。图 8.15 是对庐枞矿集区 1 : 5 万原始布格重力异常求取垂向一阶导数图，首先对重力异常向上延拓 100 m，去掉地表浅部干扰，再作求导，从而从水平方向较好地刻画了整个矿集区每个异常体的边缘形态。

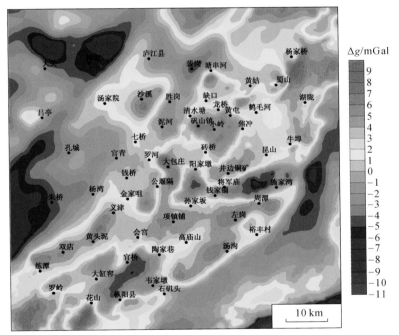

图 8.14　庐枞矿集区向上延拓处理后剩余重力异常图

图 8.15 较为清晰地反映了矿集区北东向的异常形态。结合矿床的分布位置，已知的矿床主要分布在重力高值梯度带上，如罗河铁矿、沙溪铜矿、龙桥铁矿等，少量分布在重力低背景区域的局部高重力异常处，如泥河铁矿。沙溪重力高、罗河–矾母山重力高、龙桥–清水塘重力高的梯度带及交接部位，是已知玢岩铁硫矿与斑岩铜矿的主要赋存部位，

在上述异常梯度带的空白区深部，还有寻找铁、硫、铜矿的可能。

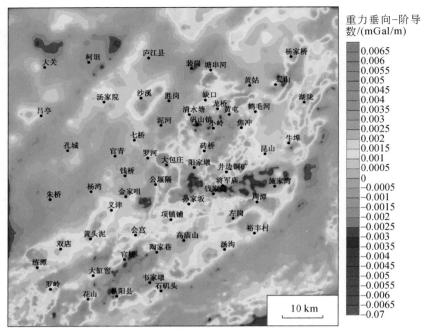

图 8.15　庐枞矿集区重力垂向一阶导数图

2. 地磁异常信息

庐枞矿集区 1:5 万原始地磁场是一个由区域背景磁场与局部磁异常构成的复合体，同时庐枞矿集区中心纬度为 31°，属于中低纬度，要获得深部真实磁性体位置，还需要通过化磁极将斜磁化转化为垂直磁化。

图 8.16 是区域磁场向上延拓异常分离结果，通过向上延拓可以压制浅部局部异常，突出深部区域异常。对庐枞矿集区化极磁力异常做向上延拓 500、1000、2000……直至 5000 m。当上延到 4000、5000 m 时，磁力异常形态基本没有太大变化，说明此时浅部局部异常得到很好的压制，因此可以将上延 5000 m 磁力异常作为深部背景场，再用原始化极磁力异常值减去上延 5000 m 异常就得到浅层局部剩余异常值。

图 8.17 是对庐枞矿集区 1:5 万磁力异常求取垂向一阶导数图，首先对化极磁力异常向上延拓 100 m，去掉地表浅部干扰，再作求导，从而从水平方向较好地刻画了整个矿集区各个异常体的边缘形态。

由图 8.16、图 8.17 和图 8.18 可以看出，庐枞矿集区航磁异常总体呈北东向展布，北东宽、南西窄，呈"蝌蚪"状。沿异常走向长约 95 km，北东宽约 27 km，南西宽约 18 km，总体可以分为异常区和"孤立"异常两类。异常区主要有两片：一片在孙家坂—项镇铺，近似等轴状，异常区内包含 2 个明显的局部异常；另一片在将军庙—井边铜矿以北地区，呈近似长方形，北北东延伸，地表对应砖桥组火山岩。异常区南北有两个较强局部异常。一些"孤立"异常主要沿火山岩盆地周边分布，重要异常有罗河、牛头山、龙桥、焦冲、程家大院、将军庙、杨家市异常等，异常轴向总体呈北东向，盆地北缘的一些局部异常（如

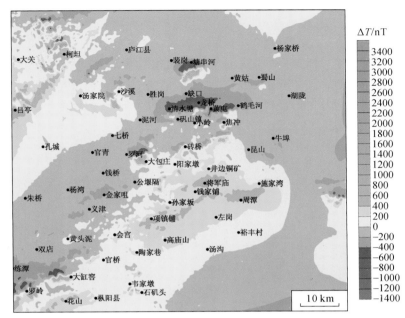

图 8.16　庐枞矿集区化极磁力异常向上延拓 5000 m 求取的剩余异常图

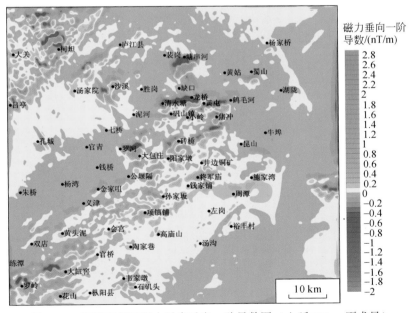

图 8.17　庐枞矿集区磁力异常垂向一阶导数图（上延 100 m 再求导）

龙桥异常等）轴向近东西，这些孤立异常基本对应了已发现的玢岩型铁硫矿。盆地内部的"孤立"异常多呈北东走向，有何家大岭、小岭、砖桥、青山小库、阳家墩、大岭脚异常等，异常幅值达 100～2000 nT，部分也与盆内的玢岩型铁硫矿相对应。盆地南部罗岭—大缸窑—曹家楼一带分布有较强的带状异常和局部强磁异常。盆地周边还分布有若干独立异常带或异常。盆地西北部沙溪地区存在两条航磁异常带，一条从汤家院到庐江县，总体呈北东向展布，由若干局部异常组成；另一条异常带为沙溪异常带，呈北北东向带状展布，强度达 2000 nT，对应了沙溪斑岩型铜矿床。盆地北部边缘塘串河处分布一孤立航磁异常（图 8.17），同时存在局部重力异常，大致呈北东向呈椭圆状，强度达 1400 nT。盆地东边施家湾存在一"月牙"形弱磁异常。

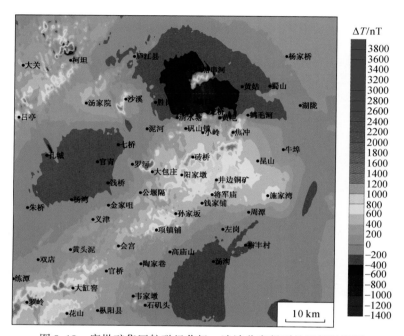

图 8.18　庐枞矿集区航磁经化极、滤波分离得到的局部异常图

　　盆地内部及边缘"孤立"的磁异常是玢岩型铁矿重要的找矿部位，而沙溪西侧北东向异常带，则是寻找斑岩型铜矿的优良选区。

二、地球化学找矿信息

　　项目组结合庐枞地区野外 5 条反射地震剖面，开展了浅钻化探工作。化探样品采集自地震炮点井孔深部约 16~18 m 处，采集对象为岩屑及泥沙样品，均为原岩成分或原岩半风化产物，测试结果能较好地反映原地元素异常信息。本次工作共采集样品 3579 件，经分析测试获得了 Cu、Pb、Zn、Ag、Au 等元素的含量，建立了庐枞矿集区成矿元素含量的格架（图 8.19）。通过 5 条化探剖面，发现了盆地内部火山岩出露区多处金属元素异常区，也在盆地边部及外围的浅覆盖区发现了一系列的找矿线索。

1. LZ01 地质−地球化学剖面异常信息

　　LZ01 地球化学剖面（图 8.20）起于郯庐断裂带东侧，向南东经过庐江县西南部的乐桥镇，穿过孔城凹陷、罗河断裂、庐枞火山岩盆地，经枞阳县汤沟镇，止于长江北岸，剖

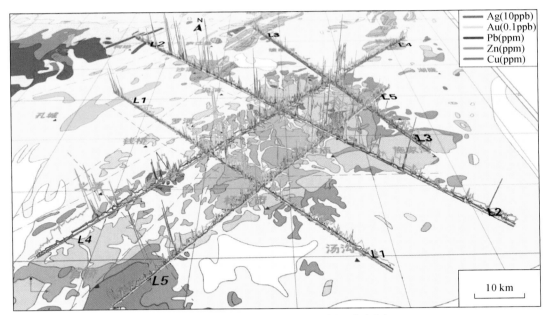

图 8.19 庐枞矿集区 5 条化探剖面分布图

面长 60 km。剖面共测定了 616 个样品，取得了 As、Sb、Hg、W、Mo、Cu、Pb、Zn、Ag、Au 元素的分布富集信息。

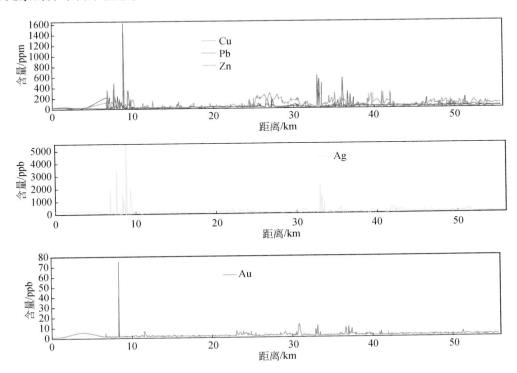

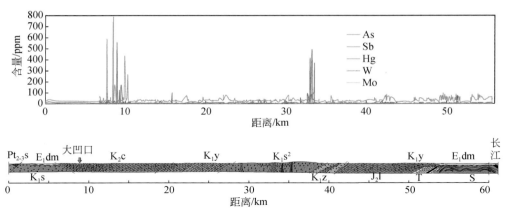

图 8.20 庐枞矿集区 LZ01 线地质-地化剖面图

在距地化剖面起点 6.94 ~ 10 km 的范围内，出现了一个具有多金属异常的区带，Hg、As、Au、Ag、Cu、Pb、Zn 均表现出异常特征，Hg 最高出现 787 ppm[1]，As 最高值为 557 ppm，Au 最高值 75 ppb[2]，Ag 最高值 5523 ppb，Cu 最高值 1620 ppm，Zn 最高值 356 ppm，Pb 最高值 354 ppm。该异常带位于乐桥—大凹口一带，孔城红盆内，地表出露上白垩统赤山组地层，岩性以杂砂岩为主，区域断裂构造较为发育，结合元素异常信息，应注意在赤山组地层中寻找构造裂隙控制的中低温热液充填型多金属矿床。

距地化剖面起点 30 ~ 40 km 范围内，Cu、Pb、Zn 元素均出现了异常。该异常带位于庐枞盆地中部西牛山附近，为双庙组火山岩分布区，区内火山机构较为发育，具有良好的成矿条件。区内还叠加有 As-Sb-Hg-W-Mo 异常，对应了西牛山侵入体的分布区，说明该区域可能为成矿热液活动的中心，应注意寻找与火山-次火山热液活动有关的热液矿床。

2. LZ02 地质-地球化学剖面异常信息

LZ02 剖面北西起于庐江县汤池镇，南东止于枞阳县老洲镇老街，全长 80 km。剖面途经柯坦镇、沙溪、砖桥、周潭和陈瑶湖。本剖面跨越了两个一级大地构造单元，大别造山带（北淮阳构造带）和扬子地块（长江中下游凹陷），并切穿了郯庐断裂带。剖面（图 8.21）共测定了 854 个样品，取得了 As、Sb、Hg、W、Mo、Cu、Pb、Zn、Ag、Au 元素的分布富集信息。

距化探剖面起点 12 ~ 14 km 处，出现 Cu、Hg、Zn、Ag、As 的综合异常，该区位于柯坦镇北东，大别造山带前缘，地表主要分布毛坦厂组火山岩，郯庐断裂带的次级断裂控制了该区的构造形态，应注意寻找构造控矿的热液型多金属矿产。

距化探起点 18 ~ 30 km 的小烟墩—沙溪铜矿一带出现了 Cu、Pb、Zn、Au、As 综合异常区域，Mo 也有轻微的异常显示。沙溪铜矿对应了 Cu、Au 元素较高的异常。沙溪铜矿北

---

① 1 ppm = 1×10^{-6}

② 1 ppb = 1×10^{-9}

西至小烟墩地区地表主要出露侏罗系及志留系的碎屑岩地层，是本区域斑岩铜矿主要的赋矿围岩，Cu-Pb-Zn-Mo 异常组合的出现，说明应注意寻找隐伏岩体及其与碎屑岩接触带的斑岩型-砂岩型铜矿化。

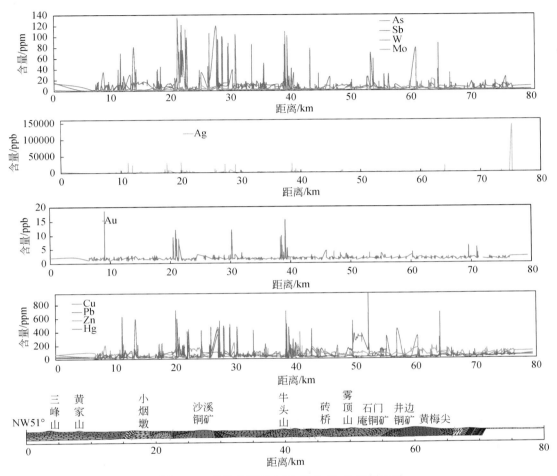

图 8.21　庐枞矿集区 LZ02 线地质-地化剖面图

距地化剖面起点 50 ~ 60 km 的雾顶山-井边铜矿-黄梅尖地区出现了大范围的 Cu-Pb-Zn 异常，该区域处于庐枞盆地中东部，地表出露砖桥组地层及黄梅尖碱性岩体。井边地区地表大量分布有脉状铜矿床，应注意地表矿化对深部的指示意义，加强深部铜矿化的寻找。近期，华东冶金地质勘查局在黄梅尖岩体边缘与火山岩的构造接触破碎带中发现了角砾岩裂隙充填型铜矿化，结合本次工作发现的黄梅尖岩体 Cu 异常，说明今后工作中应注意在大岩体中，寻找构造控制的热液型矿床。

3. LZ03 地质-地球化学剖面异常信息

LZ03 剖面北西起于庐江县罗埠乡，南东止于施家湾，全长 56 km。剖面途经冶父山、白湖、龙桥、黄屯和昆山，位于 LZ02 剖面北东方向 10 km 处。穿过滁河断裂和缺口-罗河-义津断裂,并经过冶父山岩体、黄屯岩体、长冲-枫岭岩体和黄梅尖岩体。共测定 584 个样品，取得了 As、Sb、Hg、W、Mo、Cu、Pb、Zn、Ag、Au 元素的分布富集信息。LZ03 线地化剖面（图 8.22）元素异常并没有形成带状分布的特征，各个元素异常较为集中。

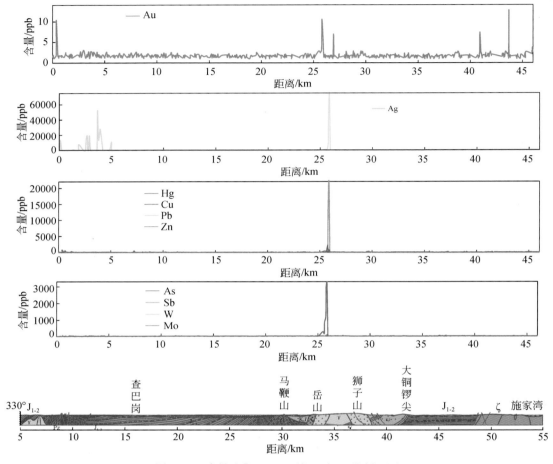

图 8.22　庐枞矿集区 LZ03 线地质–地化剖面图

　　距化探剖面起点约 1~5 km 的位置出现了 Au、Ag 异常，异常区为庐江县二十里铺地区，该区主要出露早古生代沉积地层，包括寒武系、志留系、泥盆系、二叠系，岩性以碳酸盐岩、泥质页岩、粉砂岩为主，区域主要受到北东向滁河断裂的控制。综合区域地质特征，应注意评价与碎屑岩及泥质岩石有关的微细粒浸染型金矿化（卡林型金矿）的成矿潜力。

　　距地化剖面起点约 26 km 处，出现了 Au–Ag–Pb–As 的综合异常。异常区处于已知的岳山铅锌矿西侧的黄屯闪长玢岩体附近，黄屯闪长玢岩与岳山铅锌矿的赋矿围岩粗安斑岩有着相似的地球化学特征，同时两者的形成时代相同，因此应加强在岳山铅锌矿外围黄屯附近的铅锌矿找矿力度。

　　距地化剖面起点约 42~44 km 处出现了 Au 元素的异常，该异常范围为黄梅尖岩体及其与下侏罗统罗岭组砂岩接触地段，区域已发现有 34、3340 金铀矿床。应注意在岩体与围岩接触带上，构造破碎强烈的地段，寻找与岩浆热液有关的金铀矿床。

4. LZ04 地质–地球化学剖面异常信息

LZ04 剖面南西起于枞阳县雨坛乡，北东止于无为县开城镇，全长 76 km。剖面途经的城镇有浮山、店桥、砖桥、黄屯和百胜。剖面线穿过北北东向的郯庐断裂和缺口–罗河–义津断裂，沿途出露的岩体有巴坛岩体、小岭岩体、土地山岩体和黄屯岩体，经过的矿区有大包庄硫铁矿、矾母山矿、钟山铁矿、后山冲铁矿、马鞭山铁矿和黄屯硫铁矿。本剖面（图 8.23）共测定了 881 个样品，取得了 As、Sb、Hg、W、Mo、Cu、Pb、Zn、Ag、Au 元素的分布富集信息。

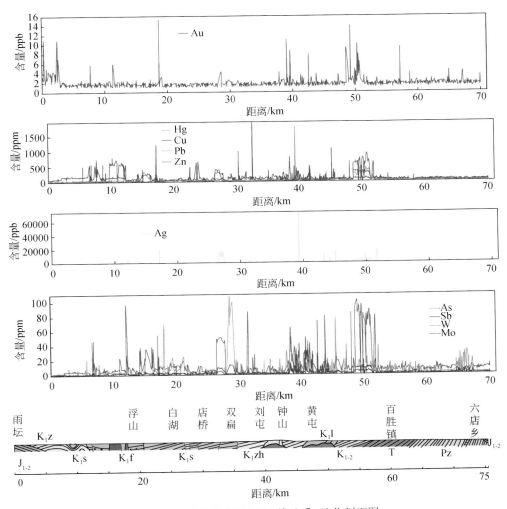

图 8.23 庐枞矿集区 LZ04 线地质–地化剖面图

距剖面起点 0 ~ 3 km 范围内，Au 出现了较为明显的异常特征，处于雨坛附近。地表主要出露罗岭组砂岩及砖桥组火山岩，异常带东侧即为黄公山火山机构，断裂构造较为发育，Au 元素的异常可能指示了与火山热液活动有关的 Au 矿化线索。

距剖面起点 7 ~ 16 km 范围内，Cu、Zn、Au、W、As 均出现了不同程度的异常。区域处于牛安、陈家嘴、浮山一带，地表出露浮山旋回火山岩，构造上多火山机构分布，且已发现了一批脉状铜矿化，具有火山-次火山热液型多金属矿的找矿潜力。

距起点 41～55 km 的小岭、大岭、岳山一带的 Cu、Pb、Zn、Ag、Hg 含量较高，与已知矿床的分布吻合，但在岳山铅锌矿的北东部还有一较宽的 Cu、Pb、Zn、Ag 异常带，异常范围内罗岭组地层发育，且深部存在次火山岩体，具有寻找岳山式铅锌矿的成矿条件。

5. LZ05 地质-地球化学剖面异常信息

LZ05 剖面南西起于枞阳县雨坛乡，北东止于无为县开城镇，全长 56 km。途经城镇有浮山、店桥、砖桥、黄屯和百胜镇，位于 LZ04 剖面南东方向 10 km 处。

剖面穿过的已知大型断裂有北北东向的郯庐断裂和缺口-罗河-义津断裂。剖面经过的侵入体包括枞阳岩体、城山岩体、拔茅山岩体、将军庙岩体和谢瓦泥岩体。经过矿区有拔茅山铜矿、代岭湾铁矿、齐家院子磁铁矿和石门庵铜矿。剖面共测定 644 个样品，取得了As、Sb、Hg、W、Mo、Cu、Pb、Zn、Ag、Au 元素的分布富集信息（图 8.24）。

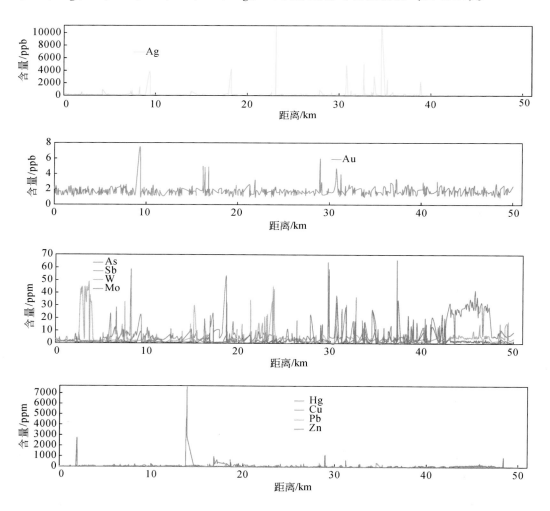

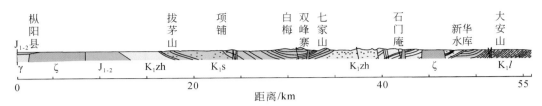

图 8.24　庐枞矿集区 LZ05 线地质–地化剖面图

距地化剖面起点 5~10 km 范围内，Au、Ag、W、Sn 元素出现不同程度的异常。该区域为方家山–大拔茅山，区内主要为枞阳岩体与罗岭组接触部位，应注意在构造接触破碎带中寻找中高温热液型多金属矿床。

距地化剖面起点 15~20 km 范围内，Cu、Au、W、Sn 元素出现异常，该异常区与拔茅山–项铺镇相对应，该区内有大、小拔茅山铜矿，主要为热液脉状铜矿，应注意在矿床周边及控矿的破碎带上寻找脉状 Cu、Au 矿化。

距地化剖面起点 30~35 km 范围内，Au、Ag、As、W 等元素出现不同程度的富集，区域处于七家山—石门庵一带，岩性以双庙组与砖桥组火山岩为主，构造上七家山为庐枞盆地南部重要的火山机构。区域断裂构造发育，且已发现一批构造裂隙控矿的脉状 Cu–Au 矿床，在今后的找矿工作中应重视浅部铜矿化对深部的指示意义，结合地球物理手段，综合评价区域深部找矿潜力。

三、找矿模式

在矿集区深部探测、典型矿床地质–地球物理模式研究和区域成矿规律研究的基础上，以庐枞矿集区已发现矿床的地质、地球化学及地球物理异常特征为基础，结合本项目进行的典型矿床地球物理综合探测方法试验，提出"重磁确定范围，地质评价潜力，化探确定矿种，大比例尺综合物探方法定位矿体"的综合找矿模式。

"重磁确定范围"是指利用小比例尺的区域性重力、航磁、地磁等资料，识别异常，提取找矿信息，确定成矿范围；"地质评价潜力"是在重磁圈定的范围内，通过综合分析区域构造、地层、岩浆活动、蚀变等特征，利用类比原则，对比区域已发现矿产地的地质特征，综合评价区域的找矿潜力及主攻的成矿类型；"化探确定矿种"是指在异常区域内，对土壤、岩石及水系沉积物的元素进行浓度分析，明确富集元素种类，指出区域可能的矿化种类；"大比例尺综合物探方法定位矿体"是指在优选的区域内，进行大比例尺的综合物探方法，包括 TEM、SIP、AMT、CSAMT 等多种电磁综合物探手段，确定异常深度和形态，为进一步评价成矿潜力、验证工程布置提供依据。

玢岩铁硫矿、斑岩铜矿、岳山式铅锌银矿、与碱性岩有关的铀矿是庐枞矿集区主要的成矿作用类型。结合本项目在泥河、沙溪矿区进行的大量剖面性电磁综合物探方法，对庐枞矿集区斑岩型铜矿及玢岩型铁硫矿的找矿模式进行了详细的总结。基于前人的研究成果，对岳山式铅锌银矿、与碱性岩有关的铀矿的找矿模式进行了提炼，为进行区域深部找矿综合预测提供标准，详见表 8.2。

表 8.2　庐枞矿集区不同成因类型矿床找矿标志

找矿标志		矿床类型			
		斑岩型铁硫矿	斑岩型铜矿	岳山式铅锌矿	与碱性岩有关的铀矿
重磁特征		重磁异常是重要的找矿标志，单一重力异常亦不能忽视，大型重磁异常带的梯度带内次一级重磁异常带是找矿的关键，应注意剩余重力异常与磁化极异常的评述	重磁同高是重要的找矿标志，重力高值区域的梯度带及数部是找矿的关键部位	高磁异常是重要的找矿标志	碱性岩体密度较低，重力的低值异常中心可能代表岩体的侵位，是重要的找矿标志。航空γ能谱测量的放射性高值区是铀异常重要的指示标志
地质特征	地层	砖桥组下段及闪村组地层是主要的赋矿围岩	志留系高家边组，坟头组是主要的赋矿围岩	龙门院组，磨山组是主要的赋矿围岩	罗岭组砂岩是主要的赋矿围岩
	构造	北东向断裂及其所派生的近南北、近东西向断裂的交汇处	北东向与近东西向断裂构造复合部位	北东向断裂及东西向断裂的次级断裂交汇处	岩体内的构造裂隙
	岩浆活动	早白垩世橄榄安粗岩系的超浅成侵入岩，岩性以闪长玢岩为主	早白垩世高钾钙碱性超浅成侵入岩，岩性以石英闪长玢岩为主	早白垩世中基性侵入岩，岩性以粗面质安山斑岩为主	早白垩世碱性侵入体，岩性以正长岩为主
	基底构造	基底地层隆起带，岩侵式火山穹窿	地层褶皱核部地带，断块隆起区	基底地层隆起区域	基底地层隆起区域
	围岩蚀变	浅色蚀变岩是重要的指示标志，透辉石化与强磁硬石膏青化是近矿蚀变标志	泥化、青磐岩化是重要指示标志，钾长石化、黄铁绢云母化带是近矿蚀变标志	硅化、高岭石化、黄铁矿化、电气石化、钾长石化近矿蚀变标志	钠长石化、硅化、高岭石化、黄铁矿化具有指示意义，水云母化是近矿蚀变标志
化探特征		Fe-S元素异常	Cu-Zn-Pb-Ag元素空间特征	Cu-Zn-Pb-Ag元素异常	U-Th元素异常
综合物探方法		TEM,SIP,CSAMT,AMT等手段，通过不同岩性单位电性结构的异同，判断矿体及含矿岩体的深部赋存状态	AMT方法圈定斑岩化斑岩体空间形态及判断含矿岩体的深部赋存状态；CSAMT,SIP较好刻画空间构造样式	TEM,SIP,CSAMT,AMT手段，通过不同岩性单位电性结构的异同，判断矿体及含矿岩体的深部赋存状态	TEM,SIP,CSAMT,AMT等手段，对碱性岩深部的赋存状态进行预测，间接指示铀矿化空间位置

1. 玢岩铁矿找矿模式

1）重磁特征

（1）重力特征：重力高异常是玢岩型铁硫矿重要的找矿标志（图6.16），区域上的重力高值中心是找矿的重点，大型重磁异常梯度带内次一级重力异常是找矿的关键。在实际工作中，需注意对原始布格重力异常的数据处理，尝试多种位场分离方法，以期寻找到适合的数据处理手段。

（2）磁场特征：航磁与地磁异常是玢岩型铁硫矿的直接指示标志（图6.16、图6.41等），磁异常的中心常对应磁铁矿矿体。实际工作中，应注意对原始磁场数据进行化极处理，消除纬度影响，获得深部磁性体真实位置。

2）地质特征

（1）砖桥组地层是本区铁矿重要的赋矿层位，周冲村组是龙桥式铁矿床成矿、赋矿层位。

（2）北东向及派生的近南北和近东西向构造控制岩浆岩带、基底断隆及岩侵型隆起或穹窿，其中断裂的交汇处往往是岩浆活动和矿液活动的中心所在。

（3）岩侵型火山隆起或穹窿是潜火山岩侵位的主要空间特征，它通常叠加在基底断隆带之上，是铁、铜、硫、硬石膏等综合矿田（矿床）的最有利赋矿部位，其中尤以隐蔽式穹窿对成矿更有利。

（4）火山岩盆地中心部位断陷沉降幅度大，火山岩层巨厚，自变质作用强烈，某些作用期的成矿物质不仅可以单独构成工业矿体，且为稍后阶段的潜火山成矿期提供了部分的矿源。

（5）粗安玢岩、闪长玢岩超浅成侵入体与主要铁矿有密切的成因联系，晚期正长岩与部分次要铁矿床、矿点有关。

（6）潜火山岩及近旁围岩的深色蚀变组合是铁矿的近矿标志，浅色蚀变和叠加蚀变对铁矿只能间接显示，但可作为铁矿共生矿种如硫铁矿、硬石膏、铜矿的找矿标志。

3）化探异常

庐枞矿集区中玢岩型铁矿多具有一定的埋深，地表出露的地层多不具有与深部铁矿化相关的蚀变。因此，化探在庐枞矿集区并不是寻找隐伏玢岩型铁硫矿的主要手段。但是Fe、S元素的异常对铁矿化还是有一定的指示意义。

4）综合物探方法

大比例尺综合电磁物探工作显示，玢岩型铁矿的磁铁矿体具高磁化率、高电阻率的特征；赋矿的闪长玢岩体具有中高电阻率、中高磁化率的特征；深色蚀变带具有中低磁化率、中低电阻率的特征；火山岩地层则表现为低磁化率、低电阻率的特征。根据玢岩型铁矿垂向上这种电磁特性的差异，利用电磁测深方法，可以有效地定位岩体、矿体位置，精确揭示地质体结构。

根据物探方法综合实验结果，总结各种方法的优势：AMT（三维）、CSAMT、TEM对岩体顶界的反映较好，可以用其结果推测岩体大致的分布范围；AMT（三维）和TEM结果对地层界面的反映能力较强，因此可以用于判断地层（围岩）分布和蚀变带范围；SIP结果的电性参数值与物性参数更为接近，因此可以用于精细结构探测。

2. 斑岩铜矿找矿模式

1) 重磁特征

（1）重力特征：庐枞矿集区斑岩铜矿矿体具有高重力的特征，区域重力资料反映沙溪斑岩铜矿为重力高值的中心。实际工作中，应重视剩余重力异常对矿体的指示意义，沙溪矿区剩余重力异常可以很好地区分四个矿段的分布范围，重力梯度带上的次级重力异常往往也指示了深部斑岩矿体（图 7.2、图 7.17 等）。

（2）磁场特征：庐枞矿集区纬度较低，斜磁化严重，异常偏离地质体较远，需要进行化极处理。沙溪斑岩体磁性较弱，在实际工作中需要进行高通滤波、化极处理，剩余化极磁异常对矿体有较好的指示（图 7.4、图 7.14、图 7.16 等）。

2) 地质特征

（1）志留系碎屑岩是庐枞矿集区斑岩型铜矿床主要的赋矿围岩。

（2）背斜和背形核部控矿作用明显，背斜核部及其虚脱部位为含矿岩体提供良好的容矿空间。矿区背斜和背形构造核部张裂隙控制矿体（脉）展布。同时产生一系列的次级断裂构造，这些断裂交汇处控制着小岩体的具体空间侵位。因此，地层间的断层接触带，不同方向断裂的交汇部位，岩体中裂隙带密集发育部位，矿化角砾岩及含铜石英脉发育部位，是重要的找矿标志。

（3）岩体及其与围岩的接触带是重要的找矿部位，因此找到燕山期侵入岩体就有可能发现矿化点或矿床。广泛出露的中生代小岩体是区内重要的找矿标志，特别是具复式岩体特点的中酸性石英闪长斑岩和黑云母石英闪长斑岩体最为重要。在矿体顶部和两侧往往存在较多的晚期脉岩，岩脉也可作为找矿的间接标志。

（4）庐枞火山岩盆地外缘，区域性北东向断裂构造所派生的次级东西向与北东向断裂的交汇处，是重要的找矿部位。

（5）钾硅酸盐化与成矿关系最为密切，而钾硅酸盐化以钾长石、黑云母等含钾矿物的发育为特征，同时伴随硬石膏、磁铁矿等矿物的广泛发育；钾硅酸盐化与青磐岩化叠加带是金属矿物主要的富集空间。因此，钾硅酸盐化和硫化物矿化也是重要的找矿标志。

3) 化探异常

斑岩铜金矿床上方通常不同程度地存在 Cu、Au、Mo、Ag、Zn、Pb、As、Hg、Te、Sn、S 等元素的异常或元素组合异常，对于未知区来说，水系沉积物地球化学测量方法是筛选靶区的有效方法。在确定远景区之后，土壤取样、岩屑取样是圈定斑岩矿化系统的有效方法。在这过程中，如果化探异常与物探（磁法或激发极化法）异常相吻合，更进一步证实斑岩成矿系统的存在。

4) 综合物探方法

项目进行的综合探测结果表明，斑岩型铜矿的含矿石英闪长斑岩体具有高电阻率、较低极化率、小时间常数和中等频率相关系数的特点，利用这些物性的特征，电磁测深手段可以很好地反映矿床深部构造及地质体的形态。

AMT 探测方法虽然观测的是天然的电磁场，受干扰因素较多，但通过一系列的数据处理和反演工作，还是可以很好地反映出岩体的空间展布特征，为深部和外围找矿提供参考。CSAMT 和 SIP 探测方法的精度相对 AMT 要高，高阻体与岩体（矿体）吻合较好，能够很好地刻画岩体的形态和控岩控矿构造。TEM 探测方法的分辨率相对较低，要较好地定位深部岩体比较困难。

第三节 深部找矿预测

主要通过对区内控矿因素、矿化信息、成矿规律的分析，结合地球物理-地球化学综合找矿信息，确定有远景的成矿单元或地段。尤其注意运用已有的矿产资料和有关成矿理论，筛选出成矿的最佳地段。

深部找矿预测划分出了 5 个成矿远景区（图 8.25，表 8.3）：井边-巴家滩地区铜铀成矿远景区，沙溪铜矿外围铜成矿远景区，大矾山深部铁铜成矿远景区，岳山铅锌矿外围铜铅锌银金成矿远景区，罗河-泥河外围玢岩型铁硫矿成矿远景区。

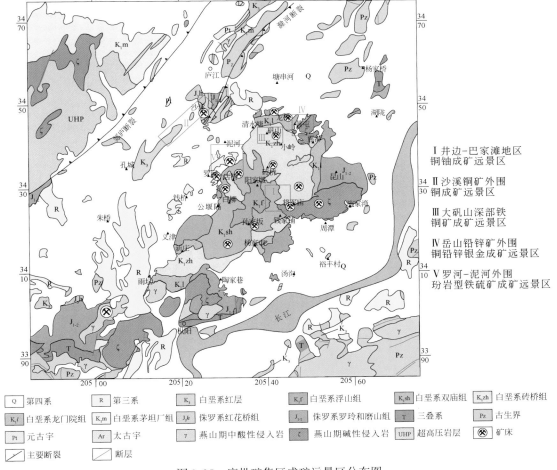

Ⅰ 井边-巴家滩地区铜铀成矿远景区

Ⅱ 沙溪铜矿外围铜成矿远景区

Ⅲ 大矾山深部铁铜矿成矿远景区

Ⅳ 岳山铅锌矿外围铜铅锌银金成矿远景区

Ⅴ 罗河-泥河外围玢岩型铁硫矿成矿远景区

图 8.25 庐枞矿集区成矿远景区分布图

表 8.3　庐枞地区成矿远景区划分表

成矿远景区	位置	地质特征	地球物理及地球化学特征	已知矿床	成矿类型	找矿标志与矿控矿因素
井边-巴家滩铜铀成矿远景区	庐枞盆地中部,井边地区、巴家滩岩体及周边地区域	主要出露的地层为下白垩统砖桥组及双庙组地层,区内发育早白垩世巴家滩石二长岩及少量正长岩斑岩,巴家滩安山岩及粗安斑岩;井边地区以发育北东向及东西向断裂为特征,巴家滩岩体周边发育放射状及环状的断裂	北东向重力异常高值带上。表现出 Cu、Pb、Zn、U 综合异常特征	井边,石门庵,冷水回铜矿,34 铀矿	热液脉型铜矿床;与正长岩有关的铀矿床	地球化学异常区;大型断裂及层间断裂的次级断裂;巴家滩岩体周边及深部找寻斑岩型铜矿化;次生石英岩化、高岭石化、绢云母化、硅化及其与围岩接触带;正长岩及其与围岩接触带
沙溪铜矿外围铜成矿远景区	庐江县沙溪-乐桥	位于庐枞盆地西部的孔城红盆中,出露地层为赤山组、罗岭组,高家边组,玫头组碎屑岩,发育北东-北北东向褶皱与北东-北北东向断裂	北东向重力低值带上,局部重力值中心。显示出 Cu、Zn、Pb、Ag、As、Hg 综合异常特征	沙溪斑岩型铜矿床	浅成相中酸性岩浆热液型铜矿床	成矿物质的地球化学异常;北东向构造-褶皱带;钾化、硅化、黄铁绢云岩化强烈地段;中酸性岩(脉)顶部及碎屑岩地层接触带
大矾山深部铜铁成矿远景区	庐江县矾山镇大矾山-小矾山地区	邻近庐枞盆地西缘深大断裂带;区域主要出露下白垩统砖桥组火山岩地层,侵入有早白垩世马滩石英正长岩体	重力低值带的中心部位。局部出现重力高值区域	大小矾山矾矿	斑岩型铜矿床;玢岩型铁矿床	酸性硫酸盐蚀变矿带深部;区域重力低反映的深部侵入岩体;明显石化深部的斑岩型铜矿床;玢岩型铁矿床
岳山铅锌银矿外围铜铅锌银金成矿远景区	庐江县黄屯乡地区	庐枞盆地北北缘,中休罗统砖桥组火山岩,区域侵入岩;罗统钟山组,下白垩统砖桥组地层,有早白垩世岳山粗安斑岩体、黄屯闪长岩分布,焦冲石英正长岩体	庐枞盆地边部重力梯度带上。Pb、Zn、Ag 套合异常区	岳山铅锌银矿	斑岩型、砂岩型铅锌银矿	成矿物质的地球化学异常;岳山铅锌矿外围,黄屯闪长岩型铅锌矿;山式斑岩型铅银矿;同时应注意寻找钟山组地层中的火山热液脉状银金矿床
罗河-泥河外围玢岩型铁硫型成矿远景区	庐枞盆地中北部罗河与泥河镇交接区域	庐枞盆地中北部北东向,东西向断裂主要发育;区域主要出露有下白垩统砖桥组;双庙组,侵入人有大量的早白垩世的中酸性浅成相侵入体	盆地边部重力高值带与重力低值带交汇;局部,局部重力异常分布广泛	泥河,罗河,大包庄铁(硫)矿	玢岩型铁矿	成矿地球化学异常带;区域断裂交汇部位;次火山岩体与砖桥组地层接触部位;重力异常梯度带上,次级高度带上,重力高值中心部位

一、井边—巴家滩铜铀成矿远景区

1. 成矿条件分析

成矿远景区位于庐江县砖桥乡与虎栈乡境内，构造位置上属于庐枞火山岩盆地中心，主要出露下白垩统龙门院组、砖桥组、双庙组，岩性主要为火山岩。区域侵入岩主要包括早白垩世巴家滩辉石二长岩体、黄梅尖（石英）正长岩体，在双庙组地层中分布有北北西向正长斑岩脉岩，砖桥组中分布有少量辉石粗安斑岩体（图8.26）。

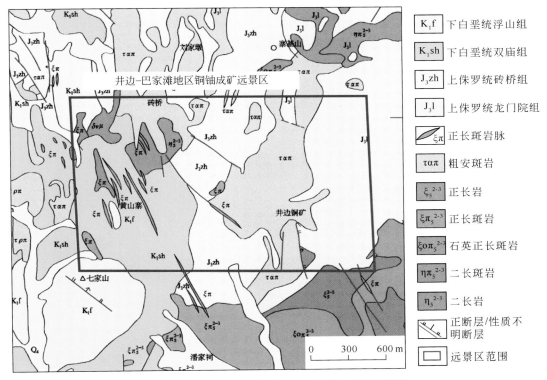

图8.26 庐枞盆地中部井边—巴家滩地区地质简图

巴家滩岩体是一个多期次侵入的复式杂岩体，根据地球化学特征分析，巴家滩岩体可能与庐枞盆地火山活动具有同源性，巴家滩岩体与龙门院旋回及钻桥旋回火山岩可能为多期次岩浆活动产生的火山—侵入杂岩，这种复杂的岩浆喷发—侵入活动有利于热液成矿作用尤其是铜金矿化的形成。巴家滩岩体Pb同位素、O同位素及Sr–Nd同位素特征显示，巴家滩岩体的源区具有富集地幔的特征，这种来源的岩浆常具有较高的氧逸度，有利于铜金元素向热液中迁移，富集成矿（周涛发等，2007；刘珺等，2007）。同时巴家滩岩体自身铜含量就较高，可达$(136 \sim 450) \times 10^{-6}$，岩体发育有浸染状黄铜矿化并发现有含铜暗色微粒包体（刘珺，2005），说明了其具备丰富的铜矿物质来源。

铜的富集成矿需要成矿流体作为搬运载体得以实现，强烈的流体活动是形成铜矿的重要条件。巴家滩–井边地区蚀变发育强烈，火山岩地层中的蚀变类型包括次生石英岩化、绿泥石化、碳酸盐化、高岭石化、绢云母化、硅化；巴家滩岩体中出现绿泥石化、绢云母化、钾化、重晶石化、硬石膏化、硅化及碳酸盐化蚀变。强烈的蚀变证实该区域存在流体活动，为铜富集成矿提供了可能。

远景区位于黄梅尖碱性岩体西侧，是铀放射性异常的中心，黄梅尖岩体与围岩接触带内外侧浅部已发现有铀矿（化），暗示远景区深部可能存在与碱性岩有关的铀矿。

2. 找矿信息

根据井边–巴家滩1：5万水系沉积物异常图（图8.27）分析，井边–石门庵铜矿周边地区，巴家滩岩体周边砖桥、双庙、虎岭地区均具有 Cu 异常分布。本次完成的 LZ02 化探剖面切穿该区域（图8.21），分析结果显示，井边–石门庵地区具有较高的 Cu–Pb–Zn 组合异常值。面积性及剖面性的地球化学分析结果均指示区域具有较好的铜矿找矿潜力。

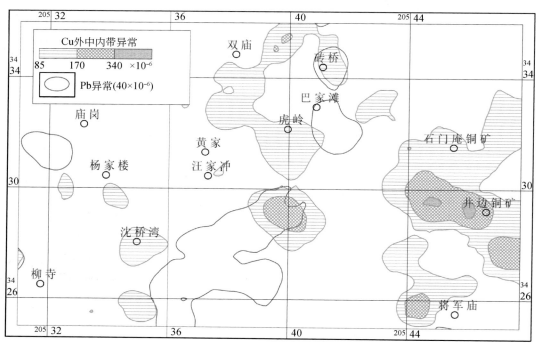

图8.27　庐枞盆地中部井边–巴家滩地区1：5万水系沉积物异常图（据安徽省地质调查院，2008[①]）

庐枞矿集区作为我国铀矿的重要找矿远景区，已在黄梅尖碱性岩体周边发现了一批铀矿（化）。图8.28 为庐枞矿集区 U 元素异常分布图，可以看到黄梅尖岩体是一个铀富集的中心，井边–巴家滩成矿远景区内也具有较高的铀异常，预示着该区域具有寻找铀矿的潜力。

庐枞矿集区 LZ02 大地电磁剖面经过远景区，其中4614～5124号测点范围深部存在一个高阻体，可能代表了一次岩浆的侵位活动，是深成岩体的直接表现。该隐伏岩体可能为

---

①　安徽省地质调查院．2008．庐江县黄寅冲地区铁铅锌矿普查报告

与黄梅尖岩体同期形成的碱性岩，亦可能为黄梅尖岩体向北西的倾伏端。深部碱性岩体及其与围岩的接触带，是寻找与碱性岩有关铀矿化的最佳地段。

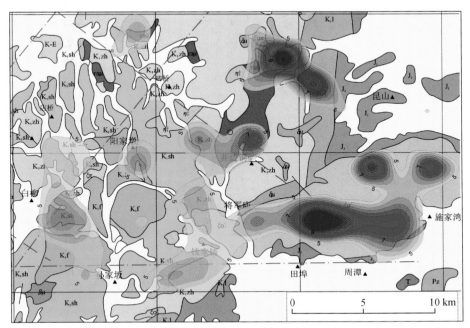

图 8.28　庐枞盆地中北部 U 放射性异常图
（据中国地质科学院地球物理地球化学勘查研究所内部资料）

3. 找矿方向

结合远景区成矿条件及找矿信息，确定井边–巴家滩成矿远景区的主要找矿矿种集中在铜、铀，找矿方向集中在：①深部碱性岩体及其与围岩接触带上寻找与碱性岩有关的铀矿化；②在井边铜矿深部及外围、巴家滩岩体周边寻找中浅部脉状铜矿；③在深部隐伏岩体中寻找斑岩型铜矿。

二、沙溪铜矿外围铜成矿远景区

1. 成矿条件分析

成矿远景区位于庐江县乐桥–沙溪地区（图 8.29），构造位置上属于孔城拗陷。本区出露地层主要为寒武系大陈岭组，志留系高家边组、中志留统坟头组，侏罗系磨山组、罗岭组，白垩系赤山组，更新统戚家矶组、下蜀组。区域侵入岩主要为北东侧的沙溪石英闪长斑岩体，该岩体为一套多期次形成的钙碱性系列的岩浆岩，主体分布于菖蒲山南，多为孔城拗陷红层所覆盖。该岩体为一含矿岩体，沙溪斑岩型铜矿即产出于此。

构造地质特征上，远景区处于大别造山带前缘，夹持于郯庐断裂带与滁河断裂带之间，自印支期以来发生了强烈的构造活动，断裂发育，可为矿质的运移与沉淀提供良好的空间，有利于成矿作用的发生。地表密集分布的张扭性断裂是热液脉状铜矿床发育的优良部位，而该区处于区域大断裂的次级断裂，则是斑岩型矿床成矿的有利条件。

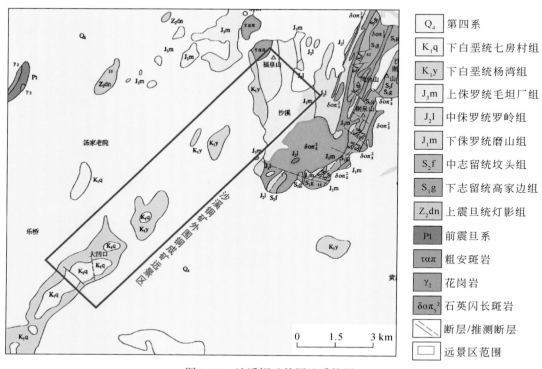

图 8.29 沙溪铜矿外围地质简图

地层岩性特征上，罗岭组、磨山组、高家边组、坟头组均为区域上重要的赋矿层位，岩性以砂岩、泥质粉砂岩、粉砂岩、钙质粉砂岩为主，其与斑岩体的接触部位极易形成斑岩型铜矿床。

岩浆活动特征上，远景区主要分布有沙溪石英闪长斑岩体，该岩体是已发现的沙溪铜矿主要的赋矿岩石。沙溪岩体岩性以石英闪长斑岩、闪长斑岩为主，是一个多期次复合岩体，边部形态不规整，常呈岩脉、岩枝状侵入围岩中。该岩体具有较好的铜矿成矿性，远景区深部沙溪岩体与碎屑岩地层的接触部位具有斑岩型铜矿成矿潜力。

从蚀变特征看，远景区广泛发育有泥化、青磐岩化蚀变，这两种蚀变是斑岩型铜矿蚀变外带，说明区域存在着较为强烈的岩浆热液活动，深部有利于形成斑岩铜矿。

2. 找矿信息

本次完成的 LZ01、LZ02 线地化剖面分别切穿了远景区的北东及南西侧，均反映了较强的元素异常组合（图 8.20、图 8.21）。LZ01 切过的远景区南西侧乐桥-大凹口地区，出露的赤山组碎屑岩地层存在着较为明显的 Cu-Zn-Pb 异常组合，尤其是 Cu 元素，形成一宽约 3 km 的异常带，带中 Cu 含量平均 122×10^{-6}，最大 1620×10^{-6}，结合地质特征，推断该区具有构造裂隙控制的脉状铜床的找矿潜力。LZ02 切过沙溪铜矿北西侧区域，该区域侏罗纪碎屑岩中存在着较高的 Cu-Pb-Zn 异常组合，区域紧邻沙溪斑岩体，深部可能存在岩体与围岩的接触界面，因此具有较好的斑岩型铜矿成矿前景。

区域地球物理重磁特征上，已知的沙溪斑岩铜矿是重磁同高的中心，该重磁同高异常具有北东向带状分布的特征，推测可能为深部斑岩体上侵并发生矿化所致。沙溪铜矿北西侧区域，处于重磁同高异常的梯度带上，可能为沙溪岩体的深部倾伏端，亦具有寻找斑岩铜矿的潜力。

经过远景区的 LZ01 及 LZ02 大地电磁剖面揭示了远景区深部的电性结构，覆盖层之下存在着高阻体，推测可能为深部侵位的岩体，预示着深部斑岩型铜矿的成矿潜力。

本次在沙溪矿区进行的综合物探试验方法，对沙溪斑岩体及其所控制的钟状矿体深部延伸状态进行了探究。电性剖面测试结果显示，岩体与矿体深部可能向西侧倾伏，因此远景区北东侧深部具有斑岩铜矿的找矿潜力（图 7.11，图 7.12，图 7.13）。

3. 找矿方向

结合远景区成矿条件及找矿信息，确定沙溪外围成矿远景区的主要找矿矿种为铜。

找矿方向集中在：①远景区南西侧赤山组碎屑岩地层中寻找与构造裂隙控矿有关的热液脉型铜矿床；②远景区北东侧沙溪铜矿西侧，寻找与深部侵入体有关的斑岩型铜矿床。

三、岳山铅锌矿外围铜铅锌银金成矿远景区

1. 成矿条件分析

远景区位于庐江县黄屯镇境内（图 8.30），大地构造位置上属于庐枞火山岩盆地北

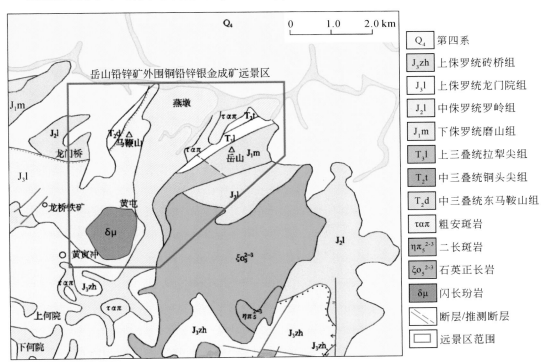

图 8.30　岳山铅锌矿外围成矿远景区地质简图

缘，区域上罗河–义津断裂及黄屯–蜀山断裂控制了岩浆–矿化的分布。区域地层主要为三叠系范家塘组，侏罗系钟山组、罗岭组，白垩系砖桥组。区域岩浆岩以早白垩世深成–浅成相侵入体为主，包括岳山粗安斑岩体、黄屯闪长玢岩体、焦冲石英正长岩体，这些岩体均形成于砖桥旋回与双庙旋回火山喷发的间歇期。

构造位置上，远景区位于庐枞盆地北缘，黄屯–枞阳基底主干断裂控制了远景区总体地质格局。远景区断裂构造发育，为成矿流体提供了良好的运移及沉淀的空间。

岩石地层含矿性上，铜头尖组具有较高的铜元素含量，是庐枞矿集区铜矿床重要的矿质来源；范家塘组和磨山组是岳山铅锌银矿重要的赋矿岩石；砖桥组则是庐枞盆地主要的铁、硫矿赋矿层位。

岩浆活动特征上，该区发育有岳山粗安斑岩体及黄屯闪长玢岩体，岳山粗安斑岩体是岳山铅锌矿的主要赋矿围岩。两个岩体形成的时间较为接近，具有相似的岩石地球化学特征，因此在黄屯闪长玢岩体及其与围岩的接触部位，也具有寻找岳山式铅锌矿的前景。

从蚀变特征看，远景区内硅化、次生石英岩化、黄铁矿化、高岭石化、电气石化及水云母化均较为发育，说明区域成矿流体活动较为强烈，具有寻找与火山–次火山热液有关的铅锌银矿的潜力。

2. 找矿信息

根据黄屯地区1：1万土壤化探组合异常图分析（图8.31），黄屯地区具有较好的Ag–Pb–Zn套合异常，异常总体呈北东向分布，套合中心集中在区域南西侧黄屯闪长玢岩体及北东侧的岳山粗安斑岩体中，北东侧的异常中心对应了已知的岳山铅锌矿，南西侧的综合异常具有较好的找矿前景。同时穿过该区的LZ03、LZ04化探综合剖面显示，在岳山岩体北东存在较宽的Cu、Pb、Zn、Ag、Au异常，该区处于岳山铅锌矿外围，岩体较为发育，地层以侏罗系钟山组及罗岭组砂页岩为主，蚀变强烈，具有寻找岳山式铅锌矿的潜力（图8.22，图8.23）。

3. 找矿方向

结合远景区成矿条件及找矿信息，确定岳山外围成矿远景区的主要找矿矿种为铅锌银，兼顾铜金，找矿方向为与潜火山岩有关的热液型铜铅锌银金矿。

目前，在岳山铅锌矿周边开展的矿产远景调查项目中，根据化探异常在岳山南西黄屯闪长玢岩体中进行了异常验证工作，发现了较好的Pb–Zn–Ag矿化体，成果表明黄屯闪长玢岩体为含矿岩体，具有较大的找矿前景。为今后区域寻找铅锌打开了新的找矿方向。

同时，岳山铅锌矿北东地区出露有大面积的钟山组地层，是岳山铅锌矿重要的含矿层位，地球化学分析显示此区域地层具有明显的Pb、Zn富集特征；且区域发育一系列的早白垩世中酸性侵入体，具备形成岳山式斑岩型铅锌矿的物质条件，应加大该区域的找矿力度。

在岳山地区除了有与斑岩型铅锌矿体相伴生的银矿体外，磨山组细砂岩中还存在独立的银矿（化）体。前人地表取样分析结果表明，磨山组砂岩中Ag的品位可达（200～300）×10^{-6}，含银矿物主要呈星点状或细粒浸染状分布于细砂岩中。化探次生与原生晕资料均显示出，在岳山—黄屯—白埂之间存在着一个规模较大的银金异常，异常形态完整，浓集程度高，分带性好，Ag的异常峰值可达100×10^{-6}以上。该银异常是庐枞地区迄今为

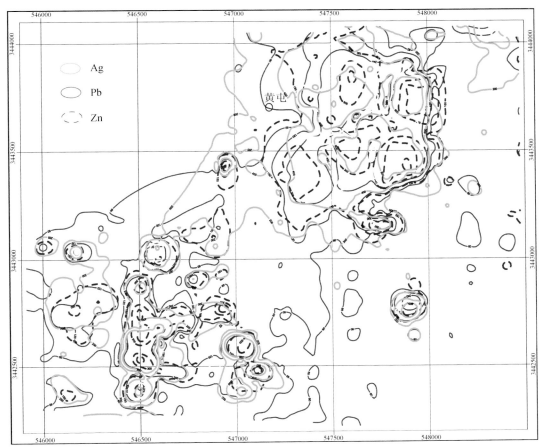

图 8.31 黄屯地区 1:1 万土壤化探组合异常图（据安徽省地质调查院内部资料，2008）

止所发现的最好的银异常。因此，在该地区寻找斑岩型铅锌银矿床的同时，应注意寻找与次火山热液有关的银金矿床。

四、大矾山深部铜铁矿成矿远景区

1. 成矿条件分析

远景区位于庐江县矾山镇南西大矾山-小矾山境内，构造位置上位于庐枞火山岩盆地的北西侧（图 8.32），西邻盆地边缘断裂罗河-缺口断裂。区域地层主要为下白垩统砖桥组、双庙组，岩性以中基性火山熔岩及同源的火山碎屑岩为主，少量分布火山角砾岩。区域深成侵入岩主要为早白垩世矾山镇-石马滩（石英）正长岩，浅成相的侵入体为与火山旋回有关的辉石粗安斑岩体，并有正长斑岩脉岩分布。

构造位置上，远景区处于盆地的西缘，紧邻罗河-黄屯深断裂，该断裂是庐枞矿集区重要的基底断裂，控制了庐枞盆地北部地质结构，也控制了盆地内部重要玢岩型铁矿的产出。大矾山地区发育有一系列次级断裂，为斑岩型铜矿及玢岩型铁矿的发育提供了构造基础。

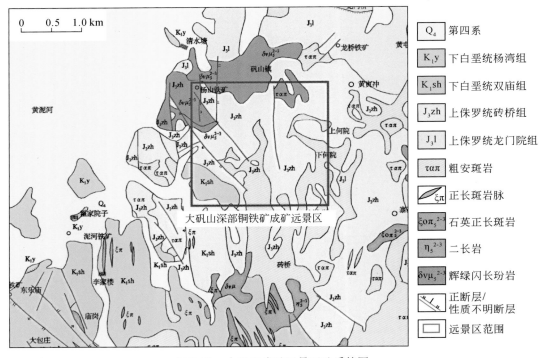

图 8.32　大矾山成矿远景区地质简图

地层岩性上，远景区广泛分布有砖桥组地层，岩性以中基性火山岩、火山碎屑岩为主，是矿集区重要的玢岩型铁矿赋矿层位，同时火山碎屑岩是斑岩型铜矿良好的赋矿围岩。

岩浆活动上，远景区发育有一系列的早白垩世小型浅成相次火山岩体，这些岩体与火山碎屑岩接触部位是斑岩型铜矿与玢岩型铁矿优良的赋矿部位。

蚀变特征上，本区砖桥组火山岩地层内广泛发育高岭石化-黄铁矿化-明矾石化-硬石膏化，这套蚀变组合不仅是玢岩型铁矿蚀变的重要找矿标志，也直接指示了区内存在着高硫型浅成低温热液系统（范裕等，2010）。目前世界范围内，已在高硫型浅成低温热液体系深部发现了一大批世界级的矿床，通过研究发现，高硫型浅成低温热液矿床与斑岩型矿床有着密切的共生关系，浅部的高硫型浅成低温热液系统可能是深部斑岩型矿床的直接找矿标志，因此很多学者将二者视为一个成矿体系，从而提出了斑岩型-浅成低温热液 Au-Cu 成矿模式，这个模式在中国的紫金山矿田、美国的红山铜矿及菲律宾的 FSE 铜矿等得到了较好的印证（Dandis and Rye，2005；Rye，2005）。大矾山地区的地质背景、构造特征、蚀变特征均与典型的斑岩型-浅成低温热液 Au-Cu 成矿系统相一致，推测大矾山深部具有斑岩型铜矿成矿潜力。

2. 找矿信息

前人对大矾山明矾石矿成矿流体、同位素特征进行了详细的研究工作（范裕等，2010），研究结果表明大矾山明矾石矿成矿流体主要来源自岩浆热液与火山岩地层流体，该套酸性蚀变可能是玢岩型铁矿成矿系统的组成部分，是玢岩铁矿成矿热液演化后期的产物，说明矾山深部可能存在隐伏的玢岩体及玢岩型铁矿床。

通过远景区的 LZ04 大地电磁剖面，揭示了区域深部的电性结构，存在一个大范围的高阻异常体，可能为一个岩浆活动的中心。同时，在大范围高阻体的中间夹有小的低阻体，推测可能为后期形成矿化的小岩株，这些小岩株的存在指示了区域寻找与小岩体有关的斑岩铜矿及玢岩铁矿的可能性。

区域重力资料显示矾山地区为区域重力低值区域，推测深部可能存在大范围的岩浆活动，但在经过处理的重力异常图（图 8.14，图 8.15）上可见在大范围分布的重力低值内存在着高值点。航磁化极剩余异常（图 8.16）也显示了磁力低范围内存在高值磁异常，推测矾山深部侵入体可能具有多期次活动的特征，后期侵入的矿化小岩体是形成局部重力高与磁力高的原因。

3. 找矿方向

结合远景区成矿条件及找矿信息，确定矾山深部远景区主要的找矿矿种为铜铁，找矿方向为与潜火山岩有关的斑岩型铜矿及玢岩型铁矿。

五、罗河–泥河外围玢岩型铁硫矿成矿远景区

1. 成矿条件分析

远景区位于庐枞盆地中北部，罗河镇与泥河镇交接的部位，罗河–缺口深断裂控制了区域的地质特征（图 8.33）。远景区地表主要出露第四纪覆盖物、下白垩统杨湾组、双庙组及少量砖桥组地层，钻孔揭示本区双庙组之下有完整的砖桥组地层。远景区地表分布有

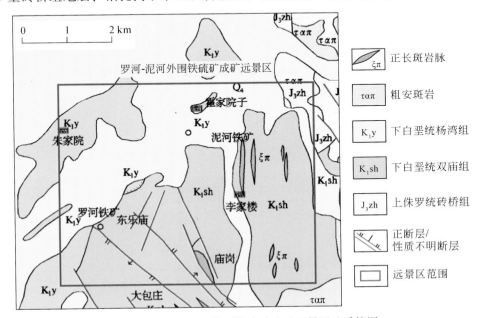

图 8.33 罗河–泥河外围铁硫矿成矿远景区地质简图

大量的正长斑岩脉体，为区域火山活动末期的产物。区内分布有庐枞矿集区主要的玢岩型铁硫矿、泥河铁矿、罗河铁矿及大包庄铁硫矿。

构造位置上，区域处于庐枞盆地中北部，断裂构造发育，罗河–缺口断裂不仅控制了构造岩浆的活动，也控制了北东向玢岩型铁硫矿成矿带的分布。区内次级断裂构造发育，两组及多组断裂的交汇部位为次火山岩体的侵位提供了通道，也为成矿热液的运移与沉淀提供了空间。区内还是庐枞盆地北东向基底隆起带，基底隆起区控制了富含成矿物质的基底地层的分布状态，对成矿也有较为明显的控制作用，已知的矿床均分布在隆起带之上。

岩性特征上，砖桥组是区域重要的赋矿层位，玢岩型铁硫矿均产出于砖桥组下段地层中。远景区深部隐伏的砖桥组地层为寻找玢岩型铁硫矿提供了物质基础。

岩浆活动上，远景区地表主要分布了火山岩浆活动后期的正长岩岩脉，与成矿作用关系不大。区域深部分布有大量的正长岩、闪长玢岩，正长岩的形成时代普遍晚于闪长玢岩体。闪长玢岩体是玢岩铁硫矿重要的赋矿围岩与矿质来源，远景区深部闪长玢岩与砖桥组地层的接触带是寻找玢岩型铁硫矿化的优良部位。

蚀变特征上，远景区双庙组及砖桥组地层中广泛发育黏土岩化、次生石英岩化及黄铁矿化蚀变，说明了区域流体活动强烈，为成矿作用奠定了良好的基础。同时，这些蚀变类型也是玢岩铁矿外围浅色蚀变及叠加蚀变带的重要组成部分，暗示深部可能存在玢岩型铁硫矿化。

2. 找矿信息

根据已发现的玢岩型铁矿地球物理特征分析，区域上重磁同高是其重要的找矿标志（图 8.34，图 8.35）。

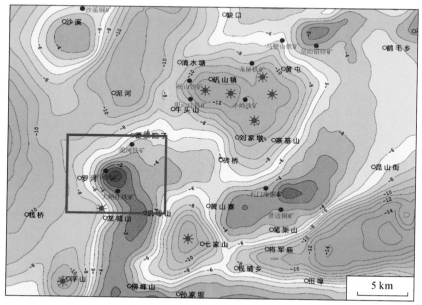

图 8.34　庐枞矿集区中北部重力异常图（据安徽省地质调查院，2010[①]）

---

①　安徽省地质调查院. 2010. 安徽庐江泥河铁矿勘探报告

由区域重力异常图（图8.34）可见，远景区处于罗河–矾母山重力异常高值中心部位，在该异常中心北部、西部及南部的梯度带上均发现了大型以上规模的玢岩型铁硫矿，东侧的梯度带的空白区还有寻找玢岩型铁硫矿的潜力。

经过化极处理的庐枞矿集区北部磁异常图（图8.35）显示，罗河–矾母山地区亦存在一个高磁异常，而异常梯度带是已知玢岩铁硫矿的分布范围，异常东侧的高磁梯度带深部还未发现矿化，是寻找玢岩型铁硫矿的重要突破口。

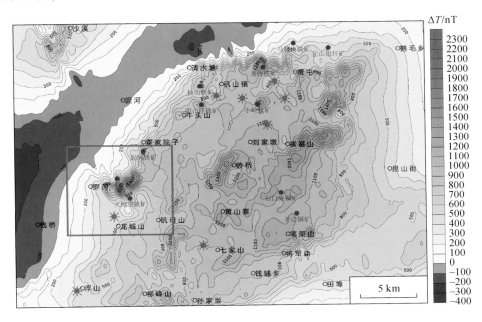

图8.35　庐枞火山岩盆地中北部地区地磁化极异常图（据安徽省地质调查院，2010[①]）

3. 找矿方向

结合远景区成矿条件及找矿信息，确定罗河–泥河外围地区主要的找矿矿种为铁矿，找矿方向为与潜火山岩有关的玢岩型铁矿。区域上重力梯度带内的次一级重力高值中心是寻找玢岩型铁矿重要的地球物理标志，断裂的交汇部位、地表强烈的蚀变特征则是找矿重要的地质线索。

第四节　深部找矿验证

一、验证钻探选址

在以解决庐枞矿集区重大基础地质问题、兼顾深部找矿工作的选址原则指导下，在庐

---

① 安徽省地质调查院 . 2010. 安徽庐江泥河铁矿勘探报告

枞矿集区深部探测、典型矿床–地球物理模式研究和区域成矿规律研究的基础上，划分了庐枞矿集区的成矿远景区，并对成矿潜力进行了综合分析，最终决定在庐枞盆地中部井边–巴家滩铜铀成矿远景区内刘屯附近，施工深部验证孔。主要的选址依据如下：

（1）庐枞盆地位于长江中下游断陷带内，地处扬子板块的北缘，郯庐断裂带的南段。盆地内燕山期岩浆活动活跃，地质构造复杂，矿产资源丰富，成矿作用与构造岩浆活动关系密切，矿床的分布具有明显的时空分布规律，且与地球物理异常紧密相关。选区处于庐枞盆地内部北东向航磁（地磁）、重力异常带上，与物探推测的黄屯–枞阳基底断裂、盆地基底隆起带相吻合，具备较好的深部找矿前景。因此，在该区实施深部钻探工作，不仅可能揭示盆地基底断裂及构造形态，还将有可能取得深部找矿突破，从而进一步推动庐枞盆地的深部找矿方法及区域成矿规律研究。

（2）选区位于黄梅尖碱性岩体西侧，是铀放射性异常的中心，黄梅尖岩体与围岩接触带内外侧浅部已发现有铀矿（化），暗示铀矿化可能与黄梅尖岩体有成因联系。经过选区的 MT 剖面及地震剖面指示，深部可能为黄梅尖岩体的隐伏端，推测深部岩体与围岩的接触部位具有寻找铀矿的可能。深部钻探可以揭示该区深部地质结构特征，为地球物理剖面的解释工作提供依据，亦可验证铀元素分布异常及深部与碱性岩有关的铀矿成矿潜力。

（3）选区位于庐枞盆地热液活动和铜矿化的中心，地表岩石强烈发育高岭石化、明矾石化、硬石膏化及硅化，局部为次生石英岩化。矿化以石门庵铜矿、井边铜矿为代表，矿化类型以脉状及浸染状的黄铁矿化及黄铜矿化为主。此外，在选址北西约 3 km 处巴家滩岩体（辉石二长岩）中发现的含铜矿化的暗色微粒包体，预示庐枞地区深部岩体内可能与铜元素的富集与矿化相关。因此，基于选区地表岩石的蚀变矿化特征及周边岩体的铜矿化现象，可以推断选区深部存在寻找石英脉型铜矿或斑岩型铜矿的可能，而深部钻探验证成果也将进一步揭示该地区深部的铜矿化特征，并对区域内铜元素的来源及成矿规律研究提供支持。

（4）前人研究多认为庐枞盆地为一继承式火山岩盆地，盆地基底为中三叠世——侏罗纪地层。安徽省 327 地质队在刘屯东侧施工了黄金洼 ZK102 孔，孔中 854 m 发现一套厚约 34 m 的生物碎屑灰岩，生物碎屑灰岩产于闪长岩体中，与闪长岩为构造接触关系，鉴定结果显示该套生物碎屑灰岩属于二叠系栖霞组。LZ02 反射地震剖面显示该区具有明显的隆起构造，这套二叠纪生物碎屑灰岩的存在，说明了庐枞火山岩盆地深部存在二叠纪的基底，这与前人对庐枞盆地的基底认识有所不同。这一认识对于我们重新审视庐枞盆地的基底构造性质及构造环境有重要的意义。选区与黄金洼地区相距较近，且地震资料显示火山岩层的厚度不大于 2000 m，在该区开展深部钻探工作对反射地震剖面的推测成果进行验证，并揭露火山岩层以下的地层结构及岩石特征，为进一步探索庐枞深部结构、构造提供依据。

综上所述，选区位于庐枞盆地内构造及岩浆活动活跃地带，地表岩石的矿化蚀变及区域地球物理异常特征均显示该区深部具有较好的找矿前景；此外，选区具有明显的隆起构造，火山岩层的厚度较小，有利于探索庐枞盆地基底及深部构造特征。因此，在该地区实施深部钻探工作对于庐枞地区的深部找矿突破以及地质研究进展都具有重要的指示意义。

二、深部钻孔地质成果

经过选址论证及野外实地探勘，最终确定在庐江县刘屯南东 5.5 km、石门庵铜矿西南 900 m 处，施工验证孔刘屯 ZK01。该孔由中国地质科学院勘探所及安徽省地质矿产勘查局 326 地质队负责钻探工程施工。设计孔深为 2000 m，于 2011 年 8 月 17 日开孔，2012 年 3 月 24 日终孔，孔深 2012.35 m。

1. 地质结构

根据刘屯钻岩心的岩性、岩石结构构造及岩石蚀变特征，自上而下划分的主要岩性层见表 8.4。

表 8.4 刘屯 ZK01 孔分层简表

编号	孔深/m		厚度/m	岩性
	起	止		
1	0.00	2.00	2.00	黏土
2	2.00	303.54	301.54	高岭石化粗安岩
3	303.54	320.54	17.00	硅化、高岭石化晶屑凝灰岩
4	320.54	461.83	141.29	高岭石化粗安岩
5	461.83	481.41	19.58	绿泥石化晶屑凝灰岩
6	481.41	639.87	158.46	粗安岩
7	639.87	647.73	7.86	构造角砾岩
8	647.73	708.88	61.15	黄铁矿化粗安岩
9	708.88	726.63	17.75	含砾晶屑凝灰岩
10	726.63	824.99	98.36	粗安岩（安山玢岩脉穿插）
11	824.99	963.32	138.33	硬石膏化粗安岩
12	963.32	1014.39	51.07	杏仁状粗安岩
13	1014.39	1067.76	53.37	粗安岩（安山玢岩脉穿插）
14	1067.76	1088.05	20.29	强硬石膏化黄铁矿化晶屑凝灰岩
15	1088.05	1197.54	109.49	辉石粗安岩
16	1197.54	1201.97	4.43	浸染状脉状黄铜矿
17	1201.97	1214.83	12.86	高岭石化辉石粗安岩
18	1214.83	1225.98	11.15	硅化硬石膏化黄铁矿化晶屑凝灰岩
19	1225.98	1433.90	207.92	硅化硬石膏化黄铁矿化辉石粗安岩
20	1433.90	1469.81	35.91	弱碱性长石化硅化黄铁矿化粗安岩
21	1469.81	1490.00	20.19	次生石英岩
22	1490.00	1603.35	113.35	粗安岩（石英正长岩穿插交代）
23	1603.35	1787.86	184.51	（石英）正长岩
24	1787.86	1848.95	61.09	石英二长斑岩
25	1848.95	2012.35	163.40	黑云母石英二长岩

总体上，钻孔 2～1469.81 m 主要为砖桥组火山岩，穿插少量后期脉岩；1488.84～1603.35 m 该段岩石仍以粗安岩为主，但多处可见（石英）正长岩穿插到粗安岩中，可能是火山岩地层与下伏岩体的接触带；1603.35～2012.35 m 为岩体，自上而下依次为石英正长岩—石英二长岩—黑云母石英二长岩，相互之间为渐变过渡关系。

2. 岩石特征

（1）2～1469.81 m。岩性以火山熔岩为主，包括粗安岩、辉石粗安岩，其中含多层厚度不一的含角砾凝灰岩、晶屑凝灰岩及凝灰质粉砂岩。粗安岩多为中细粒斑状结构，少数为中粗粒斑状结构，斑晶主要为斜长石，次为辉石、暗色矿物主要为辉石。晶屑凝灰岩为紫红色，凝灰质结构，层状构造，主要由长石晶屑及凝灰质组成（图 8.36）。

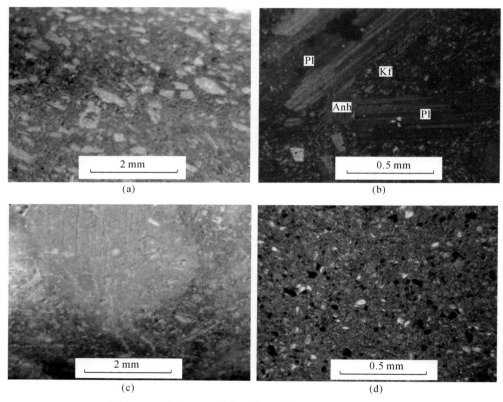

图 8.36　刘屯 ZK01 孔典型火山岩样品照片及镜下特征
（a）粗安岩，板状结构，斑晶成分以斜长石为主，可见到斑晶具有一定的定向性特征；（b）粗安岩镜下特征，矿物粒度具有双峰式分布特征，斑晶主要为斜长石，少量钾长石，可见到典型的卡钠复合双晶；（c）凝灰岩照片；（d）凝灰岩镜下特征，可见到长石与暗色矿物形成较为典型的凝灰质结构

（2）1488.84～1603.35 m 段岩石仍以粗安岩为主，但多处可见（石英）正长岩穿插到粗安岩中，可能是火山岩地层与下伏岩体的接触带。正长岩为肉红色，半自形不等粒结构，主要由正长石组成，含少量斜长石、石英及辉石。正长岩与粗安岩呈侵入接触关系，粗安岩普遍具有不均匀碱性长石化蚀变特征（图 8.37）。

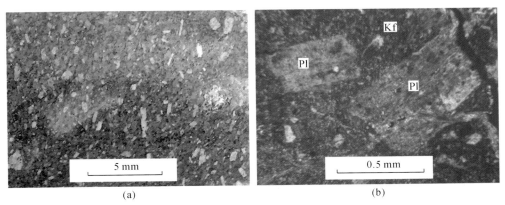

图 8.37　刘屯 ZK01 孔碱性长石化粗安岩样品照片及镜下特征

（a）碱性长石化粗安岩照片；（b）碱性长石化粗安岩镜下特征

图 8.38　刘屯 ZK01 孔石英正长岩–黑云母二长岩样品照片及镜下特征

（a）石英正长岩；（b）石英正长岩镜下特征；（c）黑云母二长岩；（d）黑云母二长岩镜下特征

（3）1603.35～2012.35 m 为岩体，自上而下依次为石英正长岩—石英二长岩—黑云母石英二长岩，相互之间为渐变过渡关系（图 8.38）。石英正长岩主要由正长石（约

60%)、斜长石（约 15% ~ 20%）及石英（约 10%）组成；石英二长岩主要由正长石、斜长石、石英组成，另含有少量辉石、黑云母等暗色矿物。正长石斑晶含量约 15% ~ 30%，斜长石含量相应在 30% ~5% 之间变化，含量较高处以中粗粒长宽板状为主，石英含量约 10%，多为他形细粒状，另可见少量片状黑云母及短柱状辉石，自形程度较差；黑云母石英二长岩主要由正长石、斜长石组成，次为石英、黑云母、辉石，另含有电气石、黄铁矿等。正长石含量约 35% ~40%；斜长石含量略高，约 40% 左右，石英含量约 5% ~ 8% 不等，黑云母含量约 5% ~ 10%，且自上至下具有增加的趋势，辉石含量约 5%。

3. 蚀变特征

ZK01 孔整孔蚀变较为强烈，在垂向上具有一定的蚀变分带特征，自上而下依次出现高岭石化、绿泥石化—高岭石化、硬石膏化叠加黄铁矿化—硅化、硬石膏化、黄铁矿化—次生石英岩化、黄铁矿化蚀变—电气石化、硅化。具体描述如下：

（1）2 ~751. 38 m，该段岩石蚀变主要为高岭石化（图 8.39），上部高岭石化较强，向下逐渐减弱，局部伴随有水云母化、绿泥石化、绿帘石化、次生石英岩化及硬石膏化。此外，岩石中普遍发育不均匀黄铁矿化，局部黄铁矿化较强，黄铁矿多为他形细粒稀疏浸染状或星点状、星散状分布。

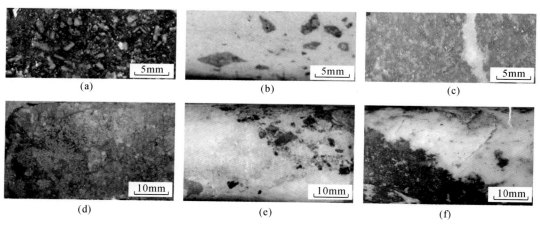

图 8.39 刘屯 ZK01 矿化蚀变特征

（a）15.5 m 处高岭石化蚀变，可见粗安岩中的斜长石斑晶已基本蚀变为灰白色高岭石；（b）645 m 处硬石膏化，粗安岩破碎带中充填的白色硬石膏；（c）325.14 m 处浸染状细粒黄铁矿化及充填的方解石细脉；（d）1200 m 黄铜矿化蚀变，黄铜矿伴生黄铁矿以脉状形式充填产出；（e）碱性长石化及硅化蚀变；（f）硅化及电气石化蚀变

（2）751. 38 ~1398. 56 m，该段岩石上部蚀变以碱性长石化及弱硬石膏化为主，局部出现绿泥石化、硅化、高岭石化等；向下硬石膏化逐渐增强，相应的黄铁矿化也有增强的趋势。1197. 54 ~1201. 97 m 段岩石可见脉状黄铜矿，目测黄铜矿品位含量可达 1% ~2%，黄铜矿主要产于硬石膏脉中，围岩为硬石膏化碱性长石化黄铁矿化粗安岩，围岩中也有少量脉状黄铜矿分布。

（3）1398. 56 ~1603. 35 m，该段岩石蚀变主要为碱性长石化，可能与正长岩侵入有关。碱性长石化不均，局部蚀变较强形成碱性长石岩。局部可见后期次生石英岩化叠加。此外，岩石局部可见电气石化，电气石多为暗色不规则团块状集合体，部分沿裂隙分布，总体与碱性长石化密切相关（图8.39）。岩石中普遍可见不均匀黄铁矿化。

（4）1603.85~2012.35 m，此段岩石中主要蚀变为电气石化、硅化（图8.39）及少量的绿泥石化、绢云母化等。底部黑云母二长岩蚀变较弱，仅局部裂隙中发育电气石化及硅化。岩石中可见少量他形细粒黄铁矿不均匀分布；此外局部岩石中可见斑点状黄铜矿零星分布。

三、深部钻孔测井成果

ZK01孔的测井工作，分为三次完成：2011年9月28日至10月1日进行了第一次测井，测量井段18.20~558 m；2011年12月13日至12月25日进行了第二次测井，测量井段558~1422 m；2012年3月25日至4月1日进行了第三次测井，测量井段1422.28~2012.5 m。

在ZK01孔获得13种测井方法的实测资料：视电阻率、自然电位、极化率、磁化率、声波速度、超声成像、自然伽马、岩性密度、井斜、井径、井温、泥浆电阻率及井中磁测。

1. ZK01孔的测井取得的主要成果

（1）获取了全孔13种方法的实测资料；

（2）本地区的地温梯度为2.8 ℃/100 m；

（3）钻孔深部的地层磁化率较高（1795~1960 m），约为$1300×10^{-4}$ CGS；

（4）综合测井在1500 m以下井段发现放射性高；

（5）完成处理后的各参数曲线绘制、测井分层柱状图；

（6）开展了钻孔岩心物性测试（电阻率、密度、磁化率、极化率等）。

2. ZK01孔测井概况

1）测井仪器

本次测井工作使用测井仪器以英国RG公司的Micro Logger Ⅱ小口径数字测井仪为主，以北京中地英捷物探仪器研究所的PSJ-2型数字测井系统为辅（进行部分参数的补充测量）。

2）测井实际完成工作量

ZK01钻孔共进行三次测井，获得13种测井方法的实测资料。测井工作量达27525.2 m，测井实际工作量见表8.5。主要几个测井曲线见图8.40。

表8.5　ZK01孔总体测井工作量统计表

项目	测量工作量/m	检查工作量/m	重复检查率/%
第一次测井	7592	398	5.24
第二次测井（上部）	6837	1020	14.92
第二次测井（下部）	2864	443	15.47
第三次测井	10232.2	2190.6	21.41
合计	27525.2	4051.6	—

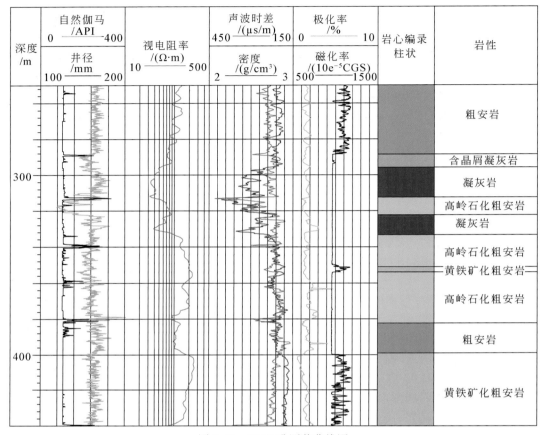

图 8.40　ZK01 孔测井曲线图

3. 常规测井资料解释

1）ZK01 孔岩性分层

ZK01 孔钻遇岩性主要为火成岩，钻遇率较高有代表性的岩性有粗安岩、凝灰岩、粉砂岩、安山玢岩、角砾岩、正长岩和二长岩。通过常规测井曲线与钻孔岩心编录资料的对比分析，选择视电阻率、极化率、磁化率、纵波速度、自然伽马、密度测井数据进行岩性测井响应和岩性识别研究。通过直方图统计，得到各岩性测井响应值。统计结果见表 8.6。

岩性测井响应的常见值能够很好地代表某岩性的特征，最大值和最小值则可以指示岩性测井响应的可能分布范围。从岩性测井响应值统计表中可以认识到：①正长岩、二长岩因其正长石含量较高，其自然伽马的值也比其他几种岩性的大，常见值超过 300 API；②视电阻率区分岩性效果较好，并按照二长岩、正长岩、次生石英岩、黄铁矿化粗安岩、安山玢岩、粗安岩、凝灰岩的顺序依次降低；③纵波速度、极化率、磁化率、密度对各岩性的测井响应区分度不高，难以从单一测井曲线上有效辨别岩性。

表 8.6 ZK01 孔主要岩性测井响应值统计表

岩性		自然伽马 /API	视电阻率 /(Ω·m)	极化率 /%	声波速度 /(m/s)	磁化率 /(×10⁻⁴SI)	密度 /(g/cm³)
粗安岩	极大值	476	3785	44.21	6425	2158	3.12
	极小值	71	4	0.19	1600	837	1.27
	常见值	180	170	1.14	5800	900	2.79
黄铁矿化 粗安岩	极大值	472	5899	10.94	6764	1669	3.11
	极小值	51	65	0.09	4458	853	2.52
	常见值	190	2050	0.73	5800	1030	2.82
次生石 英岩	极大值	857	4692	2.71	6668	1165	3.08
	极小值	94	558	0.77	4608	943	2.65
	常见值	230	4500	1.23	5750	950	2.76
安山玢岩	极大值	233	363	1.19	6015	1050	2.87
	极小值	173	224	0.67	5471	949	2.78
	常见值	205	350	0.79	5780	950	2.81
凝灰岩	极大值	329	760	6.21	6254	1240	3.11
	极小值	123	39	0.35	2834	947	2.29
	常见值	225	80	1.74	5400	960	2.82
正长岩	极大值	2789	11187	9.10	6934	1249	3.14
	极小值	69	509	0.58	4739	937	1.63
	常见值	731	5000	1.47	5800	945	2.66
二长岩	极大值	4032	12265	—	6536	2075	3.07
	极小值	69	1183	—	5435	941	2.32
	常见值	405	6200	—	5880	1219	2.75

　　不同火成岩石的测井特征相互重叠,为在交会图上能直观地区分各种岩石的分界和所分布的区域,需要综合应用各种测井曲线信息。以 1490 m 为分界线将砖桥组和岩体分别进行分析研究,砖桥组选取粗安岩、高岭石化粗安岩、黄铁矿化粗安岩、硬石膏化粗安岩和辉石粗安岩绘制测井属性交会图(图 8.41),岩体则选取了正长岩、石英正长岩、石英二长斑岩和黑云母石英二长岩(图 8.42)。本次在岩石物性分析中应用的交会图有:自然伽马-视电阻率交会图、极化率-视电阻率交会图、密度-纵波速度交会图和极化率-磁化率交会图。

　　从图 8.41 可以看出,自然伽马能有效地将高岭石化粗安岩与其他岩石区分开;极化率和视电阻率配合能将大部分硬石膏化粗安岩与其他岩性区分出来;密度和纵波速度配合,能识别部分黄铁矿化粗安岩;极化率和磁化率配合能识别部分辉石粗安岩。

　　从图 8.42 可以看出,自然伽马能将正长岩与其他岩石区分开;视电阻率能将石英二长斑岩与其他岩性区分开;纵波速度和密度配合,能将石英正长岩、石英二长斑岩和黑云母石英二长岩这三种岩石区分开;磁化率能将正长岩和石英正长岩与石英二长斑岩和黑云母石英二长岩区分开。

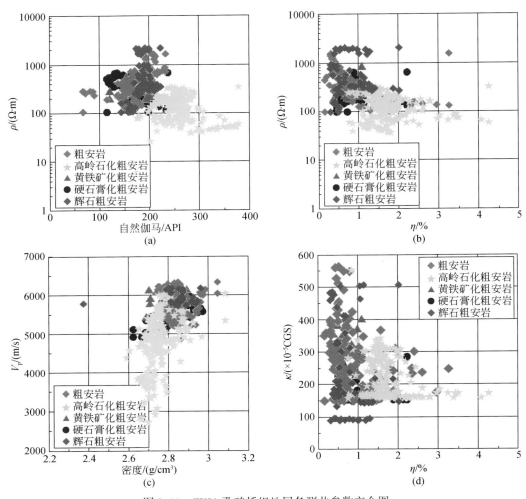

图 8.41　ZK01 孔砖桥组地层各测井参数交会图

（a）自然伽马–视电阻率交会图；（b）极化率–视电阻率交会图；（c）密度–纵波速度交会图；（d）极化率–磁化率交会图

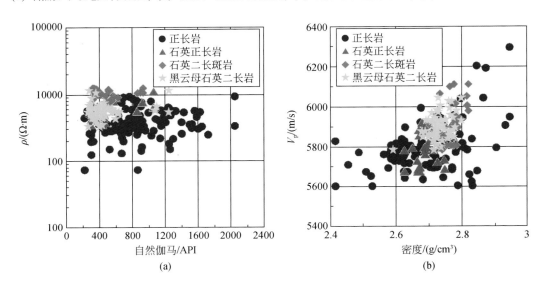

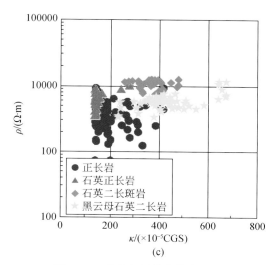

(c)

图 8.42　岩体各测井参数交会图

（a）自然伽马–视电阻率交会图；（b）密度–纵波速度交会图；（c）磁化率–视电阻率交会图

ZK01 孔岩性复杂，通过交会图等技术对测井响应特征分析，提取了不同岩性不同测井参数的特征。在此基础上对全孔进行了测井岩性识别，建立了钻孔钻遇主要岩性的测井解释岩性剖面，如图 8.43 所示。测井推断本孔的地层分布 124 层，包含 40 种岩性。其

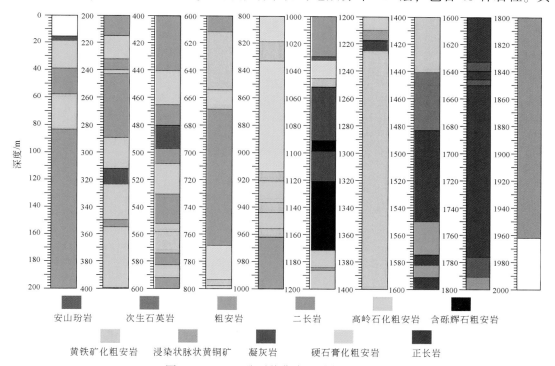

图 8.43　ZK01 孔测井曲线识别岩性剖面图

中，粗安岩有 15 层，共计 526.6 m，主要分布在 1000 m 以上的部位；黄铁矿化粗安岩有 10 层，共计 319.2 m，分布在 ZK01 孔 610 ~ 1440 m 的部位；高岭石化粗安岩有 16 层，共计 301.4 m，主要分布在 1200 m 以上的部位；凝灰岩有 6 层，共计 101.6 m，主要分布在 ZK01 孔的中间部位；安山玢岩有 4 层，共计 28.5 m，主要分布在 1600 m 以下的部位；正长岩有 5 层，共计 248.5 m，主要分布在 1480 m 以下的部位；二长岩全分布在 1790 m 以下。

2）井温测量

图 8.44 给出了 ZK01 孔的井温曲线，孔底井温 73.78 ℃，地温梯度约 2.8 ℃/100 m。全孔井温变化平缓，呈线性增大趋势。

3）放射性异常解释

ZK01 孔在 1500 ~ 1900 m 井段发现高自然伽马异常，且异常层厚度较大。在该铀矿化段上下围岩的自然伽马大多处于 180 API 左右水平，而在 1500 ~ 1900 m 多见高达 2000 API 左右的尖峰状自然伽马异常。数据采集采用的自然伽马仪器标定铀含量灵敏度为 877.88 API，相当于万分之一铀含量 $(0.01\% \text{ eus})^{-1}$，铀含量计算仅作井径、井液修正，未作铀钍钾平衡、铀镭平衡等修正。井壁铀当量曲线见图 8.45（a）。

本次仅对铀含量大于万分之一的异常进行了解释。通过对 ZK01 孔壁铀含量曲线统计，共发现 21 处异常，见表 8.7。其中，单层最厚异常井段在 1603.96 ~ 1643.95 m，厚度 39.99 m，铀含量 0.011%；含量最高井段在 1897.39 ~ 1897.93 m，厚度 0.54 m，铀含量 0.039%；解释异常总厚度达 93.02 m。图 8.47（b）为自然伽马典型异常解释图。

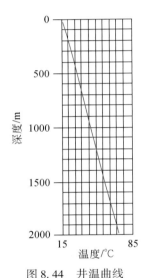

图 8.44 井温曲线

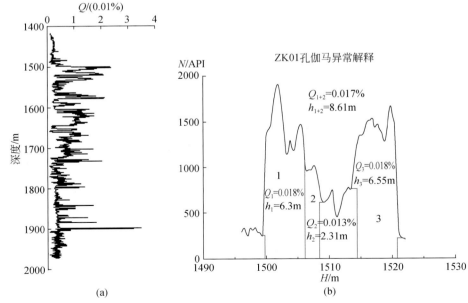

(a)

(b)

图 8.45 ZK01 孔井壁铀当量曲线及异常解释图

（a）井壁铀当量曲线图；（b）自然伽马异常解释图

表 8.7 ZK01 孔主要放射性异常解释结果一览表

异常序号	起始深度/m	终止深度/m	厚度/m	铀当量/%
1	1499.76	1506.06	6.30	0.018
2	1506.06	1508.37	2.31	0.013
3	1514.12	1520.67	6.55	0.018
4	1523.87	1525.32	1.45	0.015
5	1527.42	1532.99	5.57	0.015
6	1571.16	1573.37	2.21	0.015
7	1575.19	1579.17	3.98	0.015
8	1603.96	1643.95	39.99	0.011
9	1659.89	1672.32	12.43	0.010
10	1701.74	1702.32	0.58	0.020
11	1705.56	1706.58	1.02	0.011
12	1709.51	1710.19	0.68	0.011
13	1713.83	1714.60	0.77	0.018
14	1728.03	1728.86	0.83	0.016
15	1731.22	1733.60	2.38	0.013
16	1786.25	1787.63	1.38	0.011
17	1795.67	1796.48	0.81	0.020
18	1840.79	1842.21	1.42	0.012
19	1870.71	1871.64	0.93	0.015
20	1881.99	1882.88	0.89	0.020
21	1897.39	1897.93	0.54	0.039
合计			93.02	

4. 钻孔岩心化学元素分析

为研究放射性异常井段的异常原因，在该段采集了 14 件岩石样品进行了化学分析。

化学分析结果显示，与正长岩类岩石平均化学组成相比，大多数元素并没有明显的异常显示，但是与放射性有关的几个元素 U、Th 和 K_2O 却出现较明显且连续的异常，此外出现异常的还有 Cu 元素。

U、Th 两元素异常吻合较好，多数样品中两元素含量的富集程度及其变化趋势一致，只有少数样品中富集程度及其变化趋势不同。在参加统计的 14 件样品中，只有 1 件样品中 U、Th 含量低于正长岩中 U、Th 的平均化学组成，其余 13 件样品中 U、Th 含量均明显高于正长岩的平均化学组成，最大浓集系数分别为 32 和 16。K_2O 只在 2 件样品中富集最明显，其含量达到正长岩中 K_2O 平均化学组成的 1.42 倍，而在其他样品中则表现为贫化，有的样品中贫化程度还相当大，其含量只有正长岩中 K_2O 平均化学组成的 1.86% ~ 4.58%。Cu 在该井段也出现富集，浓集系数最大为 62，异常明显（图 8.46）。

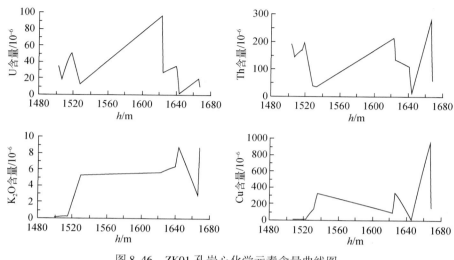

图 8.46　ZK01 孔岩心化学元素含量曲线图

5. 超声成像测井解释

1）岩石分界面划分

钻遇地层不同，超声成像的图像特征存在差异。由于振幅图像和走时图像相比，信息量更多，所以更多的时候是使用振幅图像进行解释。

超声成像振幅图像特征差异反映着岩石性质的差别，有些差别是同一种岩石的组分变化产生的，有些是由不同的岩性产生的。这些界面作为测井分层的一个依据。

在本钻孔中，进行划分界面所依据的典型超声成像图像（图 8.47）特征主要如下：（a）为不同岩石波阻抗差异，导致界面两侧的超声成像振幅图像明暗不同；（b）为不同的岩石，在相同地应力的作用下，裂隙的发育程度不同；（c）、（d）为不同的岩石，其裂隙的形态特征不同。

基于超声成像图像特征规律，对全井段进行了分层，共得到 190 个分层界面。将分层界面，按照每次测井的井段进行了统计。统计结果见表 8.8。同时绘制了界面产状的玫瑰图（图 8.48）。

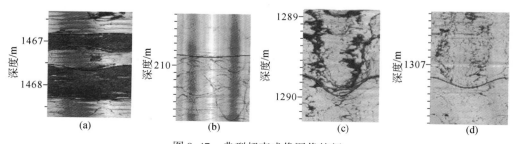

(a)　　　　　　(b)　　　　　　(c)　　　　　　(d)

图 8.47　典型超声成像图像特征

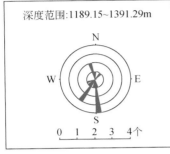

图 8.48　界面产状的玫瑰图

表 8.8　岩石分界面倾向统计表

深度范围/m	主要分布方位
38.03 ~ 351.41	30° ~ 40°；80° ~ 110°；150° ~ 160°
351.41 ~ 521.51	70° ~ 80°
579.95 ~ 1152.82	150° ~ 160°；170° ~ 190°；260° ~ 270°
1189.15 ~ 1391.29	170° ~ 180°；220° ~ 230°
1406.35 ~ 1883.12	210° ~ 220°；230° ~ 240°

2）地应力分析

当钻孔内井液压力与地应力不平衡达到一定程度，井壁就会出现诱导裂缝。这种诱导裂缝与构造运动产生的裂隙特征不同。构造运动产生的裂隙与不同地质时期的构造运动相联系，其产状与当时地应力的方向相关。因此常常表现为多组裂隙，每一组裂隙具有相近的产状。而诱导裂缝的典型特征是裂缝总沿着井轴方向呈高角度分布。当钻孔内井液压力与地应力不平衡进一步增大，则会在井壁出现崩塌和椭圆井眼现象。

在 ZK01 孔中，从 584 m 开始出现诱导裂缝，从 950 m 开始出现井壁崩塌的现象（图 8.49）。

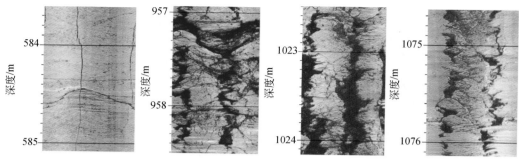

图 8.49　井壁裂缝与崩塌超声成像图

四、深部钻孔找矿成果

1. 成矿元素分布

本次对刘屯 ZK01 全孔岩心进行了岩石光谱样采样测试工作，分析元素共 18 种，分别为：Au、Ag、Cu、Pb、Zn、As、Sb、Bi、Mo、Sn、W、Co、Ni、V、Ti、Fe、S 和 U。分析结果揭示了深部成矿元素分布规律（图 8.50）。

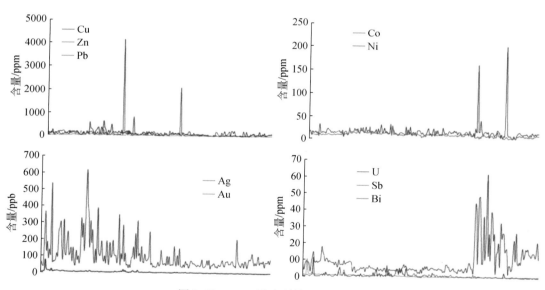

图 8.50　ZK01 孔光谱样分析结果图

（1）具有较明显异常的元素为 Cu、Pb、Zn 和 U。整孔 Cu 平均含量为 117.6×10^{-6}，最高值位于 698～709 m 处（4130.1×10^{-6}），而 1197.5～1202 m 处具细脉浸染状黄铜矿化段岩石中铜元素平均含量高达 0.2％，已达到铜的边界品位。Pb 最高值可达 396×10^{-6}，异常主要集中在 300～420 m，Zn 最高值可达 548×10^{-6}，异常主要集中在 400～700 m。整孔 U 元素平均含量为 9.6×10^{-6}，自 1490 m 之后明显较高，最高值可达 62.1×10^{-6}（1571～1579 m）。

（2）各元素富集具有一定相关性，其中 Au、Bi、Sb 和 As 分布特征较为一致，在 45 m 左右出现较明显异常；V 与 Ti 在 726 ~ 741 m 及 1650 m 左右都具有相对明显高值；Pb 与 Zn 相关性较好，富集主要出现在 400 ~ 600 m 范围内。

（3）不同元素在垂向分布上具有一定的规律，由深至浅金属元素依次出现（U-Th）—（V-Ti）—Cu—Zn—Pb。

Cu、Pb、Zn、Co、Ni、U、Sb、Bi 测试结果数量级为 ppm（10^{-6}）；Ag、Au 测试结果数量级为 ppb（10^{-9}）。

2. 深部细脉状铜矿化

本孔 1197.54 ~ 1201.97 m 发育脉状黄铜矿化，矿化段视厚度 4.43 m，黄铜矿以中粗粒团块状、浸染状分布在粗安岩破碎带内硬石膏脉中 [图 8.39（d）]。围岩粗安岩具有硬石膏化、碱性长石化、不均匀黄铁矿化。

目前的研究工作发现，巴家滩岩体中发育的浸染状黄铜矿化含铜暗色微粒包体及 ZK01 验证孔深部黄铜矿化，说明井边-巴家滩深部具有寻找铜陵式斑岩型铜矿的潜力。井边-巴家滩地区蚀变活动强烈，明矾石化、黄铁矿化、黏土岩化、次生石英岩化等酸性硫酸盐蚀变分布广泛，说明了该区域可能存在浅成低温热液系统。目前世界范围内，已在高硫型浅成低温热液体系深部寻找出了一大批世界级的矿床，如秘鲁的 Yanacocha 金矿、中国台湾金瓜石铜金矿、福建紫金山铜金矿，这些铜金矿床多赋存于浅成低温热液体系深部岩体及其接触带上，属于斑岩型铜金矿床。通过研究发现，高硫型浅成低温热液矿床与斑岩型矿床有着密切的共生关系，浅部的高硫型浅成低温热液系统可能是深部斑岩型矿床的直接找矿标志。上述的研究成果显示出，庐枞盆地中部井边—巴家滩一带深部具有寻找斑岩型铜矿床的潜力。

3. 深部铀矿化

刘屯 ZK01 孔测井结果表明，钻孔深部侵入岩放射性异常明显，且多段岩心铀含量大于万分之一。测井仪器标定 877.88 API 相当于万分之一铀含量（0.01% eus）$^{-1}$，并据此换算出刘屯 ZK01 孔壁铀含量变化曲线（图 8.51）。孔壁铀含量变化曲线显示 1490 m 以下岩石放射性异常较明显。

根据放射性测井结果，选择放射性较强的岩心进行了采样分析，测试仪器为 UV75PD 分光光度计，实验条件为温度 18.6 ℃、湿度 68%，参照标准为 GB/T 14506—2010，测试结果如表 8.9 所示。分析结果表明除 B4 样品铀、钍含量较低外，1499 ~ 1577 m 段内三个样品铀含量多在 52×10^{-6} ~ 76×10^{-6}，钍含量可达 187×10^{-6} ~ 273×10^{-6}，其中 B3 样品（1897.72 ~ 1897.97 m）样品中铀含量已达到铀矿边界品位（U 边界品位 0.01%）。

熊欣等（2014）开展了铀钍矿化地质特征研究，明确成矿作用可以划分为 5 个阶段：①绿色电气石-钾长石-硬石膏阶段；②粉红色电气石-硬石膏-铀钍矿化阶段；③黑色电气石-硬石膏-铀钍矿化阶段；④硬石膏-黄铁矿-黄铜矿化阶段；⑤石膏-方解石-石英阶段。流体包裹体研究工作显示，铀钍矿化阶段成矿流体温度约为 339.6 ~ 308.6 ℃，具有高温热液矿化的特征。

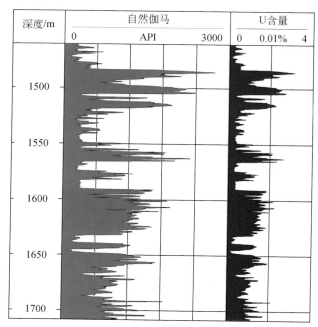

图 8.51　刘屯 ZK01 孔自然伽马测井曲线及推测 U 含量

表 8.9　刘屯 ZK01 孔化学样 U、Th 含量测试结果

样品号	采样位置/m		样长/m	U/10⁻⁶	Th/10⁻⁶
	起	止			
B1	1499.00	1499.60	0.60	52.63	186.96
B2	1502.00	1503.00	1.00	75.99	273.09
B3	1897.72	1897.97	0.25	399.17	1220
B4	1925.15	1925.65	0.50	13.41	35.61
B5	1576.55	1577.35	0.80	61.03	224.17

　　钻孔中的铀钍赋存状态主要有独立矿物及类质同象两种形式。钍的独立矿物主要为钍石、铀钍矿，类质同象赋存于铀钛矿、锆石、金红石、磷灰石、榍石、长石；铀的独立矿物主要为铀钍矿、铀钛矿、晶质铀矿，类质同象赋存于锆石、金红石、钛铁矿、榍石、钾长石（熊欣等，2013）。

　　根据电子探针分析结果及镜下特征的观察，孔中 U-Th 矿化可划分为两个期次：早期的岩浆期及随后的热液期。孔中深部正长-二长岩起源于壳幔边界，岩浆在上升侵位的过程中经过了强烈的分异演化过程（贾丽琼等，2014），使得 U、Th 等不相容元素在岩浆中不断富集。赋矿的正长-二长岩作为岩浆演化末期的产物，在固结成岩时，U、Th 元素形成独立的矿物或呈包裹体形态产出于造岩矿物中［图 8.52（a）、（b）］。岩浆固结后期大量萤石、电气石的出现，说明了岩浆分异出富集 F、B 的碱性高温流体，这种流体有利于交代早期形成的含 U-Th 矿物，使得 U-Th 进一步富集成矿。正长-二长岩中大量 U-Th 矿物产出于后期脉体中或与钠化、电气石化、硫酸盐化的蚀变伴生的特征，证实了岩浆热液的富集作用［图 8.52（c）、（d）］。

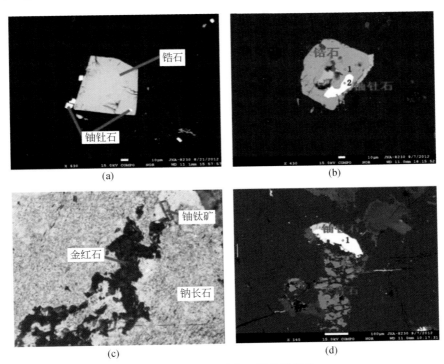

图 8.52 U–Th 矿化显微特征照片

（a）U–Th 独立矿物铀钍石呈包裹体及独立矿物形态产出；（b）铀钍石呈包裹体产出于锆石中；
（c）钠化作用使得 U 进一步富集形成铀钛矿；（d）与硫酸盐蚀变矿物共生的铀钍石

庐枞矿集区作为长江中下游重要的多金属矿矿集区，发育有大量的富碱侵入体，具有较好的铀矿找矿前景。目前已发现的铀矿主要集中在黄梅尖岩体周边的罗岭组砂岩地层中，成矿作用与天水、盆地卤水等关系密切，属于中低温铀矿化。本次异常验证孔 ZK01 深部发现的铀矿化，赋矿岩石以正长–二长岩为主，具有高温成矿的特点，其矿化特征、赋矿围岩、成矿流体均不同于区域已知的铀矿床，属于新发现的铀矿化类型。这种新类型铀矿化的发现，实现了矿集区找矿类型上的突破，对于丰富完善庐枞矿集区的成矿系列，指导区域下一步的找矿工作有着重要的意义。

小　　结

（1）在充分收集庐枞矿集区大比例尺重、磁数据的基础上，对数据进行位场分离、分量转换、梯度计算等处理解释，开展庐枞矿集区示矿信息判别、提取工作，获得了一批地球物理异常找矿信息，为深部找矿预测提供了基础。

（2）结合庐枞矿集区 5 条反射地震剖面工作，开展了浅钻化探工作，获得了 Cu、Pb、

Zn、Ag、Au 等元素的含量，建立了庐枞地区成矿元素含量的格架，在盆地内部及外围区域发现了一系列的找矿线索。

（3）在矿集区深部探测、典型矿床地质-地球物理模式研究和区域成矿规律研究的基础上，结合本项目进行的典型矿床地球物理综合探测方法试验，提出"重磁确定范围，地质评价潜力，化探确定矿种，大比例尺综合物探方法定位矿体"的综合找矿模式。

（4）根据对矿集区控矿因素、矿化信息、成矿规律的分析和地球物理-地球化学综合找矿信息，结合矿床的找矿模式，将庐枞矿集区划分出五个重点的成矿远景区，并对远景区的成矿条件、找矿信息进行了综合分析，明确了远景区的找矿方向。研究认为井边-巴家滩铜铀成矿远景区具有寻找与碱性岩有关的铀矿化及斑岩型铜矿化的潜力；沙溪铜矿外围铜成矿远景区具有寻找斑岩型铜矿的潜力；岳山铅锌矿外围具有寻找岳山式铅锌银矿的潜力；大矾山深部具有寻找斑岩型铜矿的潜力；罗河-泥河外围具有寻找玢岩型铁硫矿的成矿潜力。

（5）在以解决庐枞矿集区重大基础地质问题、兼顾深部找矿工作的选址原则指导下，在庐枞矿集区深部探测、典型矿床-地球物理模式研究和区域成矿规律研究的基础上，最终决定在庐枞盆地中部井边-巴家滩铜铀成矿远景区内，刘屯附近施工深部验证孔。钻孔终孔深度 2012.35 m，达到了设计的地质目的，揭露了盆地中部的地壳结构，也为验证地球物理探测结果提供了直观的依据。

（6）对 ZK01 孔进行了综合测井工作，包括视电阻率、自然电位、极化率、磁化率、声波速度、超声成像、自然伽马、岩性密度、井斜、井径、井温、泥浆电阻率及井中磁测，首次获得了一大批庐枞矿集区深部岩石原位的物性参数，为地球物理反演、地质工程及找矿生产积累了重要的原始资料。

（7）验证孔深部发现了脉状铜矿化及与富碱侵入岩有关的铀钍矿化。铀钍矿化赋存于 1400 m 以下的正长-二长岩中，形成与岩浆热液分异富集有关，具有高温矿化的特点。深部与碱性岩有关铀矿化的发现，丰富完善了矿集区的矿床类型，为未来庐枞矿集区找矿突破指明了新的方向。

第九章　结论与展望

第一节　主要结论

以地球物理综合探测为主，综合区域地质和成矿学研究，对庐枞矿集区地壳结构、构造、区域变形与演化、成矿与找矿等方面进行了系统的研究，取得了一批创新性认识，完善和发展了一批深部探测技术，主要结论如下。

1. 地壳结构与变形

庐枞地区显示出典型的三层地壳结构。上地壳总体上呈现出"堑""垒"结构，"地堑"以不对称"箕状"沉积盆地和火山岩盆地为特征，"地垒"中保留挤压期构造变形。中地壳变形强烈，既有与伸展相关的正断层、"胀缩"等构造，又有与挤压相关的褶皱、逆冲等构造；下地壳结构多变且具有各向异性。

庐枞矿集区构造变形复杂，表现出时空多变的特点。挤压构造主要存在于垂直于庐枞火山岩走向的 LZ01、LZ02 和 LZ03 剖面上，而在 LZ04 和 LZ05 剖面上却很少出现。但在 LZ05 剖面火山岩盆地之下出现大尺度"褶皱"和"冲断"构造。中-上地壳的挤压变形，如一系列相互关联的褶皱、南东倾的逆冲断裂及地壳叠瓦状构造，推测是古太平洋板块北西向俯冲所引起的陆内造山运动的结果；而中-上地壳的伸展结构，如中地壳的"布丁"构造、上地壳的正断层和火山沉积盆地，则表明构造应力经历了晚侏罗世的挤压转向早白垩世的伸展；构造应力的转化可能是由于古太平洋板块俯冲角度变化所引起。郯庐断裂带、滁河断裂带、庐枞北部早-中侏罗世盆地和庐江-黄姑闸-铜陵拆离断层（LHTD），可能与印支期碰撞造山以及碰撞后的伸展有关，在燕山期陆内造山阶段进一步活化。

2. 矿集区结构与断裂系统

庐枞矿集区由"两拗一隆"构成，即西侧的潜山-孔城拗陷，东侧的庐枞火山拗陷，中间夹一基底隆起，大致沿义津—罗河—缺口分布。两个拗陷内部结构南北有别，大致以汤家院-砖桥断裂为界，具有"北隆南拗"的特点。隆起区基底由古生界—中生界地层组成，这为在该区深部寻找斑岩型、夕卡岩型铜铁矿床提供了新的可能；拗陷区基底可能以早、中侏罗世沉积为主。庐枞火山岩盆地是由四个向盆内倾斜的边界断裂（BF1、BF2、BF3 和 LHTD）围限、呈北东延伸的非对称"箕状"盆地。北、东边界断裂（BF2、LHTD）为深大断裂，控制盆地的发展与演化。庐枞火山岩东北部，发现相对完好的早、中侏罗世沉积盆地，盆地呈 NWW-SEE 走向，深达 5.0 km；该盆地或是印支期陆-陆碰撞后伸展阶段形成的盆地。

矿集区存在"三横六竖"断裂系统。最北侧的庐江-黄姑闸-铜陵拆离断层（LHTD）为重要的区域大断裂，向东一直延伸到杭州湾，往西接信阳-舒城断裂，在区域构造演化中具有重要意义。其南侧的汤家院-砖桥断裂将庐枞火山岩盆地和潜山-孔城拗陷分为南北两部分，并与 LHTD 一起构成区域"北隆南拗"的两级台阶。从西向东，有 6 条 NE-SW 走向的断裂，依次为：郯庐、滁河（CHF）、罗河-缺口、枞阳-黄屯、陶家湾-施家湾断裂和沿江断裂。沿江断裂带首次确定为逆冲断裂系；控制潜山-孔城拗陷的滁河断裂（CHF）为一反转正断层，早期可能为逆冲断层。枞阳-黄屯基底断裂控制庐枞火山岩盆地，而且是深部岩浆活动的主要通道。

3. 岩浆系统结构与演化

庐枞矿集区岩浆系统经历了"多级"演化，称为"多级岩浆系统模型"。该模型认为，中生代末期，由于古太平洋板块向北西方向俯冲角度发生变化，区域构造应力从晚侏罗世的挤压转向早白垩世的伸展，增厚的岩石圈发生拆沉，软流圈隆起，导致幔源玄武质岩浆周期性侵入到壳-幔边界和下地壳。堆积在壳幔边界的岩浆与下地壳物质发生"MASH"（Melting-Assimilation-Storage-Homogenization）过程，在地壳底部形成大量熔融岩浆。

在伸展体制下，熔融的岩浆更容易流向压力较小的地方。当熔融岩浆累积达到一定的温度和压力，岩浆将沿地壳薄弱地带（NE 向深断裂）向上迁移。迁移方式类似"管道"，多个"管道"沿地壳薄弱带排列，形成"烟囱状"管道群。上升的岩浆遇到中地壳坚硬界面（韧性-脆性转换带）的阻挡将滞留，并逐渐向水平方向流动，彼此相互连接形成了横向展布的第二级岩浆房。庐枞地区 NE 延伸的反射就是席状岩浆房（如 LZR）的反映。新的"MASH"过程可能再次发生，当达到某种压力和温度时，岩浆继续沿断裂向上运移就位至上地壳，形成侵入体，或爆发出地表形成火山机构。

在脆性上地壳，区域构造与变形控制了岩浆的分离、上升和侵位，伸展体制为岩浆注入、侵位和形成更高一级的岩浆房创造了条件。

4. 庐枞矿集区的成矿与找矿

庐枞盆地内矿床均形成于早白垩世，主成矿期对应早白垩世砖桥旋回，形成了盆地内主要的铁、铜、铅、锌矿床。如玢岩型矿床——罗河铁矿床和泥河铁矿床的成矿时代为 131 Ma；龙桥铁矿床中与成矿有关的龙桥岩体成岩年龄为 131 Ma，矿床成矿年龄为 130.5 Ma；热液脉型岳山铅锌矿床中含矿岩体（岳山岩体）的成岩年龄为 132 Ma；热液脉型井边、石门庵、穿山洞等铜矿床中与成矿有关的二长岩体成岩年龄为 132 Ma；这些矿床的成矿作用均发生于砖桥旋回晚期。早白垩世双庙旋回为次成矿期，形成了一系列小型脉状铜矿床，如城山、巴坛、龙王尖等热液脉型铜矿床中含矿石英正长岩成岩年龄为126~125 Ma。盆地南缘还产出一系列金、铀矿床，如 3440 铀矿床（点），34 铀矿床（点），这类矿床与 A 型花岗岩（126~123 Ma）关系密切。矿集区西北部的沙溪斑岩型铜、金矿床也形成于 130 Ma，与盆地内主成矿期对应，与石英闪长斑岩关系密切。以泥河铁矿为代表的"玢岩型"铁矿可能存在两期成矿作用，即中晚三叠世含膏盐地层的沉积作用期（预备成矿期）和早白垩世的岩浆热液成矿期。铁矿床的形成与膏盐层关系密切，除辉长闪长玢岩以外，膏盐层为泥河矿床提供了大部分硫和矿化剂元素。膏盐层还为岩浆热液的侵位和运移提供通道。

庐枞矿集区不同矿床类型的空间分布规律性很强。与石英闪长斑岩相关的斑岩铜、金矿床主要分布于庐枞矿集区的西北部；热液脉型铅锌矿床主要分布于庐枞盆地北部的黄屯镇附近；与粗安斑岩有关的热液脉型铜矿床主要分布于庐枞盆地中东部的井边镇一带；玢岩型铁矿床主要分布于庐枞盆地西北部的罗河镇附近和庐枞盆地北部的龙桥镇附近；而与正长岩体有关的热液脉型铜、铁矿床主要分布于庐枞盆地南部的城山—龙王尖一带；与 A 型花岗岩有关的金、铀矿则分布在盆地东南部的黄梅尖一带。

从深部找矿角度看，"玢岩型"铁矿可以利用"重、磁局部同高异常圈定矿体位置，电磁法大致确定矿体深度"的组合方法来寻找。但应重视"重磁位场分离"和"全三维反演"技术在"玢岩型"铁矿深部勘查中的重要作用。"斑岩型"铜矿深部找矿可以使用"重磁和 AMT 确定岩体深度和形态，激电确定异常性质"的组合方法。在找矿思路上以间接找矿为重点，当然大功率激电可以提供矿化的直接信息。庐枞矿集区深部找矿前景依然光明，大矾山、井边-巴家滩、沙溪铜矿外围找铜潜力巨大；岳山铅锌矿外围铅锌银找矿潜力仍在；罗河-泥河外围及深部还可能发现新的矿体。

5. 验证钻孔

在综合探测基础上，经多次科学论证，选择庐枞砖桥镇刘屯实施异常验证科学钻探。钻孔开孔于砖桥组（K_1zh）火山岩，终孔深度 2012 m。钻孔岩心总体可划分为三段：0 ~ 1488 m 为一套以粗安质为主的玄武粗安质-粗安质-英安质火山岩，夹薄层凝灰岩、砂岩、粉砂岩和泥质岩；1488 ~ 1848 m 主体为正长岩，含薄层粗安岩捕房体；1848 ~ 2012 m 为二长岩。γ 测井和化学分析显示，钻孔岩心在深部存在较高的 U 异常，主体分布在 1500 ~ 1740 m 的正长岩中，1848 m 以下的二长岩局部也出现 U 异常，U 异常高于万分之一岩心厚度累计约 97m。

研究显示，含铀正长岩属于碱性准铝-过铝质岩，锆石 U–Pb 年龄为 130 ~ 129 Ma，属于砖桥旋回末期岩浆活动的产物。含 U 矿物主要为铀钍石和铀钛矿，少量晶质铀矿；此外锆石、榍石、独居石、磷灰石、钛铁矿和钾长石中含有一定量 U。铀钍石和铀钛矿以两种形式产出：一种包裹于造岩矿物中；另一种呈浸染状或微细脉状与蚀变矿物伴生。主要蚀变类型为钠长石化、黑云母化、电气石化以及硫酸盐（硬石膏-石膏-天青石）化，同时伴有金红石、黄铁矿、磁铁矿化。晶质铀矿主要与磁铁矿伴生。这些特征表明 U 富集存在两期，即岩浆期和岩浆期后热液期，兼具碱性岩型铀矿和交代岩型铀矿特征，属于交代碱性岩复合型铀矿。这种特征不同于庐枞盆地南缘、产于黄梅尖和大龙山岩体旁侧砂岩中的以沥青铀矿和铜铀云母为主的低温铀矿，属于庐枞矿集区的一种新型铀矿，但二者均与正长岩有密切成因联系。前者代表了庐枞盆地中与正长岩有关的铀成矿系统的深部高温端元，后者属于系统演化晚期的浅部低温端元。

庐枞矿集区为我国十大铀找矿远景区之一，目前的钻探资料和地球物理资料表明，庐枞深部存在大面积正长岩。砖桥镇刘屯异常验证科学钻深部铀矿化的发现，不仅指示盆地深部存在较大找铀潜力，更重要的是打开了庐枞矿集区深部找铀的"窗口"，为深部寻找新类型铀矿指明了方向。

6. 矿集区尺度的深部探测技术体系

矿集区尺度的深部探测技术，根据探测目标深度的不同，可以分为以下三类：

1）地壳结构探测

重点应以剖面性深反射地震为主，辅以大地电磁和重力反演技术。通过精心设计剖面位置，可以获得矿集区地壳尺度的结构框架与变形；通过反射特征的解译可以提供岩浆系统结构的可靠信息。但是在复杂的结晶岩区开展地壳结构探测，必须重视野外数据采集的每一处细节和处理新技术的应用。深反射地震数据采集的一些关键技术包括：基于波动方程模型正演和照明的观测系统优化设计方法；基于精细表层参数调查的井深设计技术；缓冲激发与泥浆闷井技术；宽线接收技术等。数据处理关键技术包括：首波层析静校正技术，地表一致性处理技术（振幅处理、反褶积），叠前噪声衰减技术；深部高精度速度分析方法，剩余静校正技术，基于起伏地表的叠前时间偏移技术等；大地电磁数据采集必须研究矿集区电磁噪声频谱特征，使用针对性的滤波技术进行噪声压制。数据处理应使用多种方法，相互比较效果，确定最终使用的方法。

2）三维地质–地球物理建模

目前的重、磁三维反演技术已经可以满足矿集区尺度三维建模的需要，但建模还没有一个公认的流程。本次研究提出了在地震剖面约束下的"拼贴式"建模方法，它是以二维块体拼贴为三维模型的建模方法。具体步骤包括：建模区域定义、先验信息处理、二维初始模型构建、2.5维/三维反演模拟、可视化与解释等。如果为了直接找矿预测，使用"三维岩性填图"技术可以取得较好的效果。该技术的流程主要包括：先验信息收集、形成参考模型、约束反演物性参数、物性与岩性关系研究和岩性识别，该方法在已经获得大比例尺重、磁数据的地区尤其值得推荐。随着现代大比例尺高精度航磁、航重梯度技术的发展，该技术将会在认识区域三维结构和深部找矿方面发挥重大作用。

3）矿区、矿田三维建模

矿区尺度的建模已经十分成熟。目前流行的商业软件（Micromine、Surpac 等）以地质建模为主，它们是基于大量钻孔数据和空间插值算法完成三维建模。由于钻孔与钻孔之间的连接完全是数学插值，模型的可靠性取决于钻孔的密度。另外一种建模技术，可以使用本书提出的"拼贴式"建模方法。通过钻孔的约束，重磁位场的三维反演实现矿区和矿田三维建模。从发展的角度，这种建模方式要好于数学插值方法，它符合地球物理位场规律。这种利用重磁三维反演建立的模型有可能用于更为精确的储量计算。

第二节　未　来　展　望

1. 矿集区三维探测方兴未艾，拓展深部资源，应从深部三维探测开始

地表矿产勘查离不开二维地质填图，深部矿产勘查离不开三维地质填图。当然，拓展深部地质认识，准确将地表地质延伸到深部，目前只有钻探和地球物理探测两种手段。由于经济成本问题，大面积的三维地质填图不可能依靠钻探手段，只能使用综合地球物理探测手段，并将探测结果（物性）转化为对岩性、构造的解释。矿业大国，如澳大利亚、加拿大、南非等，从 20 世纪 90 年代开始，利用综合地球物理探测技术，尤其是反射地震技术，用于矿集区尺度的综合探测，结合重、磁三维反演技术，构建矿集区尺度的地质–地

球物理模型。通过三维建模（填图），使地质学家更好地理解复杂地质体和控矿构造的三维空间分布和相互之间的关系，在此基础上对深部成矿潜力进行评估，预测深部矿体。澳大利亚已经完成了重要矿集区的三维探测和填图工作，取得了巨大的找矿效果。

我国在20世纪80年代，常印佛院士就提出了立体填图概念，并在铜陵、大冶开展了试点，因各种原因，这项极具创新性的研究工作并没有继续下去。2006年，随着安徽泥河深部大型铁（硫）矿床的发现，掀起了新一轮的深部找矿热潮。近10年来，长江中下游地区发现的10多个大型、超大型矿床几乎都在500 m以下；2005年以来，胶东地区在500~2000 m新发现中型以上金矿40多个，储量2700多吨，东部其他地区也都在500 m以深取得重大找矿突破，深部找矿潜力巨大。

2016年5月30日，习近平总书记在全国科技创新大会上指出："从理论上讲，地球内部可利用的成矿空间分布在从地表到地下10000 m，目前世界先进水平勘探开采深度已达2500~4000 m，而我国大多小于500 m，向地球深部进军是我们必须解决的战略科技问题。"目前，我国正在实施的找矿突破战略行动，在全国划定了一百多个整装勘查区（矿集区），绝大多数没有开展系统的深部探测工作，深部成矿地质情况不清，资源潜力不明。习总书记已经发出了"向地球深部进军"的总号令，国家已经在部署新一轮的深部找矿计划，对矿集区深部综合探测工作提出迫切需求。相信，通过系统部署重要矿集区的三维探测和立体填图工作，必将有效提高矿产勘查程度，大幅度提升国家资源保障能力。

2. 与成矿系统研究密切结合，完善和建立深部找矿战略选区和综合勘查的准则

深部探测和三维填图解决了矿集区的成矿地质结构问题，并没有解决深部找矿的勘查问题。近年来，成矿系统概念引起矿床学家的高度重视，并将其应用到深部矿产勘查中，作为理论指导。成矿系统定义为所有决定矿床形成和保存的地质要素和过程，包括5个方面的内涵：①成矿地球动力学背景；②地壳结构框架；③成矿流体来源和流体源区性质；④流体通道和迁移路径；⑤成矿物质沉淀机理。

成矿系统概念的应用，使矿床学家从多尺度、全过程认识成矿的过程。在理论上扩大了认知范围，从过去关注矿床本身，扩大到成矿（源-运-储）全过程；在探测目标上，从过去直接探测矿体，到探测成矿全过程留下的"痕迹（Footprints）"；在深部找矿思路上，从基于"矿床模式"的靶区预测，到基于成矿系统分析的综合靶区深部预测。因此，深部结构的探测一定要与成矿系统的研究密切结合。与成矿系统"始端"的研究结合，构建成矿系统"源区"的评价指标（要素）体系，解决深部找矿的"战略"选区问题；与成矿系统"末端"成矿效应研究结合，构建深部找矿的勘查准则，包括地球物理、矿物学、地球化学和蚀变规律等，解决深部找矿的"战术"问题。

3. 大力发展深部探测技术，提高探测的深度和分辨能力

深部三维探测的成效取决于技术的进步。深部地质的复杂性、探测信号随深度的快速衰减，以及反演的多解性等特征，要求必须发展深部探测技术。最近十多年，随着深部找矿日益受到重视，大深度勘查技术得到迅速发展。传统上用于油气勘探的地震技术，由于其在探测深度和分辨率上的优势，已经应用到矿集区地质结构调查和深部矿产勘查，并取得了良好的效果，应该是未来矿集区尺度成矿地质背景探测的重要方法之一。由于硬岩区复杂的构造和微弱的物性差异，目前仍需要发展从采集、处理到解释的整套技术；探索被动源高密度噪声成像技术；从直接找矿角度，还应重视和发展地震散射成像技术等。

直流电法（DCIP）是金属矿勘查的重要方法之一，由于受供电功率和距离的限制，传统的二维 DCIP 探测深度不够理想。随着电子技术、信息技术和 GPS 技术的进步，美国 Newmont、加拿大 Quantec 公司都研发出了分布式、无缆三维直流激电系统，实现了现场监控与分析、噪声压制、GPS 同步和大功率发射等功能，加上三维正、反演技术的进步，极大提高了传统电法的探测深度和分辨率。加拿大 Quantec 公司 Titan 分布式电磁系统，还将三维直流激电系统与 MT 有机结合在一起，同时进行采集，既提高了探测的分辨率，又大幅度提高了探测深度。目前，美国和加拿大的这两家公司只做技术服务，不卖产品。我国急需加快三维电磁测量系统的研发速度，满足我国资源"向地球深部进军"的巨大需求。

三维岩性填图技术是近年发展非常迅速的解释技术，利用高精度、大比例尺的重、磁数据，通过广义物性反演直接进行岩性识别。在局部地区，如果物性与岩性关系统计精细，还可以直接进行蚀变带划分或蚀变填图。由于重、磁数据采集相对容易、精度较高，该技术对深部找矿非常有用。尤其是高精度航空重、磁测量技术的发展，直接对大区域进行岩性填图和靶区优选成为可能。我国高精度航空重力及梯度测量技术与国外相比差距还较大，岩性填图技术研究刚刚起步，还有很多研究工作需要开展。在未来的国家深部资源勘查战略中，尤其要重视发展高精度航空地球物理测量技术，以及反演理论与技术，以实现大面积、快速高效的深部资源潜力评价。

参 考 文 献

安徽省地质矿产局.1987.安徽省区域地质志.北京:地质出版社.

蔡剑华.2010.基于Hilbert-Huang变换的大地电磁信号处理方法与应用研究.长沙:中南大学.

查世新,韩忠义.2002.岳山银铅锌矿床地球化学特征.资源调查与环境,23(4):272-280.

常印佛,刘湘培,吴言昌.1991.长江中下游铜铁成矿带.北京:地质出版社,1-380.

陈乐寿,刘任,王天生等.1989.大地电磁测深资料处理与解释.北京:石油工业出版社.

成谷,马在田,耿建华,曹景忠.2002.地震层析成像发展回顾.勘探地球物理进展,25(3):6-12.

戴世坤.1994a.地球物理反演的视模型空间对比方法及电磁测深多维快速反演研究.青岛:中国海洋大学:6-28.

戴世坤.1994b.用视模型空间对比法进行地球物理反演.地球物理学报,37:1-5.

戴世坤,罗延钟.1993.二维地电模型多参数反演方法及其在MT测深中的应用.地球物理学报,36(6):821-830.

戴世坤,徐世浙.1997.MT二维和三维连续介质快速反演.石油地球物理勘探,32(3):305-316.

邓震.2010.位场资料构造信息的自动识别与提取.武汉:中国地质大学(武汉).

董良国,吴晓丰,唐海忠,陈生.2006.逆掩推覆构造的地震波照明与观测系统优化.石油物探,45(1):40-47.

董树文,李廷栋.2009.SinoProbe-中国深部探测实验.地质学报,83(7):895-909.

董树文,张岳桥,龙长兴,杨振宇,季强,王涛,胡建民,陈宣华.2007.中国侏罗纪构造变革与燕山运动新诠释.地质学报,81(11):1449-1461.

董树文,项怀顺,高锐,吕庆田,李建设,战双庆,卢占武,马立成.2010.长江中下游庐江-枞阳火山岩矿集区深部结构与成矿作用.岩石学报,26(9):2529-2542.

董树文,马立成,刘刚,薛怀民,施炜,李建华.2011.论长江中下游成矿动力学.地质学报,85(5):612-625.

杜建国,常丹燕.2011.长江中下游成矿带深部铁矿找矿的思考.地质学报,85(5):686-698.

段波.1994.校正大地电磁测深中静态效应的首枝重合法.长春地质学院学报,24(4):444-449.

段超.2009.安徽庐枞盆地龙桥铁矿床地质地球化学特征和矿床成因研究.合肥:合肥工业大学.

段超,周涛发,范裕,袁峰,丁铭,尚世贵,张乐骏.2009.庐枞盆地龙桥铁矿床中菱铁矿的地质特征和成因意义.矿床地质,28(5):643-652.

范翠松,李桐林,王大勇.2008.小波变换对MT数据中方波噪声的处理.吉林大学学报(地球科学版),38(增刊):61-63.

范翠松,李桐林,严加永.2012.2.5维复电阻率反演及其应用试验.地球物理学报,55(12):4044-4050.

范裕,周涛发,袁峰,钱存超,陆三明,Cooke D.2008.安徽庐江-枞阳地区A型花岗岩的LA-ICP-MS定年及其地质意义.岩石学报,24(8):1715-1724.

范裕,周涛发,袁峰,唐敏惠,张乐骏,马良,谢杰.2010.庐枞盆地高硫型浅成低温热液成矿系统:来自矾山明矾石矿床地质特征和硫同位素地球化学的证据.岩石学报,26(12):3657-3666.

范裕,周涛发,郝麟,袁峰,张乐骏,王文财.2012.安徽庐枞盆地泥河铁矿床成矿流体特征及其对矿床成因的指示.岩石学报,28(10):3113-3124.

傅斌，任启江，邢凤鸣，徐兆文，胡文瑄，郑永飞. 1997. 安徽沙溪含铜斑岩^{40}Ar-^{39}Ar 定年及其地质意义. 地质论评，43（3）：310-316.

高锐，卢占武，刘金凯，匡朝阳，酆少英，李朋武，张季生，王海燕. 2010. 庐-枞金属矿集区深地震反射剖面解释结果——揭露地壳精细结构，追踪成矿深部过程. 岩石学报，26（9）：2543-2552.

关艺晓，李桐林，李建平，尚通晓，林品荣. 2007. 二维大地电磁人机交互解释系统的实现. 吉林大学学报（地球科学版），37（增刊）：21-23.

侯增谦，潘小菲，杨志明，曲晓明. 2007. 初论大陆环境斑岩铜矿. 现代地质，21（2）：332-351.

胡家华，陈清礼，严良俊等. 1999. MT 资料的噪声源分析及减小观测噪声的措施. 江汉石油学院学报，21（4）：69-71.

黄清涛，尹恭沛. 1989. 安徽庐江罗河铁矿. 中华人民共和国地质矿产部地质专报——矿床与矿产（第14号），安徽省地质矿产局. 北京：地质出版社.

贾丽琼，徐文芯，吕庆田，莫宣学，熊欣，李骏，王梁. 2014. 庐枞盆地砖桥地区科学深钻岩浆岩 LA-MC-ICP MS 锆石 U-Pb 年代学和岩石地球化学特征. 岩石学报，30（4）：995-1016.

江来利，刘贻灿，石永红. 1994. 桐城桐山-庐江大化下古生界飞来峰及其地质意义. 安徽地质，（Z1）：141-146.

蒋邦远. 1998. 实用近区磁源瞬变电磁法勘探. 北京：地质出版社.

金胜，张乐天，魏文博，叶高峰，刘国兴，邓明，景建恩. 2010. 中国大陆深探测的大地电磁测深研究. 地质学报，84（6）：808-817.

晋光文，孔祥儒. 2006. 大地电磁阻抗张量的畸变与分解. 北京：地震出版社.

荆延仁，夏木林，张良田. 1989. 皖中张八岭高压变质带基本特征. 长春地质学院学报，（鄂皖蓝片岩带地质专辑）：133-151.

考夫曼 A. A.，凯勒 G. V. . 1987. 大地电磁测深法. 刘国栋译. 北京：地震出版社.

匡海阳，吕庆田，张昆，严加永，陈向斌. 2012. 多种电磁测深技术在深部控矿构造探测中的应用研究——以泥河铁矿为例. 地质学报，86（6）：948-960.

李朝长，金和海. 2010. 庐枞地区东部黄梅尖岩体及周边地段找铀矿前景分析. 安徽地质，20（3）：197-203.

李墩柱，黄清华，陈小斌. 2009. 误差对大地电磁测深反演的影响. 地球物理学报，52（1）：268-274.

李曙光，刘德良，陈移之. 1993. 中国中部蓝片岩的形成时代. 地质科学，28（1）：21-27.

李桐林，刘福春，韩英杰，赵海珍. 2000. 50 万伏超高压输电线的电磁噪声的研究. 长春科技大学学报，30（1）：80-83.

李万万. 2008. 基于波动方程正演的地震观测系统设计. 石油地球物理勘探，43（2）：134-141

凌云. 2001. 激发药量与药型分析. 石油地球物理勘探，36（5）：584-590.

刘保金，何宏林，石金虎，冉永康，袁洪克，谭雅丽，左莹，何银娟. 2012. 太行山东缘汤阴地堑地壳结构和活动断裂探测. 地球物理学报，55（10）：3266-3276.

刘昌涛. 1994. 安徽庐枞盆地硫铁矿床地质特征及控矿因素. 化工地质，16（3）：163-171.

刘大杰，陶本藻. 2000. 使用测量数据处理方法. 北京：测绘出版社.

刘红涛，杨秀瑛，于昌明，叶杰，刘建明，曾庆栋，石昆法. 2004. 用 VLF、EH4 和 CSAMT 方法寻找隐伏矿——以赤峰柴胡栏子金矿床为例. 地球物理学进展，19（2）：276-285.

刘洪，邱检生，罗清华，徐夕生，凌文黎，王德滋. 2002. 安徽庐枞中生代富钾火山岩成因的地球化学制约. 地球化学，31（2）：129-140.

刘珺. 2005. 安徽庐枞火山岩盆地中巴家滩岩体的地质地球化学特征和成矿潜力评价. 合肥：合肥工业大学，1-150.

刘珺，周涛发，袁峰，范裕，吴明安，陆三明，钱存超．2007．安徽庐枞盆地中巴家滩岩体的岩石地球化学特征及成因．岩石学报，23（10）：2615-2622．

刘湘培，常印佛，吴言昌．1988．论长江中下游地区成矿条件和成矿规律．地质学报，（2）：74-84．

刘彦，吕庆田，孟贵祥，严加永，张昆，杨振威．2012．大地电磁与地震联合反演研究现状与展望．地球物理学进展，27（6）：2444-2451．

刘振东，何和英，黄德芹．2001．外推算子预测去噪方法．石油物探，40（1）：26-32．

吕庆田，侯增谦，赵金花，史大年，吴宣志，常印佛，裴荣富，黄东定，匡朝阳．2003．深地震反射剖面揭示的铜陵矿集区复杂地壳结构形态．中国科学，33（5）：442-449．

吕庆田，侯增谦，史大年，赵金花，徐明才，柴铭涛．2004．铜陵狮子山金属矿地震反射结果及对区域找矿的意义．矿床地质，23（4）：390-398．

吕庆田，史大年，赵金花，严加永，徐明才．2005．深部矿产勘查的地震学方法：问题与前景——铜陵矿集区的应用实例．地质通报，24（3）：211-218．

吕庆田，杨竹森，严加永，徐文艺．2007．长江中下游成矿带深部成矿潜力、找矿思路与初步尝试——以铜陵矿集区为实例．地质学报，81（7）：865-881．

吕庆田，韩立国，严加永，廉玉广．2009．反射地震在"玢岩型"铁、硫矿探测中的应用研究．中国地球物理，251-252．

吕庆田，韩立国，严加永，廉玉广，史大年，颜廷杰．2010．庐枞矿集区火山气液型铁、硫矿床及控矿构造的反射地震成像．岩石学报，26（9）：2598-2612．

吕庆田，史大年，汤井田，吴明安，常印佛，SinoProbe-03-CJ项目组．2011．长江中下游成矿带及典型矿集区深部结构探测——SinoProbe-03年度进展综述．地球学报，32（3）：256-268．

吕庆田，刘振东，汤井田，吴明安，严加永，肖晓．2014．庐枞矿集区上地壳结构与变形：综合地球物理探测结果．地质学报，88（4）：447-464．

罗省贤，李录明．2004．地面地震初至波层析反演复杂表层速度结构方法．地球科学进展，19（S1）：30-35．

马中高，解吉高．2005．岩石的纵、横波速度与密度的规律研究．地球物理学进展，20（4）：905-910．

毛景文，Holly Stein，杜安道，周涛发，梅燕雄，李永峰，藏文栓，李进文．2004．长江中下游地区铜金（钼）矿Re-Os年龄测定及其对成矿作用的指示．地质学报，78（1）：121-131．

毛景文，胡瑞忠，陈毓川，王义天等．2006．大规模成矿作用与大型矿集区．北京：地质出版社，275-358．

宁芜研究项目编写小组．1978．宁芜玢岩铁矿．北京：地质出版社，1-197．

潘国强，董恩耀．1983．庐枞火山岩区火山构造及其控矿作用．中国区域地质，（7）：31-37．

秦大正，刘昌森，丁颂华，何岳宝．1983．长江断裂带东延问题及裂谷特性的讨论．地震地质，5（2）：70-78．

任启江，刘孝善，徐兆文．1991．安徽庐枞中生代火山构造洼地及其成矿作用．北京：地质出版社，1-126．

史大年，吕庆田，徐明才，赵金花．2004．铜陵矿集区地壳浅表结构的地震层析研究．矿床地质，23（3）：383-389．

宋传中，张华，任升莲，李加好，Lin Shoufa，涂文传，张妍，王中．2011．长江中下游转换构造结与区域成矿背景分析．地质学报，85（5）：778-788．

孙冶东，杨荣勇，任启江，刘孝善．1994．安徽庐枞中生代火山岩系的特征及其形成的构造背景．岩石学报，10（1）：94-103．

覃永军，曾键年，曾勇，马振东，陈津华，金希．2010．安徽南部庐枞盆地罗河-泥河铁矿田含矿辉石粗安玢岩锆石 LA–ICP–MS U–Pb 定年及其地质意义. 地质通报, 29 (6): 851-862.

汤加富, 李怀坤, 娄清. 2003. 郯庐断裂南段研究进展与性质讨论. 地质通报, 22 (6): 426-436.

汤井田, 化希瑞, 曹哲民, 任征勇, 段圣龙. 2008. Hilbert-Huang 变换与大地电磁噪声压制. 地球物理学报, 51 (2): 603-610.

汤井田, 蔡剑华, 任政勇, 化希瑞. 2009. Hilbert-Huang 变换与大地电磁信号的时频分析. 中南大学学报 (自然科学版), 40 (5): 1439-1405.

汤井田, 李晋, 肖晓, 张林成, 吕庆田. 2012a. 数学形态滤波与大地电磁噪声压制. 地球物理学报, 55 (5): 1784-1793.

汤井田, 李晋, 肖晓, 徐志敏, 李灏, 张弛. 2012b. 基于数学形态滤波的大地电磁强干扰分离方法. 中南大学学报: 自然科学版, 43 (6): 2215-2221.

汤井田, 徐志敏, 肖晓, 李晋. 2012c. 庐枞矿集区大地电磁测深强噪声的影响规律. 地球物理学报, 55 (12): 4147-4159.

唐宝山. 2008. 瞬变电磁法中心回线装置一维正演研究. 北京: 中国地质大学 (北京).

唐永成, 吴言昌, 储国正, 邢凤鸣, 王永敏, 曹奋扬, 常印佛. 1998. 安徽沿江地区铜金多金属矿床地质. 北京: 地质出版社.

滕吉文. 2003. 地球深部物质和能量交换的动力过程与矿产资源的形成. 大地构造与成矿学. 27 (1): 3-21.

滕吉文, 孙克忠, 熊绍柏, 姚虹, 尹周勋, 程立芳, 薛长顺, 田东生, 郝天珧, 赖明惠, 伍明储. 1985. 中国东部马鞍山–常熟–启东地带地壳与上地幔结构和速度分布的爆炸地震研究. 地球物理学报, 28 (2): 155-169.

王德滋, 任启江, 邱检生, 陈克荣, 徐兆文, 曾家湖. 1996. 中国东部橄榄安粗岩省的火山岩特征及其成矿作用. 地质学报, 70 (1): 23-34.

王京彬. 1991. 中国东部郯庐断裂南延新解. 大地构造与成矿学, (2): 170-176.

王立凤, 晋光文, 孙洁, 白登海. 2000. 地球电磁响应函数的旋转不变量特征. 物探化探计算技术, 22 (4): 306-311.

王强, 赵振华, 熊小林, 许继锋. 2001. 底侵玄武质下地壳的熔融: 来自安徽沙溪 adakite 质富钠石英闪长玢岩的证据. 地球化学, 30 (4): 353-362.

王强, 唐功建, 贾小辉, 资锋, 姜子琦, 许继峰, 赵振华. 2008. 埃达克质岩的金属成矿作用. 高校地质学报, 14 (3): 350-364.

王中杰. 1982. 庐枞火山沉陷. 中国地质科学院南京地质矿产研究所, 3 (1): 16-36.

魏燕平. 1994. 庐枞火山喷流、潜火山气液叠加改造型铁硫矿床的定位控制. 安徽地质, 4 (4): 1-8.

魏燕平, 张冠华. 1999. 安徽庐江龙桥铁矿火山成矿特征. 安徽地质, 9 (2): 108-114.

吴长年, 任启江, 阮惠础, 张开钧. 1994. 安徽庐枞盆地东北部火山机构与金的背景值关系研究. 矿产与地质, 40 (8): 108-113.

吴利仁. 1984. 华东及邻区中、新生代火山岩. 北京: 科学出版社.

吴明安, 张千明, 汪祥云, 高昌生, 尚世贵, 王明华. 1996. 安徽庐江龙桥铁矿. 北京: 地质出版社.

吴明安, 汪青松, 郑光文, 蔡晓兵, 杨世学, 狄勤松. 2011. 安徽庐江泥河铁矿的发现及意义. 地质学报, 85 (5): 802-809.

吴言昌. 1994. 安徽省沿江地区夕卡岩型金矿成矿条件和成矿规律. 中国金矿主要类型找矿方向与找矿方法文集 (第二集). 北京: 地质出版社, 203-276.

邢凤鸣, 徐祥. 1995. 安徽沿江地区中生代岩浆岩的基本特点. 岩石学报, 11 (4): 409-422.

熊代余, 顾毅成. 1981. 岩石爆破理论与技术新进展. 北京: 冶金工业出版社.

熊欣，徐文艺，贾丽琼，吕庆田，李骏.2013.安徽庐江砖桥科学深钻内的铀钍赋存状态研究.矿床地质，32（6）：1211-1220.

熊欣，徐文艺，杨竹森，贾丽琼，李骏.2014.庐枞盆地高温铀钍矿化特征、成因及其找矿意义——来自钻桥科学深钻 ZK01 的证据.岩石学报，30（4）：1017-1030.

徐明才，高景华，胡振远.1995.深反射地震资料处理和解释的初步研究.物探与化探，19（5）：360-368.

徐明才，高景华，荣立新，柴铭涛，刘建勋，吕庆田，史大年.2005.地面地震层析技术在金属矿勘查中的试验研究.物探与化探，29（4）：299-303.

徐明才，高景华，柴铭涛.2007.用于金属矿勘查的地震方法技术.物探化探计算技术，29（S1）：138-143.

徐世浙.2007.迭代法与 FFT 法位场向下延拓效果的比较.地球物理学报，50（1）：285-289.

徐文艺，徐兆文，顾连兴，任启江，傅斌，牛翠祎.1999.安徽沙溪斑岩铜（金）矿床成岩成矿热历史探讨.地质论评，45（4）：361-367.

徐兆文，徐文艺，邱检生，傅斌，牛翠韦.2000.与沙溪斑岩铜（金）矿床有关的石英闪长斑岩地质地球化学特征及形成时代研究.地质与勘探，36（4）：36-40.

徐志敏，汤井田，强建科.2012.矿集区大地电磁强干扰类型分析.物探与化探，36（2）：214-219.

许建荣.2004.平面聚类静态校正法.石油地球物理勘探，39（6）：720-723.

薛爱民.2009.起伏地表 Kirchhoff 叠前时间偏移.CPS/SEG Beijing 2009 International Geophysical Conference & Exposition.

严加永.2010.长江中下游成矿带深部背景综合地球物理研究.中国科学院博士学位论文.

严加永，吕庆田，孟贵祥，赵金花，邓震，刘彦.2011.基于重磁多尺度边缘检测的长江中下游成矿带构造格架研究.地质学报，85（5）：900-914.

严加永，吕庆田，陈向斌，祁光，刘彦，郭冬，陈应军.2014a.基于重磁反演的三维岩性填图试验——以安徽庐枞矿集区为例.岩石学报，30（4）：1041-1053.

严加永，吕庆田，吴明安，陈向斌，张昆，祁光.2014b.安徽沙溪铜矿区域重磁三维反演与找矿启示.地质学报，88（4）：507-518.

严加永，吕庆田，陈明春，邓震，祁光，张昆，刘振东，汪杰，刘彦.2015.基于重磁场多尺度边缘检测的地质构造信息识别与提取——以铜陵矿集区为例.地球物理学报，58（12）：4450-4464.

杨贵祥.2005.碳酸盐岩裸露区地震勘探采集方法.地球物理学进展，20（4）：1108-1128.

杨勤勇，常鉴，徐国庆.2009.灰岩裸露区地震激发机理研究.石油地球物理勘探，44（4）：399-405.

杨荣勇，任启江，徐兆文，孙冶东，郭国章，邱检生.1993.安徽庐枞地区巴家滩火山－侵入体的岩浆来源.地球化学，1993（2）：197-206.

杨生.2004.大地电磁测深法环境噪声抑制研究及其应用.长沙：中南大学.

杨文采，李幼铭.1993.应用地震层析成像.北京：地质出版社.

杨文采，施志群，侯遵泽，程振炎.2001.离散小波变换与重力异常多重分解.地球物理学报，44（4）：534-541.

杨晓勇.2006.郯庐断裂带南段沙溪含铜斑岩体的 $^{40}Ar/^{39}Ar$ 年代学研究及意义.矿物岩石，26（2）：52-56.

杨志明，侯增谦，宋玉财，李振清，夏代详，潘凤雏.2008.西藏驱龙超大型斑岩铜矿床：地质、蚀变与成矿.矿床地质，27（3）：279-318.

于学元，白正华.1981.庐枞盆地安粗岩系.地球化学，10（1）：57-65.

于亚伦.2007.工程爆破理论与技术.北京：冶金工业出版社.

俞寿朋 . 1993. 高分辨率地震勘探 . 北京：石油工业出版社 .

袁峰，周涛发，范裕，陆三明，钱存超，张乐骏，段超，唐敏慧 . 2008. 庐枞盆地中生代火山岩的起源、演化及形成背景 . 岩石学报，24（10）：1691-1702.

袁峰，周涛发，王世伟，范裕，汤诚，张千明，俞沧海，石诚 . 2012. 安徽庐枞沙溪斑岩铜矿蚀变及矿化特征研究 . 岩石学报，28（10）：3099-3112.

曾琴琴，刘天佑 . 2011. 重、磁异常的经验模态分解及其在鄂东张福山铁矿勘探中的应用 . 地球物理学进展，26（4）：1409-1417.

翟裕生，姚书振，林新多等 . 1992. 长江中下游地区铁铜矿床 . 北京：地质出版社，1-154.

张季生，高锐，李秋生，管烨，彭聪，李朋武，卢占武，侯贺晟 . 2010. 庐枞火山岩盆地及其外围重、磁场特征 . 岩石学报，26：2613-2622.

张继锋，汤井田，喻言，王烨，刘长生，肖晓 . 基于电场矢量波动方程的三维可控源电磁法有限单元数值模拟 . 地球物理学报，（12）：3132-3141.

张昆，魏文博，叶高峰 . 2008. 二维有限元大地电磁正演模拟在 Matlab 上的实现 . 地震地磁观测与研究，5：83-88.

张乐骏，周涛发，范裕，袁峰，马良，钱兵 . 2010. 安徽庐枞盆地井边铜矿床的成矿时代及其找矿指示意义 . 岩石学报，26（9）：2729-2738.

张昆 . 2012a. 大地电磁场目标函数拟合去噪软件 . 2012SR109144.

张昆 . 2012b. 大地电磁场非线性共轭梯度三维反演程序 . 软件著作权号 2012SR057553.

张昆，严加永 . 2012. 大地电测深二维视电阻率静位移校正软件 . 2012SR109156.

张昆，董浩，严加永，吕庆田，魏文博，何钰娴 . 2013. 一种并行的大地电磁场非线性共轭梯度三维反演方法 . 地球物理学报，56（11）：3922-3931.

张旗，王焰，钱青，杨进辉，王元龙，赵太平，郭光军 . 2001. 中国东部中生代埃达克岩的特征及其构造–成矿意义 . 岩石学报，17（2）：236-244.

张全胜，杨生 . 2002. 大地电磁测深资料去燥方法应用研究 . 石油物探，41（4）：493-499.

张荣华 . 1980. 长江中下游玢岩铁矿围岩蚀变的地球化学分带形成机理 . 地质学报，（1）：70-84.

张荣华 . 1981. 长江中下游地区玢岩铁矿和块状黄铁矿床的物理化学条件 . 地质论评，27（1）：24-33.

张寿稳 . 2000. 安徽庐枞地区高岭土资源及其开发利用 . 地质与勘探，36（5）：49-51.

张岳桥，董树文，李建华，崔建军，施炜，苏金宝，李勇 . 2012. 华南中生代大地构造研究新进展 . 地球学报，33（3），257-279.

张智，刘财，邵志刚 . 2003. 地震勘探中的炸药震源药量理论与实验分析 . 地球物理学进展，18（4）：724-72.

赵文广，吴明安，张宜勇，王克友，范裕，汪龙云，魏国辉，车英丹 . 2011. 安徽省庐江县泥河铁矿床地质特征及成因分析 . 地质学报，85（5）：789-801.

赵文津 . 2008. 长江中下游金属矿找矿前景与找矿方法 . 中国地质，35（5）：71-802.

郑永飞 . 1985. 黄梅尖岩体冷却史及其成矿意义探讨 . 科学通报，30（22）：1760.

钟明寿，龙源，李兴华，常鉴，张洋溢 . 2011. 碳酸盐岩中炮孔不耦合系数对地震激发效果影响的分析 . 石油地球物理勘探，41（2）：175-120.

周聪 . 2016. 时空阵列电磁法及试验研究兼论庐枞矿集区三维电性结构 . 长沙：中南大学 .

周聪，汤井田，任政勇，肖晓，谭洁，吴明安 . 2015. 音频大地电磁法"死频带"畸变数据的 Rhoplus 校正 . 地球物理学报，58（12）：4648-4660.

周晋国，寇绳武 . 1988. 视电阻率和相位数据的 Bostick 反演在频率测深中的应用 . 煤田地质与勘探，1：53-56.

周泰禧，陈江峰，李学明，Foland K A. 1992. 安徽霍舒正长岩带侵入体的^{40}Ar/^{39}Ar 法同位素地质年龄. 安徽地质，（1）：4-11.

周泰禧，陈江峰，张巽，李学明. 1995. 北淮阳花岗岩-正长岩带地球化学特征及其大地构造意义. 地质论评，41（2）：144-151.

周涛发，宋明义，范裕，袁峰，刘珺，吴明安. 2007. 安徽庐枞盆地中巴家滩岩体的年代学研究及其意义. 岩石学报，23（10）：583-591.

周涛发，范裕，袁峰，陆三明，尚世贵，Cooke D，Meffre S，赵国春. 2008a. 安徽庐枞（庐江-枞阳）盆地火山岩的年代学及其意义. 中国科学：D 辑，38（11）：1342-1353.

周涛发，范裕，袁峰. 2008b. 长江中下游成矿带成岩成矿作用研究进展. 岩石学报，24（8）：1665-1678.

周涛发，范裕，袁峰，宋传中，张乐骏，钱存超，陆三明，Cooke D R. 2010. 庐枞盆地侵入岩的时空格架和对成矿制约. 岩石学报，26（9）：2694-2714.

周涛发，范裕，袁峰，钟国雄. 2012a. 长江中下游成矿带地质与矿产研究进展. 岩石学报，28（10）：3051-3066

周涛发，王彪，范裕，袁峰，张乐骏，钟国雄. 2012b. 庐枞盆地与 A 型花岗岩有关的磁铁矿-阳起石-磷灰石矿床——以马口铁矿床为例. 岩石学报，28（10）：3087-3009.

朱金平，董良国，程玖兵. 2011. 基于地震照明、面向勘探目标的三维观测系统优化设计. 石油地球物理勘探，46（3）：339-348.

Archibald N，Gow P，Boschetti F. 1999. Multiscale edge analysis of potential field data. Explore Geophys，30：38-44.

Arzate J A，Álvarez P，Yutsis V，Pacheco J，López-Loera H. 2006. Geophysical modeling of Valle de Banderas graben and its structural relation to Bahía de Banderas，Mexico. Revista Mexicana de Ciencias Geológicas，23（2）：184-198.

Austin J R，Blenkinsop T G. 2008. The Cloncurry Lineament：Geophysical and geological evidence for a deep crustal structure in the Eastern Succession of the Mount Isa Inlier. Precambrian Research，163：50-68.

Beamish D，Travassos J M. 1992. The Use of the D+ Solution in Magnetotelluric Interpretation. Journal of Applied Geophysics，29（1）：1-19.

Braga M，Carlos D，Almeida T，Dayan H，Sousa R，Braga C. 2009. Mapeamento litol'ogico porcorrelação entre dados de aeromagnetometria e aerogradiometria gravimétrica 3D-ftg no quadriláteroferrÍfero，minas gerais，Brazil. Revista Brasileira de Geofísica，27：255-268.

Bronner G，Fourno J P. 1992. Audio-magnetotelluric investigation of allochthonousiron formations in the Archaean Reguibatshield（Mauritania）：structural and mining implications. Journal of African Earth Sciences，15（3/4）：341-351.

Brown D，Juhlin C. 2005. A possible lower crustal flow channel in the Middle Urals based on reflection seismic data. Terra Nova，18（1），1-8.

Cady J W. 1980. Calculation of gravity and magnetic anomalies of finite-length right polygonal prisms. Geophysics，45（10）：1507-1512.

Cagniard L. 1953. Basic theory of the magnetotelluric methods of geophysical prospecting. Geophysics，18：605-635.

Cai J H，Tang J T，Hua X R，Gong Y R. 2009. An analysis method for magnetotelluric data based on the Hilbert-Huang Transform. Exploration Geophysics，40（2）：197-205.

Chen L，Booker J R. 1996. Electrically conductive crust in Southern Tibet from in depth magnetotelluric surveying. Science, 274: 1694-1696.

Chen X B, Lü Q T, Yan J Y, Ma T F. 2012. 3D electrical structure of porphyry copper deposit ore- controlling structure: Case studies of Shaxi copper deposit, China. Applied Geophysics, 9 (2): 270-278.

Clowes R M. 1997. Lithoprobe Phase V Proposal - Evolution of a Continent Revealed. Vancouver: The Lithoprobe Secretariat, The University of British Columbia.

Constable S C, Parker R L, Constable C G. 1987. Occam's inversion: a practical algorithm for generating smooth models from electromagnetic sounding data. Geophysics, 52 (3): 289-300.

Cox M. 2004. 反射波地震勘探静校正技术. 李培明等译. 北京: 石油工业出版社.

Dandis G P, Rye R O. 2005. Characterization of gas chemistry and noble- gas isotope ratios of inclusion fluids in magmatic hydrothermal and magmatic steam alunite. Chemical Geology, 215 (1-4): 155-184.

Deemer S J, Hurich C A. 1994. The reflectivity of magmatic underplating using the layered mafic intrusion analog. Tectonophysics, 232, 239-255.

DeGroot- Hedlin C, Constable S C. 1990. Occam's inversion to generate smooth, two- dimensional models from electromagnetic sounding data. Geophysics, 55: 1613-1624.

Dransfield M, Buckingham M, Kann F J V. 1994. Lithological mapping by correlation magnetic and gravity gradient airborne measurements. Exploration Geophysics, 25 (1): 25-30.

Egbert G D. 1997. Robust multiple station MT data processing. Geophys J Int, 130: 475-496.

Egbert G D, Booker J R. 1986. Robust estimation of geomagnetic transfer functions. Geophysical Journal of the Royal Astronomical Society, 87 (1): 173-194.

Farquharson C G, Mosher C R W. 2009. Three-dimensional modelling of gravity data using finite differences. Journal of Applied Geophysics, 68: 417-422.

Fischer G, Weibel P. 1991. A new look at an old problem: magnetotelluric modelling of 1-D structures. Geophysical Journal International, 106 (1): 161-167.

Fullagar P K, Pears G A. 2007. Towards geologically realistic inversion. Exploration in the new millennium Proceedings of the Fifth Decennial Conference on Mineral Exploration, 445-460.

Gary W M, Jones A G. 2001. Mutisite mutifrequecy tensor decomposition of magnetotelluric data. Geophysics, 66 (1): 158-173.

Gilbert P F C. 1972. Iterative methods for the three-dimensional reconstruction of an object from projections. Journal of Theoretical Biology, 36 (4): 105-117.

Grant N, Rodney K A. 2008 Progressive geophysical exploration strategy at the Shea Creekuranium deposit. The Leading Edge, 52-63.

Grimmer J C, Jonckheere R, Enkelmann E, Ratschbacher L, Hacker B R, Blythe A E, Wagner G A, Wu Q, Liu S, Dong S. 2002. Cretaceous-Cenozoic history of the southern Tan- Lu fault zone: apatite fission- track and structure constraints from the Dabie Shan (eastern China). Tectonophysics, 359: 225-253.

Groom R W, Bailey R C. 1995. Analytic investigations of the effect s of near- surface three- dimention galvanic scatterers on MT tensor decompositions. Geophysics, 56 (4): 496-518.

Herman G T. 1980. Image Reconstruction from Projections. New York: Academic Press, 120-143

Holden D J, Archibald N J, Boschetti F, et al. 2000. Inferring geological structures using wavelet- based multiscale edge analysis and forward models. Exploration Geophysics, 31 (4): 617-621.

Hornby P, Boschetti F, Horowitz F G. 1999. Analysis of potential field data in the wavelet domain. Geophysical Journal International, 137 (1): 175-196.

Horowitz F, Hornby P, Boschetti F. 2000. Developments in the analysis of potential field data via multiscale edge representation. in Exploration beyond 2000 conference handbook preview, 84: 77.

Hutton D H W. 1992. Granite sheeted complexes: evidence for dyking ascent mechanism. Transactions of the Royal Society of Edinburgh, Earth Sciences 83, 377-382.

Hyndman R D. 1988. Dipping seismic reflectors, electrically conductive zones, and trapped water in the crust over a subducting plate. Journal of Geophysical Research, 93: 11391-13405.

Ilya P, Peter V, Robert T. 2011. 3D inversion of gravity data by separation of sources and the method of local corrections: Kolarovo gravity high case study. Journal of Applied Geophysics, 75: 472-478.

Jarchow C M, Thompson G A, Catching R D, Mooney W D. 1993. Seismic evidence for active magmatic underplating beneath the Basin and Range province, western United States. Journal of Geophysical Research, 98: 22095-22108.

Jiang G, Zhang G, Lu Q, Shi D, Yao X. 2013. 3-D velocity model beneath the Middle-Lower Yangtze River and its implication to the deep geodynamics. Tectonophysics, 606: 36-47.

Jones A G, Garcia X. 2003. Okak Bay AMT data-set case study: Lessons in dimensionality andscale. Geophysics: 68 (1): 70-91.

Junge A. 1996. Characterization and correction for cultural noise. Surv Geophys, 17: 361-391.

Kanasewich E, Agarwal R. 1970. Analysis of combined gravity and magnetic fields in wavenumber domain. Journal of Geophysical Research, 75 (29): 5702-5712.

Keating P, Pinet N, Pilkington M. 2011. Comparison of some commonly used regional residual separation techniques. Proceedings of International Workshop on Gravity, Electrical & Magnetic Methods and their Application, 73-76.

Keating P, Pinet N. 2011. Use of non-linar filtering for the regional residual separation of potential field data. Journal of Applied Geophysics, 73: 315-322.

Kowalczyk P, Oldenburg D, Phillips N, Nguyen T H, Thomson V. 2010. Acquisition and analysis of the 2007 ~ 2009 geoscience BC airborne data. PESA Airborne Gravity Workshop, ASEG.

Lakanen E. 1986. Scalar audiomagnetotellurics applied to base-metal exploration in Finland. Geophysics, 51: 1628-1646.

Lane R, Guillen A. 2005. Geologically-inspired constraints for a potential field litho-inversion scheme: Proceedings of IAMG. GIS and Spatial Analysis, 181-186.

Li Q, Vasudevan K, Cook F A. 1997. Seismic skeletonization: a new approach to interpretation of seismic reflection data. Journal of Geophysical Research, 102 (B4): 8427-8445.

Li Y G, Oldenburg D W. 1996. 3D inversion of magnetic data. Geophysics, 61: 394-408.

Lilley F E M. 1993. Magnetotelluric analysis using Mohr circles. Geophysics, 58 (10): 1498-1506.

Lilley F E M. 1998a. Magnetotelluric tensor decomposition: PartI, Theory for a basic procedure. Geophysics, 63 (6): 1885-1897.

Lilley F E M. 1998b. Magnetotelluric tensor decomposition: PartII, Example of a procedure. Geophysics, 63 (6): 1885-1897.

Lü Q T, Qi G, Yan J Y. 2013a. 3D geologic model of Shizishan ore field constrained by gravity and magnetic interactive modeling: A case history. Geophysics, 78 (1): 1-11.

Lü Q T, Yang J Y, Shi D N, Dong S W, Tang J T, Wu M A, Chang Y F. 2013b. Reflection seismic imaging of the Lujiang-Zongyang volcanic area: an insight into the crustal structure and geodynamics of an ore district, Tectonophysics, 606: 60-78.

Mahir I, Hakki S. 2009. 3D gravity modeling of Buyuk Menderes basin in Western Anatolia usingparabolic density function. Journal of Asian Earth Sciences, 34: 317-325.

Makris J, Bogris N, Eftaxias K. 1999. A new approach in the determination of characteristic directions of the geoelectric structure using Mohr circles. Earth Planets Space, 51 (10): 1059-1065.

Malehmir A, Tryggvason A, Juhlin C, Rodriguez-Tablante J, Weihed P. 2009a. Seismic imaging and potential field modeling to delineate structures hosting VHMS deposits in the Skellefte Ore District, northern Sweden. Tectonophysics, 426: 319-334.

Malehmir A, Thunehed H, Tryggvason A. 2009b. The paleoproterozoic Kristineberg mining area northern Sweden: results from integrated 3D geophysical and geologic modeling and implication for targeting ore deposits. Geophysics, 74 (1): B9-B22.

Mandler H A F, Colwes R M. 1997. Evidence for extensive tabular intrusions in the Precambrian shield of western Canada: a 160-km-long sequence of bright reflections. Geology, 25 (3): 271-274.

Michael M, Philippe R, Gabriel C. 2009. A workflow to facilitate three-dimensional geometrical modelling of complex poly-deformed geological units. Computers & Geosciences, 35: 644-658.

Mooney W D, Meissner R. 1992. Multi-genetic origin of crustal reflectivity: a review of seismic reflection profiling of the continental lower crust and Moho. In: Fountain D M, Arculus R, Kay R W (Eds.). Continental Lower Crust. Elsevier, Amsterdam: 45-71.

Murphy F C. 2005. Composition of multi-scale wavelets (WORMS) in the potential field of the Mt Isa region. I2+3 final report, pmd CRC, 243-259.

Newman G A, Alumbaugh D L. 2000. Three-dimensional magnetotelluric inversion using non-linear conjugate gradients. Geophysical Journal International, 140 (2): 410-24.

Oldenburg D W. 1990. Inversion of electromagnetic data: An overview of new techniques. Surveys in Geophysics, 11: 231-270.

Pan Y, Dong P. 1999. The Lower Changjiang (Yangzi / Yangtze River) metallogenic belt, east central China: intrusion-and wall rock-hosted Cu－Fe－Au, Mo, Zn, Pb, Ag deposits. Ore Geology Reviews, 15 (4): 177-242.

Parker R L. 1980. The Inverse Problem of Electromagnetic Induction: Existence and Construction of Solutions Based On Incomplete Data. Journal of Geophysical Research: Solid Earth, 85 (B8): 4421-4428.

Parker R L, Whaler K A. 1981. Numerical Methods for Establishing Solutions to the Inverse Problem of Electromagnetic Induction. Journal of Geophysical Research: Solid Earth, 86 (B10): 9574-9584.

Parker R L, Booker J R. 1996. Optimal One-Dimensional Inversion and Bounding of Magnetotelluric Apparent Resistivity and Phase Measurements. Physics of the Earth and Planetary Interiors, 98 (3): 269-282.

Pinto V, Casas A, Rivero L. 2005. 3D gravity modeling of the Triassic salt diapirs of the CubetaAlavesa (northern Spain). Tectonophysics, 40: 65-75.

Pratt T L, Mondary J F, Brown L D, Christensen N I, Danbom S H. 1993. Crustal structure and deep reflector properties: wide angle shear and compressional wave studies of the midcrustal currency bright spot beneath southeastern Georgia. Journal of Geophysical Research, 98: 17723-17735.

Price A, Dransfield M. 1995. Litholgical mapping by correlation of the magnetic and gravity data from Corsair W. A. Exploration Geophysics, 25 (4): 179-188.

Richard C, Simon V D W. 2011. Mapping the footprint of ore deposits in 3D using geophysical data. Aus Geo News, March 2011, Issue No. 101: http://www.ga.gov.au/ausgeonews/ausgeonews201103/mapping.jsp.

Rodi W, Mackie R L. 2001. Nonlinear conjugate gradients algorithm for 2-D magnetotelluric inversion. Geophysic, 66 (1): 174-187.

Ross G M, Eaton D W. 1997. The Winagami reflector sequence: seismic evidence for post-collisional magmatism in the Proterozoic of western Canada. Geology, 25: 199-202.

Rubin A M. 1993. Dikes vs diapers in viscoelastic rock. Earth and Planetary Science Letters, 119: 641-659.

Rye R O. 2005. A review of the stable isotope geochemistry of sulfate minerals in selected igneous environments and related hydrothermal systems. Chemical Geology, 215 (1): 5-36.

Salisbury M H, Milkereit B, Bleeker W. 1996. Seismic imaging of massive sulfide deposits: Part I. Rock properties. Economic Geology, 91 (5): 821-828.

Salisbury M H, Harvey C W, Matthews L. 2003. The acoustic properties of ores and host rocks in hardrock terrans. In: Eaton D W, Milkereit B, Salisbury M H (Eds.). Hardrock Seismic Exploration, Geophysical Developments, 10: 9-19.

Sandrin A, Nielsen L, Thybo H. 2009. Layered crust – mantle transition zone below a large crustal intrusion in the Norwegian – Danish Basin. Tectonophysics, 472: 194-212.

Shapiro N M, Ritzwoller M H. 2002. Monte-Carlo inversion for a global shear-velocity model of the crust and upper mantle. Geophysical Journal International, 151: 88-105.

Shi D, Lu Q, Xu W, Yan J, Zhao J, Dong S, Chang Y, SinoProbe-03-02 team. 2013. Crustal structure beneath the middle-lower Yangtze metallogenic belt in East China: constraints from passive source seismic experiment on the Mesozoic intra-continental mineralization. Tectonophysics, 606: 48-59.

Siripunvaraporn W, Egbert G. 2000. An efficient data - subspace inversion method for 2 - D magnetotelluric data. Geophysics, 65 (3): 791 -803.

Siripunvaraporn W, Egbert G. 2009. WSINV3DMT: Vertical magnetic field transfer function inversion and parallel implementation. Physics of the Earth and Planetary Interiors, 173 (3-4): 317-329.

Siripunvaraporn W, Egbert G, Lenbury Y, Uyeshima M. 2005. Three- dimensional magnetotelluric inversion: data-space method. Physics of the Earth and Planetary Interiors, 150 (1): 3-14.

Smirnov M Y. 2003. Magnetotelluric data processing with a robust statistical procedure having a high breakdown point. Geophys J Int, 152: 1-7.

Smith J T. 1996a. Conservative modeling of 3-D electromagnetic fields, Part I: Properties and error analysis. Geophysics, 61: 1308-1318.

Smith J T. 1996b. Conservative modeling of 3-D electromagnetic fields, Part II: Biconjugate gradient solution and an accelerator. Geophysics, 61: 1319-1324.

Smith J T, Booker J R. 1991. Rapid inversion of two- and three-dimensional magnetotelluric data. J Geophys Res, 96: 3905-3922.

Smith J T, Booker J R. 1996. Rapid inversion of two- and three-dimensional magnetotelluric data. J Geophys Res, 96 (B3): 3905-3922.

Smith T, Hoversten M, Gasperikova E. 1999. Sharp boundary inversion of 2D magnetotelluric data. Geophysical Prospecting, 47: 469-486.

Spratt J E, Jones A G, Nelson K D, Unsworth M J. 2005. Crustal Structure of the India – Asia Collision Zone, Southern Tibet, From Indepth MT Investigations. Physics of the Earth and Planetary Interiors, 150 (1): 227-237.

Strangway D W, Koziar A. 1979. Audio- frequency magnetotelluric sounding- a case history at the Cavendish geophysical test range. Geophysics, 44 (8): 1429-1446.

Strangway D W, Swift C, Holmer R C. 1973. The application of audio- frequency magnetotelluric (AMT) to mineral exploration. Geophysics, 38 (6): 1159-1175.

Tang J T, Xiao X, Zhou C, Lu Q T. 2010. Data Acquisition and Analyses of Magnetotelluric Sounding in Lujiang-Zongyang Ore Concentrated Area. American Geophysical Union, Fall Meeting.

Tiknonov A N. 1950. On determining electrical characteristics of the deep layers of the earth's crust. Deki Akud Nuck, 73: 295-297.

Tryggvason A, Schmelzbach C, Juhlin C. 2009. Traveltime tomographic inversion with simultaneous static corrections - Well worth the effort. Geophysics, 74 (6): 25-33.

Ulrich T, Heinrich C A. 2001. Geology and alteration geochemistry of the porphyry Cu- Au deposit at Bajo de la Altnnbrera, Agentina. Economic Geology, 96 (8): 1719-1742.

Um J, Thurber C. 1987. A fast algorithm for two-point seismic ray tracing. Bulletin of the Seismological Society of America, 77 (3): 972-986.

Valla P. 1991. Applications de la modélisation numérique aux methods d'électromagnétisme fréquentielen prospection géophysique. Thése d'Etat, Doc, BRGM, 206: 471.

Vigneresse J L. 1995a. Control of granite emplacement by regional deformation. Tectonophysics, 249: 173-186.

Vigneresse J L. 1995b. Crustal regime of deformation and ascent of granitic magma. Tectonophysics, 249: 187-202.

Vigneresse J L. 1999. Should felsic magmas be considered as tectonic objects, just like faults or folds. Journal of Structural Geology, 21: 1125-1130.

Vigneresse J L, Tikoff B, Amglio L. 1999. Modification of the regional stress field by magma intrusion and formation of tabular granitic plutons. Tectonophysics, 302: 203-224.

Vinicius H, Abud L, Marta S, Maria M. 2012. 3D inversion and modeling of magnetic and gravimetric data characterizing the geophysical anomaly source in Pratinha I in the southeast of Brazil. Journal of Applied Geophysics, 80: 110-120.

Wang Q, Derek A W, Xu J F, Zhao Z H, Jian P, Xiong X L, Bao Z W, Li C F, Bai Z H. 2006. Petrogenesis of Cretaceous adakitic and shoshonitic igneous rock in the Luzong area, Anhui Province (eastern China): Implications for geodynamics and Cu- Au mineralization. Lithos, 89 (34): 424-446.

Wannamaker P E, Ward S H, Hohmann G W. 1984. Magnetotelluric responses of three- dimensional bodies in layered earth. Geophysics, 49: 1516-1533.

Warner M. 1990. Basalts, water, or shear zones in the lower continental crust? Tectonophysics, 173: 163-174.

Williams N C. 2008. Geologically- constrained UBC- GIF gravity and magnetic inversions with examples from the agnew-wiluna greenstone beltwestern Australia. Canada: The university of British Columbia.

Williams N, Dipple G. 2007. Mapping subsurface alteration using gravity and magnetic inversion models. Proceedings of the Fifth Decennial International Conference on Mineral Exploration, 461-472.

Wu F Y, Sun D Y, Zhang G L, Ren X W. 2000. Deep geodynamics of Yanshan movement. Geological Journal of China Universities, 6: 379-388.

Xavier G, Alan G J. Atmospheric sources for audio- magnetotelluric (AMT) sounding. Geophysics, 67 (2): 448-458.

Xiao W, He H. 2005. Early Mesozoic thrust tectonic of the northwest Zhejiang region (Southeast China). GSA Bulletin, 117 (7/8): 945-961.

Xiao X, Li J, Tang J T. 2012. Strong Interference Separation Method based on Morphology- Median Filtering for Magnetotelluric Sounding Data in Ore Concentration Area. International Journal of Advancements in Computing Technology (IJACT), 4 (16): 396-403.

Yan D P, Zhou M F, Song H L, Wang X W, Malpas J. 2003. Origin and tectonic significance of a Mesozoic multi-layer over-thrust system within the Yangtze Block (South China). Tectonophysics, 361: 239-254.

Yilmaz O Z. 2001. Seismic data analysis. USA: Society of Exploration Geophysicists.

Zhang Q, Wang Y, Qian Q, Yang J H, Wang Y L, Zhao T P, Guo G J. 2001. The characteristics and tectonic-metallogenic significances of the adakites in Yanshan period from eastern China. Acta Petrologica Sinica, 17: 236-244.

Zhang Y Q, Dong S W, Shi W. 2003. Cretaceous deformation history of the middle Tan-Lu fault zone in Shandong Province, eastern China. Tectonophysics, 363 (324): 243-258.

Zhang Y Q, Dong S W, Li J H, Cui J J, Su J B, Li Y. 2012. The new progress in the study of Mesozoic tectonics of South China. Acta Geoscientica Sinica, 33 (3): 257-279.

Zhou T F, Fan Y, Yuan F, Lu S M, Shang S G, Cooke D R, Meffre S, Zhao G C. 2008. Geochronology of the volcanic rocks in the Lu-Zong (Lujiang-Zongyang) basin and its significance. Science in China, Series D-Earth Science, 51: 1470-1482.

Zhou T F, Wu M A, Fan Y, Duan C, Yuan F, Zhang L, Liu J, Qian B, Pirajno F, Cooke D R. 2011. Geological, geochemical characteristics and isotope systematics of the Longqiao iron deposit in the Lu-Zong volcano- sedimentary basin, Middle- Lower Yangtze (Changjiang) River Valley, Eastern China. Ore Geology Review, 43 (1): 154-169.

Zhou X M, Li W X. 2000. Origin of Late Mesozoic igneous rocks in Southeastern China: implications for lithosphere subduction and underplating of mafic magmas. Tectonophysics, 326: 269-287.

Zhu G, Xu J W, Liu G S, Li S Y, Yu P Y. 1999. Tectonic pattern and dynamicmechanism of the foreland deformation in the lower Yangtze region. Regional Geology of China, 18 (1): 73-79.

Zhu G, Liu G S, Niu M L, Xie C L, Wang Y S, Xiang B W. 2009. Syn-collisional transform faulting of the Tan-Lu fault zone, East China. International Journal of Earth Sciences, 98: 135-155.

Zhu G, Niu M, Xie C, Wang Y. 2010. Sinistral to normal faulting along the Tan-Lu fault zone: evidence for geo-dynamic switching of the east China continental margin. Journal of Geology, 118: 277-293.